玻璃钢纤维复合材料在输电杆塔中的研究与应用

杨林　孙清　王虎长　王建涛　著

中国电力出版社
CHINA ELECTRIC POWER PRESS

内 容 提 要

国家正大力号召和坚持低碳环保的可持续发展战略，玻璃钢纤维复合材料在电力行业中的研究和应用，符合国家产业节能政策，能提高电力建设经济效益和社会效益，因此在电力行业中得到广泛应用。

本书立足于复合材料在输电工程中的应用研究，通过试验、数值与理论研究，系统研究了玻璃钢纤维复合材料的拉压弯剪基本力学性能、老化性能、高低温性能、疲劳性能及其构件和节点的承载性能与疲劳性能，并详细介绍了其在多项实际工程中的应用。

本书可供从事输电工程设计、运行等相关专业技术人员，以及玻璃钢纤维复合材料相关领域科研工作者使用，也可供相关专业师生参考。

图书在版编目（CIP）数据

玻璃钢纤维复合材料在输电杆塔中的研究与应用 / 杨林等著 . — 北京：中国电力出版社，2019.6

ISBN 978-7-5198-3349-7

Ⅰ . ①玻… Ⅱ . ①杨… Ⅲ . ①玻璃纤维增强复合材料－应用－输电线路－线路杆塔－研究 Ⅳ . ① TM75 ② TQ171.77

中国版本图书馆 CIP 数据核字（2019）第 125572 号

出版发行：中国电力出版社

地　　址：北京市东城区北京站西街 19 号（邮政编码 100005）

网　　址：http://www.cepp.sgcc.com.cn

责任编辑：王春娟　高　芬（010-63412717）

责任校对：黄　蓓　常燕昆

装帧设计：张俊霞

责任印制：石　雷

印　　刷：三河市万龙印装有限公司

版　　次：2019 年 7 月第一版

印　　次：2019 年 7 月北京第一次印刷

开　　本：787 毫米 ×1092 毫米　16 开本

印　　张：21.25

字　　数：375 千字

印　　数：0001—1000 册

定　　价：120.00 元

前　言

电力系统是现代社会生命线工程的重要组成部分，其安全性关系到国家安全及社会秩序稳定。中国特色社会主义“五位一体”发展总布局号召和坚持低碳环保的可持续发展战略，要加强能源资源节约和生态环境保护，增强可持续发展能力，把建设资源节约型、环境友好型社会放在工业化、现代化发展战略的突出位置；中共中央、国务院制定的“节约、清洁、安全”能源发展方针，为电力工业持续健康发展提供了根本遵循；《电力发展“十三五”规划》明确落实“一带一路”发展战略，推进电力国际合作及电网跨境互联互通，中国电网迎来了构建全球清洁绿色能源互联网的重要战略机遇期。目前，新技术、新工艺、新材料“三新”技术应用越来越广，大力倡导节约用地、控制造价以提高输变电工程技术经济性显得愈发重要。

在国内外的220kV及以下低电压等级输电线路中，玻璃钢纤维复合材料已广泛应用于格构式和单杆式杆塔设计，对于荷载较大高电压等级输电线路来说，全塔均采用复合材料较为困难，但可考虑采用部分绝缘杆塔技术，即塔身仍采用传统钢材结构，横担部分采用复合材料结构。

西北电力设计院有限公司联合西安交通大学，在国家电网有限公司的组织领导下，立足于玻璃钢纤维复合材料在输电工程中的应用研究，通过试件试验和理论研究，系统研究了玻璃钢纤维复合材料的拉压弯剪基本力学性能、老化性能、高低温性能、疲劳性能及其构件和节点的承载性能与疲劳性能，成功地开发出适用于超高压、特高压交、直流输电线路的复合材料杆塔成套理论及技术，并成功应用于多项国家大型电网工程中，经济效益和社会效益显著。

本书是作者对长期研究和生产实践成果的梳理、探索和总结，得到了国家电网有限公司、能源行业电网设计标准化技术委员会、电力规划设计总院、西北电力设计院有限公司等单位及专家的指导和支持，对此表示衷心的感谢。

由于作者水平有限、编写时间短促，书中难免有疏漏和不当之处，敬请专家和读者不吝指正。

作　者

2019年3月于西安

目录
CONTENTS

1 概述

1.1 研究背景及意义

钢结构一直为当今架空输电线路工程杆塔结构的主流。随着电网建设的发展，西电东送、南北互供战略工程的实施，全国输电线路将越来越多，对钢材的需求也越来越大。但是钢材存在质量大、易锈蚀、低温性能差等缺陷，在特殊环境下，钢结构输电杆塔线路容易发生风偏放电、污秽闪络等事故，造成输电线路中断，降低供电可靠性。输变电工程的可靠性是保证各个行业有序生产的前提，关系到国家经济持续的发展，是国民经济的命脉，在节能环保备受重视的当下，为了解决上述问题，迫切需要一种新型节能环保的材料来替代或者部分替代钢材应用到输电杆塔中。

相比于钢材，复合材料具有轻质高强、耐腐蚀、耐高低温、耐老化、电气绝缘性能好、易加工、易维护、运输方便、环境性能友好、可设计性好及抗疲劳性能好等材料性能优点。在输电线路中，采用复合材料替代传统普通钢材，不仅能满足构件的受力需要，减少对矿产资源的破坏，保护环境和防止偷盗破坏；而且易于解决输电线路的风偏和污闪事故，提高线路安全运行水平；同时减小塔头尺寸，减少走廊宽度，降低线路的维护成本，增强了线路的环境友好性；此外，还可大幅度降低运输、施工安装和维护养护成本，从而取得良好的经济效益和节能降耗效应。

复合材料是由有机高分子、无机非金属或金属等几类不同材料通过复合工艺组合而成的新型材料。它与一般材料的简单混合有本质区别，既保留原组成材料的重要特色，又通过复合效应获得原组分所不具备的性能。可以通过材料设计使原组分的性能相互补充并彼此关联，从而获得更优越的性能。复合材料由作为基体的树脂和作为增强剂的纤维或其织物组成构成，树脂基体将纤维连接成一个整体而承受荷载。复合材料的力学和电气性能主要受到纤维和树脂的物理性能以及加工成型工艺的影响。

复合材料的材料性能与钢材和混凝土等传统结构材料有很大的不同，其制品形式也多种多样。在纤维增强复合材料（Fiber Reinforced Polymer，FRP）中承受荷载的增强材料主要是纤维，它基本上决定了材料的机械强度、弹性模量，对减少高聚物收缩，提高热变形温度和低温冲击强度也有一定的作用。FRP 纤维有玻璃纤维、碳纤维、芳纶纤维、陶瓷纤维、玄武岩纤维、聚烯烃纤维、聚苯并双噁唑纤维以及金属纤维等。常用的复合材料主要为碳纤维（carbon fiber）、玻璃纤维（glass fiber）和芳纶纤维（aramid fiber）增强的树脂基体，分别简称为 CFRP、GFRP 和 AFRP。其中，玻璃钢纤维复合材料（GFRP）因其优良的力学性能和较低的生产成本在电力行业中逐渐得到广泛应用。

加工成型是保证复合材料中纤维和基体共同工作的前提，对复合材料的物理力学性能影响显著，同时，不同的加工工艺得到的产品形式也有较大的差别。因此在复合材料结构的设计时必须考虑加工成型工艺。目前，国内玻璃钢管常用成型工艺方法有缠绕成型法、拉挤成型法和模压成型法。缠绕成型工艺纤维含量较高，力学性能较好，生产的管材最大直径可以达到 3m；拉挤成型工艺纤维含量高，有很好的受力性能，但拉挤成型管材的横向强度和剪切强度较低，且拉挤成型工艺一般适用于小管径，管径不大于 300mm；模压成型工艺生产出的复合材料产品尺寸准确，表面光洁，质量稳定，但通常纤维含量较低，力性能较差。对于输电线路结构，需要材料有较好的受力性能，且生产自动化水平要高，所以主材常采用缠绕成型工艺，辅材采用拉挤成型工艺。

目前，党中央、国务院制定的“节约、清洁、安全”能源发展方针，为电力工业持续健康发展提供了根本遵循;《电力发展“十三五”规划》明确落实“一带一路”发展战略，推进电力国际合作及电网跨境互联互通，中国电网迎来了构建全球清洁绿色能源互联网的重要战略机遇期：新技术、新工艺、新材料“三新”技术应用越来越广，大力倡导节约用地与控制造价以提高输变电工程技术经济性。因此，新型环保高性能复合材料替代钢材，不仅可以节省大量的经济支出，还能够以此在架空输电线路工程领域贯彻落实科学发展观、创新驱动发展战略，推动电力行业结构升级，为国民经济的健康发展注入源泉动力。

1.2 应用研究现状

目前国内外 220kV 及以下低电压等级输电线路中，FRP 已应用于格构式和单杆式杆塔设计，但对于荷载较大高电压等级输电线路来说，全塔均采用 FRP 较为困难，但可考虑采用部分绝缘杆塔技术，即塔身仍采用传统钢材结构，横担部分采用FRP结构。

国外复合材料杆塔的研究起步较早，日本早在 20 世纪 60 年代就开展了 FRP 用于输电线路横担的研究，并很好地解决了风偏所引起的闪络事故。美国的多家公司将 FRP 杆塔投入了实际生产及应用，美国 Sharkspeare 公司是最早开发复合材料电杆的公司，其开发的复合材料电杆安装在高盐雾腐蚀并经常经受飓风的夏威夷岛上，已使用了 40 多年，目前仍在继续工作。此外 Strongwell 公司、Newmark 公司、Ebert 公司等 FRP 制品厂家都开发了自己的 FRP 输电杆塔产品，并得到了比较广泛的应用。从 1992 年起，美国在制订发展计划中提出了由复合材料采用无螺栓装配构成杆塔，由 Ebert Composites 公司与加利福尼亚圣地亚哥煤气电力公司（SDGE）和南加利福尼亚爱迪生公司（SCE）合作开发。该计划已达到示范阶段：在加利福尼亚奥克斯纳德的奥蒙德比奇发电站安装了 3 基这种杆塔，这些杆塔直至 2000 年都能保持稳定的性能。随后，M.F.Miller 和 G.S.Hosford 提出了用 FRP 制的电杆代替传统木制电杆的思想，对木材和 FRP 的机械性能进行了对比，并在车辆不能到达的地区建设了 75 基 FRP 电杆替代木制电杆，以避免因木制电杆的腐烂而难以维护的问题，增强线路的可靠性。加拿大 RS 公司采用聚氨酯树脂体系研发了独特设计的复合材料杆塔，具有强度大，耐冲击等优势；荷兰 Movares 公司于 2005 年完成 1.5km 的复合材料杆塔试验线路的设计；Exel Compsites 集团同样着力于复合材料杆塔的研发，成立了相关的部门。M.M.AWAD 等人阐述了用有机材料制造输电杆塔的前景，在同样杆塔尺寸的情况下从经济的角度比较了钢和 FRP 材料，提出了在经济性上应该大力发展 FRP 杆塔的观点。目前，复合材料在输电线路工程中已得到一定的应用，如图 1-1~ 图 1-3 所示。

其实，在国内 FRP 已广泛应用于混凝土结构、钢结构和桥梁索绳等工程建设方面。在电力工程建设方面，FRP 主要是应用于高压复合绝缘子和电厂废气测量，仅夏开全对 FRP 在输电杆塔中的应用前景进行了简单介绍。国内的多家科研单位、高校也致力于复合材料杆塔研究，国家电网武汉高压研究院于 2007 年研制成功了 10kV 线路防雷击及污闪的绝缘塔头和横担；江苏南通神马电力股份有限公司于 2009 年 12 月研制的复合绝缘横担，在连云港 220kV 茅蔷线投入试运行；2010 年，国内首条复合材料杆塔输电线路试运行成功，但塔腿和主材都为钢结构。现在国内更多的是将复合材料应用于输电塔横担，复合材料在电力工程中已经得到了一定的推广与应用。

图 1-1　复合材料输电杆

图 1-2　复合材料输电塔

图 1-3　复合材料绝缘横担

当前，玻璃钢纤维复合材料（GFRP）是电力行业中应用最广泛的复合材料。玻璃钢纤维复合材料在电力行业中的研究和应用，符合国家产业节能政策，能提高电力建设经济效益和社会效益，由于玻璃钢纤维复合材料的优异性能，近年来国内越来越多的电力设计单位开始尝试选择 GFRP 管构件应用于输电领域。但是，国内目前关于复合材料的材料性能及构件的相关设计规范并不完善。

中国电力工程顾问集团西北电力设计院有限公司（简称西北电力设计院）联合西安交通大学，立足于格构式结构复合材料杆塔研究，通过试件试验和理论研究，系统研究了玻璃钢纤维复合材料的拉压弯剪基本力学性能、老化性能、高低温性能、疲劳性能及其构件和节点的承载性能与疲劳性能，成功地开发出格构式复合材料塔，并已成功应用于 ±660kV 银川东换流站接地极线路工程。2012 年 12 月，国家电网公司启动了“复合材料杆塔应用关键技术研究”项目，对复合材料杆塔设计及应用进行深入研究。2013 年 6 月，西北电力设计院完成了 750kV 复合横担塔真型试验及电气特性试验，且在新疆与西北主网联网第二通道工程的第四标段采用七基 750kV 复合横担直线塔，这是我国目前运行电压等级最高的复合材料杆塔。2016 年西北电力设计院与西安交通大学以锡盟—胜利 1000kV 高压交流输变电工程为背景，开展了极端气候下特高压输电塔工程复合材料应用的系列研究，推动了复合材料在特高压输电工程中的应用。

2 选型及标准

复合材料杆塔应用研究涉及材料科学、电气特性、结构工程以及加工制造等多学科，复合材料的性能也比钢材复杂得多，不同厂家的产品性能都有差异。本章综合考虑复合材料和输电杆塔结构的特性，通过对已有复合材料杆塔的调研，进行复合材料选型；通过对国内外复合材料资料、文献的深入研究，筛选材料标准，确定适宜的材料试验和验收标准；同时结合材料性能试验，分析确定材料的性能参数。

2.1 调研和选型

2.1.1 树脂和纤维

复合材料是指由两种或两种以上不同性质的材料，通过物理或化学的方法，在宏观上组成具有新性能的材料。输电杆塔中所用复合材料主要是由树脂和纤维或其织物组成，树脂基体将纤维连接成一个整体而承受荷载，因此树脂和纤维的物理性能对复合材料的物理力学性能有显著影响。复合材料应根据结构的重要性、结构形式、连接方式和结构所处的环境等对树脂和纤维进行合理选择，并进行材料优化设计。

1. 树脂

复合材料常用的树脂有不饱和聚酯树脂、乙烯基酯树脂、环氧树脂、酚醛树脂、聚氨酯树脂等树脂，其优缺点见表 2–1。

表 2-1　代表性树脂基体的优缺点

树脂类型	优点	缺点
不饱和聚酯	工艺性良好 固化后的树脂综合性能优良 品种多，价格低廉	固化收缩率大 耐热性能差 黏结性能差 储存期短
乙烯基酯	优异的耐腐蚀性 良好的工艺性能 良好的力学性能	固化收缩率较大 耐热性能较差 储存期短
环氧	固化后收缩率低 固化物力学性能高 黏结性能优异 固化物的耐热性能好 稳定性好	韧性较差 固化周期长 在高温度下固化方可获得较好的性能
酚醛	热性能优异 阻燃性能好（自熄） 电性能好	耐碱性差 韧性差 成型工艺难度大 高的孔隙率（固化过程中有水生成）
聚氨酯	韧性好 冲击性能高 耐磨性好 收缩率低	较短的操作时间 对湿度敏感 需要二元的计量装置

各类树脂具有不同的特性，适用于不同的应用环境，国内常用代表性树脂基体性能参数见表 2-2。

表 2-2　代表性树脂基体性能参数

树脂类型	热变形温度（℃）	拉伸强度（MPa）	延伸率（%）	压缩强度（MPa）	剪切强度（MPa）	弯曲强度（MPa）	弯曲模量（GPa）	市场价格（万元/t）
不饱和聚酯	80~180	42~91	5	91~250	60~70	59~162	2.1~4.2	0.8~1.2
乙烯基酯	137~155	59~85	2.1~4	—	18~30	112~139	3.8~4.1	1.5~2.5
环氧	50~121	98~210	4	210~260	30~40	140~210	2.1	2~3
酚醛	120~151	45~70	0.4~0.8	154~252	12~26	59~84	5.6~12	0.9~1.5
聚氨酯	90~140	60~80	4~6	100~160	—	80~100	2~3	3~8

由表 2-2 可以看出，不饱和聚酯树脂价格最便宜，且有较好的延伸率，但除剪切强度以外的其他强度较低；乙烯基酯树脂强度有所不足；酚醛树脂的弹性模量较大，价格较便宜，但其强度和延伸率较低，呈典型的脆性材料，不适宜用作结构材料；环氧树脂的抗拉强度、剪切强度以及抗压强度均较高，延伸率达到 4%，能很好地与 E- 玻璃纤维协同变形，且价格适中，因此推荐采用环氧树脂；聚氨酯树脂强

度稍弱于环氧树脂，且价格偏高，但耐久性能较好，可在特定情况下采用。

2. 纤维

纤维作为增强材料的主要功能，赋予复合材料高强度和高模量等力学性能，是复合材料中的主要受力材料。根据成分不同，纤维可以分为玻璃纤维、碳纤维、芳纶纤维、陶瓷纤维、玄武岩纤维、聚烯烃纤维、PBO（聚苯并双噁唑）纤维、金属纤维以及硼纤维等，其中以碳纤维、玻璃纤维和芳纶纤维应用最为普遍，而硼纤维和陶瓷纤维的性能最为优异。各类纤维及钢材和铝的物理性质见表 2–3。

表 2–3　　各类纤维及钢材和铝的物理性质

种类		密度（g/cm³）	拉伸强度（GPa）	拉伸模量（GPa）	延伸率（%）	比强度（GPa）	比模量（GPa）
玻璃纤维	E– 玻璃纤维	2.55	3.5	74	4.8	1.37	29
	C– 玻璃纤维	2.52	3.3	68.9	4.8	1.31	27
	S,R– 玻璃纤维	2.49	4.9	84	5.7	1.97	34
	AR– 玻璃纤维	2.70	3.2	73.1	4.4	1.19	27
芳纶纤维	芳纶Ⅲ	1.43	4.5	130	3.2~4.1	3.15	91
	芳纶Ⅱ	1.43	2.98	103	2.7	2.08	72
	芳纶 14	1.43	2.7	176	1.45	1.89	123
	Kevlar29	1.44	2.8	63	3.6	1.94	44
	Kevlar49	1.45	3.6	124	2.4	2.48	86
	Kevlar149	1.47	3.45	179	1.3	2.35	122
	Twaron	1.44	3.0~3.1	125	2.5	2.12	87
	Terlon	1.46	2.7~3.5	130~145	4.4~4.6	2.12	94
	SVM	1.46	4.2~4.5	135~150	3.0~3.5	2.99	98
	Armos	1.45	4.4~5.5	140~160	3.5~4.0	3.41	103
	technora	1.39	2.8~3.0	70~80	4.6	2.09	54
碳纤维	T300	1.76	3.53	230	1.5	2.01	131
	T700S	1.80	4.9	230	2.1	2.72	128
	T800S	1.80	5.88	294	2.0	3.27	163
	T800H	1.81	5.49	294	1.9	3.03	162
	T1000G	1.80	6.37	294	2.2	3.54	163
	T1100G	1.79	6.6	324	2.0	3.69	181
	M40J	1.77	4.41	377	1.2	2.49	213
	M46J	1.80	4.21	436	1.0	2.34	242

续表

种类		密度（g/cm³）	拉伸强度（GPa）	拉伸模量（GPa）	延伸率（%）	比强度（GPa）	比模量（GPa）
碳纤维	M50J	1.88	4.12	475	0.8	2.19	253
	M55J	1.91	4.02	540	0.8	2.10	283
	M60J	1.93	3.92	588	0.7	2.03	305
陶瓷纤维	FP	3.95	2.1	390	0.29	0.53	98.7
	KD–1	2.42	2.4	190	0.30	0.99	78.5
硼纤维	B	2.31	3.51	400	3.3	1.52	173.2
钢	HRB400 钢筋	7.8	0.42	206	18.0	0.05	26
铝		2.7	0.63	74	3.0	0.23	27

由表 2–3 可知，纤维材料的比强度（拉伸强度 / 比重）为钢材的 20~50 倍，轻质高强性能十分突出；硼纤维的比模量（拉伸模量 / 比重）为钢材的 7 倍，芳纶纤维的比模量为钢材的 2~4 倍，玻璃纤维的比模量与钢材相当。

单从比强度和比模量来看，实际工程以碳纤维和硼纤维材料应用效果最佳，但碳纤维和硼纤维的延伸率较小，并且由于碳纤维和硼纤维材料均是电的导体，因此在复合材料杆塔结构中不予采用；芳纶纤维的强度和弹性模量虽然较高，但目前应用最广的几种芳纶纤维，其延伸率都不高，不能很好地与树脂协调变形；因此，在输电杆塔结构中，宜选用玻璃纤维。

玻璃纤维种类繁多，不同的玻璃纤维的基本性能相差也较大，综合考虑比强度、比模量、价格以及产量等，推荐输电杆塔结构采用 E– 玻璃纤维。

2.1.2 生产工艺

加工成型是保证复合材料中纤维和基体共同工作的前提，对复合材料的物理力学性能影响显著，同时，不同的加工工艺得到的产品形式也有较大的差别，因此在复合材料结构的设计时必须考虑选择合理的加工成型工艺即生产工艺。目前，国内在结构工程领域中应用的复合材料的产品形式主要有片材（纤维布和板）、筋材和索材、网格材和格栅、拉挤型材、缠绕型材、模压型材及手糊制品等，而对于输电杆塔结构而言，一般均采用型材，复合材料型材工艺主要有拉挤成型工艺、缠绕成型工艺、模压成型工艺及 3D 打印工艺四种，其优缺点见表 2–4。

表 2-4　四种复合材料生产工艺的优缺点

工艺种类	优点	缺点
拉挤成型	（1）工艺简单、高效，适合于高性能纤维复合材料的大规模生产； （2）生产过程连续、产品性能稳定、质量波动小，重复性好； （3）制品纵、横向强度可任意调整，可以满足不同力学性能制品的使用要求； （4）制品中纤维体积含量高，可高达 80%；制品有良好的整体性，原料利用率高（可高达 95% 以上）	（1）不能使用非连续增强材料； （2）限于生产恒定横截面的制品； （3）设备投资费用高
缠绕成型	（1）与其他成型工艺相比，缠绕复合材料制品中纤维按规定方向排列的整齐度和精确度高，制品可以充分发挥纤维的强度，V_f 可达 80%，因此其比强度和比刚度均较高。 （2）缠绕时可以按照承力要求确定纤维排布的方向、层数和数量，因此易于实现等强度设计。 （3）缠绕制品所用原材料多是连续纤维、无捻粗纱和无纬布，无需纺织，降低成本；同时避免布纹交织点与短切纤维末端的应力集中；并且缠绕工艺易于实现机械化和自动化，产品质量高而稳定，生产效率高，便于批量生产。 （4）适用于耐腐蚀管道、储罐和高压管道及容器的制造，这是其他工艺无法比拟的	（1）在缠绕过程中，特别是湿法缠绕过程中，易形成气泡，会造成制品内部空隙过多，从而降低层间剪切强度，并降低压缩强度和抗失稳能力，因此，在生产中要求采用活性较强的稀释剂，控制胶液粘度，改善纤维的浸润性及适当增大纤维张力等措施，以便减少气泡和孔隙率。 （2）缠绕成型工艺不太适合用于带凹曲线部件的制造，在制品的形状上存在一定的局限性，目前为止，采用纤维缠绕技术制成的制品多为圆柱体、球体及某些正曲率回转体。 （3）缠绕成型需要有缠绕机，芯模，固化加热炉，脱模机及熟练的技术工人，需要的投资大，技术要求高，因此，只有大批量生产时才能降低成本，获得较大的技术经济效益
模压成型	（1）质量高、尺寸精度好、自动化程度高、复现性好、成型速度快，适合于大批量生产，产品质量基本不受操作人员技能影响。 （2）若在模压成型工艺中加入编织，则可大大提高其强度，适用于输电杆塔的节点板等受力要求较高的结构构件	通常纤维含量较低，力学性能较差，一般用于加工生产小型制品，如井盖、板材等
3D 打印	连续纤维增强复合材料 FDM 工艺，由于其增强纤维是连续的，在制品中，纤维保留长度基本上与制品尺寸一致，因此力学性能又能够获得进一步的提升。另外，连续纤维具有很好的可设计性，能够根据需要对各个方向上的性能进行设计，从而满足不同场合的需求。连续纤维的高性能及可设计性，使其能够用来作为重要的承力结构部件，达到替代常规钢材部件的目的，大大减轻最终产品的质量，降低成本，减少能耗	使用成本高，制造效率低，制造精度尚不能令人满意。复合材料的 3D 打印技术对于复合杆塔来说目前还没有试验及应用经验，其工艺与装备研发尚不充分，对于大范围的工程应用及推广还需要经历较长的过程

由表 2-4 可知，缠绕成型和拉挤成型型材由于纤维含量较高，力学性能较好，产品质量稳定，可在复合材料杆塔结构中作为主要受力构件采用，当需要管径不大于 300mm 时，可采用拉挤成型或缠绕成型的型材；当管径大于 300mm 时，可采用

缠绕成型的型材；对于节点板，则可以采用模压成型的构件。3D 打印技术由于成本过高等缺点，目前尚无法大范围应用。

2.1.3 截面形式及选型

根据上述分析，输电杆塔中适用的复合材料为硼硅酸盐玻璃纤维增强树脂基复合材料（简称玻璃钢），是以玻璃纤维及其制品作为增强材料，以合成树脂作基体材料的一种玻璃纤维增强塑料。

增强材料选用 E- 玻璃钢纤维复合材料，轻质高强、性价比优，这也是目前各复合材料生产厂家的一致选择。

基体材料有两种选择，环氧树脂和聚氨酯。这两种树脂电气性能都较好，聚氨酯与环氧树脂相比力学性能稍弱，但韧性、抗冲击性和延伸性好，且耐腐蚀和耐老化性能大大优于环氧树脂；而环氧树脂在价格和成型工艺上有优势，并且力学性能好，目前来说应用更广泛。在主网线路尤其是特高压线路中，基材选用环氧树脂更合适；而对配网电杆，可以选用聚氨酯作为树脂基材。

复合材料型材的截面形式可根据需要设计成各种形状，主要有“L”形、“○”形和“□”形等，应根据不同的连接方式和受力状态对其截面型式进行合理选择。对于受拉构件，截面面积由受拉强度控制，其截面型式可以采用圆形、管形或其他形状，仅需保证满足强度要求的面积即可。对于受压构件，由于复合材料弹性模量较低，其整体稳定问题远较钢构件的稳定问题突出，截面面积由稳定承载力控制，其截面型式采用管形为佳，除了圆管形，也包括 D 形管等。

在生产工艺和产品规格的选择上，对复合横担或复合主材，对力学性能要求高，同时不需要太大管径，采用拉挤或拉挤加缠绕的生产工艺；规格有不同直径的圆棒、圆管，不同尺寸的方管、D 型管、角型材等，一般为等直径 / 等截面，目前来说直径在 300mm 以内，长度根据需求来定（拉挤工艺产品长度不受模具限制）。对配网电杆，采用缠绕工艺来生产；规格为大直径薄壁圆管，根径大于梢径，为方便推广，尺寸与现有的水泥电杆相匹配，稍径 190mm，根径 300mm 左右，长度目前以 12m 和 15m 为主。

2.1.4 连接方式

由于复合材料是一种脆性材料，其力学性能与金属材料有本质的区别，连接部位往往是薄弱环节，连接部位的设计和分析是复合材料整体结构设计计算的重点。目前承力复合材料构件主要采用螺栓连接、胶接、螺栓—胶接混合连接、预埋金属件接头和钢套管连接五种连接方式，其优缺点见表 2–5。

表 2–5　五种复合材料连接方式的优缺点

连接方式	优点	缺点
螺栓连接	安装方便且可拆卸	构件开孔后，在造成应力集中的同时，开孔会对复合材料构件强度造成削弱；由于复合材料是脆性材料，不会出现随荷载的施加传递产生重新分配荷载的行为，因此各排螺栓受力严重不均匀
胶接	连接部位质量小，引起的永久变形小	具有不可拆卸性，不环保
螺栓—胶接混合连接		胶连接和螺栓连接传力机制不同，难以同时协调发挥作用
预埋金属件接头	不需要其他加工设备	复合材料杆塔结构构件规格多样，加工复杂，难以应用
钢套管连接	（1）提高了节点的承载能力：由于采用在复合材料外套钢管式的处理方式，在荷载作用下，钢套管对 FRP 构件形成了一定的约束作用，限制了变形，提高了其承载力； （2）传力可靠：这类节点主要借鉴了钢结构的思想，与传统的钢结构类似，设计经验较为成熟，传力明确可靠； （3）连接方便：套管在工厂与复合材料进行胶接，现场只需进行金属件之间的螺栓连接，这与传统钢结构完全相同，技术要求较低，便于现场组装	

复合材料杆塔结构应根据构件具体的截面形式选择连接方式，对于管型截面构件，推荐采用套管式钢节点的连接方式；对于角型或其他开口截面，螺栓连接或胶接成为可能的选择。

2.2　材料标准

2.2.1　试验要求

由于复合材料是一种可设计的材料，其性能受到原料种类（树脂、纤维）和生产工艺的影响较大，此外，即使是同一种原料，不同原料厂家的产品其性能也会有所差异，不同复合材料厂家生产的复合材料性能也不同，比钢材的性能复杂得多。因此，对某一厂家的复合材料产品，必须经过充分的试验，包括材料性能试验和构件性能试验，得到该种复合材料的各项性能参数，从而为设计提供依据。

2.2.2 检验规则

1. 检验批

以同批原料、同一配方、同一工艺方法连续生产制成的复合材料杆塔制品算作一批。

2. 检验方式

复合材料试制定型或正常生产的产品改变原材料配方及工艺时，必须按照本要求规定进行型式检验，如有一项及以上不合格，则型式检验不合格。检测样品为复合材料杆塔部件或真型件原位裁取标准试样件。复合材料杆塔必须取得具有相应资质的完整、合格的检测报告，方可投入使用。

2.2.3 试验引用标准

1. 电气性能试验

电气性能试验一览表见表 2–6。

表 2–6 电气性能试验一览表

试验项目	参考标准
干、湿表面电阻率	GB/T 1410
干、湿体积电阻率	GB/T 1410
介电常数	GB/T 1409
耐电痕化	GB/T 6553
渗透试验	GB/T 19519
水扩散试验	GB/T 19519
界面和连接区试验	GB/T 19519
1h 淋雨	GB 13398
1000h 盐雾	GB/T 19519
工频污秽	GB/T 4585
雷电冲击	GB/T 16927.1
操作冲击	GB/T 16927.1
带电作业	GB/T 16927.1
168h 浸水试验	—
整塔防雷性能试验	—

2. 结构性能试验

结构性能一览表见表 2–7。

表 2–7　　结构性能试验一览表

试验类型	试验项目	参考标准
基本材料性能	密度	GB/T 1463
	拉伸强度及模量	GB/T 1447 GB/T 3354
	压缩强度及模量	GB/T 1448 GB/T 5258
	弯曲强度及模量	GB/T 1449
	剪切强度及模量	GB/T 1450.1 GB/T 1450.2 GB/T 3355
	纤维体积含量	GB/T 2577
	阻燃性能	GB/T 8924 GB/T 19519（硅橡胶伞裙）
	固化度	GB/T 2576
	热膨胀系数	GB/T 2572
构件、真型试验	材料及构件连接性能试验	—
	构件稳定性能试验	—
	构件强度试验	—
	真型试验	—

3. 老化性能试验

老化性能试验一览表见表 2–8。

表 2–8　　老化性能试验一览表

试验项目	参考标准
紫外老化	ISO 4892–1 ASTM G–151 ASTM G–154 GB/T 14522 GB/T 16422.3
氙灯老化	GB/T 16422.2
湿热交变老化	GB/T 10586 GB/T 2423.4 GJB 150.9A

续表

试验项目	参考标准
酸、碱、盐腐蚀	GB/T 2423.17 GJB 150.1A
臭氧腐蚀	GB/T 2941 GB/T 7762

2.2.4 试验验收标准

试验验收标准一览表见表 2–9。

表 2–9 试验验收标准一览表

试验名称	试验项目	判断指标
密度测试	密度	$< 2.2 g/cm^3$
拉伸性能测试	拉伸强度（拉挤）	≥ 750MPa
	拉伸模量（拉挤）	≥ 35MPa
	拉伸强度（缠绕）	≥ 600MPa
	拉伸模量（缠绕）	≥ 25MPa
压缩性能测试	压缩强度（拉挤）	≥ 400MPa
	压缩强度（缠绕）	≥ 200MPa
弯曲性能测试	弯曲强度（拉挤）	≥ 700MPa
	弯曲模量（拉挤）	≥ 35MPa
	弯曲强度（缠绕）	≥ 300MPa
	弯曲模量（缠绕）	≥ 15MPa
剪切性能测试	层间剪切强度（拉挤）	≥ 30MPa
	层间剪切强度（缠绕）	≥ 10MPa
	冲压式剪切强度	≥ 100MPa
纤维体积含量测试	纤维含量	60%~80%
阻燃试验	极限氧指数	≥ 30%
	硅橡胶伞套的阻燃性	达到 FV–0 级
固化度检测	树脂的固化程度	≥ 90%
热膨胀系数测试	平均线膨胀系数	$\leq 2.0 \times 10^{-5}/℃$
紫外老化	紫外老化性能损失	≤ 10%（120h）
氙灯老化	氙灯老化性能损失	≤ 10%（240h）
湿热交变老化	湿热交变老化性能损失	≤ 10%（30d）

续表

试验名称	试验项目	判断指标
酸、碱、盐腐蚀	酸老化性能损失	≤ 20%
	碱老化性能损失	≤ 30%
	盐老化性能损失	≤ 10%
臭氧腐蚀	臭氧老化性能损失	≤ 10%
表面电阻率、体积电阻率试验	体积电阻率（干态）	$\geqslant 1.0\times10^{13}$（Ω·cm）
	体积电阻率（湿态）	$\geqslant 1.0\times10^{11}$（Ω·cm）
	表面电阻率（干态）	$\geqslant 1.0\times10^{13}$（Ω）
	表面电阻率（湿态）	$\geqslant 1.0\times10^{11}$（Ω）
介质损耗因数测量	干态时介质损耗因数	≤ 0.02
复合材料耐电痕化试验	材料耐电痕化	≥ 4.5 级
	最大电蚀深度	≤ 2.5mm
渗透试验	染料上升贯通样品所用时间	> 15min
水扩散试验	试验期间电流	≤ 1mA（r.m.s.）
1h 淋雨试验		无滑闪、无火花或击穿，表面无可见漏电腐蚀痕迹，无可察觉的温升等

3 玻璃钢纤维复合材料力学性能试验研究

3.1 拉伸性能试验研究

按照 GB/T 1447—2005《纤维增强塑料拉伸性能试验方法》，设计纤维 0° 方向的拉挤成型与模压成型两种试件，分别对其进行测试。根据测试得到的数据，分别进行计算求得材料的弹性模量、泊松比与拉伸强度。

3.1.1 拉伸试件设计

设计的拉件试件分为拉挤成型和模压成型两种，实物如图 3-1 所示。

(a) 拉挤成型试件

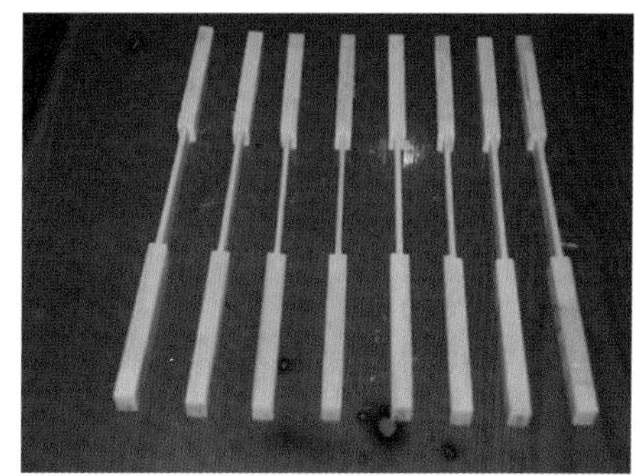

(b) 模压成型试件

图 3-1 试件实物图

拉挤成型及模压成型试件尺寸见表 3-1 和表 3-2。

表 3-1　　拉挤成型试件尺寸

编号	位置 1			位置 2			位置 3			面积平均值（mm²）	面积最小值（mm²）
	宽（mm）	厚（mm）	面积（mm²）	宽（mm）	厚（mm）	面积（mm²）	宽（mm）	厚（mm）	面积（mm²）		
1–1	15.28	3.48	53.17	15.26	3.48	53.10	15.26	3.50	53.41	53.23	53.10
1–2	15.10	3.46	52.25	15.08	3.48	52.48	15.08	3.46	52.18	52.30	52.18
1–3	15.10	3.48	52.55	15.06	3.44	51.81	15.08	3.46	52.18	52.18	51.81
1–4	15.20	3.40	51.68	15.16	3.42	51.85	15.14	3.40	51.48	51.67	51.48
1–5	14.78	3.48	51.43	14.72	3.40	50.05	14.70	3.42	50.27	50.59	50.05
1–6	15.00	3.48	52.20	15.06	3.46	52.11	15.02	3.44	51.67	51.99	51.67
1–7	14.96	3.40	50.86	15.02	3.44	51.67	15.98	3.42	54.65	52.39	50.86
1–8	15.08	3.52	53.08	15.06	3.48	52.41	15.06	3.42	51.51	52.33	51.51

表 3-2　　模压成型试件尺寸

编号	位置 1			位置 2			位置 3			面积最小值（mm²）	面积平均值（mm²）
	宽（mm）	厚（mm）	面积（mm²）	宽（mm）	厚（mm）	面积（mm²）	宽（mm）	厚（mm）	面积（mm²）		
2–1	15.28	3.48	53.17	15.26	3.48	53.10	15.26	3.50	53.41	53.23	53.10
2–2	15.10	3.46	52.25	15.08	3.48	52.48	15.08	3.46	52.18	52.30	52.18
2–3	15.10	3.48	52.55	15.06	3.44	51.81	15.08	3.46	52.18	52.18	51.81
2–4	15.20	3.40	51.68	15.16	3.42	51.85	15.14	3.40	51.48	51.67	51.48
2–5	14.78	3.48	51.43	14.72	3.40	50.05	14.70	3.42	50.27	50.59	50.05
2–6	15.00	3.48	52.20	15.06	3.46	52.11	15.02	3.44	51.67	51.99	51.67
2–7	14.96	3.40	50.86	15.02	3.44	51.67	15.98	3.42	54.65	52.39	50.86
2–8	15.08	3.52	53.08	15.06	3.48	52.41	15.06	3.42	51.51	52.33	51.51

3.1.2　试验方法及破坏形态

按照 GB/T 1447—2005《纤维增强塑料拉伸性能试验方法》，对试件进行试验加载，图 3–2 为试验加载照片，图 3–3 为拉伸试件的破坏形态，可以看出试件最终破坏时玻璃钢纤维从基体中崩断，基体破坏严重。

图 3–2　试验加载照片

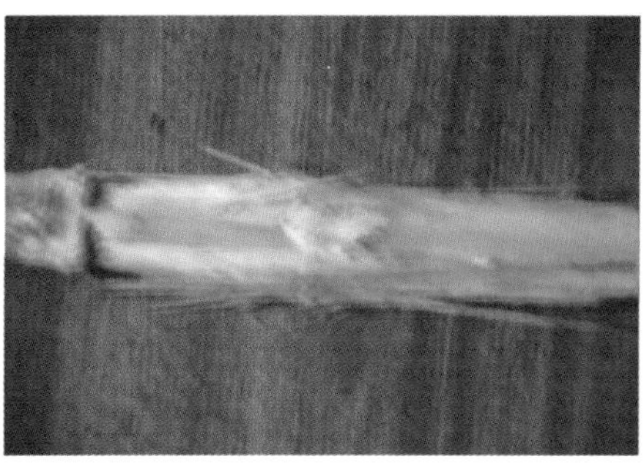

(a) 拉挤成型试件　　(b) 模压成型试件

图 3-3　试件破坏形态

3.1.3　拉伸性能

对两种类型的拉伸试件，其典型荷载—位移曲线如图 3-4 所示。

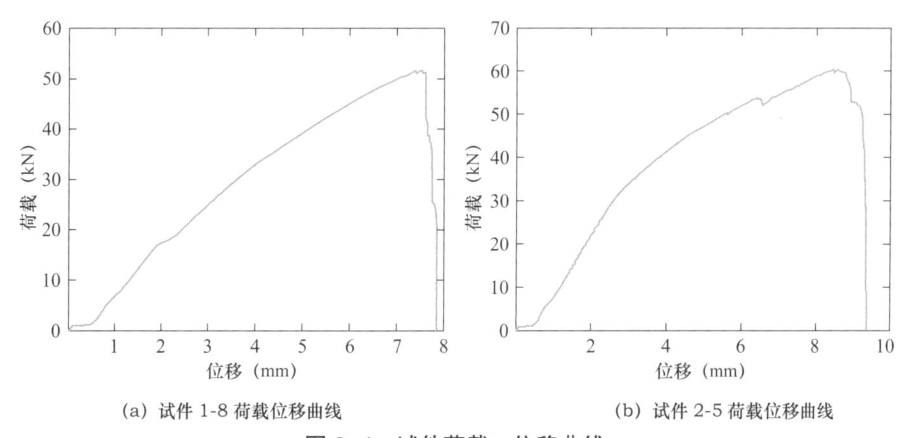

(a) 试件 1-8 荷载位移曲线　　(b) 试件 2-5 荷载位移曲线

图 3-4　试件荷载—位移曲线

由图 3-4 可以看出，在达到极限荷载时，拉挤成型试件荷载—位移曲线近似为线性增长，模压成型试件荷载—位移曲线存在弯曲部分，但是达到极限时，两种拉伸试件承载力急剧下降，呈现明显的脆性。

拉伸应力（拉伸屈服应力，拉伸断裂应力或拉伸强度）按式（3-1）计算

$$\sigma_L = \frac{F}{b \cdot d} \tag{3-1}$$

式中：σ_L 为拉伸强度（断裂之前承受的最大应力），MPa；F 为破坏荷载，N，从拉伸试件的荷载—位移曲线求得；b 试样宽度，mm；d 为试样厚度，mm。

拉伸弹性模量按式（3-2）计算

$$E_y = \frac{L_0 \cdot \Delta P}{b \cdot d \cdot \Delta L} \tag{3-2}$$

式中：E_y 为拉伸弹性模量，MPa；ΔP 为荷载—变形曲线直线段荷载增量，N；ΔL 为与荷载增量 ΔP 对应的标距 L_0 内的变形增量，mm。

通过应变数据，计算泊松比见式（3-3）

$$\mu = -\frac{\varepsilon_2}{\varepsilon_1} \tag{3-3}$$

式中：μ 为泊松比；ε_1、ε_2 分别为与荷载增量 ΔP 对应的轴向应变和横向应变。

试件拉伸强度分别见表 3-3 和表 3-4。

表 3-3　　拉挤成型试件拉伸强度

试件编号	1-1	1-2	1-3	1-4	1-5	1-6	1-7	1-8	平均值
面积（mm^2）	53.10	52.18	51.81	51.48	50.05	51.67	50.86	51.51	
破坏荷载（kN）	—	47.66	48.92	45.99	67.09	44.94	62.72	53.98	
拉伸强度（MPa）	—	875.26	869.66	972.48	982.21	942.82	1003.59	999.58	908.08

注　1-1 试件夹持段剪切破坏，非工作段拉断，不计入拉伸强度计算范围。

表 3-4　　模压成型试件拉伸强度

试件编号	2-1	2-2	2-3	2-4	2-5	2-6	2-7	2-8	平均值
面积（mm^2）	59.00	61.61	58.19	60.78	59.92	63.67	61.53	60.28	
破坏荷载（kN）	55.66	58.70	56.64	55.70	60.18	62.46	68.62	61.19	
拉伸强度（MPa）	943.39	955.27	973.33	917.44	1007.99	982.23	1115.33	1015.14	988.76

拉伸试件弹性模量及泊松比分别见表 3-5 和表 3-6。

表 3-5　　拉挤成型试件弹性模量及泊松比

试件编号	1-1	1-2	1-3	1-4	1-5	1-6	1-7	1-8	平均值
弹性模量（GPa）	47.94	43.50	44.62	45.62	42.33	44.22	43.27	45.53	44.16
泊松比	0.303	0.261	0.308	0.282	0.248	0.279	0.260	0.278	0.277

表 3-6　　模压成型试件弹性模量及泊松比

试件编号	2-1	2-2	2-3	2-4	2-5	2-6	2-7	2-8	平均值
弹性模量（GPa）	50.45	49.65	52.15	49.39	49.01	51.16	50.53	52.2	50.57
泊松比	0.282	0.31	0.26	0.281	0.306	0.285	0.29	0.3	0.289

拉伸试件极限应变分别见表 3–7 及表 3–8。

表 3–7 拉挤成型试件极限应变

试件编号	1–1	1–2	1–3	1–4	1–5	1–6	1–7	1–8
破坏荷载（kN）	33.6	45.23	45	48.09	44.05	48.05	49.99	46.11
纵向微应变	13602	19947	19283	20207	20629	21446	22164	19138
横向微应变	4247	6353	6140	5993	5253	5844	5537	6038

表 3–8 模压成型试件极限应变

试件编号	2–1	2–2	2–3	2–4	2–5	2–6	2–7	2–8
破坏荷载（kN）	55.61	54.19	55.35	31.43	59.92	62.06	58.03	48.06
纵向微应变	19322	19490	17753	11371	23521	18925	19968	15470
横向微应变	5359	6303	4733	3426	7260	5869	5675	5371

综上，由于加工工艺不同，模压和拉挤两种纤维方向相同的试件结果稍有不同。拉伸强度方面，拉挤试件平均强度为 908.08MPa，模压成型试件平均强度为 988.76MPa。弹性模量和泊松比方面，拉挤试件弹性模量和泊松比为 44.16、0.277；模压试件为 50.57、0.289。两组试件的最大微应变均可达到 20000 微应变左右，较为接近。

3.2 压缩性能试验研究

按照 GB/T 1448—2005《纤维增强塑料压缩性能试验方法》，设计不同纤维方向、不同工艺、不同形状的四组试件，分别对其进行测试。根据测试得到的数据，分别进行计算求得材料的压缩状态下的弹性模量、泊松比与压缩强度。

3.2.1 压缩试件设计

设计的压缩试件分为四类：①短方柱，方形，长为截面宽 2 倍，90° 纤维方向；②长方柱，方形，长为截面宽 3 倍，90° 纤维方向；③短圆柱，圆形，长为截面直径 2 倍，0° 纤维方向；④长圆柱，圆形，长为截面直径 3 倍，0° 纤维方向。各试件实物如图 3–5 所示。

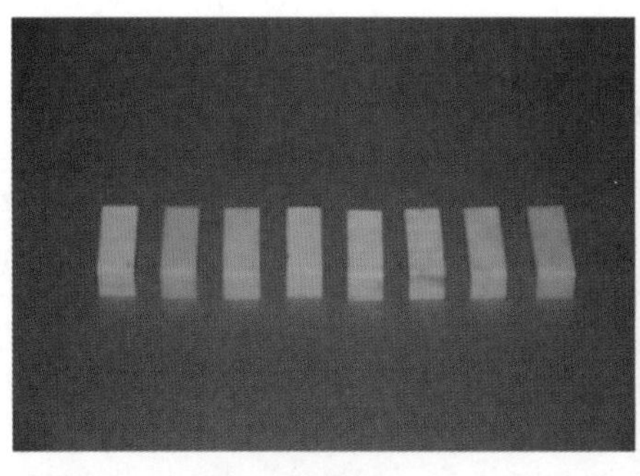

(a) 短方柱试件

(b) 长方柱试件

(c) 短圆柱试件

(d) 长圆柱试件

图 3-5　压缩试件实物图

各试件尺寸见表 3-9~ 表 3-12。

表 3-9　　短方柱试件尺寸

试件编号	位置 1			位置 2			位置 3			面积最小值（mm^2）	面积平均值（mm^2）
	长（mm）	宽（mm）	面积（mm^2）	长（mm）	宽（mm）	面积（mm^2）	长（mm）	宽（mm）	面积（mm^2）		
3-1	12.24	12.5	153.00	12.3	12.56	154.49	12.4	12.56	155.74	153.00	154.41
3-2	12.28	12.38	152.03	12.28	12.4	152.27	12.26	12.4	152.02	152.02	152.11
3-3	12.36	12.26	151.53	12.36	12.24	151.29	12.34	12.16	150.05	150.05	150.96
3-4	12.36	12.58	155.49	12.36	12.6	155.74	12.26	12.66	155.21	155.21	155.48
3-5	12.26	12.3	150.80	12.28	12.3	151.04	12.3	12.36	152.03	150.80	151.29
3-6	12.28	12.5	153.50	12.26	12.5	153.25	12.26	12.46	152.76	152.76	153.17
3-7	12.56	12.26	153.99	12.52	12.3	154.00	12.46	12.28	153.01	153.01	153.66
3-8	11.96	11.9	142.32	11.98	11.94	143.04	12	11.92	143.04	142.32	142.80

表 3–10 长方柱试件尺寸

试件编号	位置 1			位置 2			位置 3			面积最小值（mm²）	面积平均值（mm²）
	长（mm）	宽（mm）	面积（mm²）	长（mm）	宽（mm）	面积（mm²）	长（mm）	宽（mm）	面积（mm²）		
4–1	11.98	11.98	143.52	12.01	11.90	142.92	12.00	11.96	143.52	142.92	143.32
4–2	12.06	12.06	145.44	12.06	12.00	144.72	12.00	12.00	144.00	144.00	144.72
4–3	11.94	12.04	143.76	11.96	12.06	144.24	11.94	12.06	144.00	143.76	144.00
4–4	12.00	12.20	146.40	12.00	12.22	146.64	12.00	12.24	146.88	146.40	146.64
4–5	12.00	11.84	142.08	12.00	11.88	142.56	12.00	11.90	142.80	142.08	142.48
4–6	12.00	12.06	144.72	12.10	12.00	145.20	12.08	12.06	145.68	144.72	145.20
4–7	12.00	12.16	145.92	12.00	12.06	144.72	12.04	12.10	145.68	144.72	145.44
4–8	11.94	12.00	143.28	11.88	12.00	142.56	11.86	12.20	144.69	142.56	143.51

表 3–11 短圆柱试件尺寸

试件编号	位置 1		位置 2		位置 3		面积最小值（mm²）	面积平均值（mm²）
	直径（mm）	截面积（mm²）	直径（mm）	截面积（mm²）	直径（mm）	截面积（mm²）		
5–1	11.74	108.25	11.72	107.88	11.74	108.25	107.88	108.13
5–2	11.78	108.93	11.76	108.62	11.76	108.62	108.62	108.72
5–3	11.8	109.3	11.78	108.99	11.78	108.99	108.99	109.09
5–4	11.76	108.62	11.78	108.99	11.8	109.3	108.62	108.97
5–5	11.8	109.3	11.78	108.99	11.8	109.3	108.99	109.2
5–6	11.8	109.3	11.74	108.25	11.82	109.73	108.25	109.09
5–7	11.94	111.97	11.86	110.47	11.9	111.22	110.47	111.22
5–8	11.8	109.3	11.78	108.99	11.76	108.62	108.62	108.97

表 3–12 长圆柱试件尺寸

试件编号	位置 1		位置 2		位置 3		面积最小值（mm²）	面积平均值（mm²）
	直径（mm）	截面积（mm²）	直径（mm）	截面积（mm²）	直径（mm）	截面积（mm²）		
6–1	11.78	108.99	11.8	109.36	11.8	109.36	108.99	109.24
6–2	11.80	109.36	11.82	109.73	11.84	110.10	109.36	109.73
6–3	11.90	111.22	11.9	111.22	11.88	110.85	110.85	111.10
6–4	11.78	108.99	11.76	108.62	11.78	108.99	108.62	108.87
6–5	11.80	109.36	11.82	109.73	11.82	109.73	109.36	109.61
6–6	11.94	111.97	11.96	112.34	11.98	112.72	111.97	112.34
6–7	12.00	113.10	11.98	112.72	11.98	112.72	112.72	112.85
6–8	11.88	110.85	11.88	110.85	11.88	110.85	110.85	110.85

3.2.2 试验方法及破坏形态

依据 GB/T 1448—2005《纤维增强塑料压缩性能试验方法》，以方柱为例，压缩试件的破坏形态如图 3-6 所示。

(a) 短方柱

(b) 长方柱

图 3-6 试件破坏形态

通过图 3-6 可以看出，短柱试件由于纤维的方向与加载方向垂直，所以其破坏为 45° 方向的脆性压碎破坏；而长柱试件试件破坏大致有两种形态，一种与混凝土试块类似，中间出现不同方向裂纹开裂；另外一种为顶部出现 45° 裂缝开裂破坏。

3.2.3 压缩性能

对四种类型的压缩试件，其典型荷载—位移曲线如图 3-7 所示（以方柱试件为例）。

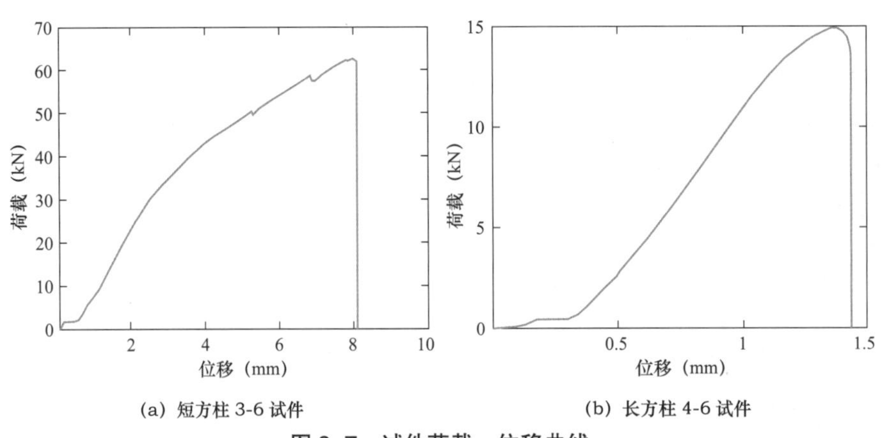

(a) 短方柱 3-6 试件　　(b) 长方柱 4-6 试件

图 3-7 试件荷载—位移曲线

通过图 3-7 可以看出，在达到极限荷载时，复合材料压缩试件荷载—位移曲线近似为线性增长，短方柱试件荷载—位移曲线存在弯曲部分，但是达到极限时，两种拉伸试件承载力急剧下降，呈现明显的脆性。

压缩强度、压缩模量及泊松比的计算与拉伸试件计算一致。试件压缩强度见表3-13~ 表3-16。

表 3-13　　短方柱试件压缩强度

试件编号	3-1	3-2	3-3	3-4	3-5	3-6	3-7	3-8	平均值
面积（mm^2）	153.00	152.02	150.05	155.21	150.80	152.76	152.74	142.32	
破坏荷载（kN）	—	—	19.51	12.63	15.94	14.95	10.62	10.73	
压缩强度（MPa）	—	—	130.02	81.34	105.69	97.89	69.52	75.42	81.04

注　由于试件极限荷载较小与试验操作原因，3-1、3-2 均未采到数据，3-3、3-5 数值明显偏大剔除，取 3-4、3-6、3-7、3-8 的平均值为 81.04MPa。

表 3-14　　长方柱试件压缩强度

试件编号	4-1	4-2	4-3	4-4	4-5	4-6	4-7	4-8	平均值
面积（mm^2）	142.92	144.00	143.76	146.40	142.08	144.72	144.72	142.56	
破坏荷载（kN）	11.17	11.64	14.62	12.27	14.16	14.89	15.44	16.86	
压缩强度（MPa）	78.18	80.85	101.72	83.84	99.69	102.88	106.68	118.24	96.51

表 3-15　　短圆柱试件压缩强度

试件编号	5-1	5-2	5-3	5-4	5-5	5-6	5-7	5-8	平均值
面积（mm^2）	107.88	108.62	108.99	108.62	108.99	108.25	110.47	108.62	
破坏荷载（kN）	54.06	49.29	49.59	45.12	52.48	49.41	51.52	46.16	
压缩强度（MPa）	501.08	453.78	455.04	415.38	481.50	456.40	466.36	424.99	456.82

表 3-16　　长圆柱试件压缩强度

试件编号	6-1	6-2	6-3	6-4	6-5	6-6	6-7	6-8	平均值
面积（mm^2）	108.99	109.36	110.85	108.62	109.36	111.97	112.72	110.85	
破坏荷载（kN）	42.68	43.48	—	—	42.42	39.06	44.07	45.13	
压缩强度（MPa）	391.64	397.63	—	—	387.90	348.89	390.94	407.10	387.17

试件弹性模量及泊松比见表 3-17~ 表 3-20。

表 3-17　　短方柱试件压缩模量及泊松比

试件编号	3-1	3-2	3-3	3-4	3-5	3-6	3-7	3-8	平均值
弹性模量（GPa）	—	—	15.52	9.14	16.63	18.56	14.23	9.47	16.23
泊松比	—	—	0.626	0.851	0.458	0.693	—	0.254	0.5764

表 3-18　　长方柱试件压缩模量及泊松比

试件编号	4-1	4-2	4-3	4-4	4-5	4-6	4-7	4-8	平均值
弹性模量（GPa）	8.31	14.85	15.23	19.49	13.73	13.78	11.43	26.09	14.75
泊松比	—	0.428	0.488	0.354	0.747	0.567	0.069	0.090	0.392

表 3-19　　短圆柱试件压缩模量及泊松比

试件编号	5-1	5-2	5-3	5-4	5-5	5-6	5-7	5-8	平均值
弹性模量（GPa）	52.32	33.96	67.12	39.00	64.08	56.85	47.46	25.15	57.57
泊松比	0.225	0.275	0.450	0.261	0.292	0.296	0.284	0.148	0.272

表 3-20　　长圆柱试件压缩模量及泊松比

试件编号	6-1	6-2	6-3	6-4	6-5	6-6	6-7	6-8	平均值
弹性模量（GPa）	45.58	41.89	—	—	65.69	37.10	57.58	46.23	49.01
泊松比	0.317	0.242	0.215	0.250	0.315	0.288	0.206	0.265	0.272

试件压缩极限应变见表 3-21~ 表 3-24。

表 3-21　　短方柱试件极限应变

试件编号	3-1	3-2	3-3	3-4	3-5	3-6	3-7	3-8
破坏荷载（kN）	—	—	19.5	11.36	15.06	14.7	10.25	10.41
纵向微应变	—	—	-7582	-8970	-6149	-6142	-2475	-8252
横向微应变	—	—	5568	9072	2891	5013	—	2122

表 3-22　　长方柱试件极限应变

试件编号	4-1	4-2	4-3	4-4	4-5	4-6	4-7	4-8
破坏荷载（kN）	11.09	11.64	14.51	12.06	14.09	14.8	13.05	15.69
纵向微应变	-21061	-5638	-9975	-4403	-8455	-8096	-8631	-4750
横向微应变	—	4285	4403	1700	5294	4309	500	393

表 3-23　　短圆柱试件极限应变

试件编号	5-1	5-2	5-3	5-4	5-5	5-6	5-7	5-8
破坏荷载（kN）	52.99	26.99	49.55	43.96	50.18	48.27	51.28	45.57
纵向微应变	-8176	-7251	-7540	-8994	-8842	-7626	-7318	-7084
横向微应变	2561	1072	2438	1751	2126	2193	2317	3249

表 3–24 长圆柱试件极限应变

试件编号	6–1	6–2	6–3	6–4	6–5	6–6	6–7	6–8
破坏荷载（kN）	42.38	43.26	39.82	44.27	42.13	30.75	42.08	45.11
纵向微应变	–8621	–9547	–9509	–11388	–6343	–6896	–7556	–10564
横向微应变	3331	2344	2063	2637	2122	2019	1511	2760

通过对四种不同工艺与形状的四种压缩试件分析，可以得出：在承载力方面，由于纤维方向不同，0° 纤维方向试件明显高于 90° 纤维方向试件，达到 4 倍左右，短圆柱的承载力略大于长圆柱，短方柱与长方柱基本无差别；在弹性模量方面，在纤维方向的弹模明显较大，约为垂直纤维方向的 3 倍；在泊松比方面，方柱试件泊松比波动较大，与试件加工离散性有关，圆柱的泊松比大约均为 0.3 左右，与试件长短关系不大。

3.3 弯曲性能试验研究

按照 GB/T 1449—2005《纤维增强塑料弯曲性能试验方法》，设计不同纤维方向、不同工艺、不同形状的三组试件，分别对其进行测试。根据测试得到的数据，分别进行计算求得材料的弯曲状态下的弯曲强度与弯曲模量。

3.3.1 弯曲试件设计

弯曲试件分为三类：模压成型（90° 纤维方向）、模压成型（0° 纤维方向）和拉挤成型（0° 纤维方向）。试件实物图如图 3–8 所示。

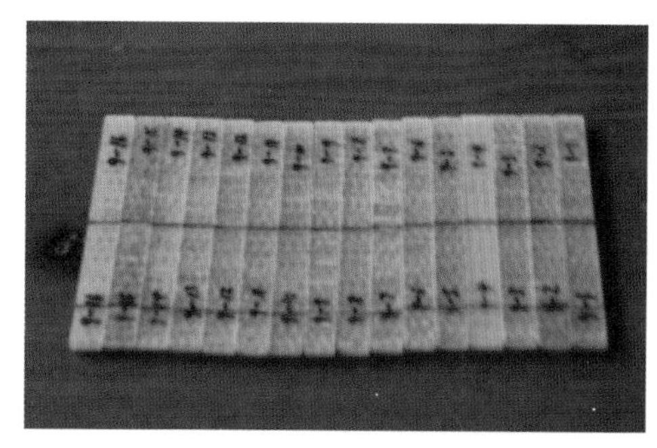

(a) 模压成型（90° 纤维方向）试件

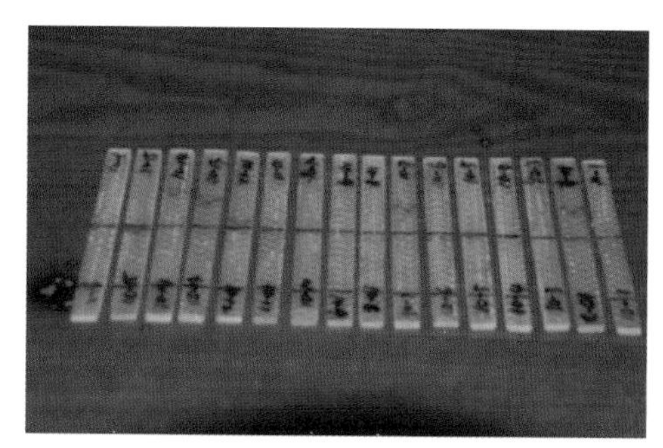

(b) 模压成型（0° 纤维方向）试件

图 3–8 试件实物图（一）

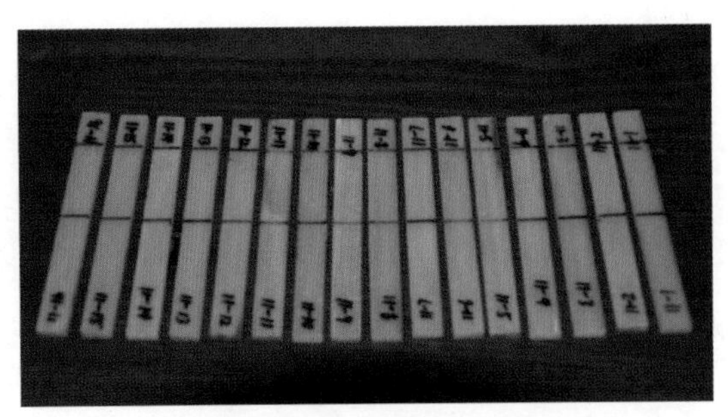

(c) 拉挤成型（0° 纤维方向）试件

图 3-8　试件实物图（二）

各类型试件具体尺寸见表 3-25~ 表 3-27。

表 3-25　　模压成型（90° 纤维方向）试件尺寸

试件编号	位置 1		位置 2		位置 3	
	宽（mm）	厚（mm）	宽（mm）	厚（mm）	宽（mm）	厚（mm）
7-1	10.30	3.70	10.30	3.68	10.30	10.30
7-2	10.18	3.90	10.20	3.86	10.16	10.18
7-3	10.26	3.80	10.30	3.76	10.22	10.26
7-4	10.22	3.88	10.22	3.80	10.18	10.22
7-5	10.00	3.80	10.24	3.86	9.92	10.00
7-6	9.82	3.63	9.82	3.70	9.72	9.82
7-7	9.86	3.74	10.14	3.68	10.00	9.86
7-8	10.10	3.64	10.14	3.68	10.14	10.10
7-9	10.04	3.64	10.30	3.66	10.10	10.04
7-10	10.12	3.80	10.44	3.82	10.34	10.12
7-11	9.98	3.60	10.06	3.68	10.08	9.98
7-12	10.10	3.78	10.18	3.76	10.14	10.10
7-13	10.16	3.70	10.30	3.72	10.38	10.16
7-14	9.84	3.68	9.88	3.70	9.82	9.84
7-15	9.86	3.76	10.08	3.80	9.90	9.86
7-16	9.94	3.78	9.86	3.78	9.74	9.94

表 3-26　　模压成型（0° 纤维方向）试件尺寸

试件编号	位置 1		位置 2		位置 3	
	宽（mm）	厚（mm）	宽（mm）	厚（mm）	宽（mm）	厚（mm）
8-1	9.94	3.54	9.86	3.62	9.92	3.66
8-2	10.3	3.82	10.36	3.8	10.28	3.74

续表

试件编号	位置 1		位置 2		位置 3	
	宽（mm）	厚（mm）	宽（mm）	厚（mm）	宽（mm）	厚（mm）
8–3	9.8	3.54	9.62	3.66	9.54	3.44
8–4	10	3.64	10.12	3.68	10.14	3.64
8–5	10.3	3.58	10.28	3.64	10.26	3.72
8–6	10.16	3.7	10.4	3.76	10.25	3.74
8–7	10.36	3.84	10.5	3.74	10.4	3.7
8–8	10.1	3.58	10.06	3.6	9.98	3.54
8–9	10.1	3.74	10	3.72	9.92	3.68
8–10	10.3	3.52	10.34	3.64	10.3	3.6
8–11	10.1	3.56	10.12	3.62	10.06	3.68
8–12	10.14	3.74	10.2	3.72	10.28	3.68
8–13	10.38	3.7	10.3	3.76	10	3.82
8–14	10.32	3.64	10.34	3.72	10.3	3.76
8–15	10.3	3.6	10.36	3.64	10.34	3.74
8–16	10.2	3.7	10.18	3.64	10.06	3.64

表 3–27 拉挤成型（0° 纤维方向）试件尺寸

试件编号	位置 1		位置 2		位置 3	
	宽（mm）	厚（mm）	宽（mm）	厚（mm）	宽（mm）	厚（mm）
9–1	10.1	4.02	10.3	3.98	10	4
9–2	9.96	4.06	10.08	4.04	10.04	4.06
9–3	10.06	4.04	10.12	4.04	10.2	4.1
9–4	10.1	4.08	10.14	4.1	10.36	4.12
9–5	10	4.06	10	4.08	10.06	4.04
9–6	10.12	4.06	10.1	4.08	10.1	4.08
9–7	10.2	4.04	10.24	4.1	10.2	4.06
9–8	10.1	4.1	10.16	4.12	10.22	4.1
9–9	10.04	4.08	10.1	4.08	10.16	4.04
9–10	9.98	4.06	10.08	4.12	10.14	4.04
9–11	9.9	4.1	9.96	4.04	10.02	4.02
9–12	10.2	4.08	10.2	4.06	10.16	4.1
9–13	10.14	4.04	10.2	4.06	10.08	4.04
9–14	10	4.04	10.14	4.08	10.2	4.08
9–15	10.14	4.08	10.1	4.12	10	4.06
9–16	10.06	4.12	10.1	4.14	10.24	4.1

3.3.2 试验方法及破坏形态

按照 GB/T 1449—2005《纤维增强塑料弯曲性能试验方法》，对试件进行试验加载。弯曲试验现场如图 3-9 和图 3-10 所示。

图 3-9 弯曲加载夹具

图 3-10 试件加载

试件最终弯曲破坏形态如图 3-11 所示（以模压成型试件 0° 纤维方向），即纤维从基体中崩断，试件在加载点处弯折破坏。

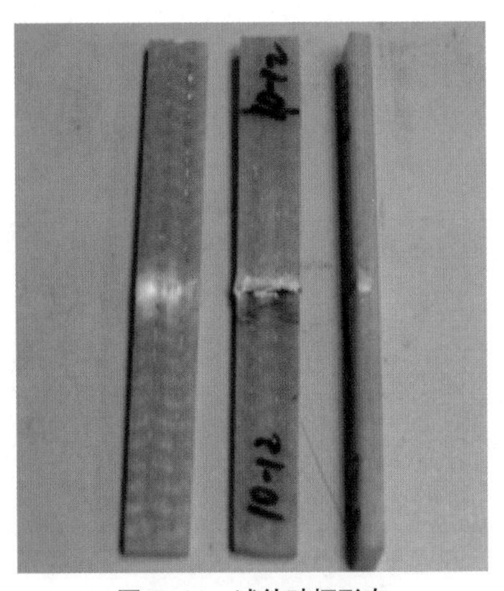

图 3-11 试件破坏形态

3.3.3 弯曲性能

对各类型的弯曲试件，其典型荷载—位移曲线如图 3-12 所示。其中，模压成型（90° 纤维方向）试件由于纤维方向与弯曲方向垂直，试件在加载时挠度迅速直线增长，在荷载很小的情况下随着树脂的开裂迅速破坏，破坏后还能保持一定的承载力；模压成型（0° 纤维方向）试件由于纤维方向与弯曲方向共面，试件的承载能力要高于 90° 纤维方向试件，在加载时挠度迅速直线增长，从荷载—位移曲线可看到在树脂破坏时出现的小水平段，在荷载到 1kN 左右时破坏，随着纤维的断裂而迅速破坏；拉挤成型（0° 纤维方向）试件的承载能力要高于模压成型（90° 纤维方向）试件和模压成型（0° 纤维方向）试件。

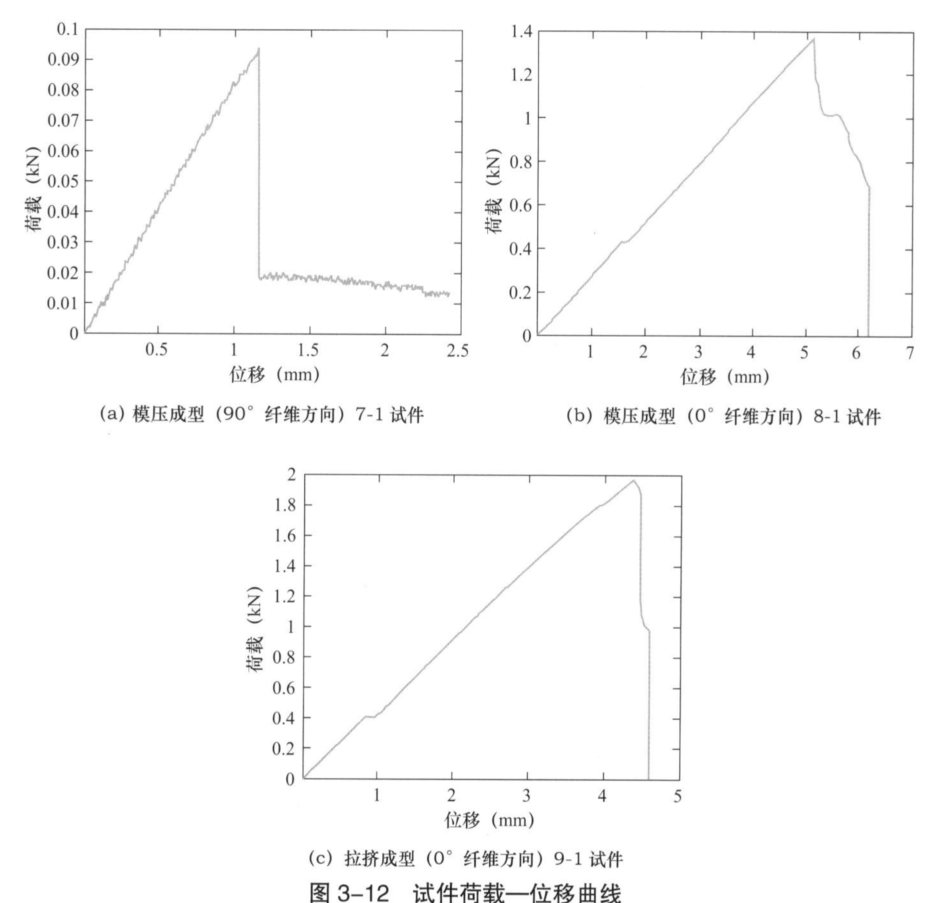

(a) 模压成型（90° 纤维方向）7-1 试件　　(b) 模压成型（0° 纤维方向）8-1 试件

(c) 拉挤成型（0° 纤维方向）9-1 试件

图 3-12　试件荷载—位移曲线

材料强度采用弯曲试验测试试件的破坏荷载，弯曲强度（或挠度为 1.5 倍试样厚度时的弯曲应力）按式（3-4）计算

$$\sigma_f = \frac{3Pl}{2b \cdot h^2}\left[1+\left(S/l\right)^2\right] \tag{3-4}$$

式中：σ_f 为弯曲强度，MPa；l 为跨距，mm；S 为试样跨距中点的挠度；P 为破坏荷载，N；b 为试样宽度，mm；h 为试样厚度，mm。

弯曲弹性模量按式（3-5）计算

$$E_f = \frac{l^3 \cdot \Delta P}{4b \cdot h^3 \cdot \Delta S} \tag{3-5}$$

式中：E_f 为弯曲弹性模量，GPa；l 为跨距，mm；ΔP 为荷载—挠度曲线直线段荷载增量，N；b、h 分别为试样宽度，厚度，mm；ΔS 是与荷载增量 ΔP 对应的跨距中点处的挠度增量，mm。

通过计算，各类型试件的弯曲强度见表 3-28~ 表 3-30。

表 3-28　　模压成型（90° 纤维方向）试件弯曲强度

试件编号	7-1	7-2	7-3	7-4	7-5	7-6	7-7	7-8
弯曲强度（MPa）	66.73	54.45	56.25	47.30	68.30	47.68	62.50	54.00
试件编号	7-9	7-10	7-11	7-12	7-13	7-14	7-15	7-16
弯曲强度（MPa）	51.15	64.07	55.95	58.86	60.67	41.36	62.13	60.01
平均值（MPa）	56.96							

表 3-29　　模压成型（0° 纤维方向）试件弯曲强度

试件编号	8-1	8-2	8-3	8-4	8-5	8-6	8-7	8-8
弯曲强度（MPa）	1079.45	979.57	1184.92	1060.97	1143.61	1034.36	1111.96	1187.68
试件编号	8-9	8-10	8-11	8-12	8-13	8-14	8-15	8-16
弯曲强度（MPa）	933.91	1192.54	1087.09	1059.28	1133.64	1059.06	1078.18	968.72
平均值（MPa）	1080.94							

表 3-30　　拉挤成型（0° 纤维方向）试件弯曲强度

试件编号	9-1	9-2	9-3	9-4	9-5	9-6	9-7	9-8
弯曲强度（MPa）	1202.35	1172.22	1172.36	1192.5	1171.73	1136.4	1039.49	1072.64
试件编号	9-9	9-10	9-11	9-12	9-13	9-14	9-15	9-16
弯曲强度（MPa）	1102.58	1115.55	900.34	1153.31	1169.5	1115.3	1166.85	1135.12
平均值（MPa）	1126.14							

各试件的弯曲模量见表 3-31~ 表 3-33。

表 3-31　　模压成型（90° 纤维方向）试件弯曲模量

试件编号	7-1	7-2	7-3	7-4	7-5	7-6	7-7	7-8
弯曲模量（GPa）	10.58	10.02	9.37	9.68	9.95	8.85	10.2	9.74
试件编号	7-9	7-10	7-11	7-12	7-13	7-14	7-15	7-16
弯曲模量（GPa）	9.27	9.94	9.93	9.83	9.7	7.76	9.79	9.52
平均值（GPa）	9.63							

表 3-32　模压成型（0° 纤维方向）试件弯曲模量

试件编号	8-1	8-2	8-3	8-4	8-5	8-6	8-7	8-8
弯曲模量（GPa）	37.77	35.33	38.54	36.47	41.08	35.6	40.23	41.38
试件编号	8-9	8-10	8-11	8-12	8-13	8-14	8-15	8-16
弯曲模量（GPa）	35.41	41.25	38.21	38.32	36.14	37.87	36.58	37.6
平均值（GPa）	37.99							

表 3-33　拉挤成型（0° 纤维方向）试件弯曲模量

试件编号	9-1	9-2	9-3	9-4	9-5	9-6	9-7	9-8
弯曲模量（GPa）	46.16	45.54	45.91	45.56	46.31	44.65	44.02	44.62
试件编号	9-9	9-10	9-11	9-12	9-13	9-14	9-15	9-16
弯曲模量（GPa）	44.67	45.12	41.48	45.66	47.14	44.11	44.14	44.65
平均值（GPa）	44.98							

通过上述计算所得弯曲试件相关性能，发现：由于纤维方向的不同，相对不同的工艺，弯曲强度和弹性模量都相差很大，90° 纤维方向模压试件弯曲强度仅为59.96MPa，而0° 纤维方向模压试件达到1080.94MPa；在弹性模量方面，90° 纤维方向试件为9.63GPa，0° 纤维方向试件达到37.99GPa。针对不同工艺相同纤维方向的试件，弯曲强度相差较小，拉挤成型试件达到1126.14MPa，模压成型试件为1080.94MPa；弯曲弹性模量拉挤成型试件达到将近45GPa，模压成型试件弹模量为37.99GPa。

3.4　剪切性能试验研究

根据GB/T 3355—2005《纤维增强塑料纵横剪切试验方法》、GB/T 1450.1—2005《纤维增强塑料层间剪切强度试验方法》，设计如下两种试件：拉剪试件和层间剪切试件。两种试件分别采用不同夹具对试件进行加载，得到各荷载步下的荷载、应变值，进行计算求得材料的剪切模量与剪切强度。

3.4.1　剪切试件设计

试验用拉剪试件及层间剪切试件设计尺寸如图3-13和图3-14所示。

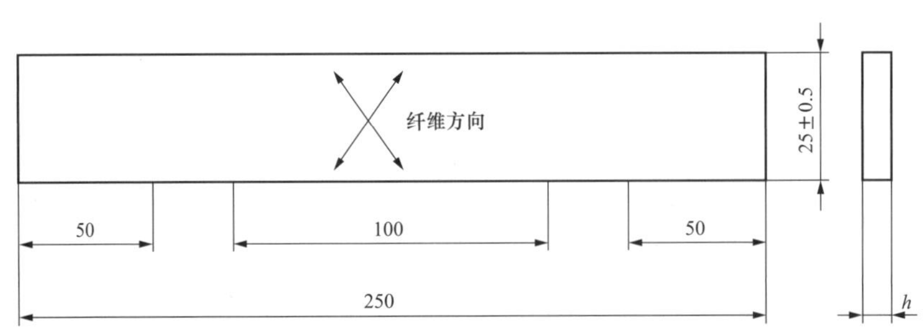

图 3-13　拉剪试件设计尺寸

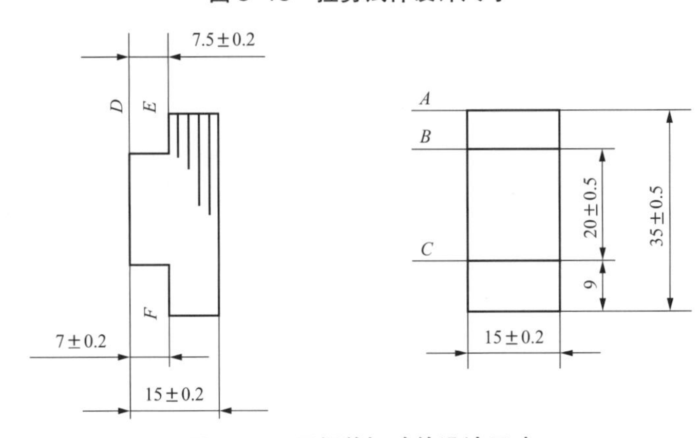

图 3-14　层间剪切试件设计尺寸

剪切试件实物图如图 3-15~ 图 3-17 所示。

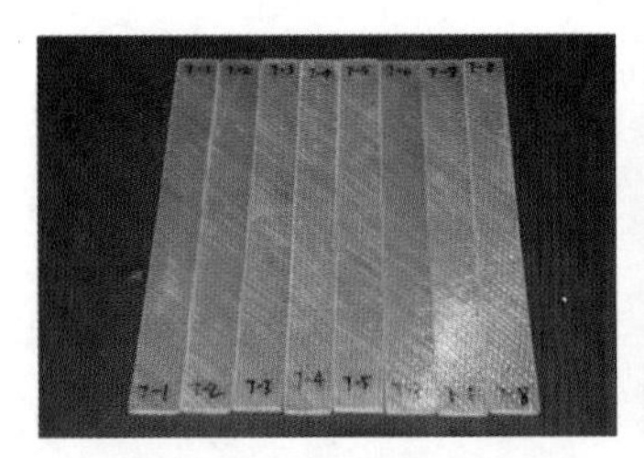

图 3-15　拉剪试件
（45°纤维方向）

图 3-16　拉剪试件
（±45°纤维方向）

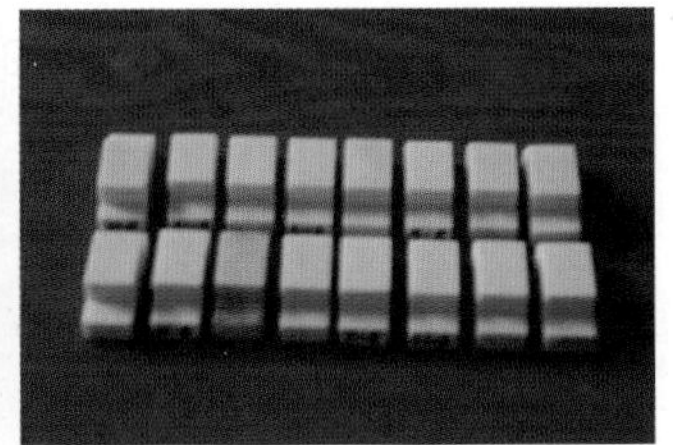

图 3-17　层间剪切试件
（0°纤维方向）

各类型试件具体尺寸见表 3-34~ 表 3-36。

表 3-34　　拉剪试件（45°纤维方向）试件尺寸

试件编号	位置 1			位置 2			位置 3			面积最小值（mm^2）	面积平均值（mm^2）
	宽（mm）	厚（mm）	面积（mm^2）	宽（mm）	厚（mm）	面积（mm^2）	宽（mm）	厚（mm）	面积（mm^2）		
10-1	25.02	3.7	92.57	24.86	3.78	93.97	24.98	3.82	95.42	92.57	93.99
10-2	25.10	3.76	94.38	25.04	3.82	95.65	24.86	3.84	95.46	94.38	95.16

续表

试件编号	位置 1			位置 2			位置 3			面积最小值（mm²）	面积平均值（mm²）
	宽（mm）	厚（mm）	面积（mm²）	宽（mm）	厚（mm）	面积（mm²）	宽（mm）	厚（mm）	面积（mm²）		
10–3	25.32	3.94	99.76	25.30	3.96	100.19	25.42	3.94	100.15	99.76	100.03
10–4	25.24	4.22	106.51	25.24	4.12	103.99	25.26	4.08	103.06	103.06	104.52
10–5	25.26	3.94	99.52	25.28	3.92	99.10	25.50	3.98	101.49	99.10	100.04
10–6	25.00	3.88	97.00	24.78	3.88	96.15	24.62	3.94	97.00	96.15	96.72
10–7	25.02	4.16	104.08	25.04	4.22	105.67	25.04	4.28	107.17	104.08	105.64
10–8	25.22	3.92	98.86	25.16	3.94	99.13	25.20	3.90	98.28	98.28	98.76
10–9	25.00	3.86	96.50	25.00	3.86	96.50	24.70	3.88	95.84	95.84	96.28
10–10	25.48	3.94	100.39	25.48	3.92	99.88	25.36	4.00	101.44	99.88	100.57
10–11	24.76	3.88	96.07	24.90	3.90	97.11	25.02	3.88	97.08	96.07	96.75
10–12	24.96	3.92	97.84	24.84	3.94	97.87	24.90	3.88	96.61	96.61	97.44
10–13	25.40	4.12	104.65	25.36	4.12	104.48	25.36	4.12	104.48	104.48	104.54
10–14	25.34	4.34	109.98	25.34	4.32	109.47	25.40	4.28	108.71	108.71	109.39
10–15	25.28	3.9	98.59	25.22	3.88	97.85	25.24	3.92	98.94	97.85	98.46
10–16	25.28	4.38	110.73	25.24	4.32	109.04	25.32	4.32	109.38	109.04	109.72

表 3–35　　拉剪试件（±45° 纤维方向）试件尺寸

试件编号	位置 1			位置 2			位置 3			面积最小值（mm²）	面积平均值（mm²）
	宽（mm）	厚（mm）	面积（mm²）	宽（mm）	厚（mm）	面积（mm²）	宽（mm）	厚（mm）	面积（mm²）		
11–1	25.72	2.76	70.99	25.56	2.72	69.52	25.42	2.68	68.13	69.55	68.13
11–2	25.56	2.86	73.10	25.48	2.78	70.83	25.42	2.78	70.67	71.53	70.67
11–3	25.70	2.88	74.02	25.56	2.84	72.59	25.50	2.88	73.44	73.35	72.59
11–4	25.70	2.76	70.93	25.58	2.80	71.62	25.50	2.86	72.93	71.83	70.93
11–5	25.58	2.76	70.60	25.56	2.80	71.57	25.50	2.76	70.38	70.85	70.38
11–6	25.40	2.80	71.12	25.40	2.78	70.61	25.42	2.76	70.16	70.63	70.16
11–7	25.82	2.88	74.36	25.84	2.86	73.90	25.80	2.86	73.79	74.02	73.79
11–8	25.74	2.88	74.13	25.48	2.90	73.89	25.50	2.94	74.97	74.33	73.89
11–9	25.12	2.76	69.33	25.00	2.74	68.50	24.92	2.72	67.78	68.54	67.78
11–10	25.50	2.90	73.95	25.46	2.86	72.82	25.46	2.90	73.83	73.53	72.82
11–11	25.84	2.94	75.97	25.70	2.90	74.53	25.52	2.94	75.03	75.18	74.53
11–12	25.58	2.90	74.18	25.64	2.86	73.33	25.44	2.88	73.27	73.59	73.27
11–13	25.74	2.86	73.62	25.64	2.84	72.82	25.54	3.00	76.62	74.35	72.82
11–14	25.60	2.84	72.70	25.30	2.86	72.36	25.18	2.88	72.52	72.53	72.36
11–15	25.56	3.00	76.68	25.58	3.00	76.74	25.50	2.90	73.95	75.79	73.95
11–16	25.08	2.76	69.22	25.56	2.72	69.52	25.42	2.68	68.13	68.96	68.13

表 3-36 层间剪切试件（0° 纤维方向）试件尺寸

试件编号	长（mm）	宽（mm）	面积（mm^2）	试件编号	长（mm）	宽（mm）	面积（mm^2）
12–1	20.48	14.88	304.74	8–9	20.24	15.02	304.00
12–2	20.78	15.10	313.78	8–10	20.46	15.10	308.95
12–3	20.40	15.00	306.00	8–11	20.10	14.98	301.10
12–4	20.64	15.10	311.66	8–12	20.48	15.08	308.84
12–5	19.98	15.00	299.70	8–13	20.06	14.72	295.28
12–6	20.74	15.00	311.10	8–14	20.56	15.04	309.22
12–7	20.84	15.06	313.85	8–15	20.70	15.00	310.50
12–8	20.96	15.06	315.66	8–16	20.84	15.08	314.27

3.4.2 试验方法与破坏形态

剪切性能试验加载设备及测量设备和拉伸试验采用仪器一致。此外，层间剪切试件的测试需要用到层间剪切夹具，各类型试件试验现场照片如图 3–18~ 图 3–21 所示。

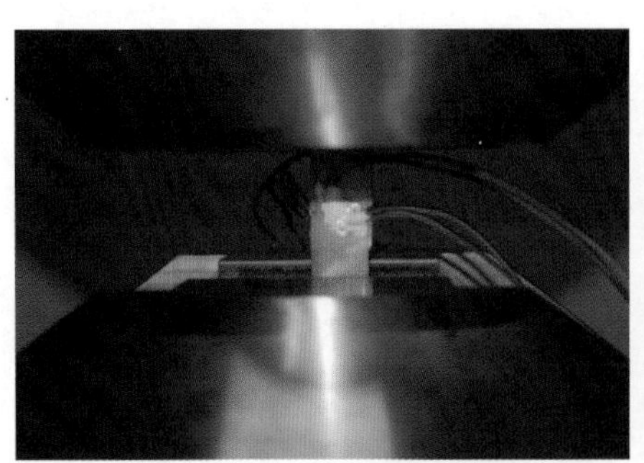

图 3–18 拉剪试件加载

图 3–19 层间剪切试件加载

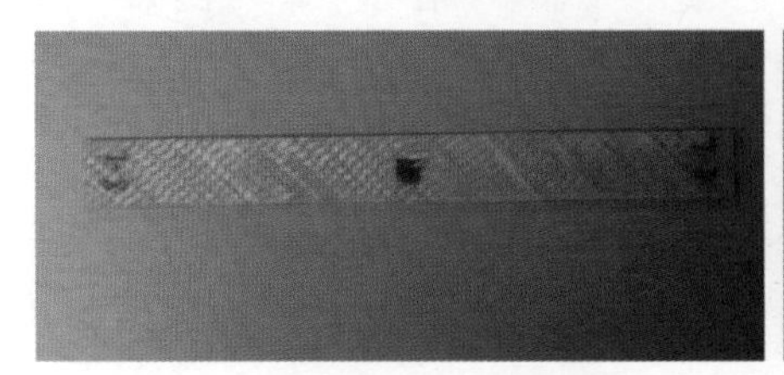

(a) 拉剪试件（45° 纤维方向）

(b) 拉剪试件（±45° 纤维方向）

图 3–20 拉剪试件破坏形态

图 3-21　层间剪切试件破坏形态

通过上述剪切试件的破坏形态，发现：拉剪试件沿 45° 出现裂缝，树脂已经完全拉裂，卸载以后呈现为 45° 白色纹理；层间剪切试件，破坏时沿剪切面劈裂成两部分。

3.4.3　剪切性能

对各类型的剪切试件，其典型荷载—位移曲线如图 3-22 所示。

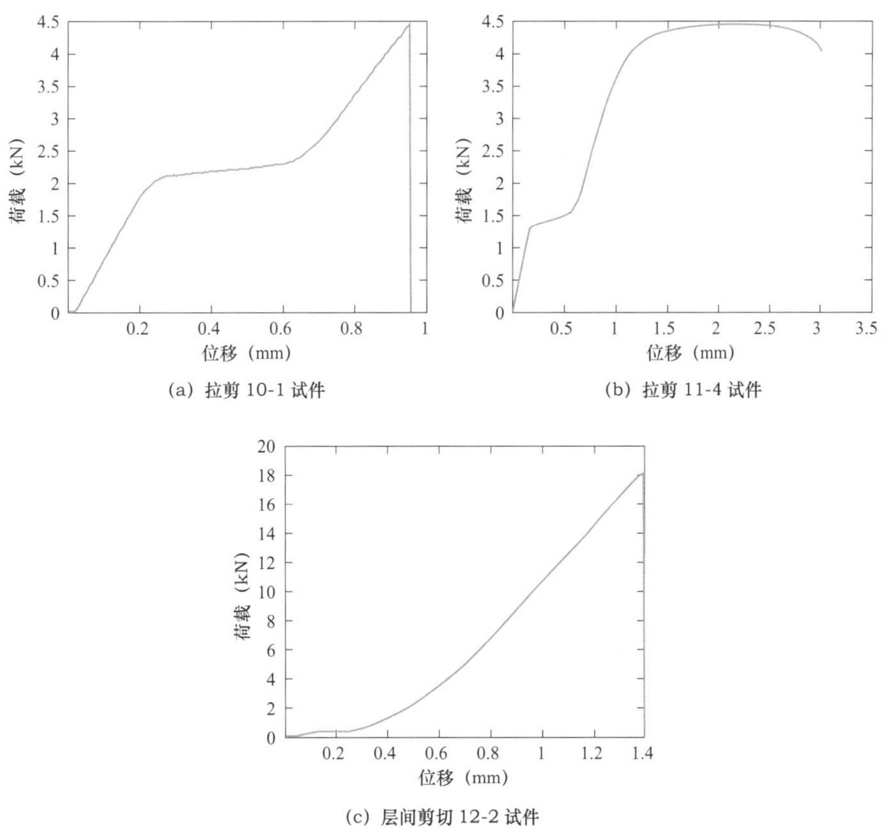

(a) 拉剪 10-1 试件　(b) 拉剪 11-4 试件

(c) 层间剪切 12-2 试件

图 3-22　试件荷载—位移曲线

通过试件的荷载—位移曲线，发现拉剪试件在开始加载后很快荷载与位移成线性增长，但达到一定值以后，由于树脂的拉裂，出现滑移，在荷载位移曲线上表现为较为平缓的水平段，经过水平段稳定以后，荷载继续直线增长，在达到极限荷载时，拉剪试件（45° 纤维方向）试件承载力急剧下降，而拉剪试件（±45° 纤维方向）荷载保持在一定水平呈现滑移变形，最终随着变形加大试件剪切破坏。层间剪切试件，在加载稳定后承载力随位移增加线性增长，最终达到极限承载力后荷载急剧下降，脆性明显。

通过荷载—位移曲线，计算各类型试件的剪切强度见表 3–37~ 表 3–39。

表 3–37　　拉剪试件（45° 纤维方向）试件剪切强度

试件编号	10–1	10–2	10–3	10–4	10–5	10–6	10–7	10–8
面积（mm^2）	92.57	94.38	99.76	103.06	99.10	96.15	104.08	98.28
破坏荷载（kN）	2.22	1.85	1.25	1.93	2.03	1.44	1.45	2.50
剪切强度（MPa）	23.98	19.63	12.51	18.73	20.47	15.00	13.90	25.41
试件编号	10–9	10–10	10–11	10–12	10–13	10–14	10–15	10–16
面积（mm^2）	95.84	99.88	96.07	96.61	104.48	108.71	97.85	109.04
破坏荷载（kN）	1.85	1.49	2.36	1.85	2.28	2.32	1.95	2.43
剪切强度（MPa）	19.27	14.88	24.57	19.15	21.83	21.38	19.92	22.31
剪切强度平均值（MPa）	19.56							

表 3–38　　拉剪试件（±45° 纤维方向）试件剪切强度

试件编号	11–1	11–2	11–3	11–4	11–5	11–6	11–7	11–8
面积（mm^2）	68.13	70.67	72.59	70.93	70.38	70.16	73.79	73.89
破坏荷载（kN）	2.08	2.08	2.41	2.23	2.84	2.17	2.55	2.30
剪切强度（MPa）	30.56	29.40	33.19	31.48	40.34	30.96	34.60	31.16
试件编号	11–9	11–10	11–11	11–12	11–13	11–14	11–15	11–16
面积（mm^2）	67.78	72.82	74.53	73.27	72.82	72.36	73.95	68.13
破坏荷载（kN）	2.23	2.43	2.27	2.06	2.93	2.40	2.29	1.45
剪切强度（MPa）	32.84	33.35	30.43	28.17	40.23	33.21	30.96	21.22
剪切强度平均值（MPa）	32.01							

表 3-39　层间剪切试件（0° 纤维方向）试件剪切强度

试件编号	面积（mm^2）	荷载（kN）	剪切强度（MPa）	试件编号	面积（mm^2）	荷载（kN）	剪切强度（MPa）
12-1	304.74	9.08	29.78	8-9	304.00	23.25	76.47
12-2	313.78	18.11	57.72	8-10	308.95	14.86	48.09
12-3	306.00	18.65	60.96	8-11	301.10	13.45	44.67
12-4	311.66	16.38	52.55	8-12	308.84	17.94	58.10
12-5	299.70	13.49	45.03	8-13	295.28	14.39	48.72
12-6	311.10	18.41	59.18	8-14	309.22	17.31	55.98
12-7	313.85	17.21	54.83	8-15	310.50	15.85	51.04
12-8	315.66	17.58	55.68	8-16	314.27	17.39	55.35
剪切强度平均值（MPa）	51.71						

剪切模量试验数值见表 3-40 和表 3-41。

表 3-40　拉剪试件（45° 纤维方向）试件剪切模量

试件编号	10-1	10-2	10-3	10-4	10-5	10-6	10-7	10-8
剪切模量（GPa）	7.88	5.55	6.36	4.47	6.28	6.47	5.42	6.98
试件编号	10-9	10-10	10-11	10-12	10-13	10-14	10-15	10-16
剪切模量（GPa）	5.50	7.65	5.83	4.69	4.45	8.25	6.47	—
剪切模量平均值（GPa）	6.15							

表 3-41　拉剪试件（±45° 纤维方向）试件剪切模量

试件编号	11-1	11-2	11-3	11-4	11-5	11-6	11-7	11-8
剪切模量（GPa）	5.427	5.245	5.310	6.189	6.648	6.319	8.401	4.544
试件编号	11-9	11-10	11-11	11-12	11-13	11-14	11-15	11-16
剪切模量（GPa）	6.221	5.516	5.658	—	—	—	4.970	6.145
剪切模量平均值（GPa）	5.892							

综上拉剪试件及层间剪切试件的剪切性能指标，发现：由于纤维方向的不同，三种试样的剪切强度相差较大，45° 纤维拉剪强度仅为 19.56MPa，±45° 纤维拉剪由于不同方向纤维数量的增加，剪切强度增加到只有单向纤维强度的 1.5 倍，达 32.01MPa，而层间剪切可达到 54.96MPa；在剪切弹性模量方面，±45° 纤维材料的剪切模量为 5.84GPa, 略低于单 45° 纤维的 6.15GPa。

3.5 抗老化性能试验研究

复合材料在工作中由于受到热、湿、盐雾、紫外线与风沙等外界环境的影响，树脂基体、增强纤维以及树脂/纤维粘接界面产生不同程度的破坏，其物理力学性能降低，即发生了老化现象，使材料使用寿命降低。为研究玻璃钢纤维复合材料的耐久性能，进行了两种老化试验研究，分别是热氧老化和氙灯老化。

3.5.1 试件设计

通过拉伸实验测试老化处理后复合材料试件的强度、顺纤维方向弹性模量及泊松比，揭示复合材料试件性能衰退规律。其中，热氧老化试验设计试件实物如图 3-23 所示，编号见表 3-42。氙灯老化试件由于加载实验箱尺寸限制，在热氧老化试件基础上有所改进，具体见 3.5.3 节。

图 3-23 老化试件

表 3-42 试样编号

处理状态	未处理						涂氟碳漆					
试件编号	3-1	4-1	5-1	6-1	7-1	8-1	3-2	4-2	5-2	6-2	7-2	8-2
试件个数	15	5	5	5	5	5	15	5	5	5	5	5

3.5.2 试验设备及方法

氙灯老化采用 SN-900 耐气候试验箱，温度范围为 RT40~70℃（±2℃），湿度范围为 85%~90%（±3%RH），降雨时间为 0~99min 可调，光源水冷式氙弧灯氙灯功率 6kW，控制系统为日本进口高精度温湿度控制仪。试验箱如图 3-24 所示。

热氧老化试验箱采用ESPEC型老化试验箱，温度控制范围为+20~+100℃；温湿度控制范围为50%~85%RH（+40~+85℃），±0.5℃/±2.5%RH，温湿度偏差为≤±2.0℃，≤+2.0、-3%RH，内尺寸为2950mm×2400mm×1900mm，如图3-25所示。

图3-24 SN-900型氙灯耐气候试验箱

图3-25 ESPEC型老化试验箱

试件老化后的材性试验采用WDW-300D型材料拉伸试验机。材料弹性模量、泊松比测试中采用的应变仪为CML-1H型应变&力综合测试仪，应变花采用BE120-3BC型正交应变花。

3.5.3 老化现象及试验结果分析

热氧老化试验试件共80个，在试验箱暴露周期共8个，分批次取出，每经24h取出8个试件。试验箱环境条件如下：试验箱温度设置为70℃，风速为1.0m/s，换气率设为50次/h，湿度为35%。热氧老化后拉伸试验的破坏形态和典型的截面破坏形态如图3-26~图3-28所示。

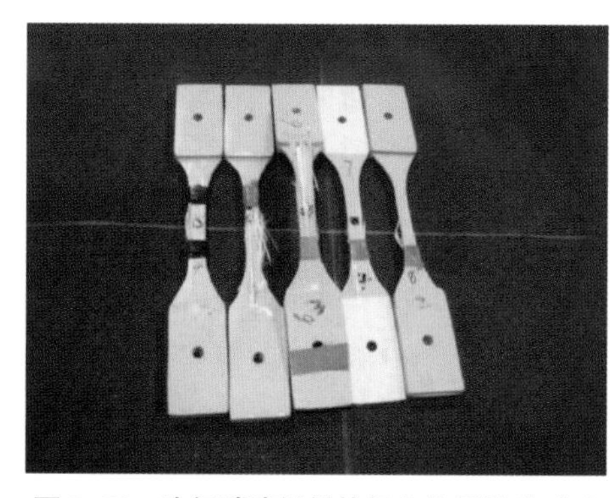

图3-26 涂氟碳漆材料热氧老化后拉伸试验

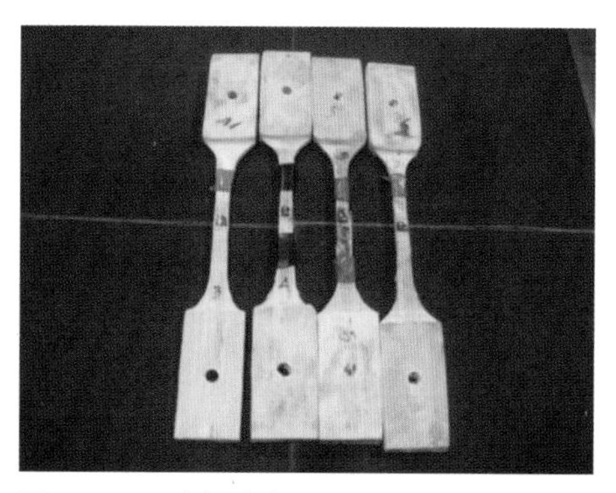

图3-27 无涂氟碳漆材料热氧老化后拉伸试验

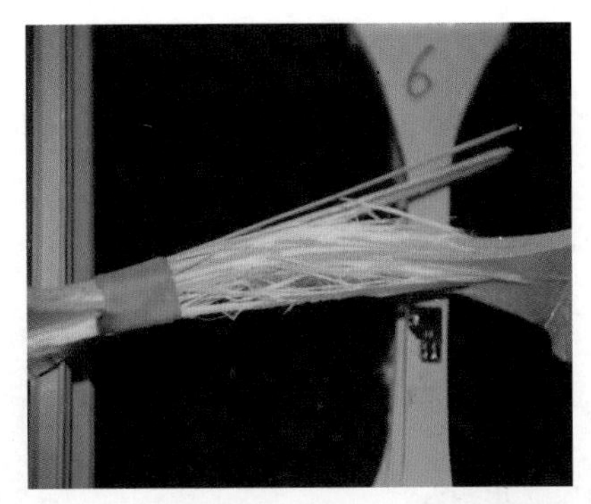

图 3-28　热氧老化拉伸破坏的典型截面

氙灯老化试件共有 10 个，由于试验箱尺寸限制，对原有试件进行了处理，后期拉伸试验中也进行了处理，以满足试验条件。试验箱测试条件以 GB/T 16422.2—1999 方法 A 循环，辐射度为 500W/（m^2·nm）@340nm，光照 102min，黑标温度（65±3）℃，相对湿度（50±5）%GH，光照和喷淋 18min，滤镜：Boro，暴露时间 192h。样品 1、2 测试前、后照片如图 3-29 和图 3-30 所示。

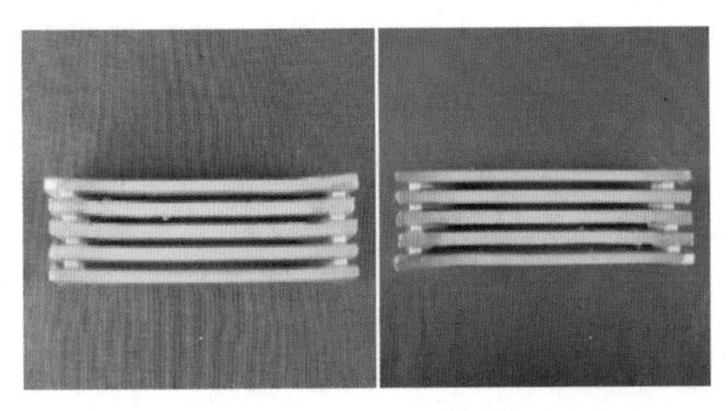

试验前（样品 1）　　试验后（样品 1）

图 3-29　样品 1 试验前后

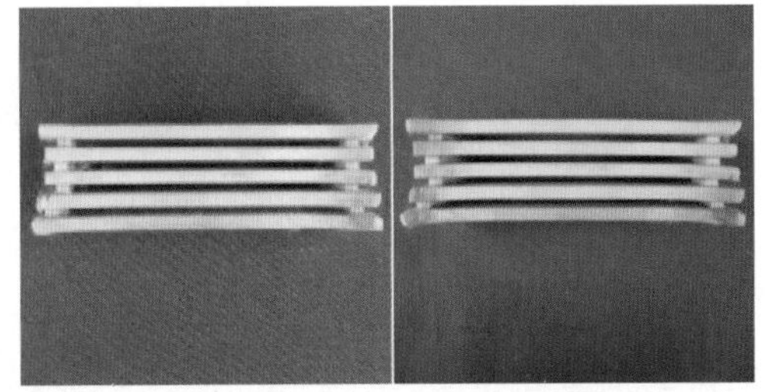

试验前（样品 2）　　试验后（样品 2）

图 3-30　样品 2 试验前后

通过比较不同老化天数试件的平均名义应力及其变化趋势，得到热氧老化试验老化时间—平均名义应力变化图，如图 3-31 所示。

由图 3-31 可知，未经老化处理的试件的平均名义应力为 843.5MPa，经过老化试验后，材料的强度明显降低。未经防老化处理的试件经过 3 天的老化试验强度降低了 31.2%，经过 8 天老化试验后强度降低了近 48.2%。涂氟碳漆的试件经过老化试验后强度也有所降低，经过 3 天老化试验试件强度降低了 14.6%，经过 8 天老化试验后试件强度降低了 35.2%。在相同的老化试验条件下涂氟碳漆的试件比未经防老化处理的试件强度降低程度小，老化涂氟碳漆试件强度保留是未涂氟碳漆试件强度保留的 1.25 倍，故建议真实情况对塔体进行防老化涂氟碳漆处理。

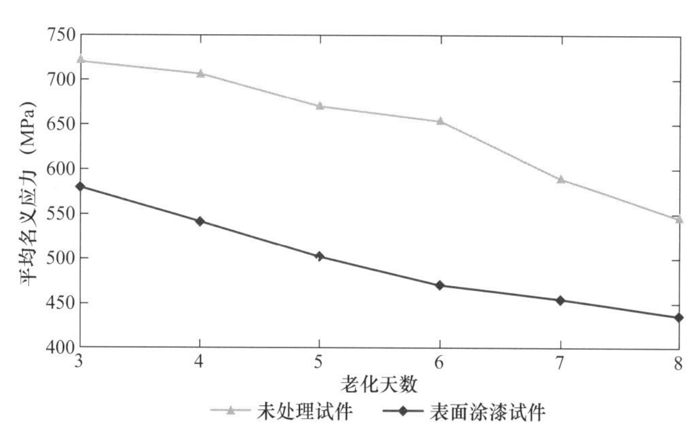

图 3-31 热氧老化时间—平均名义应力变化曲线

引入老化经验公式：$y=a-b\cdot\ln(t+1)$，其中，y 为材料保留强度；a、b 为与材料、测试指标、气候（试验）条件等有关的常数；t 为老化时间。

利用涂氟碳漆材料在不同暴露周期老化试验后的拉伸强度，对常数 a、b 进行拟合，得 a=1026.4，b=57.8，取强度保持率为 50% 作为寿终指标，即 y=421.85MPa，可得 t=12744（天）=34.915（年）。涂氟碳漆材料热氧老化试验的强度退化曲线如图 3-32 所示。

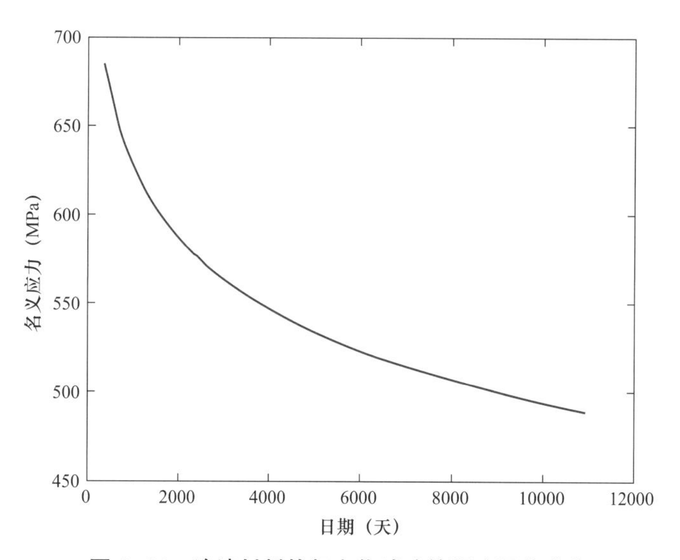

图 3-32 涂漆材料热氧老化试验的强度退化曲线

通过对纵向应变—名义应力曲线的拟合得到热氧老化试件的弹性模量及泊松比，见表 3-43~ 表 3-45（病态数据已剔除）。

表 3-43　　热氧老化试验不同老化阶段弹性模量　　（MPa）

	试件编号	3 天	4 天	5 天	6 天	7 天	8 天
未经任何处理的试件经过不同老化天数后弹性模量	1–1	49800	48100	43500	45400	87000	48700
	1–2		50900	46700	22400		56400
	1–3		41200	46700	53500	67200	40200
	1–4	63200	38800	43400	49100		62300
	1–5			50700	58600	85000	
	1–6						
	1–7	63300					
	1–8	42100					
	1–9	47400					
	1–10	63700					
	1–11	78700					
	1–12	48100					
	1–13						
	1–14	51200					
	1–15	50400					
	平均值	55790	44750	46200	45800	79733.33	51900
不同老化天数涂氟碳漆试件弹性模量	试件编号	3 天	4 天	5 天	6 天	7 天	8 天
	2–1		41800	38100	43600	53100	56400
	2–2	54800	60300	39600	43300	62500	56300
	2–3		36800	43700	24600	77600	74200
	2–4	64100	44600	44400	40700	59200	
	2–5	57900		39000			
	2–6	83200					
	2–7						
	2–8	51300					
	2–9						
	2–10	54400					
	2–11	57300					
	2–12	54900					
	2–13	50500					
	2–14	54800					
	平均值	58320	45875	40960	38050	63100	62300

表 3-44　　热氧老化试验不同老化天数未处理试件泊松比

试件编号	3 天	4 天	5 天	6 天	7 天	8 天
1	0.2962	0.3217	0.2784	0.3104	0.318	0.3162
2	0.4945	0.2568	0.2532	0.3142	0.606	0.3523
3	0.5152	0.3207	0.2806	0.2929	0.3284	0.4483
4	0.3228	0.3331	0.3134	0.2477	0.691	0.3791
5	0.3815		0.2707	0.2784	0.4113	
6	0.5324					
7	0.4071					
8	0.293					
9	0.241					
10	0.3343					
11	0.268					
12	0.3838					
13	0.2982					
14	0.3335					
15	0.378					
平均值	0.3653	0.308075	0.27926	0.27926	0.27926	0.373975

表 3-45　　热氧老化试验不同老化天数涂氟碳漆试件泊松比

试件编号	3 天	4 天	5 天	6 天	7 天	8 天
1	0.4447	0.3791	0.3289	0.317	0.298	0.2774
2	0.2989	0.3707	0.3012	0.2799	0.3211	0.2819
3	0.3278	0.2945	0.2826	0.3167	0.2973	0.3459
4	0.3594	0.3469	0.2975	0.262	0.4022	0.5237
5	0.2816		0.3174		0.3978	
6	0.432					
7	0.1871					
8	0.3074					
9	0.5114					
10	0.3712					
11	0.347					
12	0.2965					
13	0.4634					
14	0.3317					
平均值	0.3543	0.3478	0.3055	0.2939	0.3433	0.3572

而关于氙灯老化试验拉伸试件共 10 个，其中未作老化处理的试件中有 2 个试件数据病态，涂氟碳漆处理试件中有 1 个试件数据病态，剔除，其余编号 XD1–1/2/3、XD2–1/2/3/4，试验结果见表 3–46。

表 3–46　　氙灯老化拉伸试验结果

试件编号	XD1–1	XD1–2	XD1–3	
截面宽度（mm）	6.78	7.48	7.30	
截面厚度（mm）	4.32	4.30	4.50	
名义应力（MPa）	514.0937	430.7300	506.6119	
泊松比	0.2695	0.2569	0.2991	
弹性应变（GPa）	63.0	50.3	78.6	
试件编号	XD2–1	XD2–2	XD2–3	XD2–4
截面宽度（mm）	8.30	7.40	7.36	7.16
截面厚度（mm）	4.22	4.42	4.20	4.12
名义应力（MPa）	637.2752	701.5623	538.8684	573.3599
泊松比	0.3991	0.2644	0.2552	0．3263
弹性应变（GPa）	61.9	61.6	79.5	68.0

根据上述试验结果，可得到氙灯老化后材料的强度、弹性模量及泊松比，见表 3–47。

表 3–47　　氙灯老化后材料的强度、弹性模量及泊松比

试件种类	未经防护处理	涂氟碳漆处理
平均名义应力（MPa）	483.8119	612.7665
平均弹性模量	63.9667	67.75
平均泊松比	0.2752	0.2963

未经老化处理的试件的平均名义应力为 843.5MPa，经过氙灯老化试验后试件的强度明显降低。经过 8 天暴露周期试验后，未涂氟碳漆处理的强度降低了近 42.6%，涂氟碳漆的试件强度降低 27.5%。在相同的老化试验条件下，涂氟碳漆处理的试件比未经任何处理的试件强度降低程度小，老化涂氟碳漆试件强度保留是未涂氟碳漆试件强度保留的 1.27 倍，涂氟碳漆效用明显，建议实际工程中对塔身进行涂氟碳漆处理。

3.6 高低温环境试验研究

为研究复合材料在不利温度环境下的性能，对复合材料试件进行高温及低温环境试验：将试件放在稳定温度的环境箱，其中高温为 80℃，低温为 -30℃，在环境箱中进行拉伸破坏试验，测试出材料在高低温情况下的弹性模量、泊松比及名义应力。

3.6.1 试件设计

高温试验和低温试验每组各 6 个试件，低温试件编号 1-1~1-6，高温试件编号 2-1~2-6，试件尺寸见表 3-48，高低温试件实物如图 3-33 所示。

表 3-48 高低温试件尺寸

试件编号	截面宽度（mm）	截面厚度（mm）
1-1	10.00	4.00
1-2	9.38	3.96
1-3	10.00	4.02
1-4	10.42	4.24
1-5	9.58	3.98
1-6	10.64	4.00
2-1	9.90	4.00
2-2	9.22	4.04
2-3	9.12	4.00
2-4	8.56	4.00
2-5	9.24	4.16
2-6	10.48	4.00

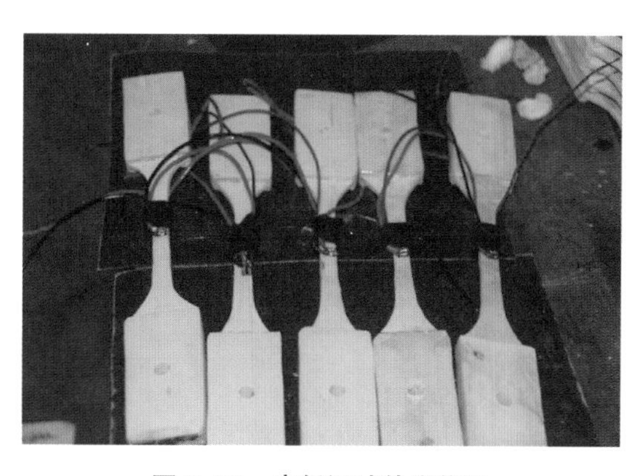

图 3-33 高低温试件实物图

3.6.2 试验设备及方法

高低温试验设备型号为 MTS810 环境箱，如图 3-34 所示。该环境箱可配合高低温液压夹具和高低温引伸仪，可以进行 -129~+540℃温度范围内的单轴拉伸，拉—拉疲劳试验和拉—压疲劳试验。室温到 +540℃范围用自身电加热自控系统。室温到 -129℃范围用液氮杜瓦瓶冷却系统。

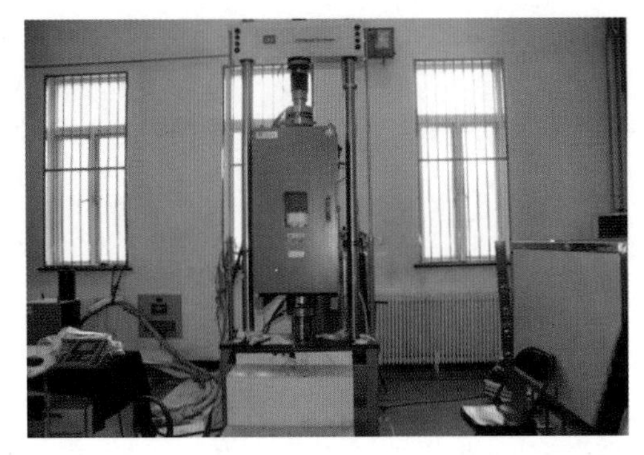

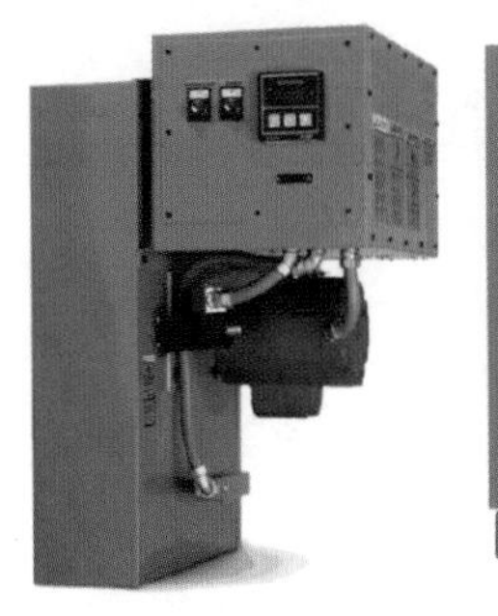

图 3-34 MTS810 环境箱

材料弹性模量、泊松比测试中采用的应变仪为 MTS810 配套采集系统，应变花采用 BE120-3BC 型正交应变花。

3.6.3 试验结果分析

通过整理高低温试验结果，其名义应力、弹性模量及泊松比见表 3-49 和表 3-50。

表 3-49 高低温试验数据汇总

试件编号	1-1	1-2	1-3	1-4	1-5	1-6
名义应力（MPa）	775.00	744. 92	667.91	697.59	700.27	787.12
弹性模量（GPa）	65.00	43.94	49.17	56.78	53.05	46.56
泊松比	0.31156	0.31539	0.28204	0.29014	0.24886	0.23358
试件编号	2-1	2-2	2-3	2-4	2-5	2-6
名义应力（MPa）	683.08	709.82	625.55	595.79	654.55	678.44
弹性模量（GPa）	40.05	52.41	60.36	59.81	59.78	58.20
泊松比	0.28737	0.33601	0.33395	0.29339	0.32150	0.42042

表 3–50 高低温试验结果参数比对

参数	低温试验组	高温试验组
名义应力均值（MPa）	728.8	657.9
弹性模量均值（GPa）	52.419	54.167
泊松比均值	0.280	0.334

通过以上数据，并对应常规情况下的材性试验数据（名义应力：843.5MPa，弹性模量：45.105GPa，泊松比：0.281）可以看出，低温环境和高温环境都对材料的拉伸性能产生了不利影响，其中材料的极限应力分别退化 13.6%、22.0%，高温对材料性能的不利影响相对显著，试件在加载过程中没有明显的塑性变形，为脆性断裂，弹性模量相对常规环境有所提高，泊松比变化不大，极端（或不利）温度环境会使材料的极限变形率有所下降，建议在设计长期暴露在低温或高温环境的玻璃钢输电塔进行时，应重视对塔身变形的控制。

研究结果表明，在不同温度条件下，玻璃纤维复合材料的强度符合线性分布，可采用简单线性回归的方法进行预测复合材料在不同温度下的强度，并且该方法与试验结果高度一致，误差仅为 0.82%。利用该方法并结合试验测试数据，可得环氧 / E- 玻璃钢纤维复合材料拉挤型材在不同温度下的强度变化曲线（见图 3–35），由此可见，环氧 /E- 玻璃钢纤维复合材料拉挤型材的强度随温度的递增而呈线性比例降低。在该曲线中，仍考虑了低温对复合材料的不利影响，其结果偏于保守。

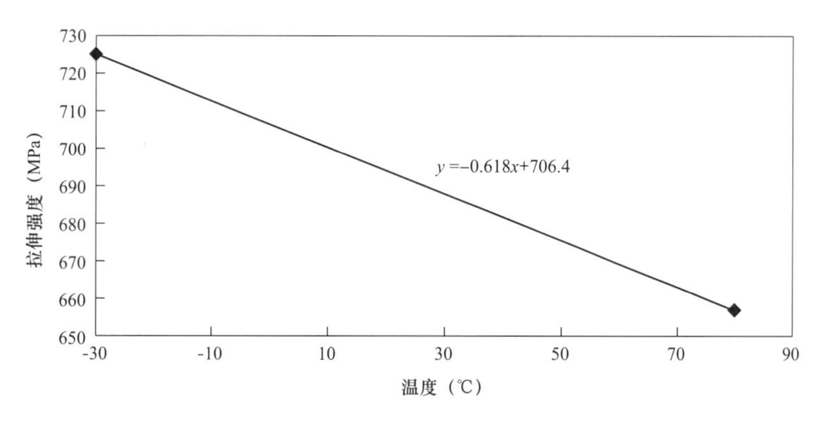

图 3–35 环氧 /E- 玻璃钢纤维复合材料拉挤型材强度和温度的关系

3.7 疲劳性能试验研究

为探究玻璃钢纤维复合材料的疲劳性能，对复合材料进行常温、低温（-40℃）疲劳试验，测定玻璃钢纤维复合材料在相应循环次数下的疲劳极限，揭示疲劳荷载下的损伤发展，为其应用于输电工程提供基本参考。

3.7.1 试件设计

试件按 GB/T 1447—2005《纤维增强塑料拉伸性能试验方法》中规定设计，试件型式如图 3-36 所示，最终试验常温及低温疲劳各 6 个试件，尺寸见表 3-51 和表 3-52。

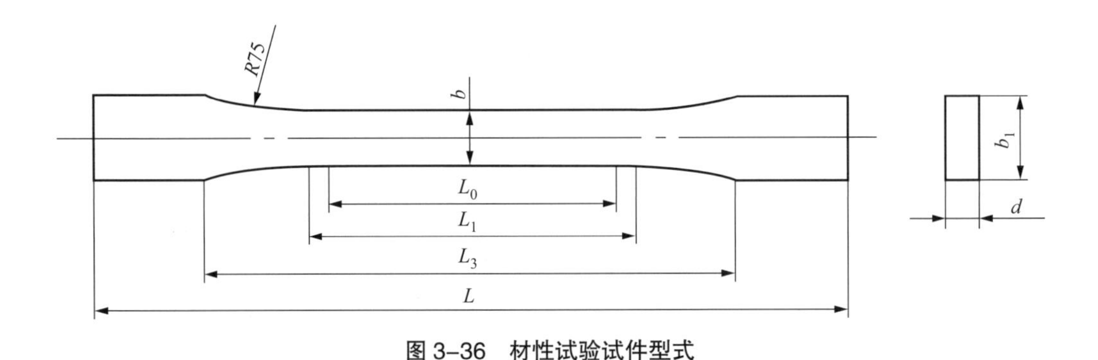

图 3-36 材性试验试件型式

表 3-51 E- 玻璃钢纤维材料常温疲劳试验试件尺寸

试件编号		F-1	F-2	F-3	F-4	F-5	F-6
宽度 b（mm）	位置 1	9.46	9.34	9.39	9.36	9.34	9.53
	位置 2	9.46	9.37	9.40	9.35	9.34	9.56
	位置 3	9.61	9.38	9.42	9.35	9.32	9.37
	平均值	9.51	9.36	9.40	9.35	9.33	9.49
厚度 d（mm）	位置 1	2.66	2.73	2.72	2.77	2.77	2.78
	位置 2	2.66	2.73	2.72	2.77	2.78	2.78
	位置 3	2.66	2.74	2.71	2.76	2.77	2.77
	平均值	2.66	2.73	2.72	2.77	2.77	2.78
截面面积 A_0（mm^2）		25.16	25.50	25.53	25.81	25.82	25.95

表 3-52　　E- 玻璃钢纤维材料低温疲劳试验试件尺寸

试件编号		LF-1	LF-2	LF-3	LF-4	LF-5	LF-6
宽度 b（mm）	位置 1	9.46	9.50	9.68	9.65	9.36	9.68
	位置 2	9.68	9.69	9.70	9.80	9.47	9.78
	位置 3	9.69	9.73	9.47	9.63	9.50	9.68
	平均值	9.61	9.64	9.62	9.69	9.44	9.71
厚度 d（mm）	位置 1	3.34	3.50	3.40	4.19	3.93	4.67
	位置 2	3.36	3.52	3.44	4.22	3.91	4.69
	位置 3	3.41	3.54	3.36	4.26	3.88	4.74
	平均值	3.37	3.52	3.40	4.22	3.91	4.70
截面面积 A_0（mm^2）		31.60	33.25	31.82	40.43	36.78	45.21

3.7.2 试验方法及疲劳破坏形态

试验加载采用 MTS880/10 型疲劳试验机，其中低温环境（-40℃）采用外加环境箱，以自动喷洒液氮的方式控制环境箱内温度。试验过程中加载频率为 1Hz，额定循环次数为 50 万次，应力循环对称系数（荷载谷值 / 荷载峰值）取 0.1。试验加载现场照片如图 3-37 所示。

(a) 常温疲劳

(b) 低温疲劳

图 3-37　疲劳试验加载

常温疲劳试验加载方案如下：试件 F-1 第一次加载峰值应力为 500MPa；试件 F-2 加载时如果试件 F-1 破坏，荷载峰值在试件 F-1 应力峰值基础上减小 50MPa，如果试件 F-1 未破坏，荷载峰值在试件 F-1 应力峰值基础上增加 50MPa；试件 F-3 加载，如果试件 F-1 和试件 F-2 都破坏，荷载峰值在试件 F-2 应力峰值基础上减小

50MPa，如果试件 F–1 和试件 F–2 有一个破坏，荷载峰值取试件 F–1 和试件 F–2 的平均值，如果试件 F–1 和试件 F–2 都未破坏，荷载峰值在试件 F–2 应力峰值基础上增加 50MPa。试件 F–4、试件 F–5、试件 F–6 加载方法同上。

低温疲劳试验加载方案如下：试件 LF–1 第一次加载峰值 15kN；试件 LF–2 加载，如果试件 LF–1 破坏，荷载峰值在试件 LF–1 荷载峰值基础上减小 5kN，如果试件 LF–1 未破坏，荷载峰值在试件 LF–1 荷载峰值基础上增加 10kN；试件 LF–3 加载，如果试件 LF–1 和试件 LF–2 都破坏，荷载峰值在试件 LF–2 荷载峰值基础上减小 5kN，如果试件 LF–1 和试件 LF–2 有一个破坏，荷载峰值取试件 LF–1 和试件 LF–2 的平均值，如果试件 LF–1 和试件 LF–2 都未破坏，荷载峰值在试件 LF–2 荷载峰值基础上增加 5kN；试件 LF–4、试件 LF–5、试件 LF–6 加载方法同上。

试验结束，复合材料常温疲劳试件的破坏形态如图 3–38 所示。从破坏图可看出试件的破坏模式为纤维断裂（见图 3–39）。其中 F–6 号试件在 50 万次循环荷载作用下未破坏，其局部有纤维已撕裂，如图 3–40 所示。低温疲劳试件的破坏形态如图 3–41 所示，在 50 万次疲劳荷载下试件破坏模式为纤维断裂。

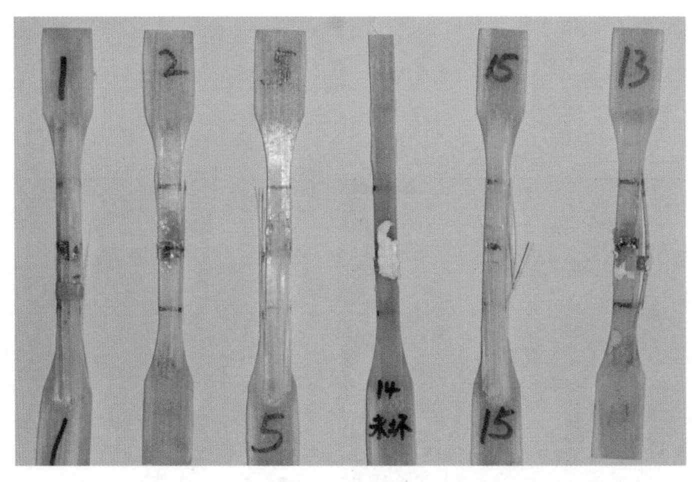

图 3–38　常温疲劳试件破坏形态（整体）

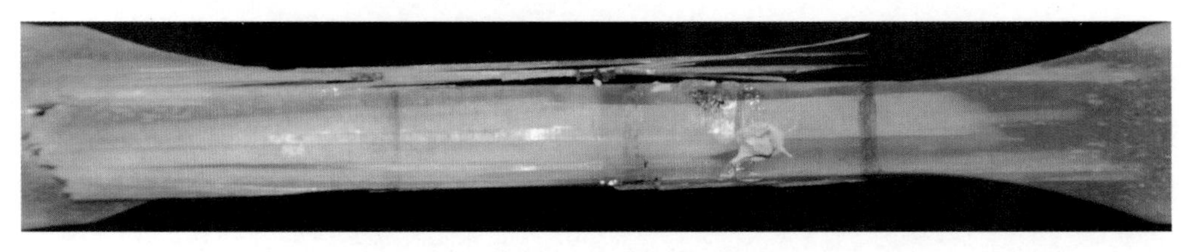
图 3–39　常温疲劳破坏模式（纤维断裂）

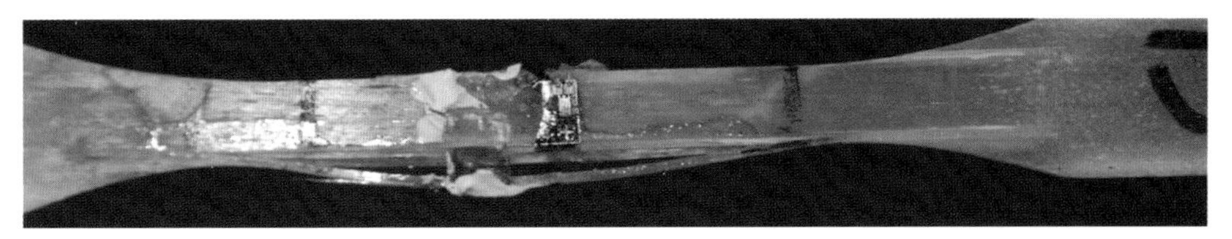

图 3-40 F-6 试件局部纤维撕裂

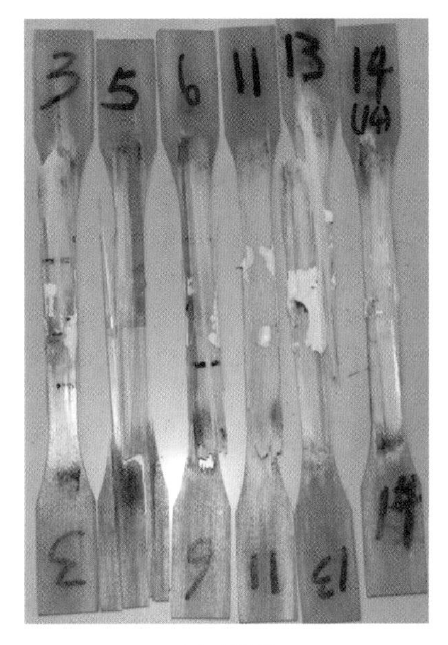

(a) 整体图

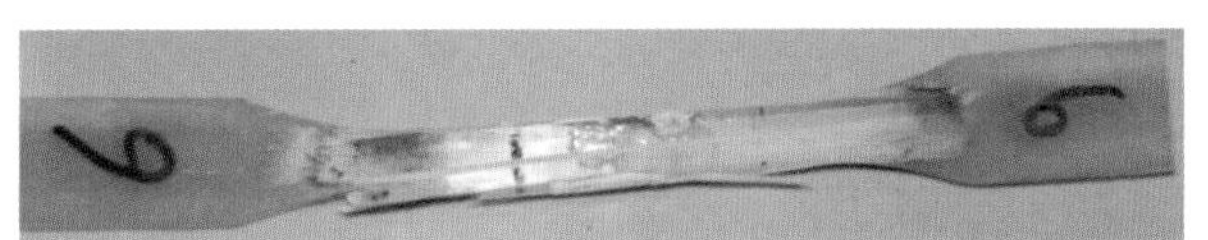

(b) 正视图

(c) 正视图（局部）

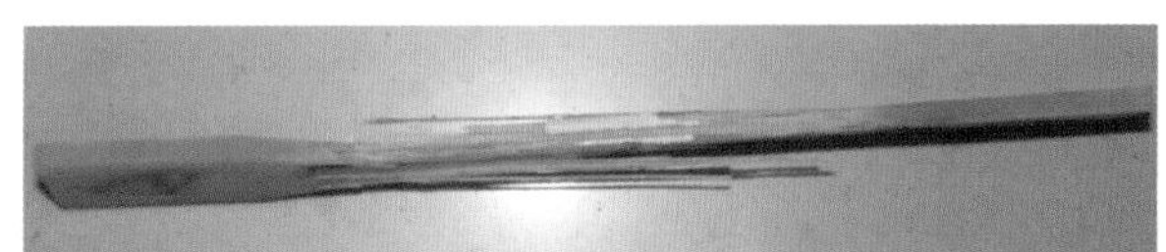

(d) 侧视图

图 3-41 低温疲劳试件破坏形态

3.7.3 疲劳寿命分析

常温疲劳试件在拉—拉疲劳加载下，50 万次试验结果见表 3-53。从表 3-53 中可知，试件在常温下，应力比为 0.1 时的疲劳极限为 430MPa。

表 3-53 常温疲劳试验结果

试件编号	施加荷载（kN）		对应应力（MPa）		加载频率	加载次数	试验结果
	最大	最小	最大	最小	（Hz）		
F-1	12.60	1.26	500	50	1	67500	破坏
F-2	10.21	1.02	400	40	1	500000	完好
F-3	11.50	1.15	450	45	1	295066	破坏
F-4	11.00	1.10	425	42.5	1	500000	完好
F-5	11.3	1.13	435	43.5	1	299268	破坏
F-6	11.15	1.12	430	43	1	500000	破坏

低温疲劳试件在拉—拉疲劳加载下，50 万次试验结果见表 3-54，低温疲劳极限由升降法确定为 474MPa，对未破坏试件进行常温拉伸试验，测定试件的剩余强度。

表 3-54　　低温疲劳试验结果

试件编号	施加荷载（kN）		对应应力（MPa）		加载频率（Hz）	加载次数	试验结果	剩余强度
	最大	最小	最大	最小				
LF-1	15.00	1.50	474.7	47.47	1	500000	完好	823MPa
LF-2	25.00	2.50	751.9	75.19	1	1722	破坏	—
LF-3	20.00	2.00	628.6	62.86	1	62400	破坏	—
LF-4	22.00	2.20	532.0	53.20	1	256066	破坏	—
LF-5	18.50	1.85	501.9	50.19	1	440761	破坏	—
LF-6	21.50	2.15	474.7	47.47	1	500000	完好	642MPa

通过表 3-53 和表 3-54 疲劳试验相关数据，由非线性拟合得到常温及低温（-40℃）下疲劳应力—对数疲劳寿命曲线如图 3-42 和图 3-43 所示。

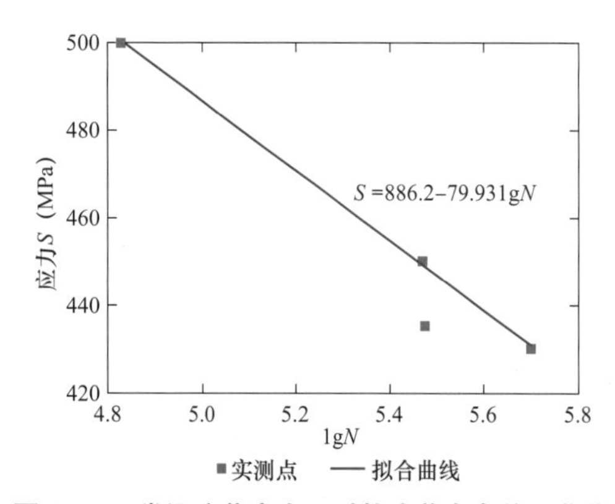

图 3-42　常温疲劳应力—对数疲劳寿命关系曲线

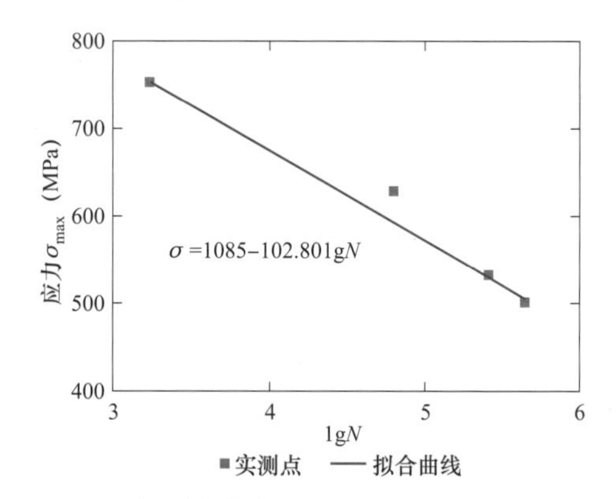

图 3-43　低温疲劳应力—对数疲劳寿命关系曲线

3.7.4　疲劳累积损伤分析

复合材料疲劳破坏经常伴随不断增加且遍及整个试件的损伤，不像在金属材料中那样能观察到明显的单一裂纹。纤维增强复合材料损伤的主要形式有：纤维—基体脱胶、劈裂、纤维断裂、基体裂纹和分层等。层合板损伤发展趋势如图 3-44 所示。

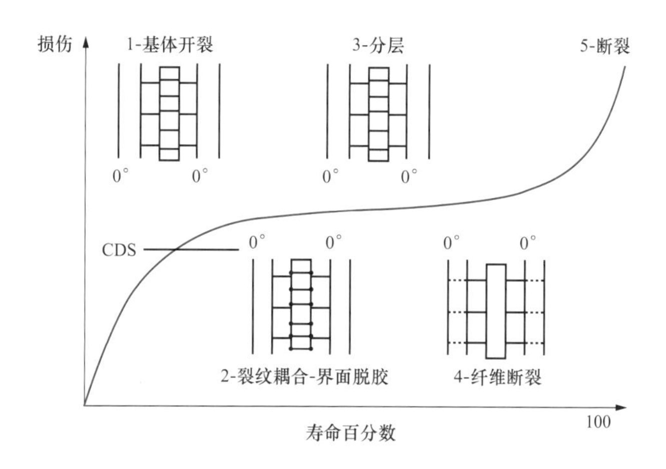

图 3–44 复合材料层合板损伤发展趋势

目前，普遍认为刚度是有潜力的宏观无损测试参数，能够用于描述元件在使用过程中的损伤状态。典型的正则化刚度下降曲线如图 3–45 所示。

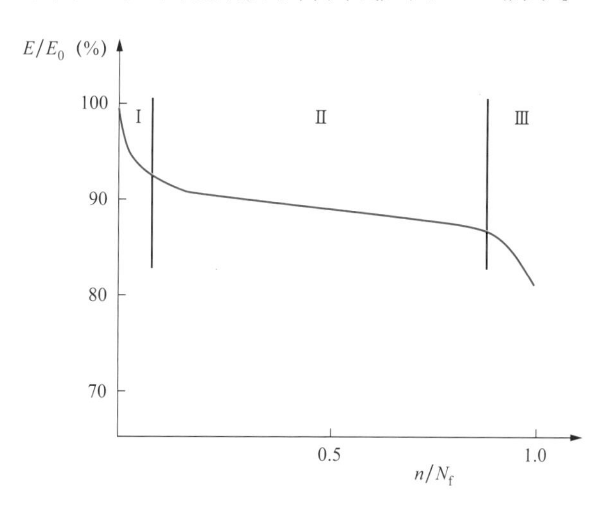

图 3–45 复合材料正则化刚度下降曲线

由于 FRP 微观结构的内在不均匀性，存在着各种各样的应力集中，如纤维 / 基体界面、纤维端头、加工缺陷、应力自由边界或不连续处以及固化引起的残余应力集中等。所以，在损伤扩展的早期，能量耗散和材料性能下降比较迅速，在这一阶段，疲劳损伤主要表现为基体中的大量微裂纹；在第二阶段，基体裂纹遇到纤维时，破坏纤维要比破坏基体困难的多，因而材料性能下降率减小；在第三阶段，微观裂纹突然聚合和相互作用以及某些主要裂纹的迅速扩展，导致复合材料断裂，也就是所谓的“突然死亡”行为。本章采用弹性模量的$1-\dfrac{E(n)}{E(0)}$定义损伤 D，根据复合材料中的损伤规律，采用式（3–6）所示的损伤模型来分析复合材料刚度退化规律。

$$D = q(\frac{n}{N})^{m_1} + (1-q)(\frac{n}{N})^{m_2}$$
$$D = \frac{E(0) - E(n)}{E(0)} \tag{3-6}$$

式中：D 为损伤累积变量，q、m_1、m_2 为独立的材料参数；n 为荷载循环加载圈数；N 为在相应荷载下的疲劳寿命。

对本试验中的刚度退化分析采用如下处理方式，取初次的位移幅度计算初始弹模，以后根据不同加载次数下的位移计算对应的弹性模量计算损伤值，以损伤值作为纵坐标，循环率（循环次数 / 疲劳寿命）作为横坐标。常温疲劳试件典型的累积损伤曲线如图 3–46 所示（F–5 试件为例），不同荷载下的疲劳损伤参数见表 3–55。

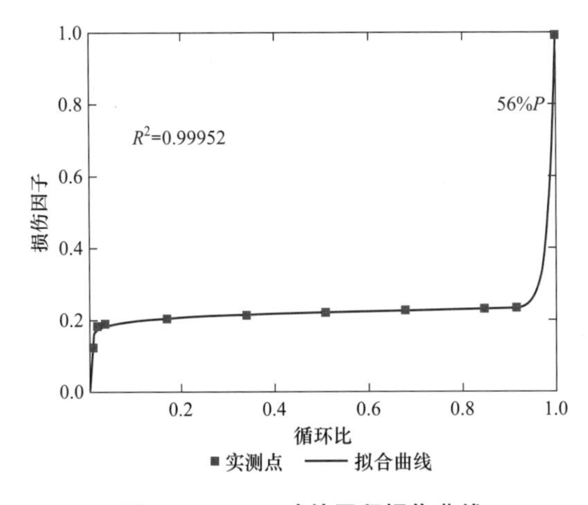

图 3–46　F–2 试件累积损伤曲线

表 3–55　常温疲劳试验损伤参数

试件编号	加载系数 k	q	m_1	m_2
F–1	62%	0.255	0.06	45
F–2	59%	0.233	0.07267	67.2
F–3	54%	0.14	0.156	129.1

低温疲劳试件典型的累积损伤曲线如图 3–47 所示，不同荷载下的疲劳损伤参数见表 3–56。

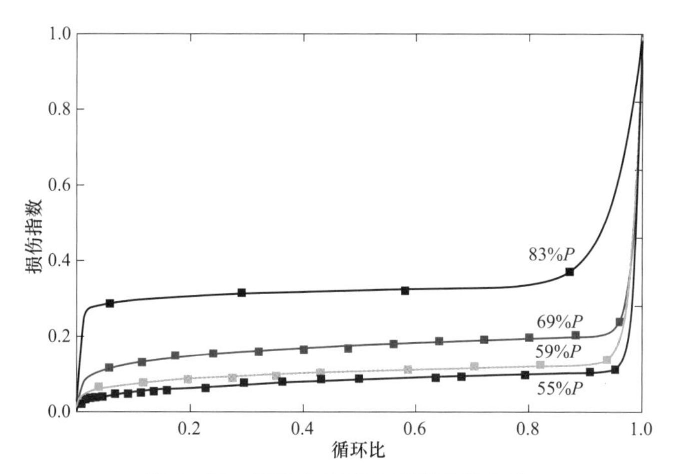

图 3-47 低温疲劳试验累积损伤曲线

表 3-56 低温疲劳试验损伤参数

试件编号	加载系数 k	q	m_1	m_2
LF-2	83%	0.3323	0.0513	20.09
LF-3	69%	0.200	0.1941	36.37
LF-4	59%	0.125	0.227	64.04
LF-5	55%	0.1063	0.3254	101.15

4 玻璃钢纤维复合材料构件性能试验研究

4.1 轴压圆管稳定性试验

4.1.1 试件设计

复合材料轴心受压构件是格构式复合材料塔的基本组成单元，其承载性能直接关系到复合材料输电杆塔的安全性。试件截面主要采用两种规格，分别为 $\phi 180\times 8$ 和 $\phi 100\times 6$。每个规格按照不同长细比分为 6 组与 7 组，共 13 组，$\phi 100\times 6$ 长细比大于 60 每组设计 6 个试件，其余设计 3 个试件；$\phi 180\times 8$ 长细比大于 30 的每组设计 6 个试件，其余设计 3 个试件。试件规格参数见表 4–1。

表 4–1 试件规格参数

截面规格（mm×mm）	长度（mm）	试件数量	面积 A（mm^2）	惯性矩 I（mm^4）	长细比
$\phi 100\times 6$	670	3	1770.96	1963994.64	20
$\phi 100\times 6$	2000	6	1770.96	1963994.64	60
$\phi 100\times 6$	2330	6	1770.96	1963994.64	70
$\phi 100\times 6$	2660	6	1770.96	1963994.64	80
$\phi 100\times 6$	3000	6	1770.96	1963994.64	90
$\phi 100\times 6$	3330	6	1770.96	1963994.64	100
$\phi 180\times 8$	610	3	4320.64	16012291.84	10
$\phi 180\times 8$	1220	3	4320.64	16012291.84	20
$\phi 180\times 8$	1830	6	4320.64	16012291.84	30
$\phi 180\times 8$	2130	6	4320.64	16012291.84	35
$\phi 180\times 8$	2440	6	4320.64	16012291.84	40
$\phi 180\times 8$	2740	6	4320.64	16012291.84	45
$\phi 180\times 8$	3040	6	4320.64	16012291.84	50

4.1.2　试验设备及方法

管轴压稳定性试验采用了以下两种加载方法：

（1）试件采用液压式千斤顶结合反力架进行加载（见图 4-1），千斤顶最大行程为 20cm，最大可加载 2000kN。

（2）采用 YAW-5000F 型微机控制电液伺服压力试验机（见图 4-2）。

本次试验的应变及位移测量方案如图 4-3 所示。本次试验应变片（双向应变片）

图 4-1　千斤顶结合反力架

图 4-2　压力试验机

共布置5圈，其中跨中、距离跨中1/10和1/5试件长度各两圈，每圈贴4个应变片，共计20个应变片。位移采用应变式位移计测量，利用激光测距仪进行数据校验。

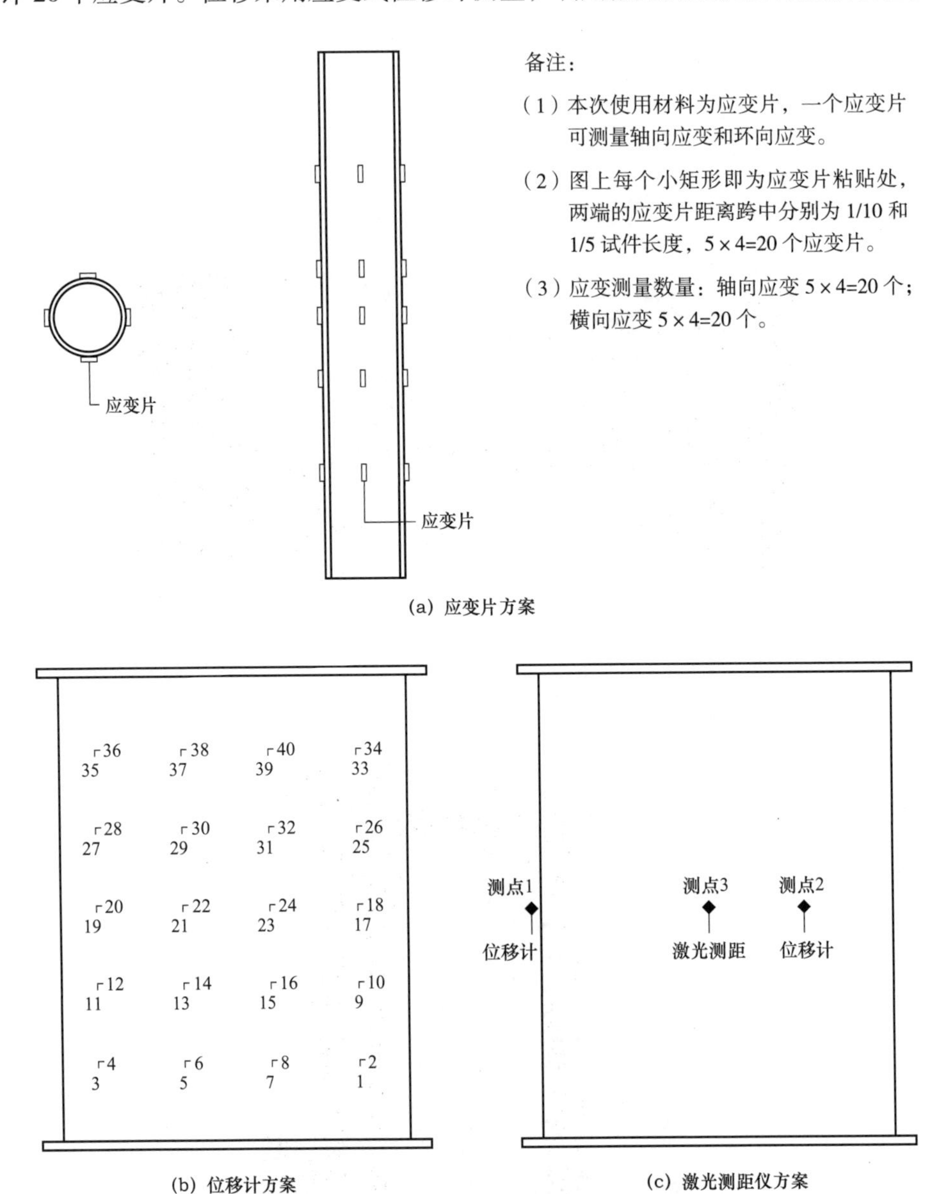

图4–3　应变片、位移计和激光测距仪测点编号

4.1.3　试验现象及破坏形态

各试件试验现象汇总于表4–2，其中相同规格的试件由于试验现象相似，以其中一个试件进行说明。

表 4–2 试验现象

试件型号	试验现象
ϕ100 × 6 × 2000–1	在加载过程中，荷载分别增加到 510、550kN 和 560kN 时试件发出较大的响声，试件未被破坏。在 560kN 发出较大响声的同时荷载降到了 550kN。继续加载到 570kN 的时候试件发出巨大响声并破坏。随后可以观察到试件上部与钢管之间发生滑动，即复合材料与钢套粘结破坏，同时管材被压碎
ϕ100 × 6 × 2330–1	在加载过程中，该试件中间位移发生多次突变。分别为：在荷载增加到 326.7kN 时降为 217.8kN；在 308.55kN 时降为 254.1kN；在 301.29kN 时降为 254.1kN；在 290.4kN 时又降为 254.1kN，并发出较大响声；在 283.14kN 时降为 246.84kN；在 261.36kN 时降为 239.58kN；在 254.1kN 时降为 239.58kN；在 254.1kN 时降为 235.95kN，并发出较大响声。试件中间位移发生多次突变，在发生突变的同时球铰都有明显转动。加载过程中试件沿两个方向发生了明显的弯曲。最后，在 235.95kN 的时候试件发出巨大响声并破坏，此时可以观察到试件沿轴向有一个贯通缝，钢管内部管材发生剪切破坏
ϕ100 × 6 × 2660–1	在加载过程中，该试件中间位移发生多次突变。分别为：在荷载增加到 127.05kN 时降为 116.16kN；在 174.24kN 时降为 145.2kN；在 177.87kN 时降为 163.35kN。试件中间位移发生多次突变，在发生突变的同时球铰都有明显转动。加载过程中试件发生了明显的弯曲。在 188.76kN 的时候试件承受荷载慢慢下降，同时管材中间位移不断增加。直至降为 141.57kN 的时候试件发出巨大响声并破坏，此时可以观察到试件中间被折断，轴向裂缝明显。管材纤维劈裂，破坏严重
ϕ100 × 6 × 3000–1	在加载过程中，该试件中间位移发生多次突变。分别为：在荷载增加到 137.94kN 时降为 108.9kN；在 145.2kN 时降为 108.9kN；在 127.05kN 时降为 105.27kN；在 112.53kN 时又降为 105.27kN；在 108.9kN 时降为 105.27kN；在 108.9kN 时降为 105.27kN；在 137.94kN 时降为 127.05kN。试件中间位移发生多次突变，在发生突变的同时球铰都有明显转动。加载过程中试件发生了明显的弯曲。在 127.05kN 的时候试件发出巨大响声并破坏，此时可以观察到试件中间被折断，轴向裂缝明显。管材纤维劈裂，破坏严重
ϕ100 × 6 × 3330–1	在加载过程中，当荷载增加到 90.75kN 时管材中间位移发生第一次突变，球铰转动明显，此时荷载降为 83.49kN；继续加载到 127.05kN 的时候管材中间位移发生第二次突变，球铰再次发生明显转动，此时荷载降为 90.75kN；继续加载时试件又中间位移又发生突变，球铰转动，此时荷载由 90.75 降为 79.86kN。加载过程中试件发生了明显的弯曲，在 108.7kN 的时候试件发出巨大响声并破坏，此时可以观察到试件中间被折断，轴向裂缝明显
ϕ180 × 8 × 1830–1	在加载过程中，从 190kN 到 270kN 试件一直伴随着轻微的碎响。在 360、480、600、680、1000、1100kN 的时候试件发出较大响声，在 1250kN 时发出连续脱胶声，在 1340、1460、1600、1690kN 时发出连续较大响声。直至试件加载到 1870kN 的时候试件仍未破坏，所以停止加载
ϕ180 × 8 × 2130–1	在加载过程中，试件在 435.6kN 的时候发出较大响声，在 653.4kN 的时候发出较小响声。当加载到 1016.4kN 的时候试件中间位移突然加大，球铰转动，荷载降为 943.8kN，继续加载直至 1488.3kN 的时候试件中间位移再次发生突变，球铰再次转动，荷载降为 1270.5kN，试件发生明显弯曲。继续加载至 1324.95kN 的时候试件发出巨大响声并破坏。破坏后可以观察到试件从中间折断，轴向产生了明显的裂缝
ϕ180 × 8 × 2440–2	在加载过程中试件发出多次响声：分别在 326.7、363kN 和 726kN 的时候发出较大响声，在 399.3、471.9、508.2、580.8、653.4kN 的时候发出较小响声，当荷载增加到 834.9kN 的时候试件中间位移发生突变，球铰发生明显转动，荷载降为 762.3kN，继续加载至 798.6kN 的时候试件发出巨大响声并破坏。此时可以观察到管材被从中间被折断，管材内部纤维破坏严重

续表

试件型号	试验现象
ϕ180×8×2740–1	在加载过程中，当荷载分别在 254.1kN 和 834.9kN 的时候试件发出较小响声；荷载为 653.4、689.7、871.2kN 时试件发出较大响声，当荷载增加到 943.8kN 的时候试件弯曲变形突然增大，球铰有明显转动，此时荷载降为 871.2kN，继续加载到 889.25kN 的时候试件发出连续脆响，随后发出巨大响声并破坏。此时可以看到试件被从中间折断，管材内部纤维破坏严重
ϕ180×8×3040–3	在加载过程中，试件分别在 290.4、544.5kN 的时候发出较小响声，在 617.1kN 以及 689.7kN 附近发出连续响声。在 762.3、798.6kN 和 843.9kN 的时候发出较大响声。当荷载增加到 943.8kN 的时候试件中间位移突然变化，此时荷载降为 726kN。继续加载到 816.75kN 的时候荷载无法继续增加，试件发出连续响声，最后发出巨响后破坏。此时可以观察到试件中间被折断，中间的上部破坏严重，管材纤维劈裂。加载过程中试件弯曲明显

试件最终破坏状态如图 4–4~ 图 4–20 所示。

图 4–4　ϕ100×6×2000–3 管材弯曲

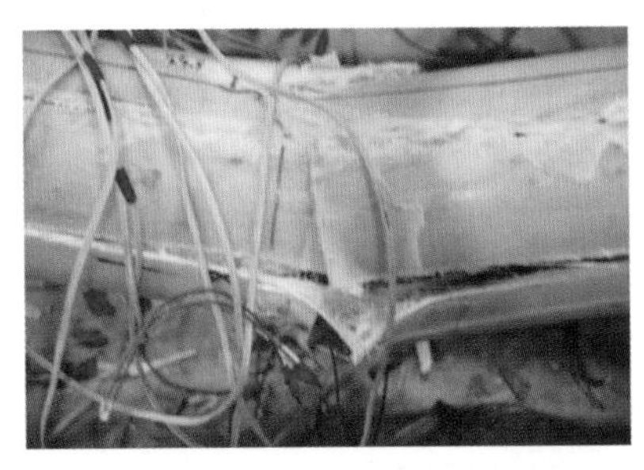

图 4–5　ϕ100×6×2000–2 管材被压碎

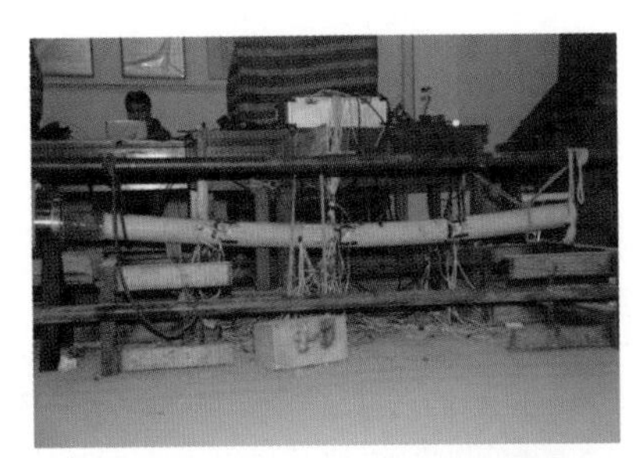

图 4–6　ϕ100×6×2330–1 明显弯曲

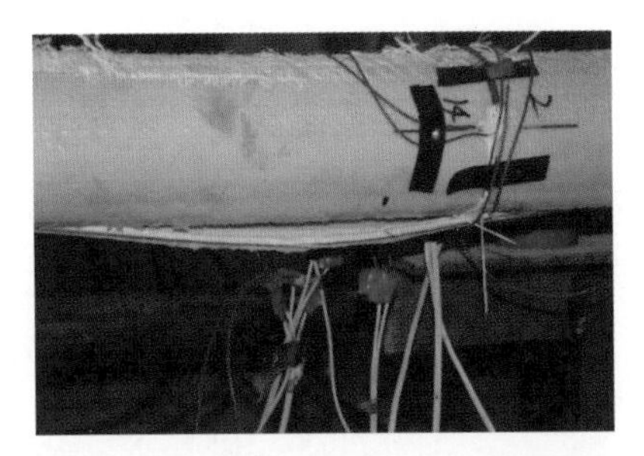

图 4–7　ϕ100×6×2330–1 破坏后状态

图 4–8　ϕ100×6×2330–3 中部材料劈裂

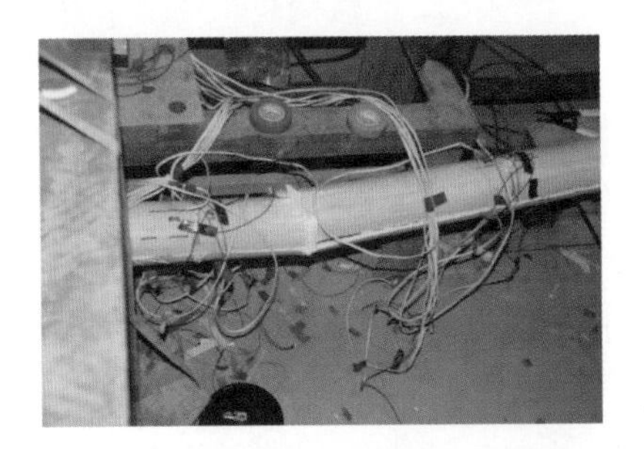

图 4–9　ϕ100×6×2660–1 被折断

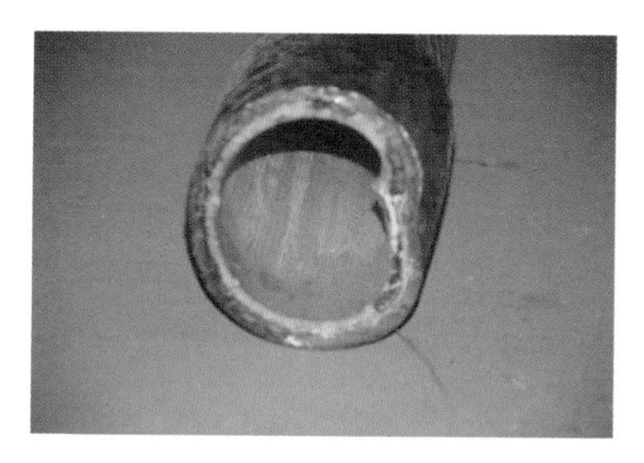

图 4–10 ϕ100 × 6 × 3000–3 钢管被压扁

图 4–11 ϕ100 × 6 × 3330–2 破坏后形态

图 4–12 ϕ180 × 8 × 1830–2 剪切破坏

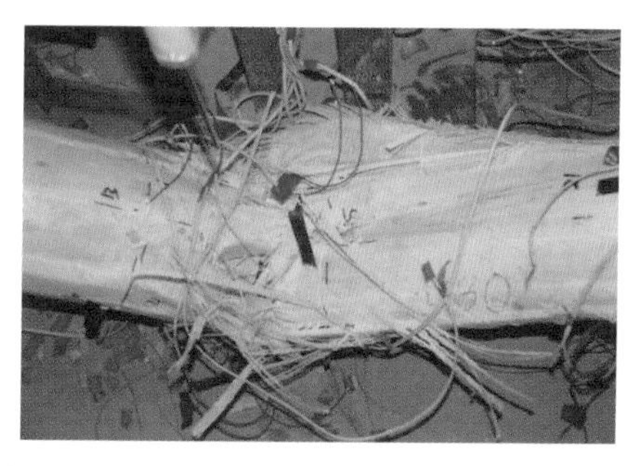

图 4–13 ϕ180 × 8 × 2130–1 破坏处管材纤维

图 4–14 ϕ180 × 8 × 2440–1 被折断

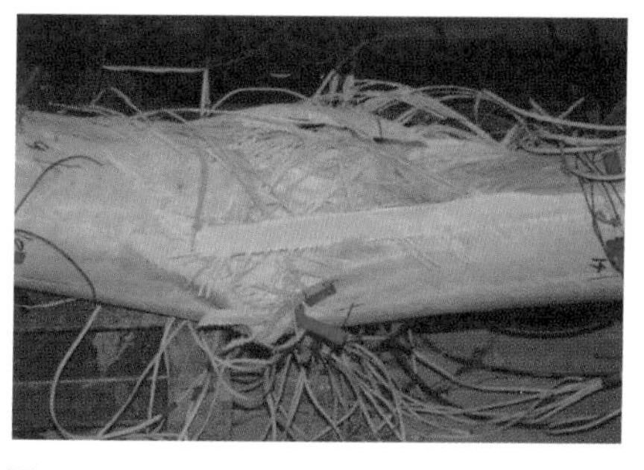

图 4–15 ϕ180 × 8 × 2440–1 破坏处纤维

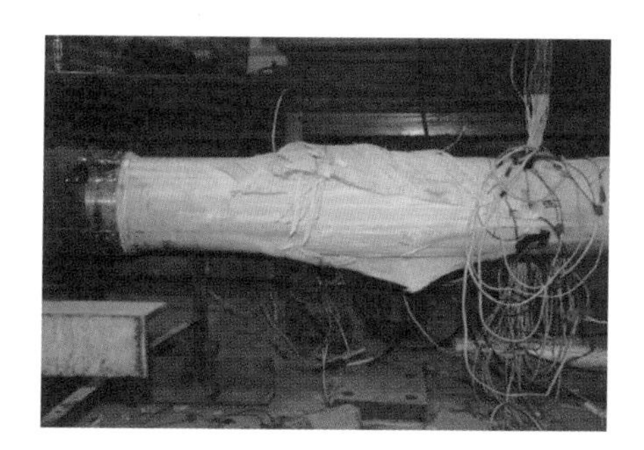

图 4–16 ϕ180 × 8 × 2740–1 破坏处管材纤维

图 4–17 ϕ180 × 8 × 2740–3 发生剪切破坏

图 4-18　ϕ180×8×3040-1 被折断

图 4-19　ϕ180×8×3040-3 破坏处纤维

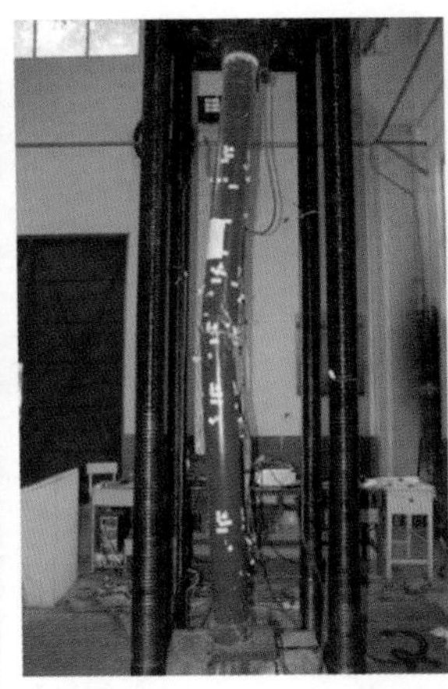

图 4-20　试件组 ϕ180×8×3040 破坏图片

通过以上复合材料管件轴压试验破坏形态可以看出，在试验过程中，部分试件端部钢套管与复合材料管之间的树脂脱落，即发生杆端破坏；部分试件树脂先被压碎，随后纤维断裂，即发生强度破坏；部分试件先发生横向弯曲，而后发生弯曲破坏，即发生失稳破坏。总体上分为：

（1）杆端剪切破坏。加载过程中，在较小荷载下，部分试件端部黏结处剥离，发出声响，这是由于加载刚开始时，杆端与钢套管胶结部分即产生剥离，逐渐出现微裂缝，裂缝随着荷载的增加而逐渐发展。当荷载加到破坏荷载时，突然发出巨响，树脂形成贯通裂缝，钢套管与 FRP 管之间树脂脱落，发生杆端剪切破坏，如图 4-12 所示，此种破坏与连接部位有关，与轴压构件本身无关。故没有列入整体失稳破坏中。

（2）整体失稳破坏。从加载开始，试件挠度和轴向位移随荷载的增加而线性递增，当荷载增加到屈曲荷载时，试件发出巨大响声，出现裂缝，部分纤维断裂，其挠度发生突变，荷载也随之降低，但仍具有一定承载能力。当继续加载时，荷载可以得到一定程度的恢复，部分纤维再次发生断裂，其挠度发生突变，荷载再次降低，如此反复，直到受压区树脂压碎而发生破坏，而受拉区树脂开裂而破坏（见图 4-20）。

4.1.4　试验结果分析

1. 荷载—位移关系分析

根据试验结果，对其荷载—位移关系曲线进行分析，试件破坏时典型荷载—位移关系图如图 4-21 和图 4-22 所示。

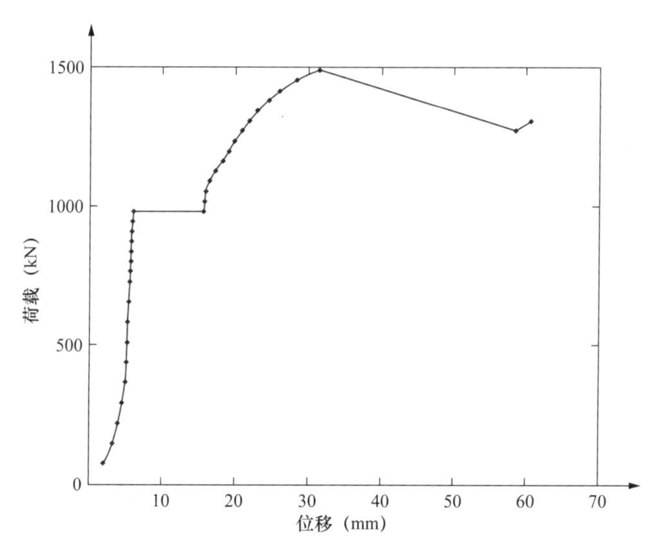

图 4-21　试件组 $\phi160\times6\times2130$ 荷载—位移曲线图

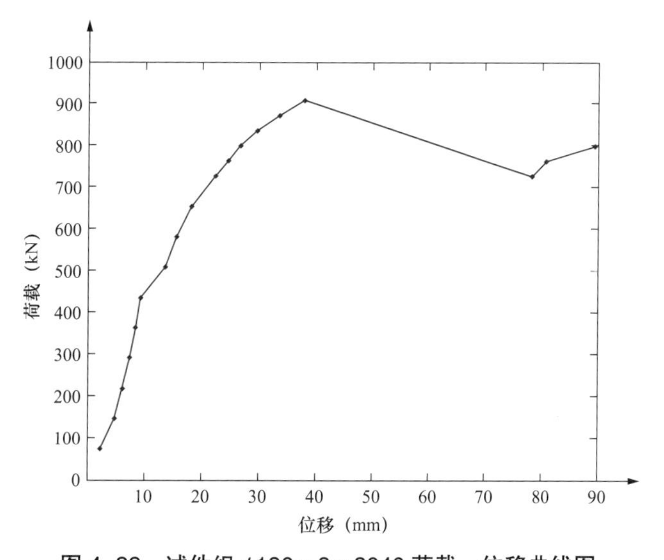

图 4-22　试件组 $\phi180\times8\times3040$ 荷载—位移曲线图

通过上述试件荷载—位移曲线图看出，随着加载的进行，试件的跨中挠度不断加大，在达到试件的临界荷载后，其承载力曲线产生明显的下降，结合试验现象及破坏形态，此时试件跨中挠度急剧增大，二阶效应的存在使得复合材料管跨中受弯，玻璃钢纤维从基体中崩出，纤维断裂严重，承载力突降明显。但是由于跨中纤维并未完全断裂，故在继续加载时试件仍有一定承载力，荷载曲线后期有一定上升，但此时试件破坏严重，此阶段荷载曲线不具有参考性。

2. 荷载—应变关系分析

通过应变数据的监测，可以更好的反映试件整个过程的变形行为。以试件 $\phi180\times8\times3040$-6 为例进行说明，各测点的荷载—应变曲线如图 4-23~ 图 4-30 所示。

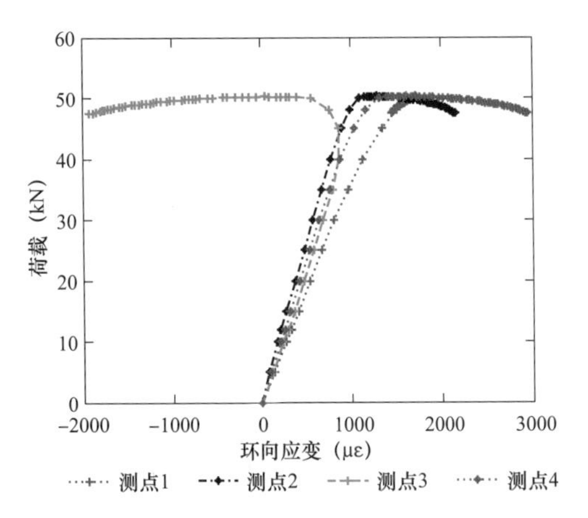

图 4-23　测点 1~4 荷载—环向应变曲线

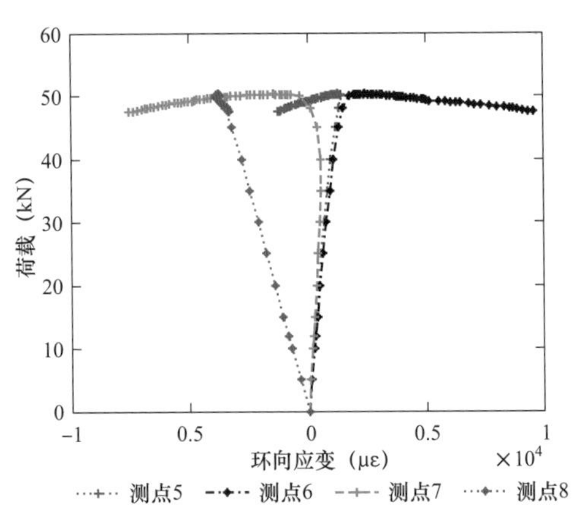

图 4-24　测点 5~8 荷载—环向应变曲线

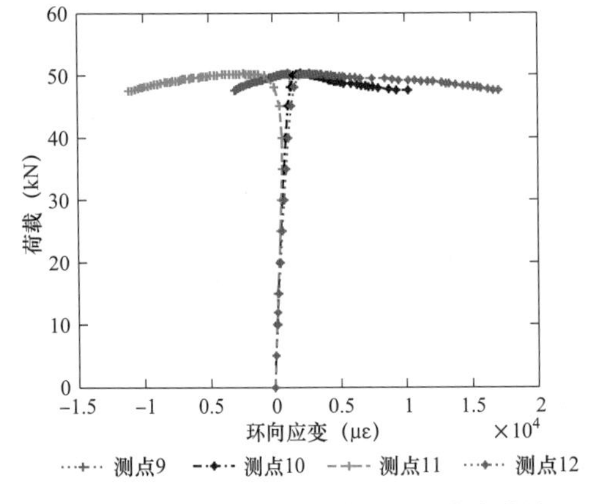

图 4-25　测点 9~12 荷载—环向应变曲线

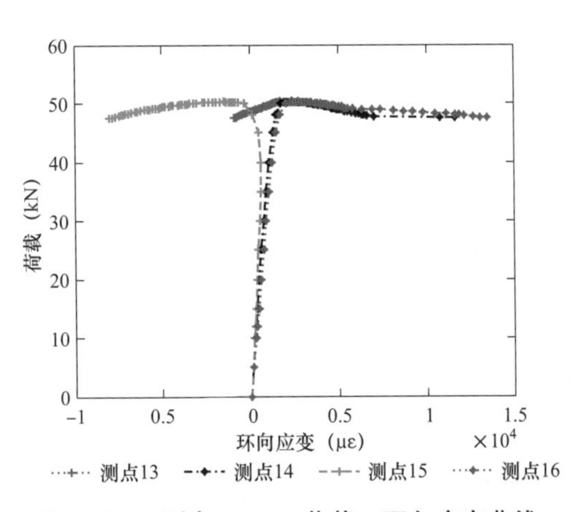

图 4-26　测点 13~16 荷载—环向应变曲线

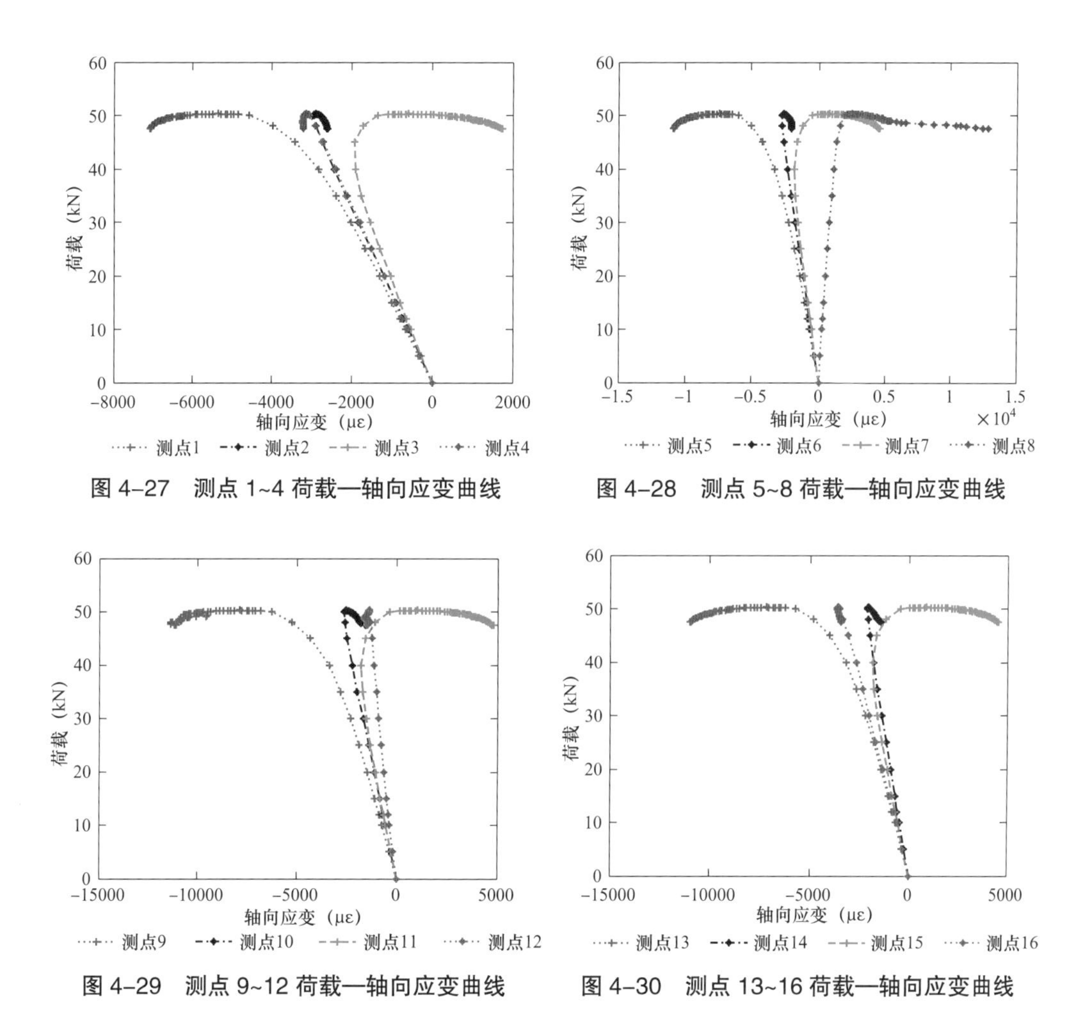

图 4-27　测点 1~4 荷载—轴向应变曲线

图 4-28　测点 5~8 荷载—轴向应变曲线

图 4-29　测点 9~12 荷载—轴向应变曲线

图 4-30　测点 13~16 荷载—轴向应变曲线

通过上述荷载—环向应变曲线及荷载—轴向应变曲线可知，在达到极限荷载之前，试件的环向应变及轴向应变近似线性增长，由于试件长细比较大，在轴力作用下存在附加弯矩，故复合材料管靠近跨中变形较大处，存在明显的受拉区和受压区，同一高度处的不同测点处应变正负值同时存在。通过对所有试件的应变数据统计，试件临近破坏时轴向应变可能为正也可能为负，最大值为 -14636με。由于杆件内弯矩影响，试件临近破坏时环向应变可能为正也可能为负，最大值为 5199με。

3. 轴心压杆稳定性分析

目前，我国关于复合材料构件的稳定承载力计算方法还不成熟，没有形成相对统一的计算方法。同时，根据复合材料管件稳定性试验的结果以及其构件破坏形式和特征，得出了该构件稳定性研究只需要着重考虑弹性阶段的稳定性。因此，本小节按极限承载力进行控制，对于复合材料轴心受压构件的稳定性计算分别采用欧拉公式和柏利公式进行对比研究，并且对比欧美的复合材料设计规范中计算公式得出的稳定系数计算结果，最终得到适合我国采用的稳定系数计算公式。

欧拉公式

$$N_{\mathrm{E}} = \frac{\pi^2 EI}{(\mu l)^2} \tag{4-1}$$

式中：E 为弹性模量；I 截面惯性矩，l 为压杆长度；μ 与边界约束条件有关的计算系数。

柏利公式

$$\phi = [1 + (1 + \varepsilon_0)/\overline{\lambda}^2]/2 - \sqrt{[1 + (1 + \varepsilon_0)/\overline{\lambda}^2]^2/4 - 1/\overline{\lambda}^2} \tag{4-2}$$

式中：ϕ 为稳定系数；ε_0 为相对初弯曲；$\overline{\lambda} = \frac{\lambda}{\pi}\sqrt{f_{\mathrm{y}}/E}$ 表示构件的相对长细比。

欧洲规范中计算轴压 FRP 构件整体稳定承载力公式见式（4–3）。该公式建立在欧拉公式基础上，公式如下

$$N_{\mathrm{Euler}} = \frac{\pi^2 EI}{\gamma_{\mathrm{m,E}} \cdot (\mu l)^2} \tag{4-3}$$

欧洲复合材料规范中对稳定系数的取法与我国的钢结构设计规范不同[见式（4–4）]，故对其进行转化[式（4–5）~式（4–7）]，得到稳定系数 ϕ'[见式（4–8）]

$$N_{\mathrm{d}} \leqslant \frac{F_{\mathrm{c}}}{1 + \frac{F_{\mathrm{c}}}{N_{\mathrm{Euler}}}} \tag{4-4}$$

$$F_{\mathrm{c}} = f_{\mathrm{y}} \cdot A \tag{4-5}$$

$$\phi = \frac{N_{\mathrm{Euler}}}{f_{\mathrm{y}} \cdot A} \tag{4-6}$$

$$\frac{F_{\mathrm{c}}}{1 + \frac{F_{\mathrm{c}}}{N_{\mathrm{Euler}}}} = \frac{\phi}{1 + \phi} \cdot F_{\mathrm{c}} \tag{4-7}$$

$$\phi' = \frac{\phi}{1 + \phi} \tag{4-8}$$

通过有限元 ansys 模拟、欧拉公式、Perry 公式及欧洲规范对稳定系数进行计算，结合试验数据，拟合得出了适用于我国复合材料稳定系数的计算公式，稳定系数为拟合线如图 4–31 所示。

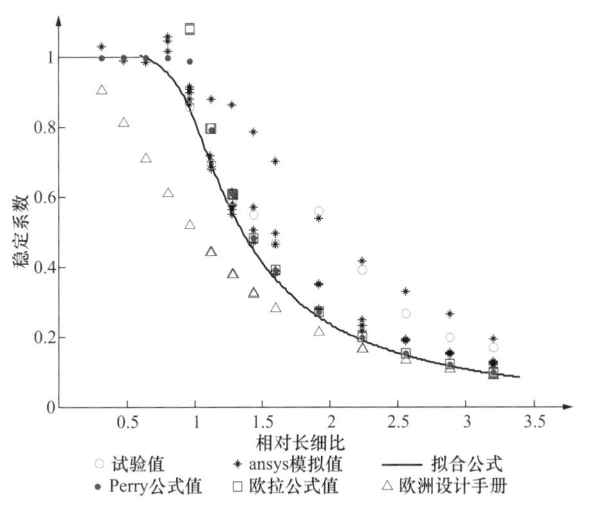

图 4-31 稳定系数拟合曲线

当 FRP 管长细比大于 30 时

$$\phi=\frac{1}{2\lambda_{\mathrm{n}}^{2}}\left[\left(0.945+0.093\lambda_{\mathrm{n}}+\lambda_{\mathrm{n}}^{2}\right)-\sqrt{\left(0.945+0.093\lambda_{\mathrm{n}}+\lambda_{\mathrm{n}}^{2}\right)^{2}-4\lambda_{\mathrm{n}}^{2}}\right] \tag{4-9}$$

当 FRP 管长细比小于 30 时

$$\phi=1 \tag{4-10}$$

式中：$\lambda_{\mathrm{n}}=\frac{\lambda}{\pi}\sqrt{f_{\mathrm{y}}/E}$ 为构件的相对长细比；f_{y} 为受压强度；E 为轴向弹模。

最终确定复合材料轴心受压构件的整体稳定应按式（4-11）计算

$$N/(\phi\cdot A)\leqslant f_{\mathrm{c}} \tag{4-11}$$

式中：ϕ 为轴心受压构件的稳定系数；f_{c} 为复合材料抗压强度设计值，MPa；A 为构件毛截面面积，mm^2。

4.2 空间节点极限承载力试验及有限元分析

4.2.1 节点试件设计及加载方案

节点极限承载力试验的目的是确定节点的极限承载力和失效模式，揭示特定几何参数下试件的破坏机理。节点试验共有 6 个试件，其中 2 个试件主材受拉，另外 4 个试件主材受压。节点构造示意图及实物图如图 4-32 所示。

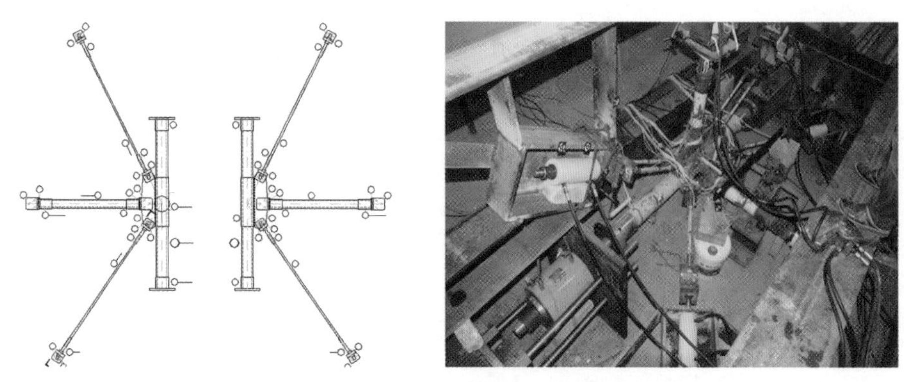

图 4-32　复合材料节点构造示意图及实物图

针对节点的构造特点，本次试验设计、制造了相应的试验装置，其中反力架由 H 型钢焊接而成，反力架设计荷载为 6000kN（见图 4-33）。为了方便加载，本次采购了相应加载设备（见图 4-34~ 图 4-38）：300kN 张拉千斤顶 4 个、1000kN 普通千斤顶 2 个、2000kN 张拉千斤顶 1 个。为便于同一型号的千斤顶在加载过程中的荷载同步，同一型号的千斤顶由一个油泵控制，使用一个分油器分油加压。上述 7 个千斤顶共由 3 个油泵驱动。

图 4-33　反力架

图 4-34　2000kN 千斤顶

图 4-35　1000kN 千斤顶

图 4-36　300kN 千斤顶

图 4-37 分油器

图 4-38 油泵

由于节点构件构造比较复杂，试件加载后整体变形很难用位移计测量。三维摄影测量技术对三维空间变形的测量具有较高的精度，因此本次试验采用三维摄影测量技术测量试件的整体变形和关键点位移，三维摄影测点编码点如图 4-39 所示。

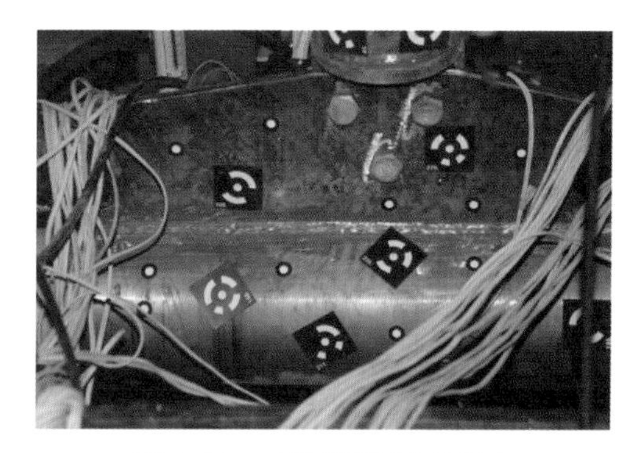

图 4-39 三维摄影测点编码点

本次试验中试件应变测试中采用 CML-1H 型应变 & 力综合测试仪。应变花采用 BE120-3BC 型正交应变花。试件的应变片粘贴位置示意如图 4-40 所示。

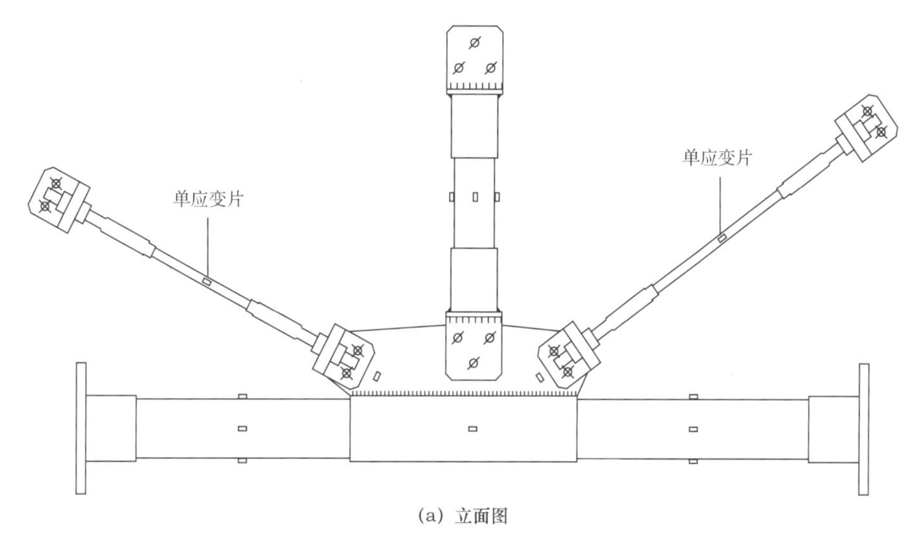

(a) 立面图

图 4-40 节点构件应变片粘贴位置示意图（一）

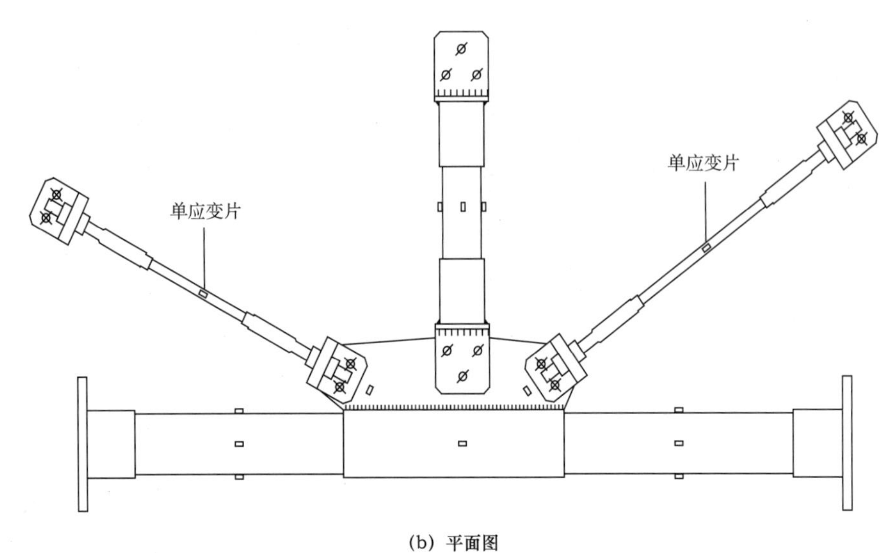

（b）平面图

图 4-40　节点构件应变片粘贴位置示意图（二）

图 4-40 中，除标注单应变片位置外，其余均为方向相互垂直的双应变片。双拉杆节点共计 52 个应变片，单拉杆节点共计 48 个应变片。

本次设计制造的反力架可以快速方便地实现节点主材受拉和受压的变换。节点主材受拉加载方法为：将节点和千斤顶按照图 4-41 安装，当 2000kN 千斤顶活塞顶出时带动活塞内拉杆拉伸，拉杆带动节点主材受拉。

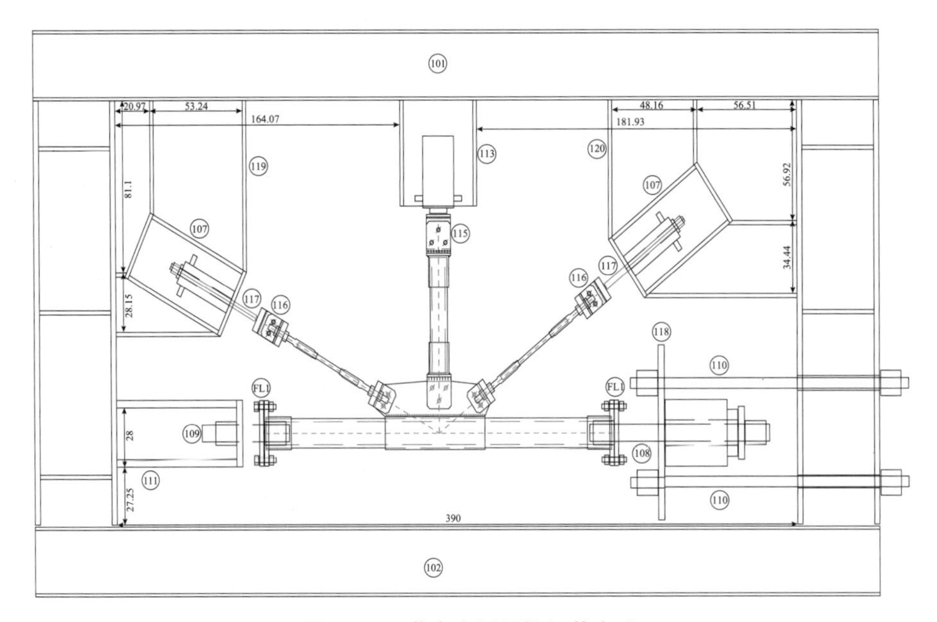

图 4-41　节点主材受拉加载方法

节点主材压缩加载方法为：将2000kN千斤顶掉头，在2000kN千斤顶和反力架之间填入受压铁箱，此时当2000kN千斤顶活塞顶出时节点主材受压。如图4–42所示。

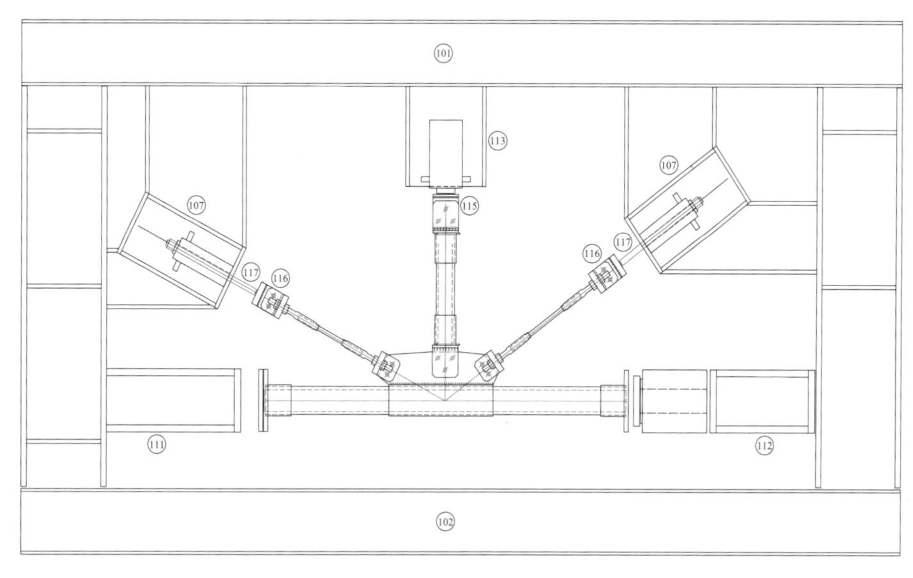

图 4–42　节点主材受压加载方法

根据整塔分析结果，受力最不利工况为主材所受的轴力95.1kN，拉杆最大拉力18.4kN，横杆承受最大压力11.77kN。考虑到加载工具的规格以及具体加载步骤，加载方案如下：

（1）主材受拉节点加载方案：构件主材受拉，在加载过程中每个千斤顶同步加载。主材每步加载108.9kN，压杆每步加载15.31kN，拉杆每步加载23.64kN。

（2）主材受压节点加载方案：构件主材受压，主材每步加载181.5kN，主材加载两级压杆加载一级，每级加载15.31kN，拉杆加载与主材同步，每级加载11.82kN。例如，第一级荷载为：主材181.5kN,拉杆11.82kN，压杆15.31kN；第二级荷载为：主材363kN，拉杆3723.64kN，压杆15.31kN；第三级荷载为：544.5kN，拉杆5635.46kN，压杆30.62kN。也就是主材和拉杆每级都增加，压杆每两级增加一次。

表4–3分别给出前六级荷载下每个杆件的具体荷载大小。

表 4–3　　节点加载值

加载级数	主材受拉节点（kN）			主材受压节点（kN）		
	主材	拉杆	压杆	主材	拉杆	压杆
1	108.9	23.64	15.31	181.5	11.82	15.31
2	217.8	47.28	30.62	363	23.64	15.31

续表

加载级数	主材受拉节点（kN）			主材受压节点（kN）		
	主材	拉杆	压杆	主材	拉杆	压杆
3	326.7	70.92	45.93	544.5	35.46	30.62
4	435.6	94.56	61.24	726	47.28	30.62
5	544.5	118.2	76.55	907.5	59.1	45.93
6	653.4	141.84	91.86	1089	70.92	45.93

测试内容包括各级荷载下荷载、应变、轴向变形、横向变形。最后根据测试量绘制相关试验曲线，并观察破坏形态。

4.2.2 试验现象及破坏形态

对6个节点构件进行试验，试件1和试件2主材受拉，其他4个试件主材受压。试验现象记录见表4–4。

表4–4 试验现象

试件编号	试验现象
试件1（主材受拉）	加载过程中试件发出多次大小不同的响声，其中在主材荷载为272.5、381.15、399.3、598.95、620.73、649.77kN的事后试件发出较小响声，在荷载为308.55、363kN和417.45kN的时候试件发出较大响声，当主材荷载增加到871.2kN的时候试件发出巨大响声并破坏，随后观察可以看到主材端部法兰被拉脱，是很明显的粘结破坏
试件2（主材受拉）	加载过程中并未有明显的试验现象或响声，当整体加载到第二步的时候，也就是主材加载到217.8kN的时候无法继续加载。此时发现，主材一端的管材已经发生黏结破坏，被从钢管中拉出
试件3（主材受压）	加载过程中试件发出多次较小响声，于此响应的主材荷载分别为：283.14、290.4、301.29、319.44、453.75kN。当荷载增加到544.5kN的时候试件发出三次较大响声，随后试件发出巨大响声并破坏，此时主材上的荷载降为471.9kN。继续加载，主材的玻璃钢管位移不断加大，荷载维持在363.3kN。随后可以观察到，主材一端被压坏，内部管材被压碎
试件4（主材受压）	加载过程中试件在主材荷载为163.35kN和453.75kN的时候发出较大响声，在290.4kN和617.1kN的时候试件发出较小响声，当主材荷载增加到726kN的时候维持此荷载一段时间后试件突然发出巨大响声破坏。随后可以观察到主材一端发生黏结破坏，内部管材被压出
试件5（主材受压）	加载过程中试件在主材荷载为145.2kN和181.5kN的时候试件发出较小响声，当主材荷载增加到290.4kN的时候试件突然发出响声，荷载此时降为119.8kN。随后继续加载至181.5kN，此时荷载又降为108.9kN。随后又增加到363kN，可以明显地看到主材的管材轴向位移不断增加，此时管材已经发生黏结破坏，并被压出
试件6（主材受压）	加载过程中，随着荷载的增加试件间断性地发出多次较小响声，当主材荷载增加到283kN的时候拉杆的行程不够，拆除拉杆继续加载。当主材荷载增加到816.75kN的时候试件发出巨大响声并破坏。此时，管材一端发生粘结破坏并被压碎

各试件最终破坏形态如图 4-43~ 图 4-50 所示。

图 4-43 试件 1 破坏状态

图 4-44 试件 1 主材发生黏结破坏

图 4-45 试件 2 主材发生粘结破坏

图 4-46 试件 3 主材一端管材被压碎

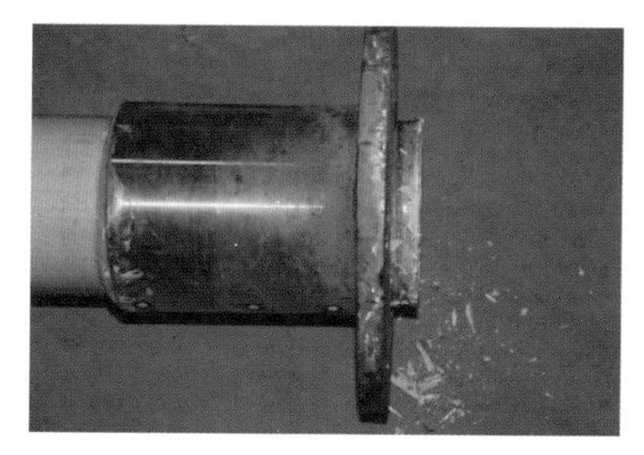

图 4-47 试件 4 主材粘结破坏 1

图 4-48 试件 4 主材黏结破坏 2

图 4-49 试件 5 主材黏结破坏

图 4-50 试件 6 主材黏结破坏

上述试验现象及各试件最终破坏形态表明，各试件在破坏时复合材料与钢套管连接处易发生黏结破坏，连接处的强度及粘结质量对试件承载能力有较大影响。

4.2.3 试验结果分析

1. 位移分析

本次试验采用摄影测量，监测节点试件的变形。针对主材受拉和主材受压两类节点试件，本小节以试件 1 和试件 3 为例进行说明。

主材受拉节点：

主材受拉节点（试件 1）的各个杆件轴向位移见表 4–5。

表 4–5　试件 1 节点各杆件轴向位移

加载级数	1	2	3	4	5	6	7
主材	2.174	3.584	5.330	7.363	8.886	10.297	6.203
拉杆 1	1.079	–0.249	–0.238	–0.422	–0.165	0.170	–7.558
压杆 1	1.115	1.880	2.859	3.915	4.764	5.774	5.637
拉杆 2	–3.954	–5.834	–7.404	–8.045	–7.611	–6.018	10.660
拉杆 3	1.755	2.865	4.097	5.388	7.550	11.899	16.478
压杆 2	1.060	1.588	2.215	3.720	4.482	5.845	7.566
拉杆 4	–3.682	–4.828	–4.510	–4.240	–3.446	–2.125	16.184

注　拉杆和压杆从左到右以逆时针排序。

加载级数—轴向位移曲线如图 4–51~ 图 4–53 所示。

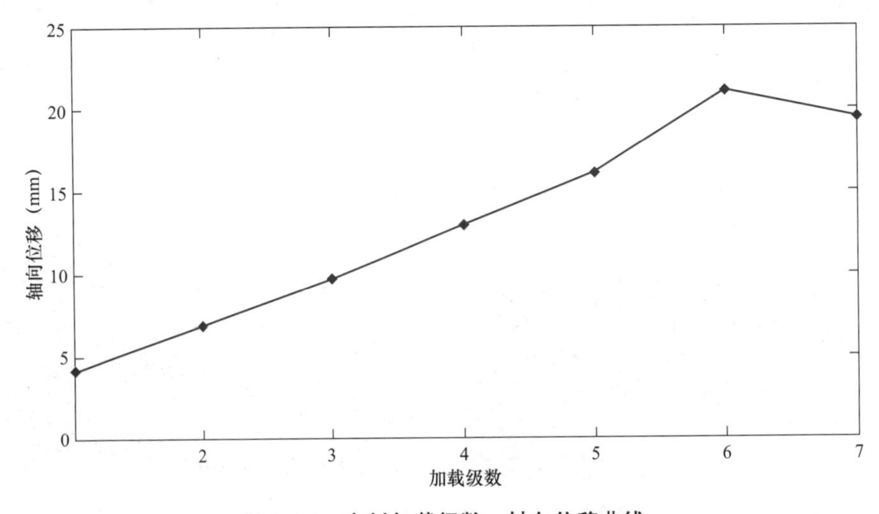

图 4–51　主材加载级数—轴向位移曲线

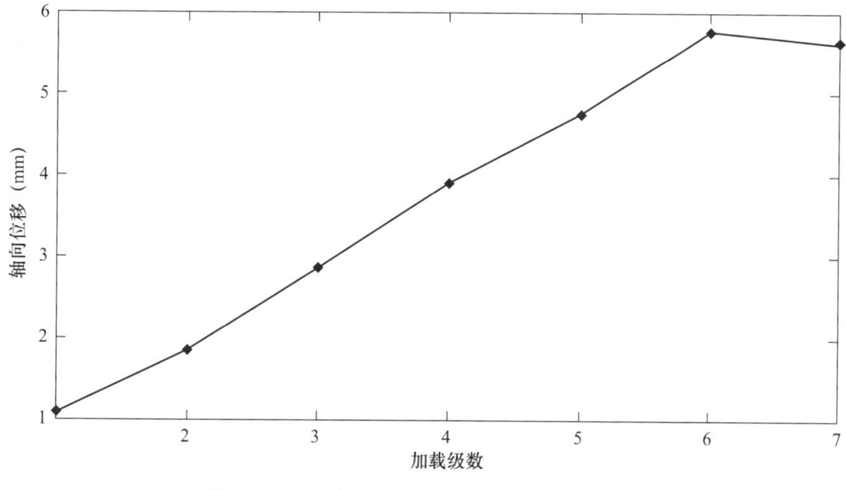

图 4-52 压杆 1 加载级数—轴向位移曲线

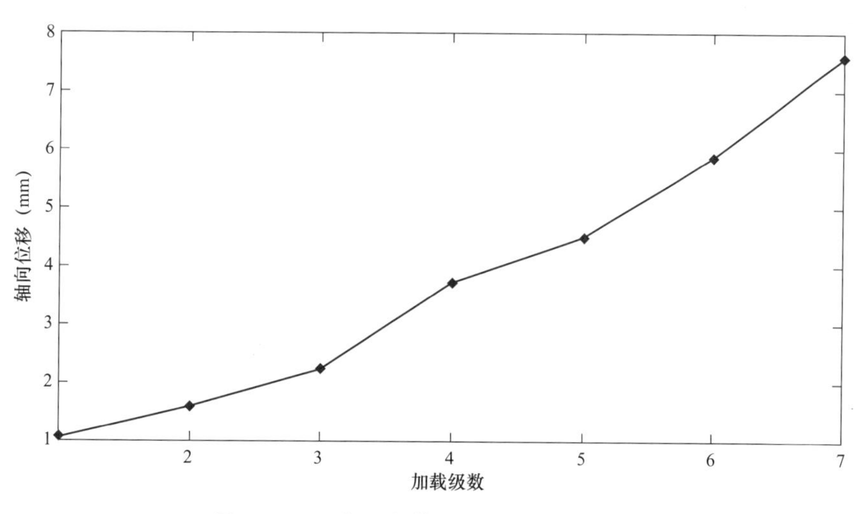

图 4-53 压杆 2 加载级数—轴向位移曲线

可以看出，前 6 级荷载作用下，杆件的轴向位移与荷载基本保持线性关系，第 6 级荷载以后荷载位移曲线出现了明显的转折。因为在加载的过程中，当荷载增加到第 6 级荷载的时候拉杆的行程不够，此时将拉杆全部去掉。因此，第 7 级荷载作用下的轴向位移是没有拉杆的情况下的轴向位移，与前 6 级加载情况不同导致这样的结果。

为了更直观的观察各个加载级数状态时构件整体位移的状况，将所有测点位移图给出（以试件 1 为例），如图 4-54~ 图 4-61 所示。

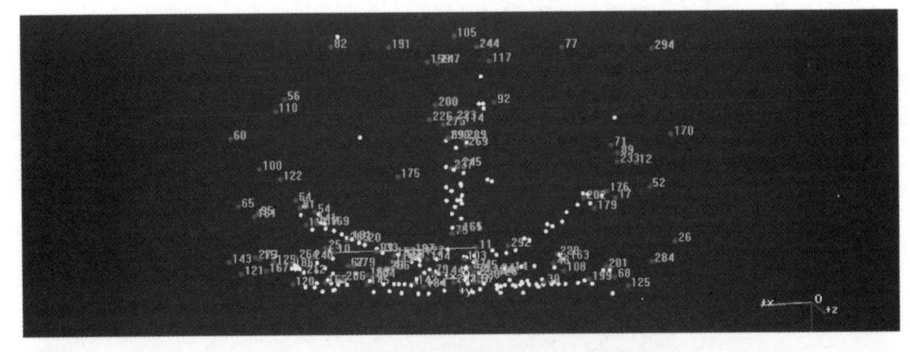

图 4-54　结构未加载时测点位移状态

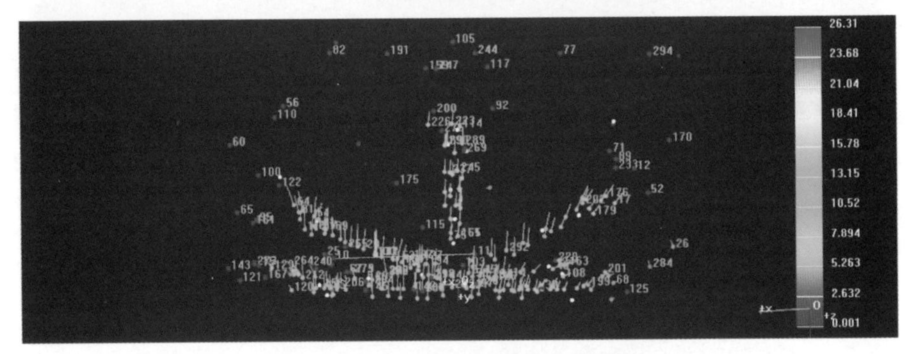

图 4-55　第 1 级荷载时测点位移状态

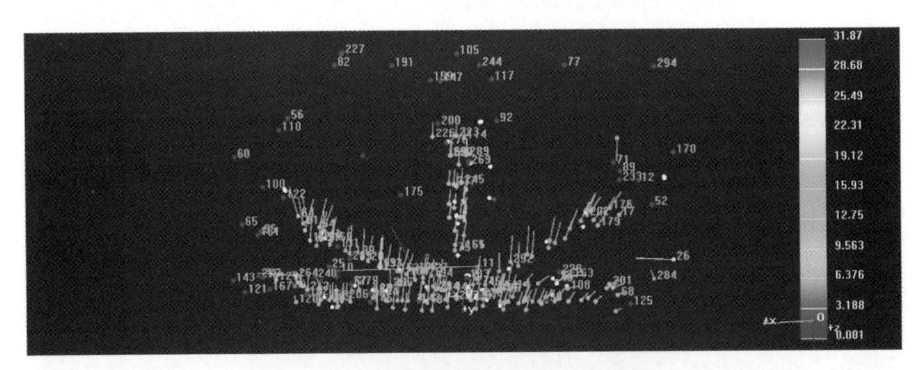

图 4-56　第 2 级荷载时测点位移状态

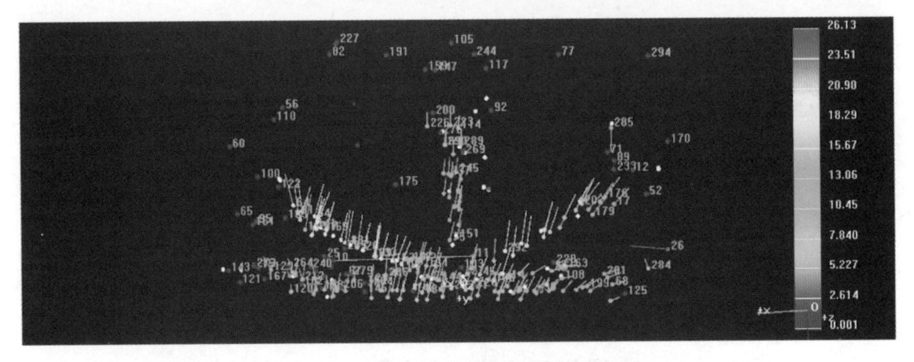

图 4-57　第 3 级荷载时测点位移状态

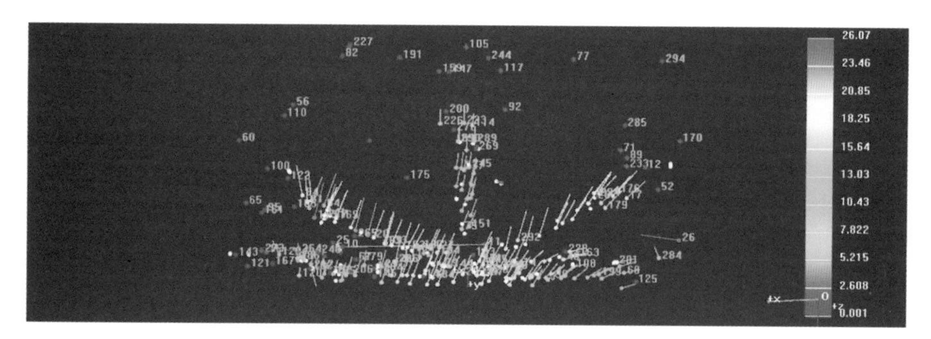

图 4–58 第 4 级荷载时测点位移状态

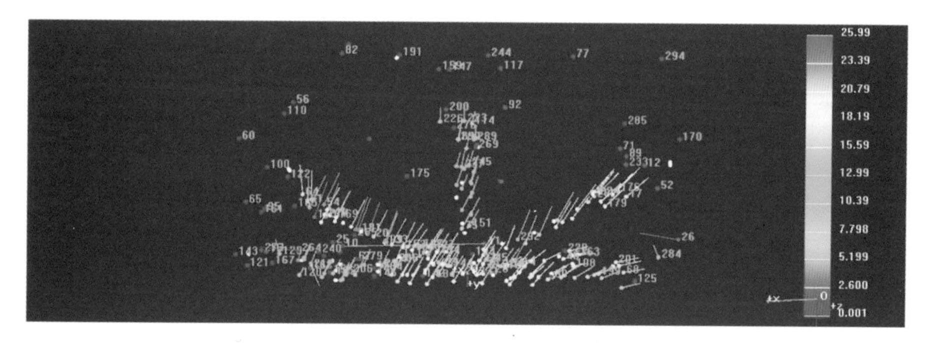

图 4–59 第 5 级荷载时测点位移状态

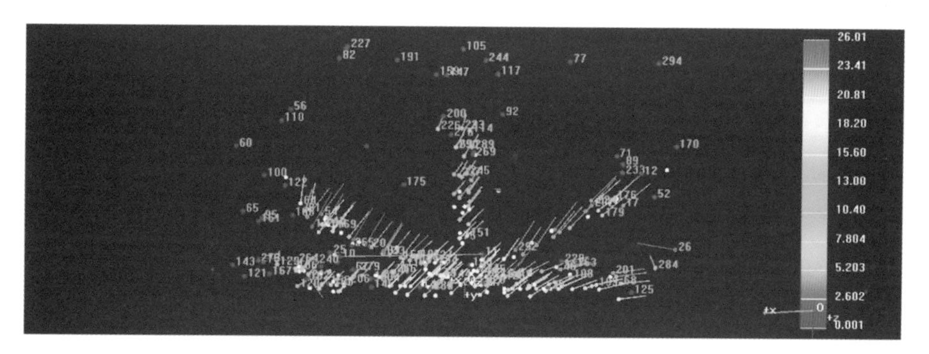

图 4–60 第 6 级荷载时测点位移状态

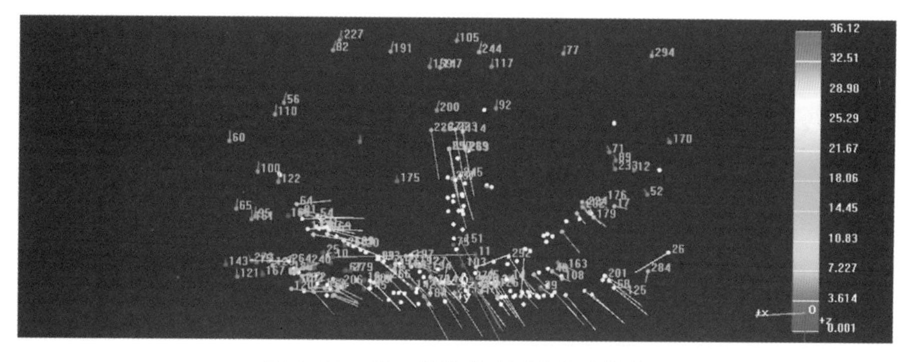

图 4–61 第 7 级荷载时测点位移状态

从三维摄影测量的结果可以观察到试件 1 主材受拉节点从开始加载到最终破坏整个过程的整体变形状况。从第 1 级荷载作用在试件上后，试件整体受力主要为向上，因此从第 1 级荷载到第 6 级荷载整体位移中向上的位移分量最大。除此之外，随着主材上的荷载越来越大，向右的分位移随着荷载的增加也越来越大。在第 7 级荷载的时候试件的拉杆已经拆除，向上的合力消失。向下的分力骤增才导致了第 7 级荷载时整体向下的位移趋势。而且主材由向上弯曲变为了向下弯曲。

主材受压节点（试件 3）的测定位移及各杆件轴向位移（见表 4–6）。

表 4–6　　试件 3 测定位移及各杆件轴向位移

试件 3 测点位移数据			各个杆件轴向位移		
级数	1	2	级数	1	2
主材左端	2.461	3.583	主材	3.319	6.348
主材中点	4.907	7.988	拉杆 1	3.328	2.982
主材右端	6.963	11.65	压杆 1	–0.961	–1.979
拉杆 1 上端点	3.137	6.077	拉杆 2	0.437	0.005
压杆 1 上端点	3.719	5.268	拉杆 3	–0.952	–0.111
拉杆 2 上端点	4.864	7.415	压杆 2	–3.271	–5.238
拉杆 1 下端点	5.83	8.49	拉杆 4	–2.409	–3.927
压杆 1 下端点	4.68	7.247			
拉杆 2 下端点	4.51	7.411			
拉杆 3 上端点	3.272	7.496			
压杆 2 上端点	0.754	1.587			
拉杆 4 上端点	1.897	3.279			
拉杆 3 下断点	4.121	7.595			
压杆 2 下端点	4.025	6.825			
拉杆 4 下端点	4.044	6.778			

从表 4–6 可以看出拉杆 2 的位移变化很小，该拉杆沿主材方向的力与主材上的力反向，竖向力和压杆的力平衡，所以才会出现这种现象。

试件 3 在不同荷载下整体位移的变化如图 4–62 和图 4–64 所示。

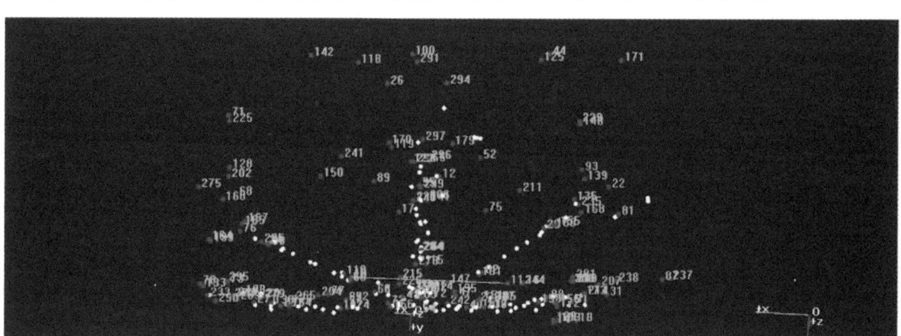

图 4–62 未加载时测点位移状态

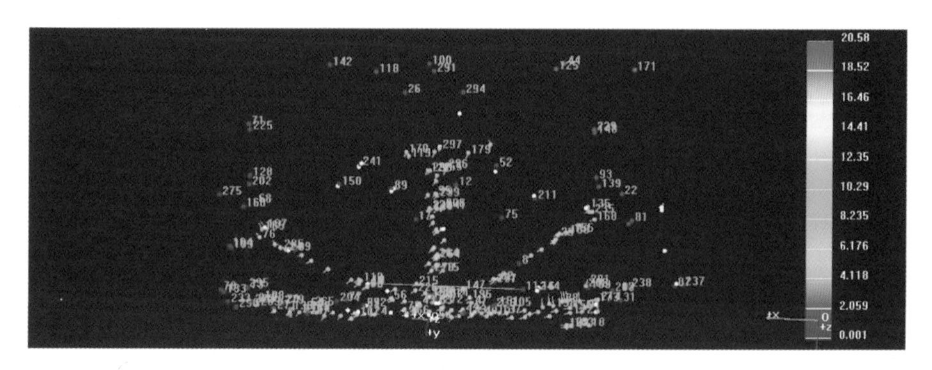

图 4–63 第 1 级荷载时测点位移状态

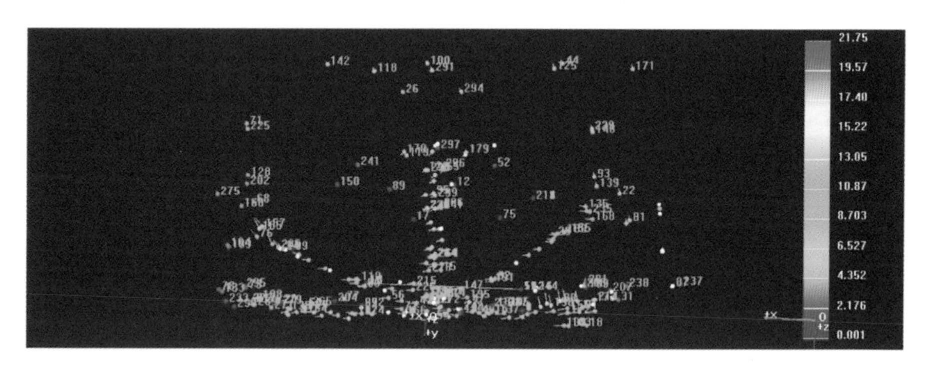

图 4–64 第 2 级荷载时位移状态

从构件的整体位移变化中可以看出试件的位移变化趋势和主材的力的方向一致，都是向左。拉杆和压杆对整体位移的影响不是很突出。

2. 应变分析

为了分析试件破坏时其最大应变是否有一定的规律性，将各个试件采集到的最大应变及其平均值列于表 4–7 中。其中，最大荷载为采集到的最大应变对应的荷载值。

表 4–7　　节点构件主材轴向最大应变

试件编号	最大荷载（kN）	位置								平均值
		1	2	3	4	5	6	7	8	
试件 1	871.2	3433	1491	2671	5113	3829	1964	4343	4138	3373
试件 2	217.8	2928	2592	3454	3463	5152	3416	2217	3391	3327
试件 3	544.5	–3173	–3328	–4121	–4046	–4149	–3518	–3139	–4128	–3700
试件 4	726	–4915	–6557	–5301	–3744	–5143	–4674	–5203	–6115	–5207
试件 5	290.4	–3044	–2312	–3346	–3399	–3197	–4818	–2574	–1457	–3018
试件 6	816.75	–4240	–4144	–3989	–3801	–5810	–6284	–5077	–4914	–4782

从表 4–7 中可以看出：

（1）试件 1 与试件 2 为主材受拉试件。其破坏时两个试件最大应变值非常接近，分别为 5113με 与 5152με。平均值分别为 3373με 及 3327με，非常接近。由此，可以把 5000με 作为主材受拉试件轴向应变的一个临界值。

（2）试件 3~ 试件 6 为主材受压试件。可以看出试件 3 和试件 5 最大荷载较小，试件 4 和试件 6 最大荷载较大，相应的应变也有相同的规律。试件 3 和试件 5 最大应变为 4149με 和 4818με，试件 4 和试件 6 最大应变分别为 6557με 和 6284με。导致这样的结果的原因是试件最大承载能力不同，此外，试件加工质量及复合材料力学性能的离散性亦有影响。

（3）每个试件的最大应变较离散，如试件 1 最小应变为 1491με，而最大应变为 5113με，相差 3622με，说明试件在加载过程中发生了明显的弯曲。

表 4–8 是试件破坏时采集到的主材最大环向应变数据。由于试件 2 的环向应变在采集过程中失效，故没有给出。

表 4–8　　节点构件主材最大环向应变

试件编号	最大荷载（kN）	位置								平均值
		1	2	3	4	5	6	7	8	
试件 1	871.2	–2364	–1940	–1111	–1661	–306	–1465	–1436	–1148	–1429
试件 2	544.5	368	250	–467	–287	–171	–253	–391	–235	–148
试件 3	726	–200	–73	–328	–473	–274	–558	–445	–122	–309
试件 4	290.4	–522	–470	68	–62	–111	–197	–144	90	–169
试件 5	816.75	–174	–359	–554	–444	–135	–917	–672	–67	–415

从表 4–8 中可以看出：

（1）应变分布比较离散。如试件 1 中最大应变达 2364με，而最小应变仅为 306με。在试件 3 和试件 5 中还有正值出现。这说明试件在加载过程中发生弯曲。

（2）试件 3 和试件 5 中环向应变中有正值，而试件 4 和试件 6 中没有正值。同时试件 3 与试件 5 的最大荷载比试件 4 和试件 6 的最大荷载小的多。由此可以说明当主材上的荷载增加到一定值时主材环向均将处于受拉状态，环向应变均为正值。

表 4–9 是中间钢套管及钢板上测点测得的最大应变值。钢板上共有 4 个螺栓孔，每个螺栓孔附近布置一个应变花。应变花一个方向平行于拉杆，另一个方向垂直于拉杆。另外在套管上相隔 180° 布置了 2 个应变花。下表中前八组数据是钢板上的测点，后四组数据是钢管上的测点。其中 1–1 代表第一个测点平行于拉杆方向的数据，1–2 代表第一个测点垂直于拉杆方向的数据。

表 4–9 节点钢板最大应变

试件编号	测点											
	1–1	1–2	2–1	2–2	3–1	3–2	4–1	4–2	5–1	5–2	6–1	6–2
试件 1	151	195	21	260	181	98	568	190	382	70	359	–15
试件 2	51	21	270	21	125	37	66	41	100	52	–41	35
试件 3	–188	126	31	100	21	61	28	34	43	88	–75	–21
试件 4	–20	–26	139	–31	32	29	–934	–6	69	–11	–208	–13
试件 5	–5	10	–270	–33	81	45	78	1756	61	48	–47	8
试件 6	77	–213	–49	–31	121	–201	39	–92	0	–24	–166	–21

从以上数据可以看出：

（1）钢板和刚套管上面的应变值较小，很少超过 1000με。

（2）试件 5 中 4–2 测点最大应变值为 1756με，通过对原始数据的分析，发现在第 1 级荷载下其相应的应变就到达了 746με，此测点为无效测点。但是，其他测点有高达 934με 的应变，可以看出钢板上受力不均匀。

通过上述节点位移及应变分析，结合试验现象，总结如下：

（1）节点的失效模式：2 个主材受拉节点和 4 个主材受压节点的最终失效模式都是主材一端发生粘结破坏。主要原因是主材 FRP 与钢材连接处存在明显的应力集中，连接处的承载能力决定了节点结构承载力，脱胶是导致结构破坏的最主要因素。

（2）试件破坏时只有主材发生黏结破坏，而其他杆件远未达到其承载能力。因此提高主材的粘结质量是提高节点整体承载力的关键。

（3）节点中间钢板应变很小。当主材上最大应变达到 5000με 左右的时候，钢板上的应变最高只有 300με 左右。

（4）计算表明节点受拉情况下，节点能承受 4 倍（主材轴拉力 38t）以上的整塔中的最不利受拉工况。

（5）计算表明节点在受压情况下，节点能够承受 2.6 倍（主材轴压力 42.3t）以上的整塔中的最不利受拉工况。

4.2.4 节点有限元建模

模型的简化与网格的质量直接决定着节点有限元的计算精度，在模型的简化过程中，为了准确地描述节点试件的几何形状特点，通过 SolidWorks 建立节点的几何实体模型（见图 4–65），全部为实际尺寸。考虑到辅材和拉杆与主材连接的螺栓较小，不利于划分网格，因此没有建立连接处的螺栓。但是，后面在处理上采用 ANSYS 帮助中推荐通常采用的耦合的方式，模拟螺栓的作用，示意如图 4–66 所示，主材与辅材螺栓耦合连接处理如图 4–67 所示。

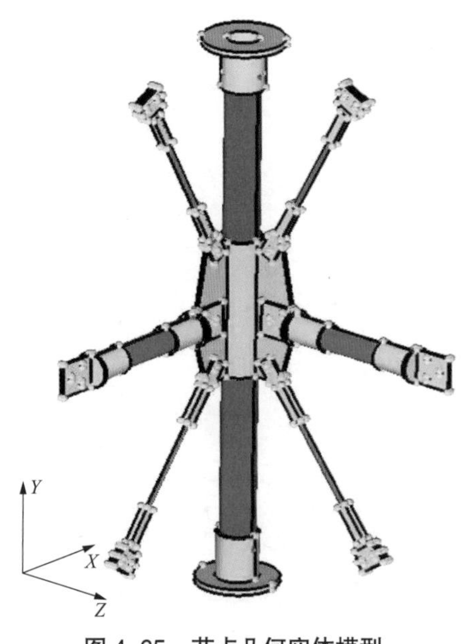

图 4–65 节点几何实体模型

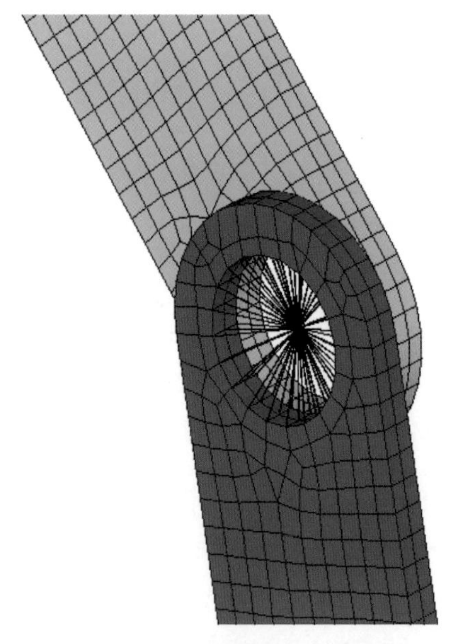

图 4–66 模拟螺栓作用示意图

在有限元计算中，六面体网格具有优良的网格精度，采用专业的网格划分软件

hypermesh 对节点结构的实体模型进行网格划分。其中主材和辅材使用 solid185 实现了主材、辅材的全六面体网格划分，没有产生警告或退化单元（局部的有限元网格如图 4–68 和图 4–69 所示）。而拉杆由于杆件比较细长，为了获得较高的精度，所以在划分网格的时候采用 solid95 号单元，其中有少数单元为四面体单元转化为 solid92 号单元，整个模型无警告单元。整个模型共有 362254 个节点和 173458 个单元。

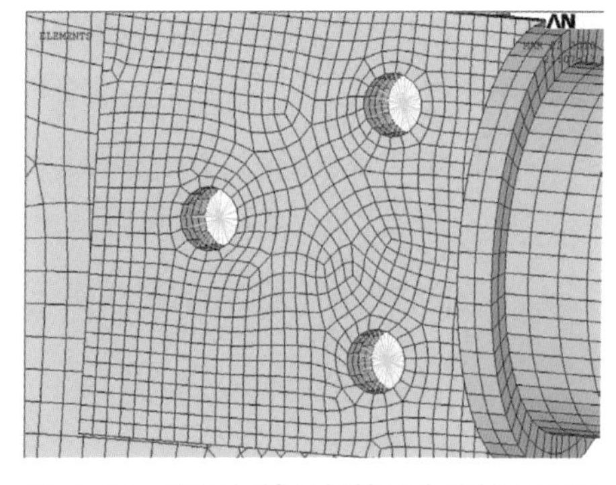

图 4–67　主材与辅材螺栓耦合连接处理图

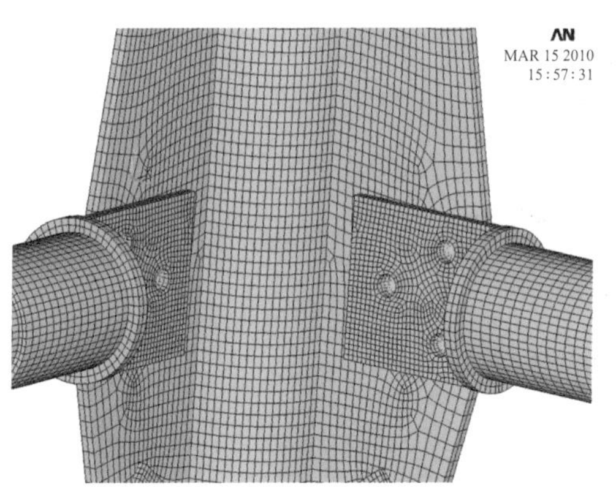

图 4–68　局部的有限元网格 1

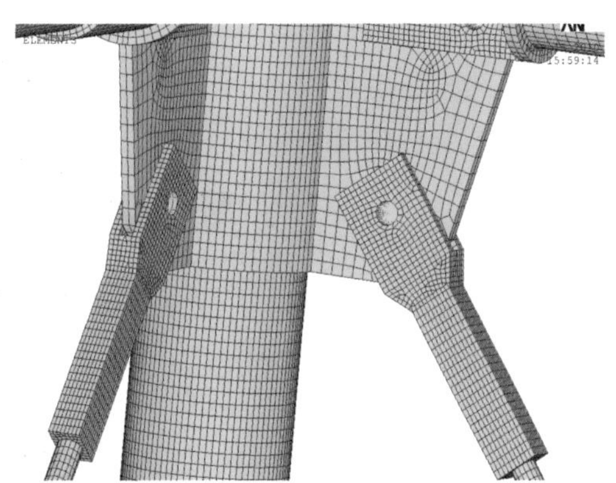

图 4–69　局部的有限元网格 2

材料的分配与材料属性的设置。节点模型中主要有玻璃钢纤维复合材料和 Q345 两种材料。其中，玻璃钢纤维复合材料为正交各向异性材料，材料主轴的纤维方向分别与拉杆、横杆、主材的轴向相同，另外两个材料主轴分别与主材、横杆的直径和环向相同，因此需要在划分网格和赋予材料参数时正确设置局部坐标系、单元坐标系和材料属性。分别建立主材、横杆和拉杆的局部圆柱坐标系，然后通过 EMODIF 命令使主材、横杆和拉杆上的单元坐标系与局部圆柱坐标系相同，如白色为 X 轴，绿色为 Y 轴，蓝色为 Z 轴（见图 4–70）。另一方面实体模型在复合材料的材料属性设置上，由于材料的特性限制，材性试验仅能提供顺纹和横纹的弹性模量和泊

图 4–70　复合材料的单元坐标系与材料分配

松比，缺少的切变模量等2个参数取近似值，单元坐标系与材料分配如图4–70所示。

位移与荷载边界条件。根据结构受力的特点，主材上底端通过法兰盘与加载架固结，上端也通过法兰与千斤顶连接，考虑到千斤顶只可伸缩平动，所以在有限元中需要约束 *UX* 和 *UZ* 方向的自由度，即约束非轴向的自由度。横杆与拉杆主要受到压力与拉力，通过施加面荷载实现。整体模型的边界条件如图4–71所示。

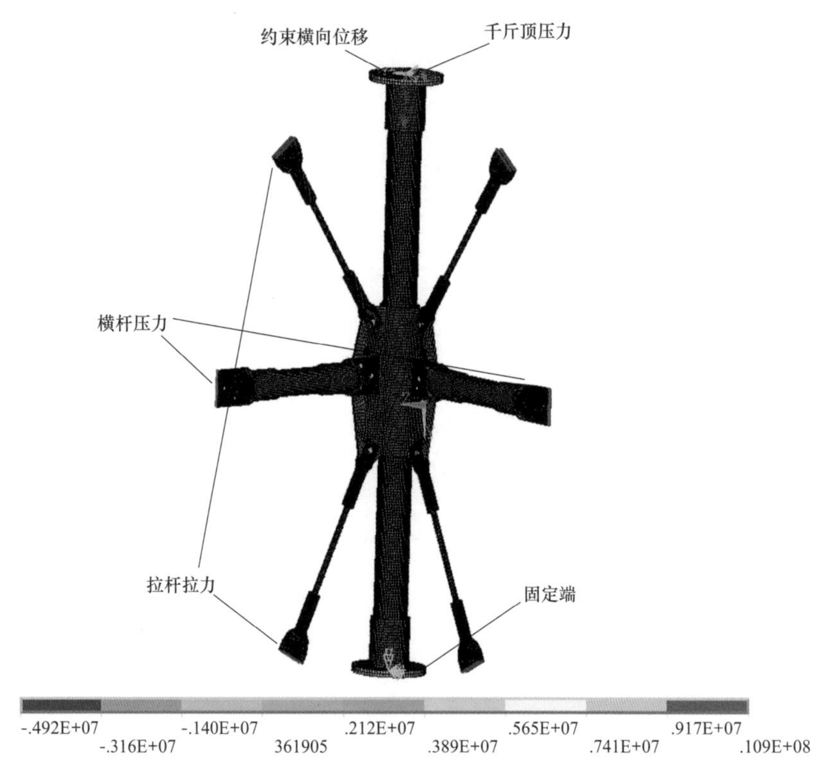

图4–71 模型的边界条件

4.2.5 有限元分析结果

4.2.5.1 主材受拉节点计算结果

为了与节点试验模型进行对比，首先计算有限元模型在试验的荷载级下的变形与受力分析。节点模型受拉计算的荷载级见表4–10。

表4–10 节点模型受拉计算的荷载级

荷载级	主材受力（t）	横杆受力（t）	拉杆受力（t）
1	10.89	–1.531	2.364
2	21.78	–3.062	4.728

续表

荷载级	主材受力（t）	横杆受力（t）	拉杆受力（t）
3	32.67	–4.953	7.092
4	43.56	–6.124	9.456

首先，从节点的位移云图与试验的三维光学变形矢量图（见图 4–72~ 图 4–79）上看，计算结果的位移与试验测量的相比小一些，这主要是因为在有限元中左端为固定端位移为零，且拉杆不受千斤顶约束，而试验中存在初间隙以及端部非理想固定，使得在试验测量中，结构受拉后整体有微小平动或转动，同时试验中在 FRP 主材与法兰连接处的胶水也存在滑移，而计算模型中没有胶水，因此结果相对较小。试验中扣除左端移动影响，试验中两端的压缩位移比较见表 4–11。总体来看，从结构的变形趋势上两者基本上一致：整体都是向上变形；主材上结构的最大位移在中间连接钢板上，与试验变形很相似。

表 4–11　两个端部压缩位移的比较

荷载级	荷载级 1	荷载级 2	荷载级 3	荷载级 4
试验压缩位移（mm）	2.174	3.584	5.33	7.363
计算压缩位移（mm）	1.62	3.2	4.80	6.399

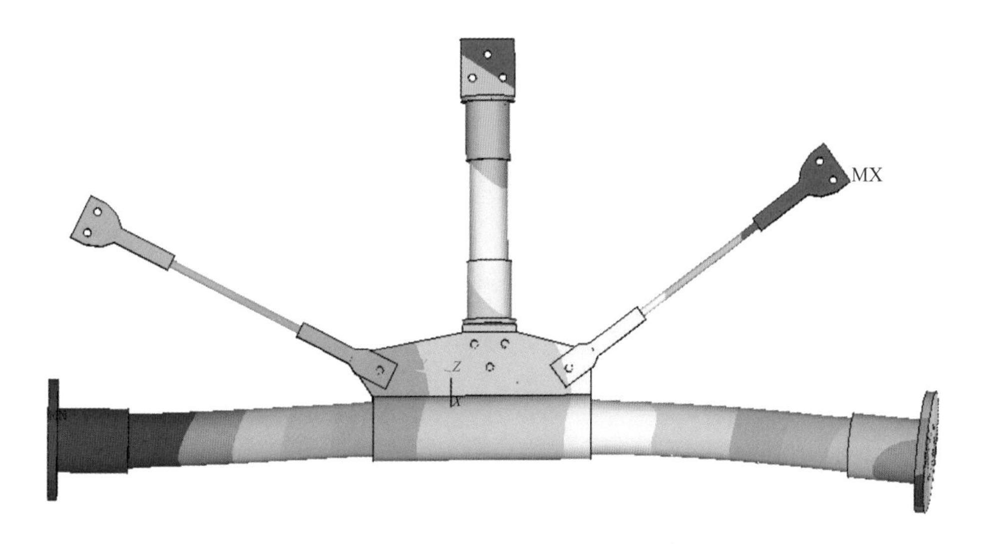

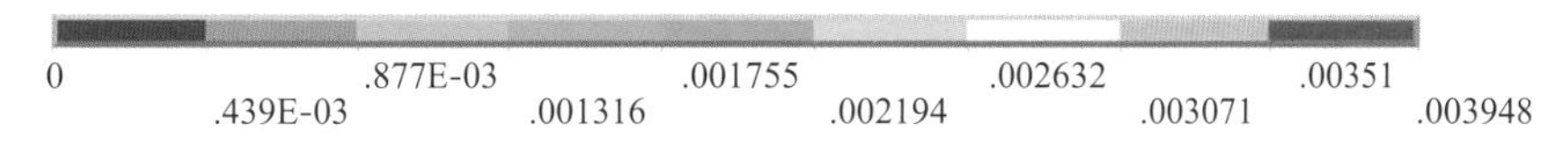

图 4–72　节点的位移云图（荷载级 1）

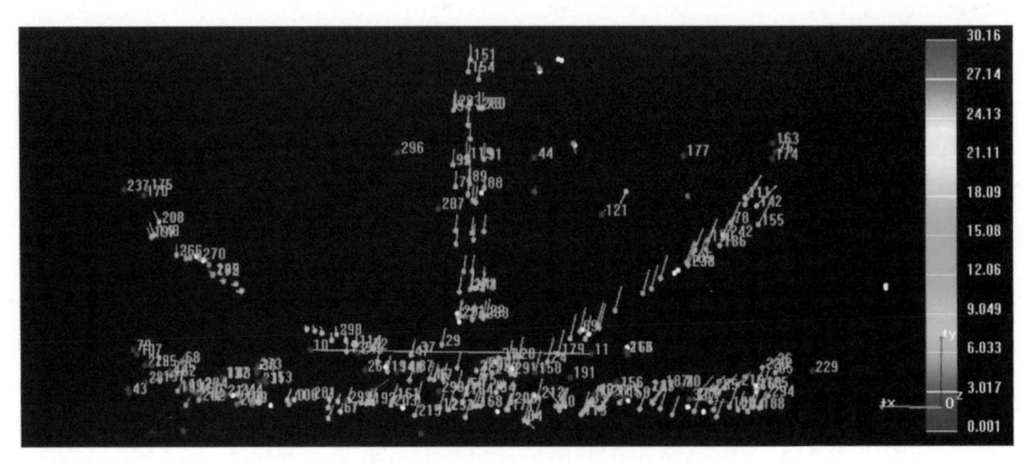

图 4-73　试验的三维光学变形矢量图（荷载级 1）

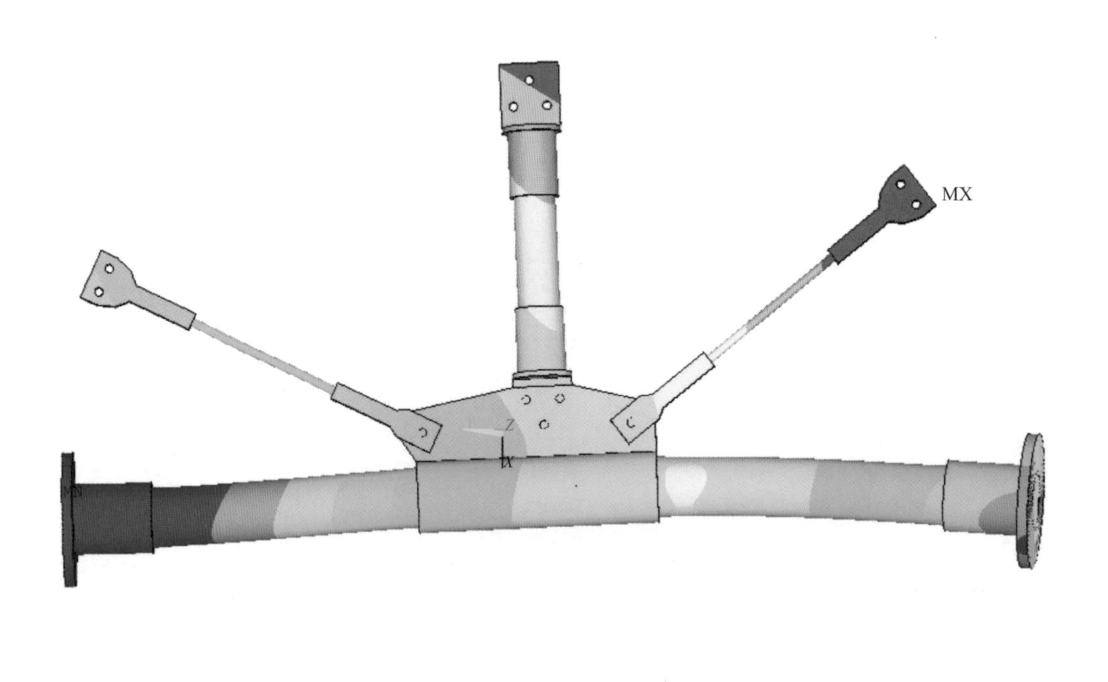

图 4-74　节点的位移云图（荷载级 2）

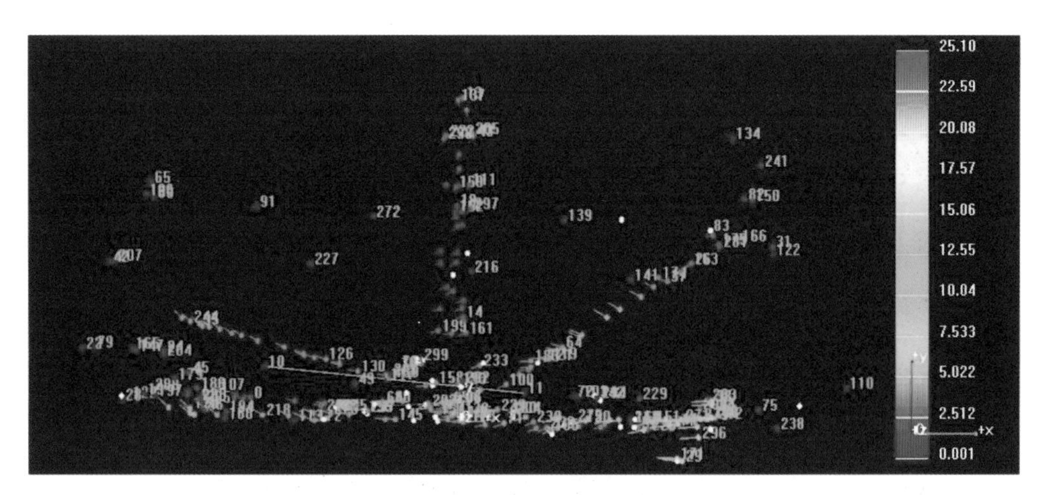

图 4–75 试验的三维光学变形矢量图（荷载级 2）

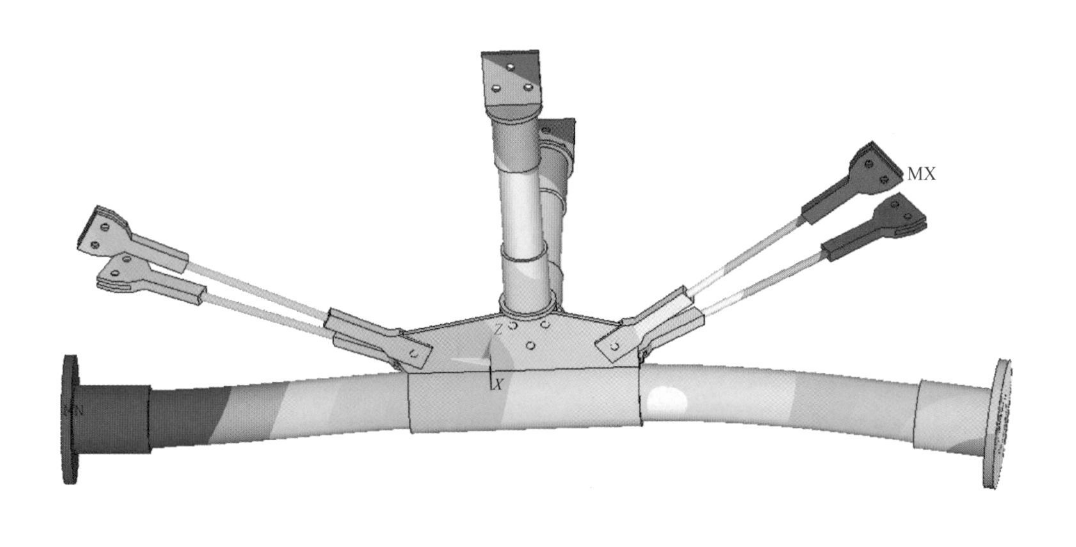

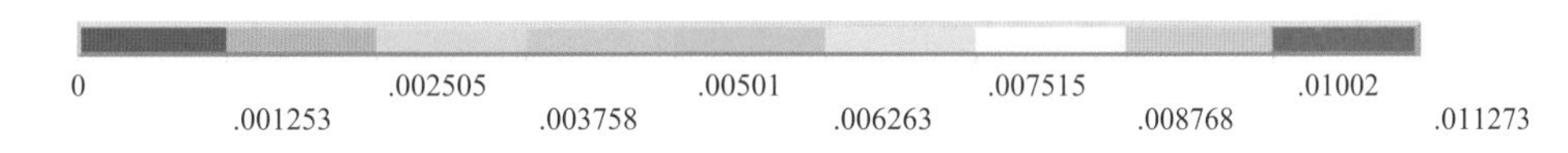

图 4–76 节点的位移云图（荷载级 3）

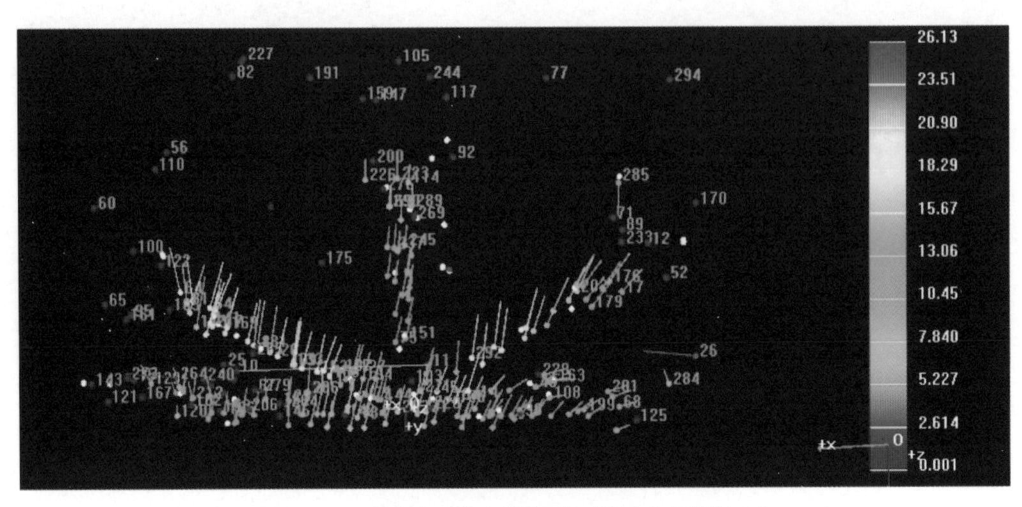

图 4-77　试验的三维光学变形矢量图（荷载级 3）

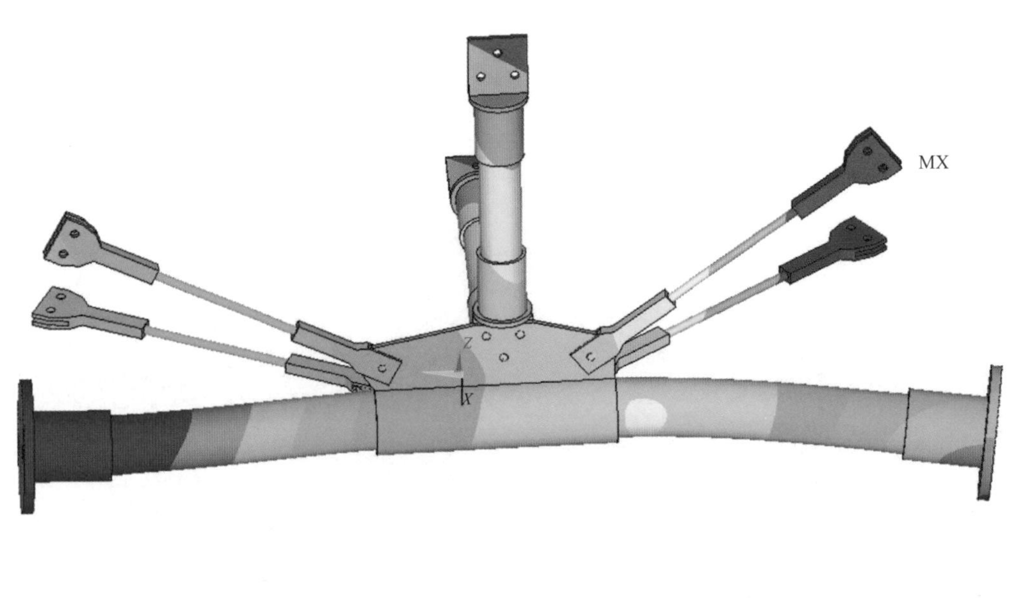

图 4-78　节点的位移云图（荷载级 4）

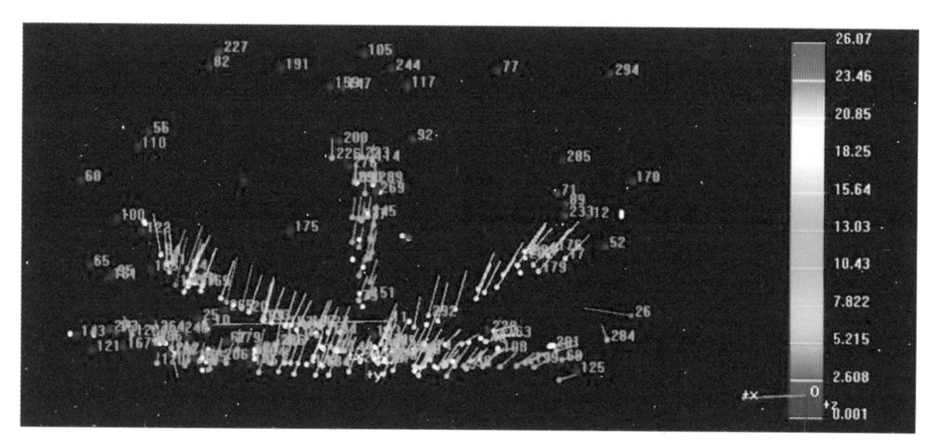

图 4-79 试验的三维光学变形矢量图（荷载级 4）

主材受拉应变结果见表 4-12，从表 4-12 中可以看出，两者应变分布特点相同。特别是在前三个荷载级上试验与计算结果符合较好，而在第四个荷载上计算结果明显大于试验结果，主要的原因是：在荷载为 308.55、363kN 和 417.45kN 的时候，试验中试件发出较大响声，有可能是表明纤维发生断裂，节点内力发生重分布，计算中无法模拟纤维断裂，使第四个荷载级受力较计算结果小很多。

表 4-12 主材受拉应变结果对比

应变片位置		位置 1	位置 2	位置 3	位置 4	位置 5	位置 6	位置 7	位置 8
荷载级 1	试验结果	931	1333	758	371	1429	1719	652	327
	计算结果	769	1072	763	328	851	1465	727	24
荷载级 2	试验结果	1182	1827	1030	686	2002	2476	1251	659
	计算结果	1412	1854	1397	948	1651	2886	1410	52
荷载级 3	试验结果	2046	2569	1606	1363	2888	3354	2076	1276
	计算结果	2100	2617	1982	1584	2440	4330	2105	78
荷载级 4	试验结果	2335	2881	1772	1724	3272	4022	2794	1462
	计算结果	2718	3490	2643	2048	3061	5773	2884	104

各荷载级主材轴向的应变和应力分布如图 4-80~ 图 4-86 所示，可以看出，主材与钢板连接部位的应力应变比较大，应力集中很明显。当荷载级为 1（即主材上的平均应变仅为 900με 左右）时，连接处的应变已经达到 1861με；当荷载级为 2 时连接处的应变达到了 3611με；当荷载级为 3 时连接处的应变达到了 5411με，当荷载级为 4 时，结构的应变达到了 7200με，对应的应力也达到了 528MPa。很显然，应力集中主要是因为主材玻璃钢纤维弹性模型量比钢材小很多，当结构受外荷载作用时，玻

璃杆纤维的变形大，挠度也非常大，在连接处产生很大弯矩，“受拉区”和“受压区”纤维迅速变形，导致应力集中比较非常大，试验中连接处脱胶图如图 4-86 所示。

同时，根据试验现象可知，当主材荷载为 308.55、363kN 和 417.45kN 的时候试件发出较大响声。而结构在受荷载为 308.55kN 时主材连接处的应变约为 5000με。因此不妨将 5000με 定为主材连接处胶水所能承受的最大应变（对应的承受最大应力为 380MPa），认为连接处的应力或应变达到该值时就有可能发生破坏。

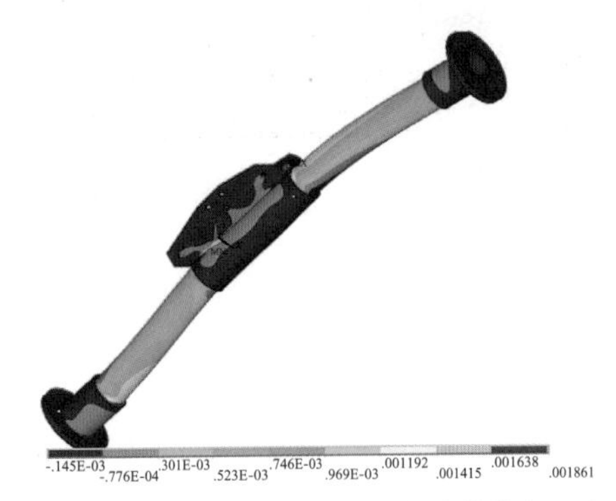

图 4-80　主材轴向的应变分布（荷载级 1）

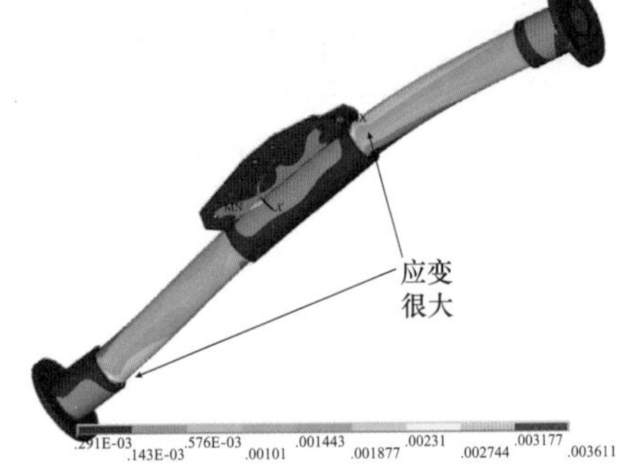

图 4-81　主材轴向的应变分布（荷载级 2）

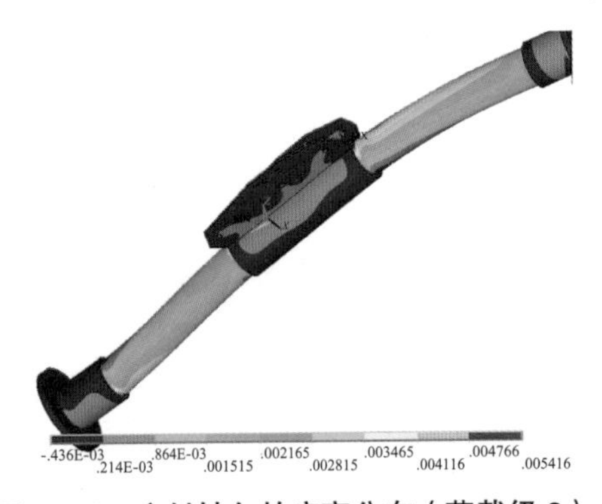

图 4-82　主材轴向的应变分布（荷载级 3）

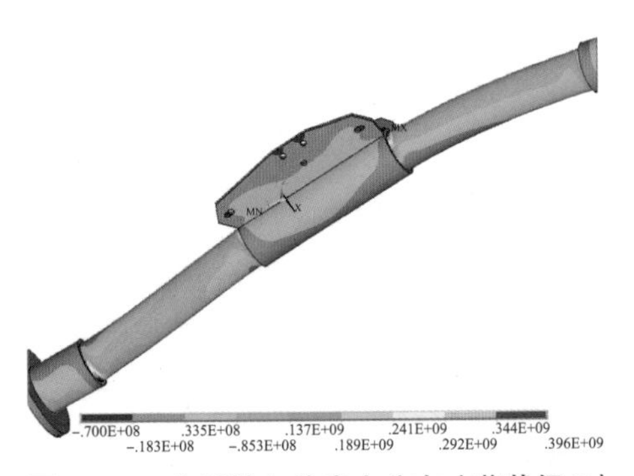

图 4-83　主材轴向的应力分布（荷载级 3）

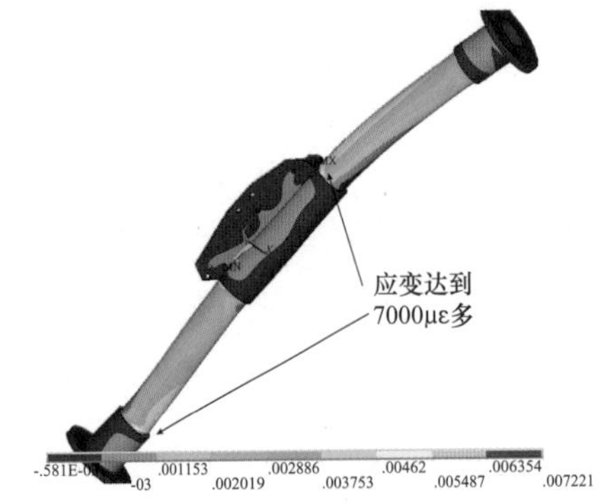

图 4-84　主材轴向的应变分布（荷载级 4）

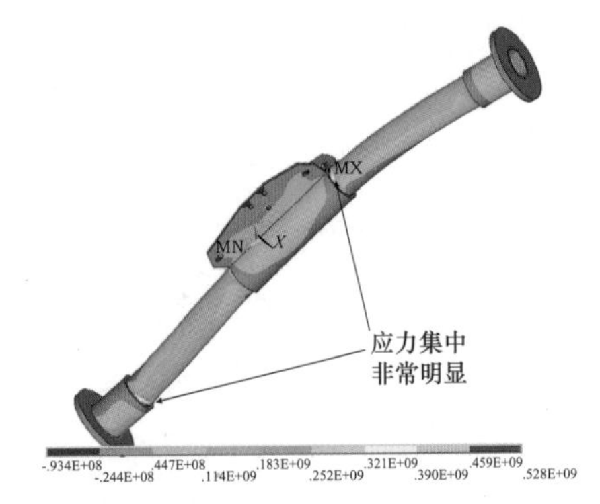

图 4-85　主材轴向的应力分布（荷载级 4）

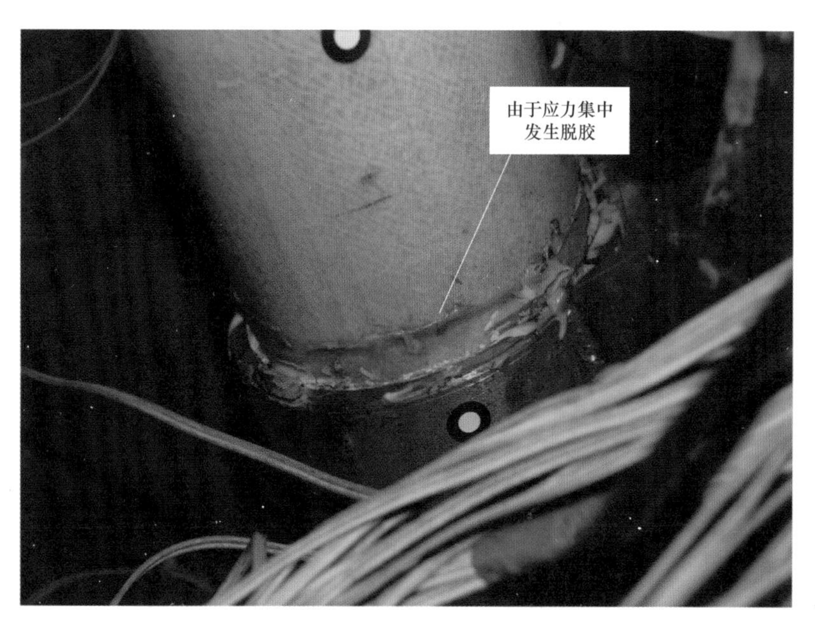

图 4–86 试验中连接处脱胶图

综上所述，有限元计算能够反映出节点受拉情况下的受力特点。同时计算和试验结果都表明复合材料与钢材的连接处的应力有较大的应力集中，使得结构容易发生脱胶，并产生破坏。

4.2.5.2 主材受压节点计算结果

为了与节点试验模型进行对比，计算有限元模型在试验的受压荷载级下的变形与受力分析。节点模型受压计算的荷载级见表 4–13。

表 4–13 节点模型受压计算的荷载级

荷载级	主材受力（t）	横杆受力（t）	拉杆受力（t）
1	–18.15	–1.531	1.182
2	–36.3	–1.531	2.364
3	–54.45	–3.062	3.546

在荷载级为 1 时，由于结构的横杆压力相对于拉杆沿竖向的分力大，因此结构在第 1 个荷载级下的变形是向下弯曲，与试验结果相同。在第 2 荷载级下，由于拉杆的拉力加倍，而压杆压力不变，拉杆沿竖向的分力比拉杆大，结构变形又转变为向内弯曲。从节点的位移云图和试验的三维光学变形矢量图（见图 4–87~ 图 4–90）中可以看出，计算结果与试验结果变形相近、形态和变形趋势相同。

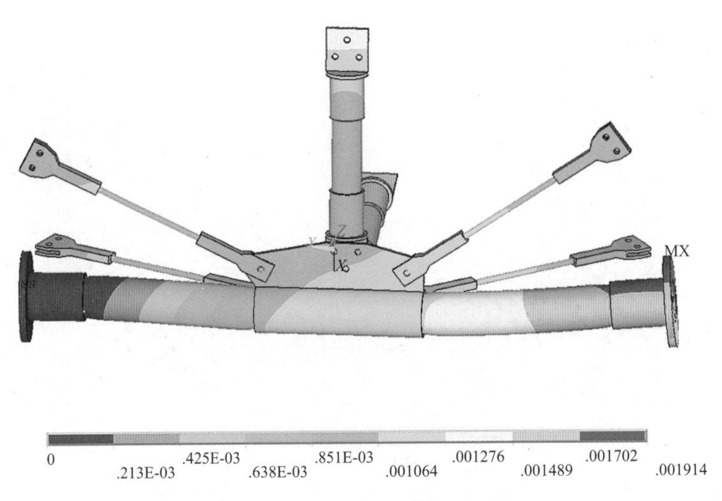

图 4-87　节点的位移云图（荷载级 1）

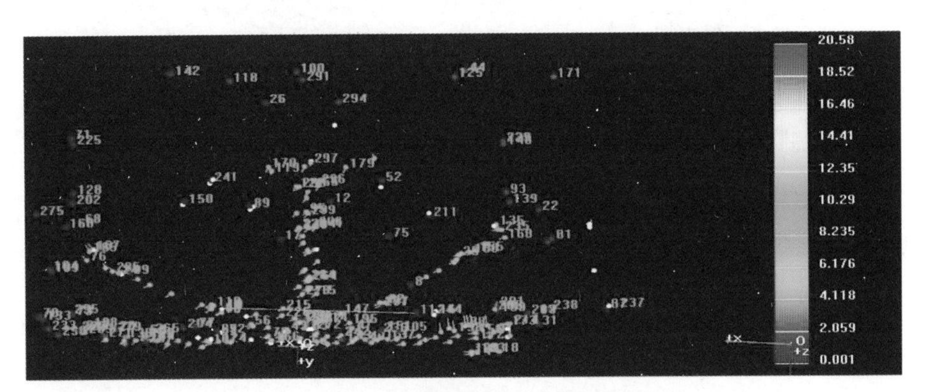

图 4-88　试验的三维光学变形矢量图（荷载级 1）

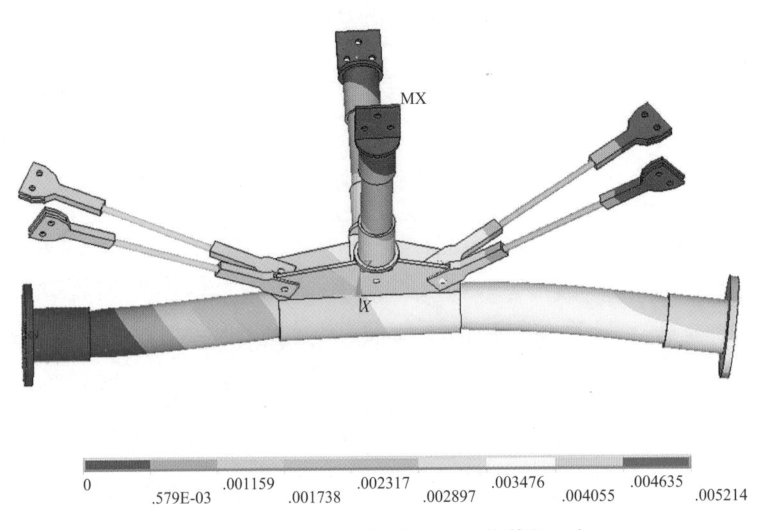

图 4-89　节点的位移云图（荷载级 2）

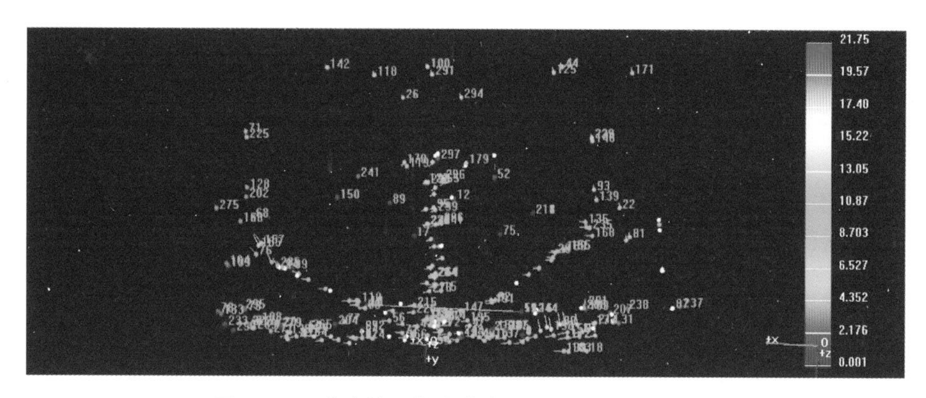

图 4-90 试验的三维光学变形矢量图（荷载级 2）

在受压情况下，结构的实际试验压缩位移比计算结果大（见表 4-14），并且荷载越大结果差距越大。说明在实际试验中钢管和复合材料管之间的滑移或结构的间隙等因素，会加大结构的变形。其中，在第 3 级荷载中，结构刚测完应变，正在进行光学测位移时，结构发生巨响，并迅速发生破坏，因此该荷载级的结果对比，只有主材上的应变值，位移值由应变式位移计测量得到。

表 4-14 两个端部压缩位移的比较

荷载级	荷载级 1	荷载级 2	荷载级 3
试验压缩位移（mm）	3.319	6.348	8.91
计算压缩位移（mm）	1.914	4.215	5.563
试验与计算的差值（mm）	1.405	2.133	3.347

主材受压应变结果的对比上看（见表 4-15），计算结果与试验结果的应变分布特点较为相近。但试验应变比计算的更加不均匀一点，这也再次说明在试验中钢管和复合材料管之间的滑移或结构的间隙等会加大结构的受力不均。

表 4-15 主材受压应变结果对比

荷载级	应变片位置	位置 1	位置 2	位置 3	位置 4	位置 5	位置 6	位置 7	位置 8
荷载级 1	试验结果	−1725	−863	−1234	−1898	−1443	−1272	−1413	−1613
	计算结果	−1179	−1261	−1261	−1179	−1411	−999	−999	−1411
荷载级 2	试验结果	−2760	−2270	−2767	−3231	−2945	−2563	−2538	−3125
	计算结果	−2813	−2042	−2042	−2813	−3085	−1840	−1840	−3085
荷载级 3	试验结果	−3173	−3328	−4121	−4046	−4149	−3518	−3139	−4128
	计算结果	−3846	−3484	−3484	−3846	−4015	−3190	−3190	−4015

主材轴向的应变分布图如图 4-91~ 图 4-93 所示。可以看出，与受拉的情况较类似，结构在主材受压情况下，主材的 FRP 与钢板的连接处受力分布很不均。在荷载级为 2 时，连接处的应变达到了 4219με；当荷载级为 3 时，连接处的应变达到了 5209με，应力达 389MPa，该连接处应力非常不均匀，已经达到前面提出的主材连接处胶水所能承受 380MPa 的最大承受应力。因此该节点在第三级荷载时测完应变后，在该位置因受力太大，发生脱胶，导致节点迅速破坏（见图 4-94）。

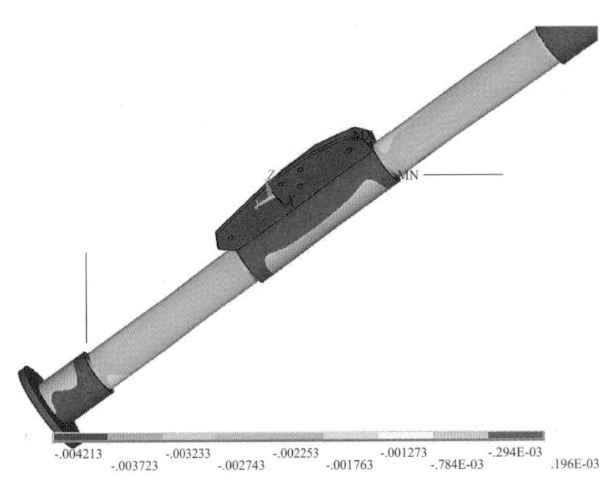

图 4-91　主材轴向的应变分布（荷载级 2）

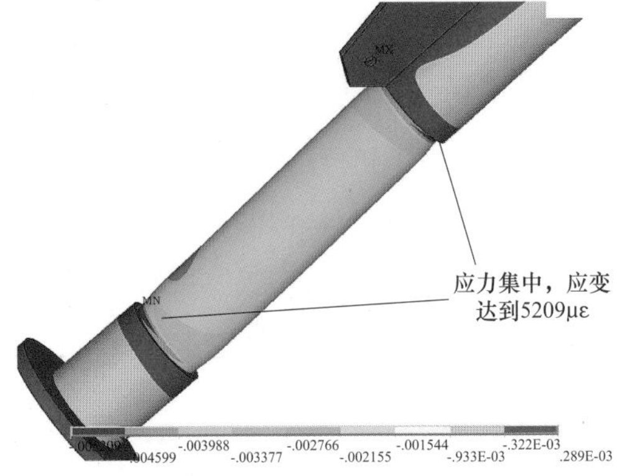

图 4-92　主材轴向的局部应变分布（荷载级 3）

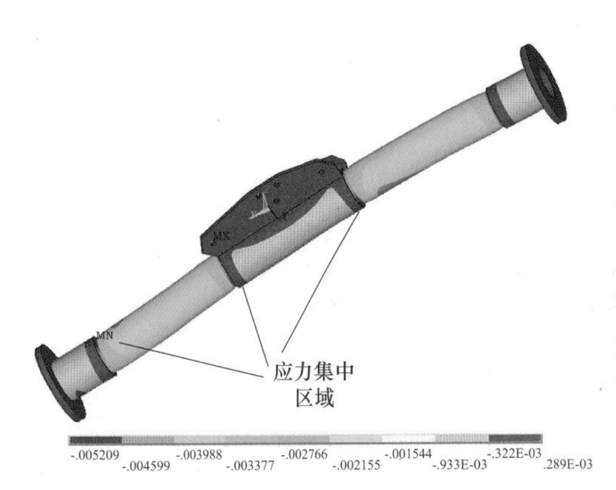

图 4-93　主材轴向的应变分布（荷载级 3）

图 4-94　试验中连接处脱胶图

综上所述，有限元模型能够反映出节点试验受压情况下的变形趋势和受力特点：节点主材 FRP 与法兰的连接处结构的应力集中较大，容易导致脱胶，致使结构加速破坏。

4.3 钢套管连接复合横担轴压承载力试验及有限元分析

4.3.1 试件设计

根据工程实际情况，对 3 个钢套管连接复合材料横担构件进行轴心受压极限承载力试验，钢套管与玻璃钢纤维复合材料通过结构胶黏结。试件及钢套管规格参数见表 4-16 和表 4-17。

表 4-16　试件规格参数

试件编号	截面规格（mm^2）	内外径比例	壁厚（mm）	长度（mm）	外径（mm）	面积 A（mm^2）	惯性矩 I（mm^4）	截面惯性半径（mm）	长细比
ZY1	$\phi461\times20$	0.91	20	2500	461.50	28056.88	684277961.6	156.17	16.01
ZY2					461.10	27767.18	676572119.6	156.10	16.02
ZY3					461.00	27694.80	674648789.9	156.08	16.02

表 4-17　钢套管规格参数

试件编号	试件总长度（mm）	法兰直径（mm）	钢套管长度（mm）	钢套管直径（mm）	螺栓孔径（mm）	肋长度（mm）	肋厚度（mm）
ZY1	2536	$\phi600$	466.26	$\phi486.22$	$\phi25.72$	126.84	9.70
ZY2	2535	$\phi600$	466.90	$\phi487.04$	$\phi25.60$	126.96	9.76
ZY3	2535	$\phi600$	467.49	$\phi486.80$	$\phi26.14$	126.76	9.78

试件示意图和实物图分别如图 4-95 和图 4-96 所示。

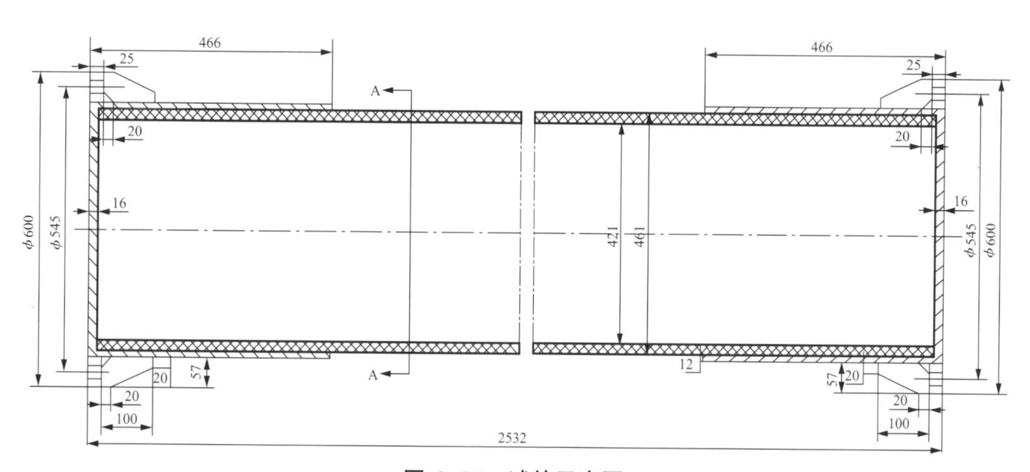

图 4-95　试件示意图

图 4–96　试件实物图

4.3.2　试验设备及方案

本次轴压加载试验采用 20000kN 微机控制电液伺服压剪试验机，其中试件测点布置如图 4–97 所示。

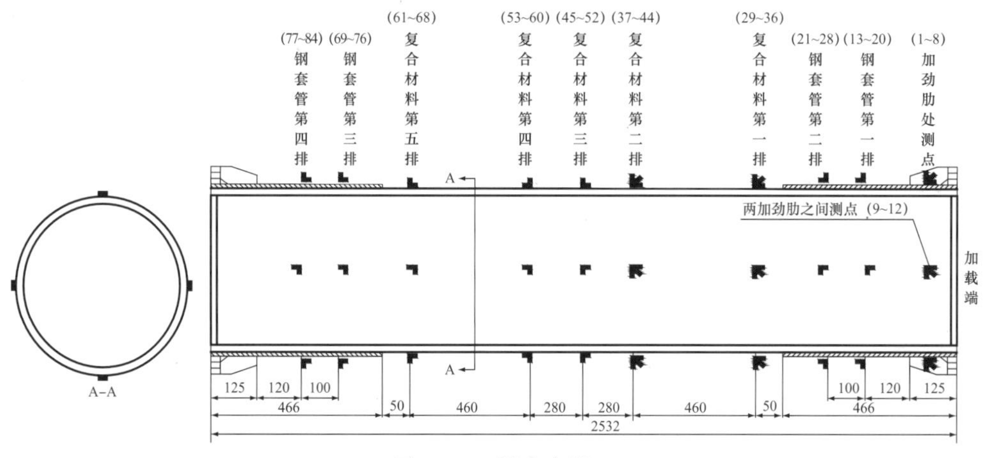

图 4–97　测点布置

如图 4–97 所示，本次试验应变片的布置位置主要集中于试件受力比较敏感的部位，如钢套管与复合材料管变截面处和钢套管加劲肋处等，试验中共贴有 28 个双向电阻应变花和 14 个三向电阻应变花。复合材料处的测点布置为：复合材料处环向按 90° 布置应变片 4 个，一共布置 5 排，第一排和第二排布置三向电阻应变花，第三、第四、第五排布置两向电阻应变花。钢套管处的测点布置为：钢套管处环向按 90° 布置应变片 4 个，每端 2 排，均为两向应变片。加劲肋处同样按 90° 布置三向应变片 4 个，其位置与钢套管处的应变片处于同一轴线上。另外，在布置应变片的加劲肋与未布置应变片的加劲肋之间布置两个三向应变片，两个应变片相互对称。

受压试验在压力达到 2500kN（35% 有限元极限荷载）之前采用荷载控制，加载速度为 5kN/s，每级荷载为 100kN，每级荷载的加载间隔为 30s。当压力大于 2500kN 之后，采用位移控制，直至试件丧失承载力，加载速度为 2mm/min，每级位移为 1mm，每级加载的间隔为 30s。

4.3.3 试验现象及破坏模式

各试件轴心受压试验现象见表 4–18。

表 4–18　轴心受压试件试验现象

试件编号	试验现象
ZY1	试验机加载至 2000kN 之前，构件未出现明显变化；2000kN 时构件出现明显响声，此后直至加载到 2300kN，构件又出现明显响声；加载至 2700kN 时，构件出现两声较小响声；继续加载至 2850kN 时，构件发出轻微响声；此后加载构件一直未出现明显响声，直至加载到 6228kN 时，构件发出巨响，玻璃钢纤维复合材料构件在冲击下，发生剪切破坏。构件在钢套管与复合材料连接附近发生压皱，没有闻到树脂气味，外观胶层无明显破坏
ZY2	试验机加载至 1800kN 之前，构件未出现明显变化；1800kN 时构件出现轻微响声，此后直至加载到 1900kN，构件出现中等响声，并陆续出现轻微和中等响声；直至加载至 2100kN 时，构件出现明显响声；继续加载至 2250kN 时，构件发出明显响声；加载至 2450kN 时，构件发出明显响声；继续加载至 2610kN 时，构件发出明显响声；继续加载至 2860kN 时，构件发出明显响声；加载至 3020kN 时，构件发出明显响声。除上面说明的明显响声外，1900~3020kN 时，构件一直发出陆陆续续的中等和轻微响声，此后加载构件一直未出现能听见的响声，构件二次压紧后，加载到 2740kN 时，构件发出明显响声；继续加载至 3400kN 时，构件发出明显响声；此后加载构件一直未出现能听见的响声；直至加载到 6072kN 时，构件发出巨响，玻璃钢纤维复合材料构件在冲击下，发生剪切破坏，闻到较浓树脂气味，加载端外观胶层出现部分破坏
ZY3	试验机加载至 2400kN 之前，构件未出现明显变化；2400kN 时构件出现中等响声，此时构件出现可见弯曲；此后直至加载到 2850kN，构件出现明显响声；加载至 3800kN 时，构件出现轻微响声；继续加载至 5200kN 时，构件发出轻微响声；加载至 7050kN 时，构件发出明显连续响声并开始开裂；直至加载到 7116kN 时，构件发出巨响，玻璃钢纤维复合材料构件在冲击下，发生剪切破坏，闻到较浓树脂气味，外观胶层无明显破坏

试验结束，各试件破坏形式如图 4–98 所示。

通过图 4–98 可以看出，ZY1 试件在远离加载端一侧，钢套管和复合材料管材连接处复合材料发生压皱破坏。近距离观测发现，破坏处纤维崩出，说明在达到轴压极限承载力时铺层纤维层间逐渐分离，纤维与基体之间由于受力过大发生较明显变形使纤维与基体发生分离，故呈现图 4–98 中所示的破坏状态。此外，试件破坏区域有沿纤维缠绕方向发展的趋势，说明缠绕角度对试件的破坏形态有一定影响。

（a）整体图

（b）局部图

图 4–98　破坏形式

ZY2 和 ZY3 试件最终破坏时均沿纤维缠绕方向发生了剪切破坏。两个试件破坏处铺层纤维层间均发生不同程度的脱离，破坏处呈现白色带状，这一现象与 ZY1 试件破坏现象一致。对比 ZY1 和 ZY2 与 ZY3 试件的破坏状态，ZY1 发生破坏时先呈环状凸起破坏后有沿纤维缠绕角度发展的趋势的现象与后两个试件明显不同，说明复合材料与钢套连接处复合材料存在的初始缺陷削弱了截面受力。

4.3.4 试验结果分析

4.3.4.1 荷载—位移曲线分析

各试件加载过程中的荷载—位移曲线如图 4-99~ 图 4-101 所示，可知，三个试件荷载变化一致，即达到极限承载力之前荷载近似线性增长，期间伴随着纤维的断裂试件的荷载—位移曲线会有小“毛刺”产生，荷载略有波动，达到极限荷载时，试件突然破坏，无明显的屈服段，呈现脆性破坏。

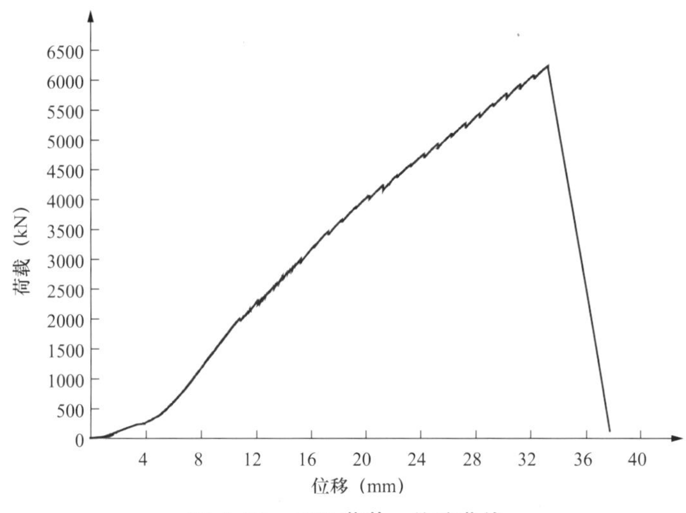

图 4-99 ZY1 荷载—位移曲线

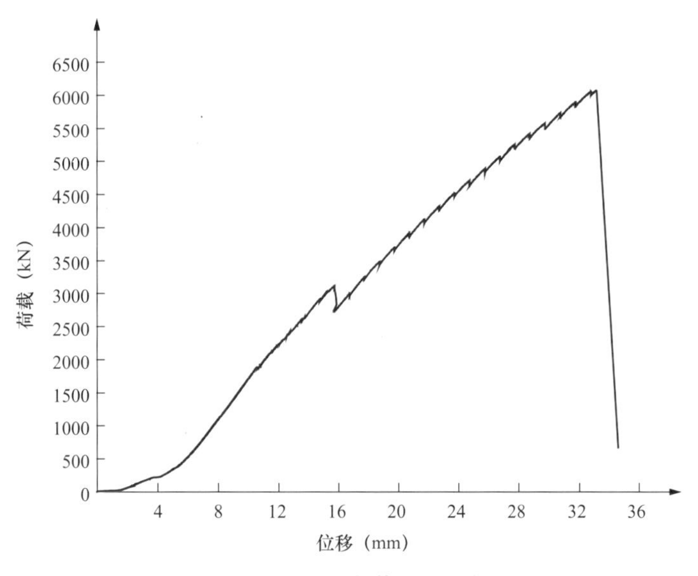

图 4-100 ZY2 荷载—位移曲线

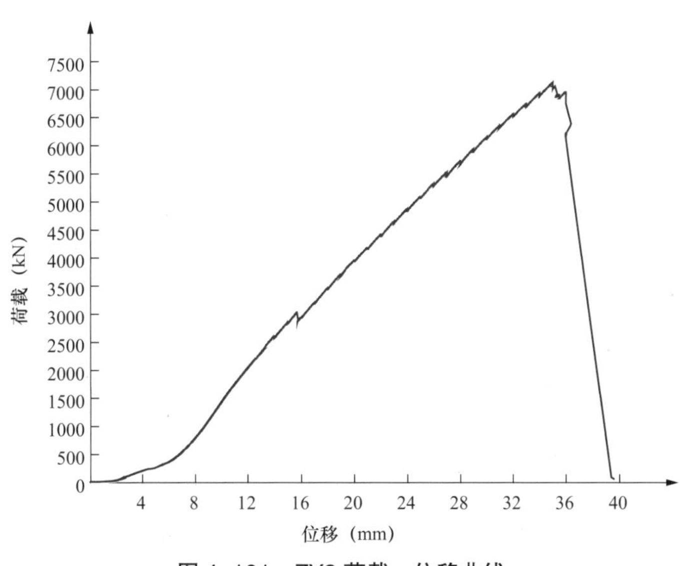

图 4-101　ZY3 荷载—位移曲线

各试件轴向受压承载力见表 4-19。

表 4-19　轴心受压试件承载力

试件编号	外径（mm）	壁厚（mm）	面积（mm^2）	极限荷载（kN）	平均承载力（kN）	极限抗压强度（MPa）	平均极限抗压强度（MPa）	标准差	离散系数	最大偏差
ZY1	461.50	20	28056.88	6228	6472	221.98	229.20	563.15	0.087	17%
ZY2	461.10		27767.18	6072		218.68				
ZY3	461.00		27694.80	7116		256.94				

从表 4-19 可以看出：

（1）构件的临界荷载为 6072~7116kN，平均值为 6472kN。

（2）同一规格三个试件破坏时临界荷载差别不大，最大偏差为 17%。

（3）构件的标准差为 563.15kN，离散系数为 0.087，表明试验数据较为集中。

4.3.4.2　荷载—应变曲线分析

由于三个试件荷载变化一致，且设计尺寸相同，应变分析以 ZY1 试件为例，对复合材料的应变进行分析，钢套管应变值较小在此不做累述。

1. 荷载—环向应变曲线

ZY1 荷载—环向应变曲线如图 4-102 所示，可以看出，钢套管胶接玻璃钢纤维复合材料构件从受压开始直至破坏前，复合材料一直处于弹性阶段，荷载与环向应变大体呈线性关系，随着荷载的增加，环向应变也在增大。ZY1 试件加载到 2000kN 和 2300kN 左右时，构件出现明显响声，此时构件部分测点出现应变突增的情况。构件存在不平整和不均匀，在加载过程早期，某些测点会出现应变为负的情况。由于材料的特殊的各向异性性质，在同级压力荷载下，同一截面不同测点的环向应变有一定差异。复合材料环向应变值最大为7000~8000με。

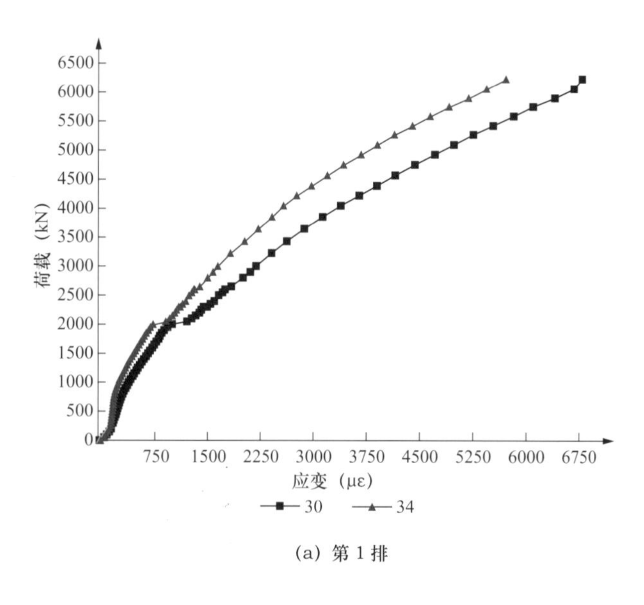

(a) 第1排

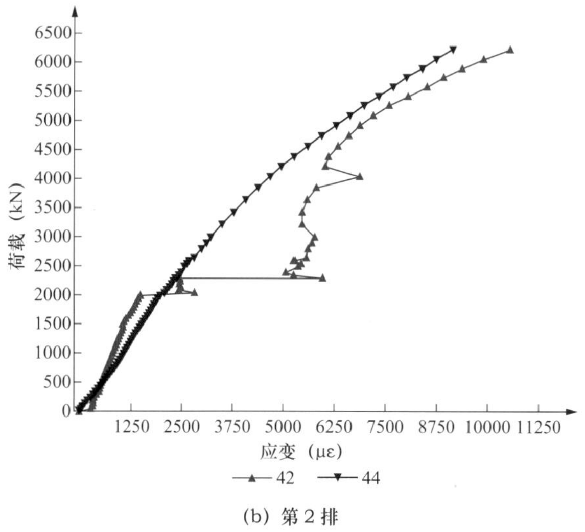

(b) 第2排

图 4-102　ZY1 荷载—环向应变曲线（一）

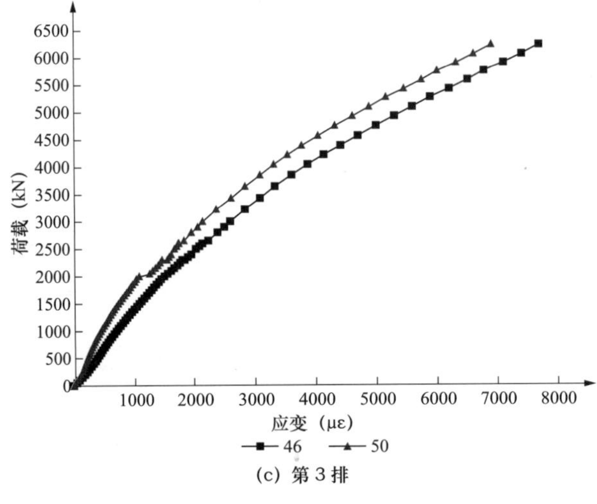

(c) 第 3 排

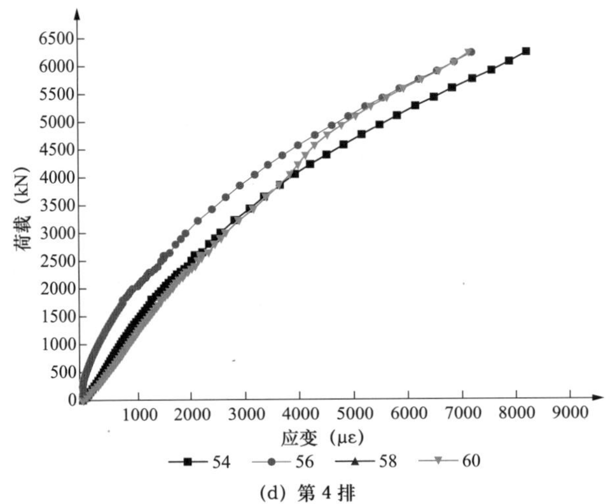

(d) 第 4 排

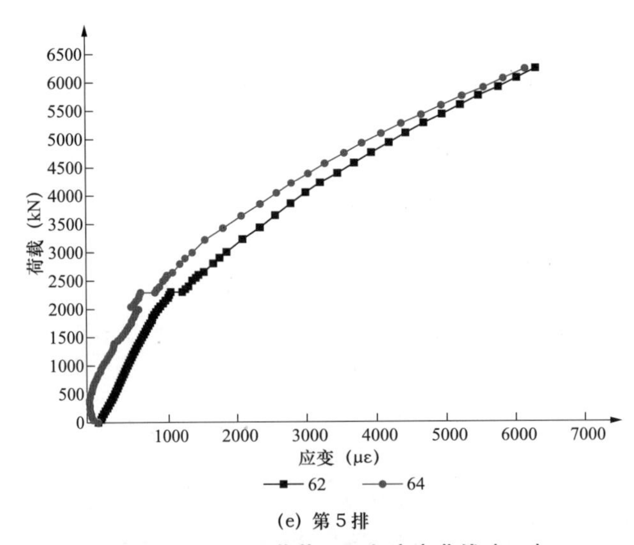

(e) 第 5 排

图 4-102　ZY1 荷载—环向应变曲线（二）

2. 荷载—纵向应变曲线

ZY1 荷载—纵向应变曲线如图 4-103 所示，可以看出，钢套管胶接玻璃钢纤维复合材料构件从受压开始直至破坏前，复合材料一直处于弹性阶段，受压应变为负，荷载与纵向应变大体呈线性关系，随着荷载的增加，纵向应变也在增大。ZY2 试件在加载到 3000kN 左右时，出现了二次压紧现象，荷载有所降低。由于材料的特殊的各向异性性质，在同级压力荷载下，同一截面不同测点的环向应变有一定差异。复合材料纵向应变值最大为 12000~14000με。

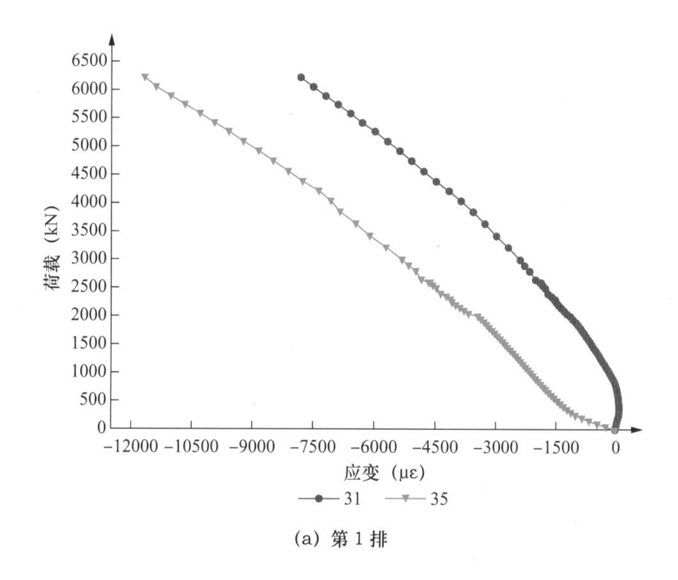

(a) 第 1 排

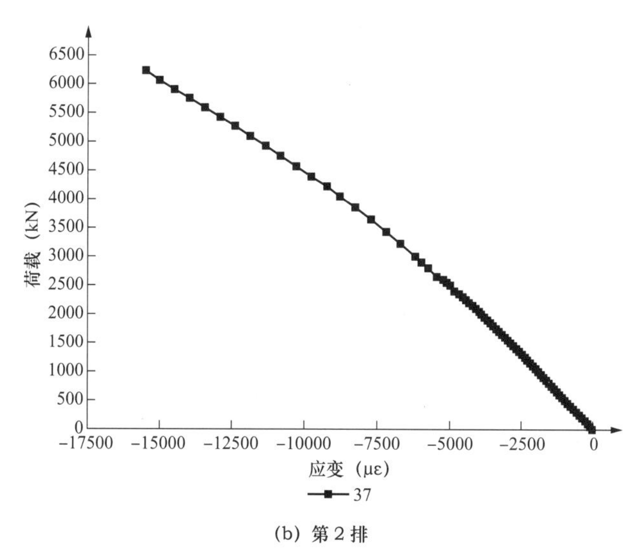

(b) 第 2 排

图 4-103 ZY1 荷载—纵向应变曲线（一）

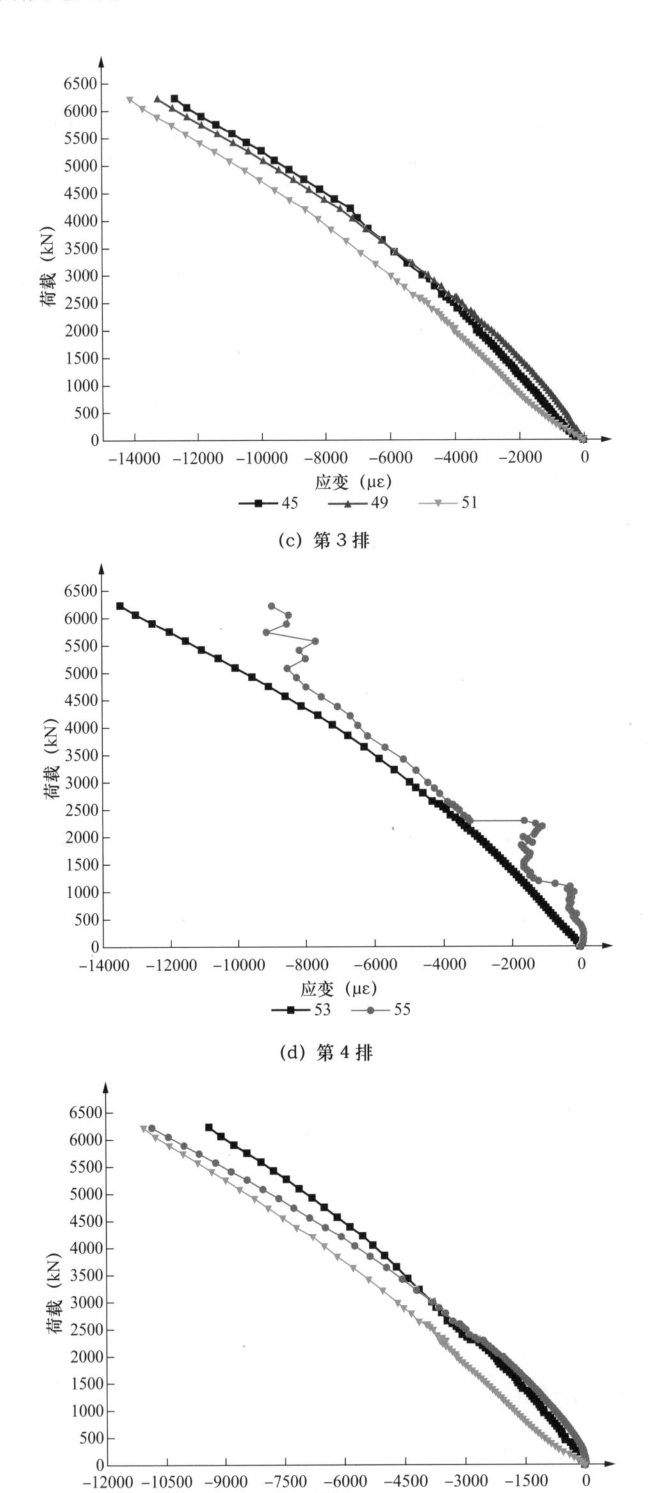

图 4-103　ZY1 荷载—纵向应变曲线（二）

3. 复合材料荷载 –45° 向应变曲线

在复合材料布置三向应变片的测点可以监测到 45° 方向的变形，ZY1 试件 45° 方向应变分析如图 4–104 所示。可以看出，该方向应变增长趋势去纵向及环向应变变化趋势相似，在达到极限承载力之前近似现象增长，纤维断裂使得应变数据存在突变，同一截面处复合材料各向异性导致了测点应变值存在较大差异。

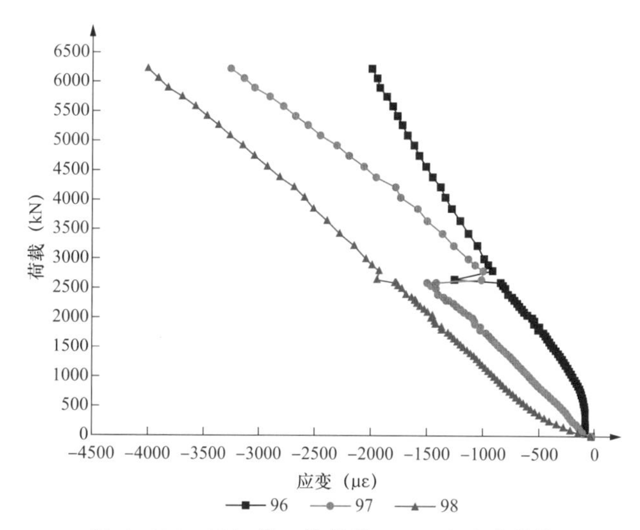

图 4–104 ZY1 第 1 排荷载 –45° 向应变曲线

4.3.5 有限元分析

4.3.5.1 有限元建模

根据复合材料横担构件生产图，进行 ANSYS 几何建模，如图 4–105~ 图 4–107 所示。蓝色部分为钢套管和复合材料，红色部分为以壳单元建立的加劲肋。左右两侧各有 16 个螺栓孔，套管底面厚度 1.6cm，法兰盘厚度为 2.5cm，加劲肋高度 10cm，厚度 1cm。

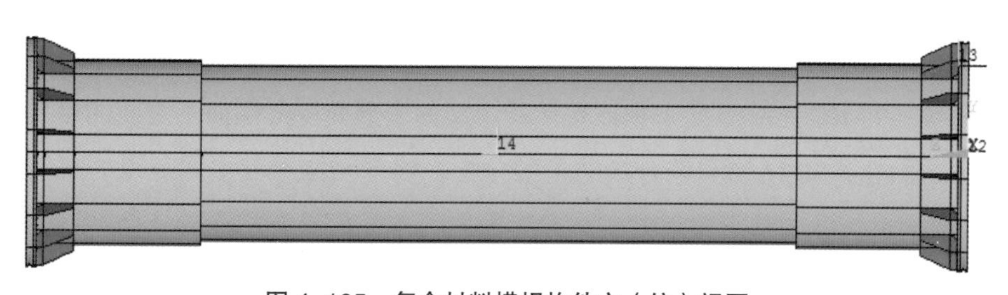

图 4–105 复合材料横担构件主（俯）视图

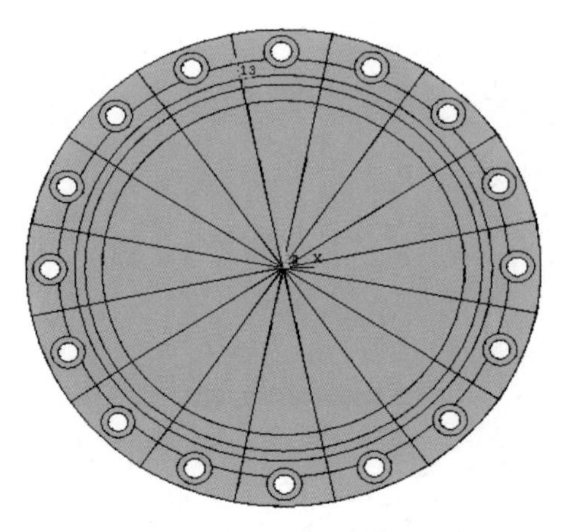

图 4-106　法兰节点几何模型左视图

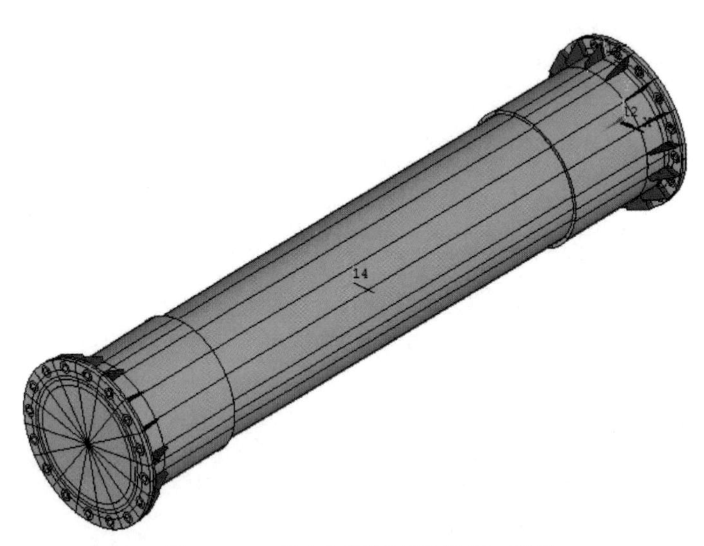

图 4-107　复合材料横担构件 3D 视图

建模中使用实体单元建立钢套管模型，使用壳单元来建立加劲肋模型，使用分层实体单元来建立复合材料模型，钢套管与复合材料之间建立接触面，定义接触单元的法向和切向刚度因子来控制接触面与被接触面的刚度，通过黏聚力大小和摩擦因子来控制最大粘结力，进行非线性接触分析。

采用的 CONTA 174 称为 3D 8 节点面面接触单元，如图 4-108 所示，可以描述 3D 目标面（TARGE170 单元）和该单元所定义的变形面（柔性面）之间的接触和滑移状态，适用于 3D 结构和耦合场的接触分析。该单元位于有中间节点的实体单元或壳单元表面，并与其下覆盖的实体单元面或壳单元面具有相同的几何特性。该单元支持库伦和剪应力摩擦。

在输入参数选项中，由于本次试验构件采用的是粘结方式连接钢套管与复合材料，所以法向罚刚度因子取只相对于黏结接触的值 F_{kN}=10，根据试验所得结果，黏结区滑动抗力黏聚力 COHE 取为 3.64e6 N/m^2，即 3.64MPa，其余参数按 ANSYS 程序中的默认接触设置。

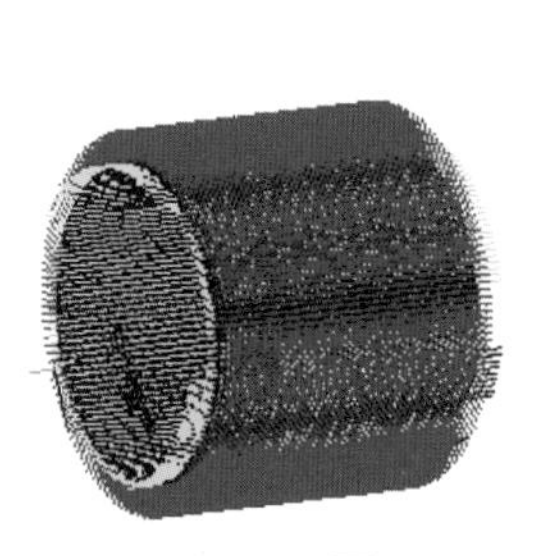
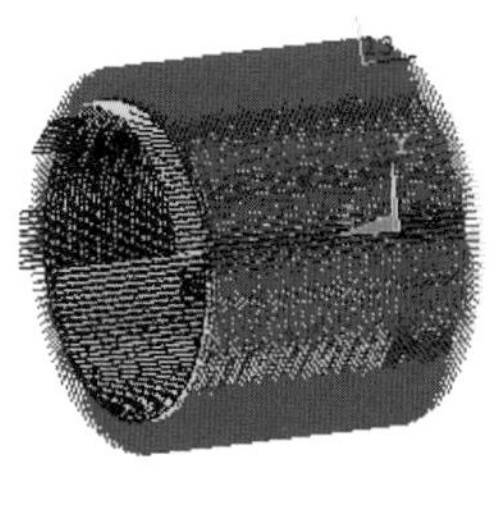

图 4-108　CONTA 174 接触单元

TARGE 170 称为 3D 目标单元，如图 4-109 所示，用于描述与接触单元相关的各种 3D 目标面，接触单元覆盖在变形体边界的实体单元上，并可能与目标面发生接触，在目标面离散为一系列的目标单元 TARGE170，通过共享实常数号与相应的接触单元构成接触对。在目标面上可施加平动和转动位移、温度、电压、磁势等，也可施加力和力矩。

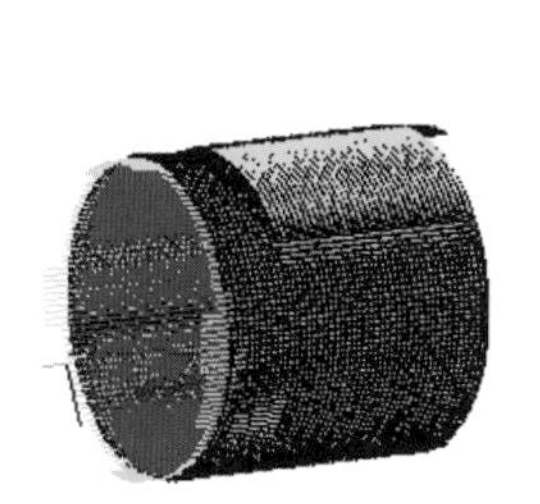
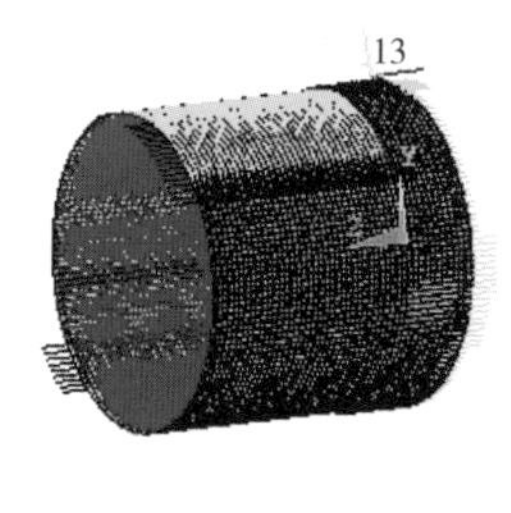

图 4-109　TARGET 170 目标单元

复合材料横担构件有限元模型如图 4-110~ 图 4-112 所示。

图 4-110　复合材料横担构件有限元模型（整体）

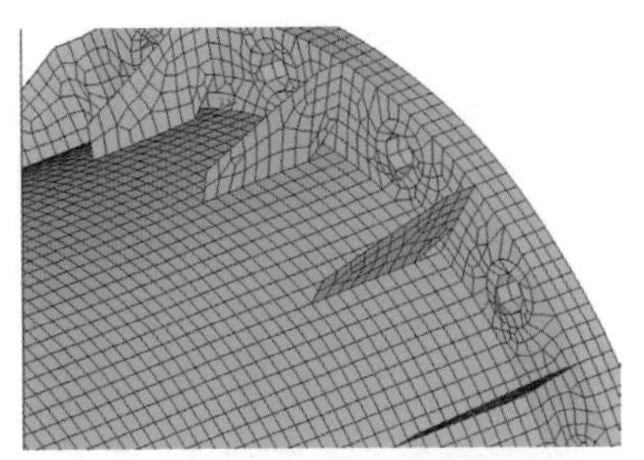

图 4–111　复合材料横担构件有限元模型（局部 1）

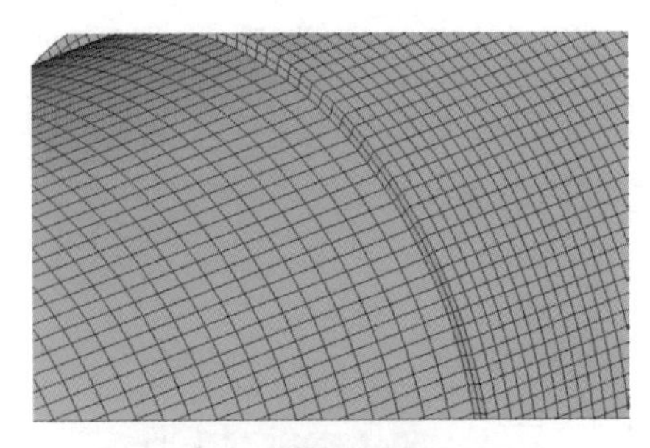

图 4–112　复合材料横担构件有限元模型（局部 2）

受压时，在右法兰右侧整个面上施加约束条件，约束其 *ux*、*uy*、*uz* 3 个方向的自由度；在左法兰左侧整个面上施加约束与荷载，约束其 *ux*、*uy* 两个方向的自由度（即约束带法兰玻璃钢管的截面自由度），在 *z* 方向（即沿着带法兰玻璃钢管的方向）施加位向右的移荷载，进行受压仿真。受压边界条件如图 4–113 所示。

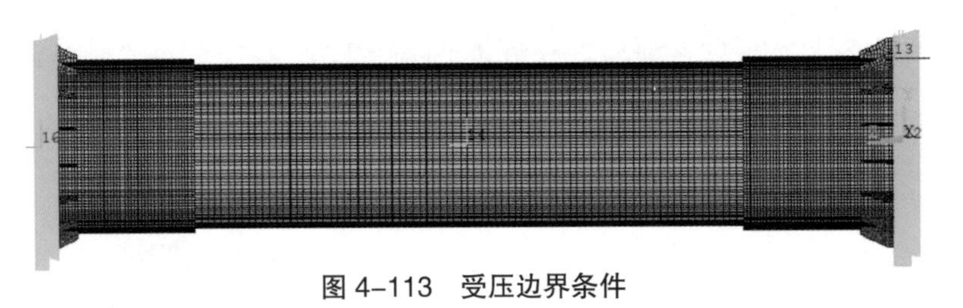

图 4–113　受压边界条件

4.3.5.2　有限元结果分析

1. 承载力对比

试件试验与有限元仿真的轴心受压荷载—位移曲线如图 4–114 所示，承载力对比见表 4–20。

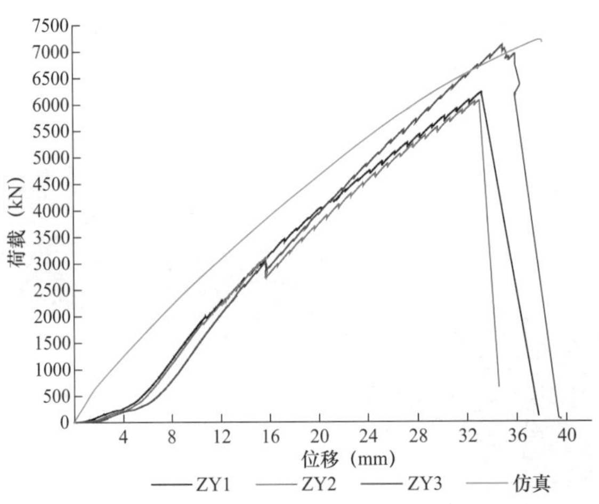

图 4–114　轴心受压荷载—位移曲线对比图

表 4-20 轴心受压承载力对比

试件编号	试件承载力（kN）	仿真承载力（kN）	（试验值 – 仿真值）/ 试验值
ZY1	6228	7208	15.74%
ZY2	6072		18.71%
ZY3	7116		1.29%
平均值	6472		11.37%

由上述对比结果可以看出，试验与有限元计算的荷载—位移曲线斜率和走势基本一致，极限承载力有一定差异，模拟的承载力大于试验承载力，二者之间误差在可接收范围内。

2. 破坏形态对比

受压试件有限元仿真的破坏形态如图 4–115 所示，受压试件试验的破坏形态如图 4–116 所示。

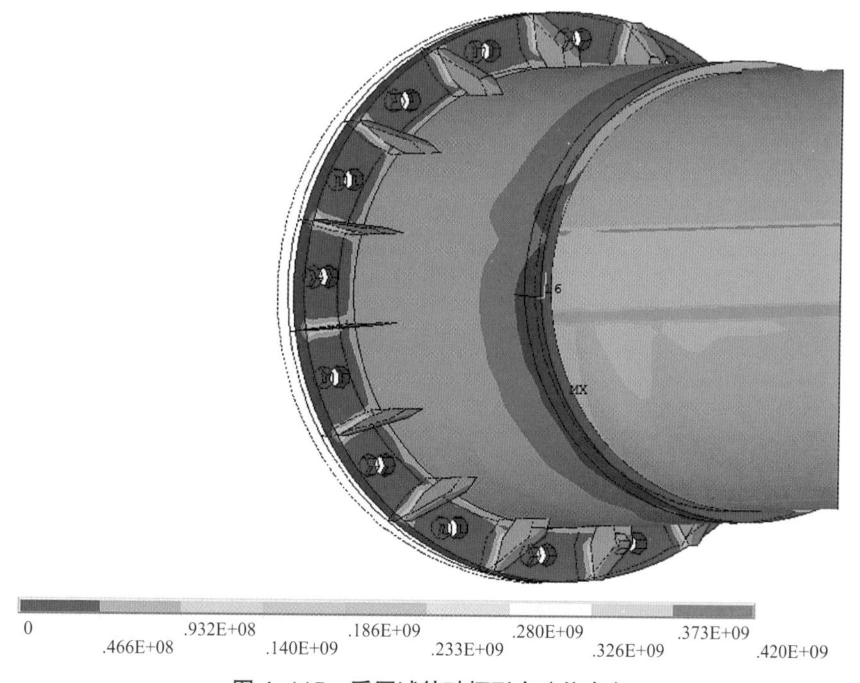

图 4–115 受压试件破坏形态（仿真）

由图 4–115 和图 4–116 试件破坏形态图可以看出，试件在受压过程中，最大应力最早出现在复合材料与钢套管管相接处，并以此处开始扩展至构件中间管部分，最终导致轴心受压构件丧失承载力。仿真破坏形态与试验破坏形态吻合，证明了有限元仿真的正确性。

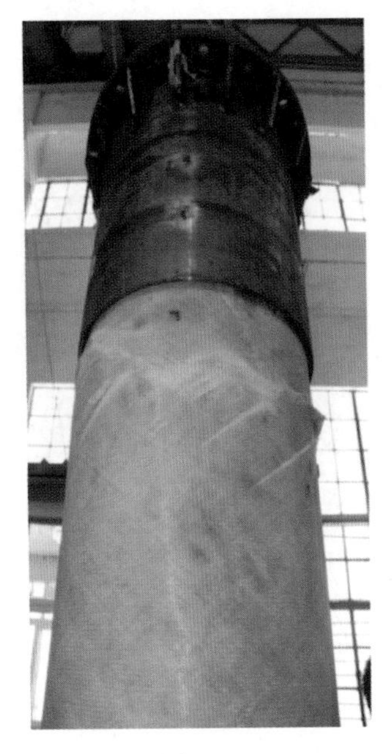

(a) ZY1

(b) ZY2

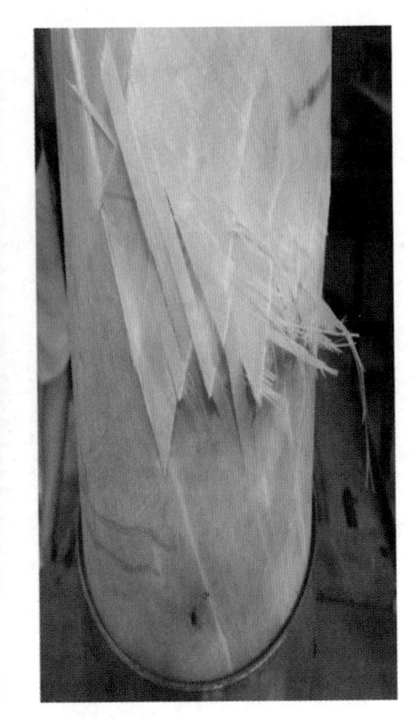

(c) ZY3

图 4-116 受压试件破坏形态（试验）

4.4 钢套管连接复合横担轴拉承载力试验及有限元分析

4.4.1 试件设计

根据工程实际情况，对 3 个钢套管连接复合材料横担构件进行轴心受拉极限承载力试验，钢套管与玻璃钢纤维复合材料通过结构胶黏结。轴拉试件除试件长度外，其余设计细节与轴压试件相同，设计图及实物图可参考 4.3 节轴压试件。试件及钢套管规格参数见表 4-21 和表 4-22。

表 4-21 复合材料规格参数

试件编号	截面规格（mm^2）	内外径比例	壁厚（mm）	长度（mm）	外径（mm）	面积 A（mm^2）	惯性矩 I（mm^4）	截面惯性半径（mm）	长细比
ZL1	$\phi461\times20$	0.91	20	2000	461.32	27926.49	676116467.2	155.60	12.85
ZL2					461.44	28013.41	676667394.9	155.42	12.86
ZL3					461.12	27781.66	675198919.5	155.90	12.83

表 4-22 钢套管规格参数

试件编号	总长度（mm）	法兰直径（mm）	钢套管长度（mm）	钢套管直径（mm）	螺栓孔径（mm）	肋长度（mm）	肋厚度（mm）
ZL1	2035	ϕ600	466.24	ϕ486.18	ϕ25.62	126.68	9.68
ZL2	2035	ϕ600	466.52	ϕ486.84	ϕ25.54	126.88	9.78
ZL3	2035	ϕ600	466.84	ϕ487.04	ϕ26.02	126.66	9.74

4.4.2 试验设备及方案

本次试验应变片的布置位置主要集中于试件受力比较敏感的部位，如钢套管与复合材料管变截面处，沿钢套管纵向布置两组应变片，用来测量钢套管与复合材料胶层破坏时两者产生滑移时钢套管的应变。试验中共贴有 28 个双向电阻应变花和 4 个三向电阻应变花，共计 68 个通道数据，测点布置如下：复合材料处环向按 90° 布置应变片 4 个，一共布置 5 排，第三排布置三向电阻应变花，其余四排布置两向电阻应变花；钢套管处的测点布置：钢套管处环向按 180° 布置应变片 2 个，每端 3 排，均为两向应变片。测点布置如图 4-117 所示。

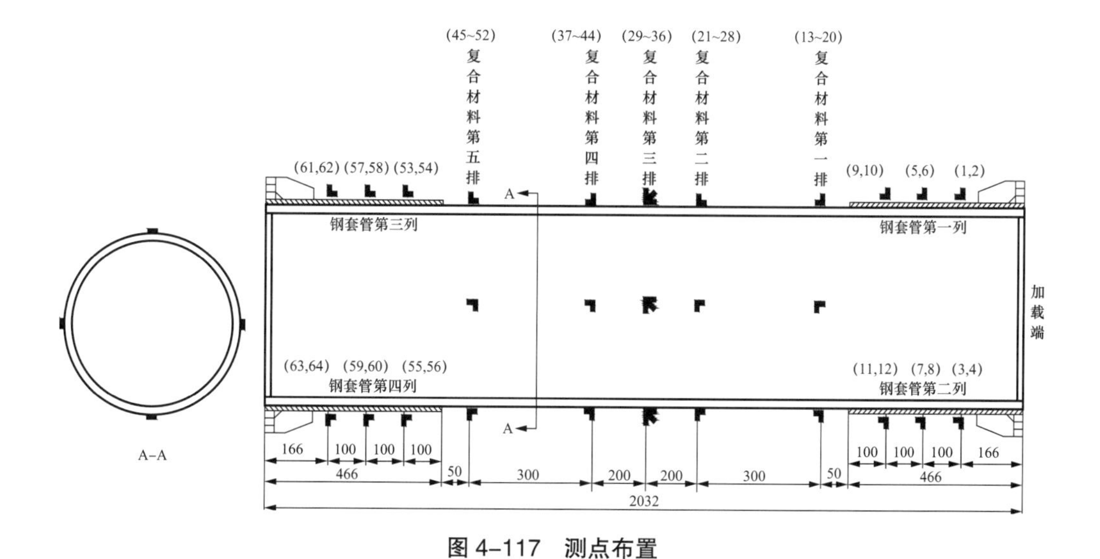

图 4-117 测点布置

轴心受拉试验采用力加载方式，加载速度为 5kN/s，每级荷载为 100kN，每级荷载的加载间隔为 30s。加载设备采用 4000kN 卧式万能试验机。试验加载现场如图 4-118 所示。

图 4-118　加载现场

4.4.3　试验现象及破坏模式

各试件轴心受拉试验现象见表 4-23。

表 4-23　　轴心受拉试件试验现象

试件编号	试验现象
ZL1	试验机加载至 230kN 之前，构件未出现明显变化；230kN 时构件出现明显响声，此后直至加载到 420kN，构件又出现较小响声；加载至 520kN 时，构件出现响声；继续加载至 600kN 时，构件发出响声；加载至 800kN 时，试件出现连续的小响声；继续加载至 1000kN 出现响声；加载至 1200kN 时，试件出现连续的小响声；加载至 1650kN 时出现小响声；继续加载到 2000kN 出现连续响声，最后加载至 2300kN 出现连续响声，直至发出巨响，承载力突降，复合材料及其胶层从钢套管中滑出
ZL2	试验机加载至 460kN 之前，构件未出现明显变化；460kN 时构件出现响声；加载到 520kN，构件出现剧烈响声；继续加载到 590kN，构件发出剧烈响声；加载到 710kN 时，试件出现响声；加载到 770kN 时，试件发出撕裂声；加载到 830kN 时，试件发出嘣声；加载到 1500kN 时，出现冒烟和小响声；加载到 2200kN 时，试件出现小响声；继续加载到 2480kN，又出现小响声；加载到 2500kN 时，试件发出持续的小响声直至发出巨响，承载力突降，复合材料及其胶层从钢套管中滑出
ZL3	试验机加载至 610kN 之前，构件未出现明显变化；610~700kN 时构件出现三声崩碎声；加载到 765kN 时，试件发出响声；加载到 825kN 时，试件又发出崩碎声；加载到 1080kN 时，试件发出小响声；加载到 1260kN 时，试件又出现小响声；加载到 1720kN 时，试件出现低沉响声；加载到 1900kN 时，试件出现连续小响声；加载到 2140kN 时，试件又出现连续小响声；加载到 2260kN 时，试件出现连续的小响声直至发出巨响，承载力突降，复合材料及其胶层从钢套管中滑出

试件破坏时发生明显的胶层滑移破坏状态，如图 4-119 所示。

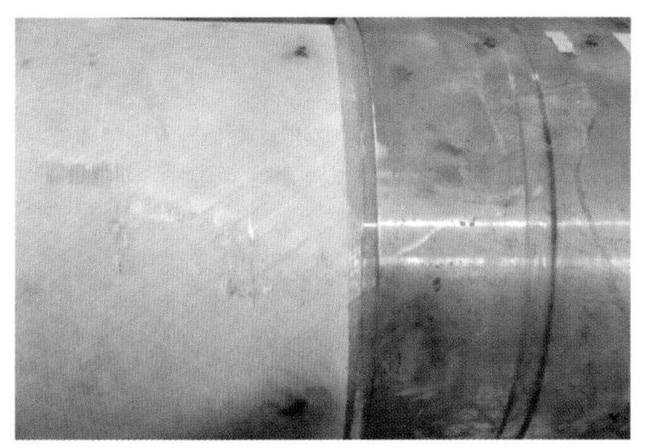

图 4-119 胶层滑脱

4.4.4 试验结果分析

4.4.4.1 荷载—位移曲线分析

各试件加载过程中的荷载—位移曲线如图 4-120~ 图 4-122 所示。可以看出，轴拉加载过程中达到极限承载力之前，荷载—位移呈现近似线性关系，达到极限荷载时，胶层滑脱，荷载—位移曲线出现水平滑移段。

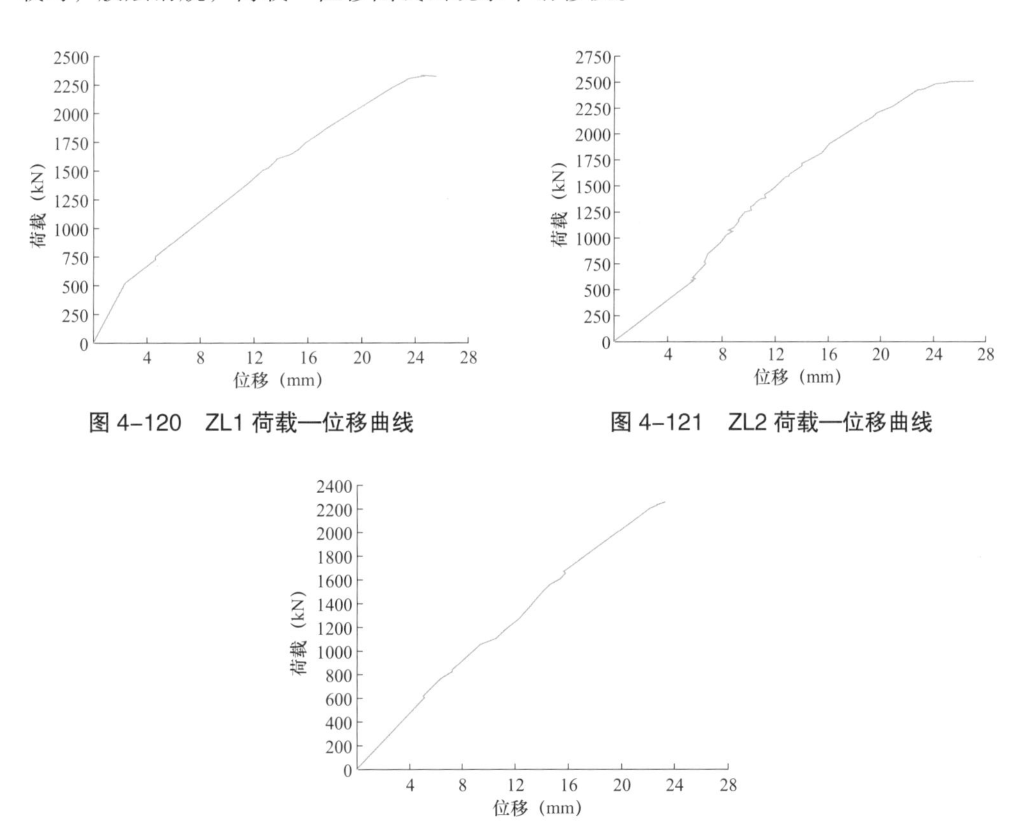

图 4-120 ZL1 荷载—位移曲线

图 4-121 ZL2 荷载—位移曲线

图 4-122 ZL3 荷载—位移曲线

各试件的性能参数见表 4-24。

表 4–24　　试件性能参数

试件编号	外径（mm）	壁厚（mm）	面积（mm^2）	极限荷载（kN）	平均承载力（kN）	标准差	离散系数	胶层面积（mm^2）	胶层强度（MPa）	平均胶层强度（MPa）	最大偏差
ZL1	461.32	20	27926.49	2340	2370	127.67	0.053	651845.16	3.59	3.64	11%
ZL2	461.44		28013.41	2510				652014.72	3.85		
ZL3	461.12		27781.66	2260				651562.56	3.47		

从表 4–24 可以看出：

（1）构件的临界荷载为 2260~2510kN，平均值为 2370kN。

（2）同一规格三个试件破坏时临界荷载差别不大，最大偏差为 11%。

（3）构件的标准差为 127.67kN，离散系数为 0.053，表明试验数据较为集中。

4.4.4.2　荷载—应变曲线分析

由于三个试件荷载变化一致，且设计尺寸相同，应变分析以 ZL1 试件为例，对复合材料的应变进行分析，钢套管应变值较小在此不做累述。

1. 荷载—环向应变曲线

ZL1 荷载—环向应变曲线如图 4–123 所示。

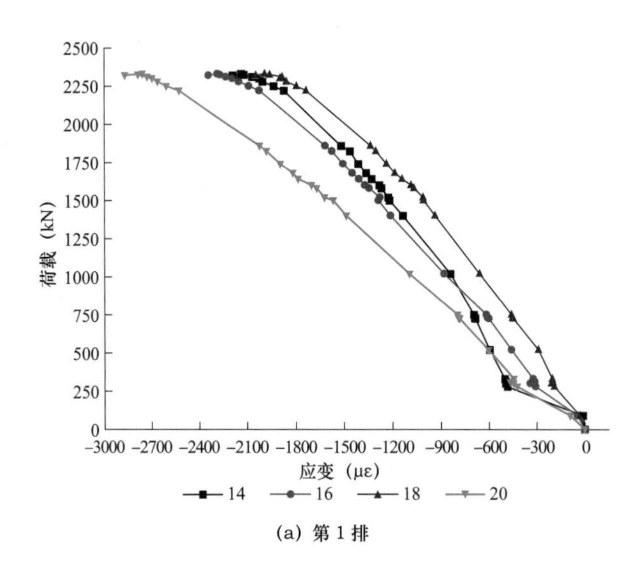

(a) 第 1 排

图 4–123　ZL1 荷载—环向应变曲线（一）

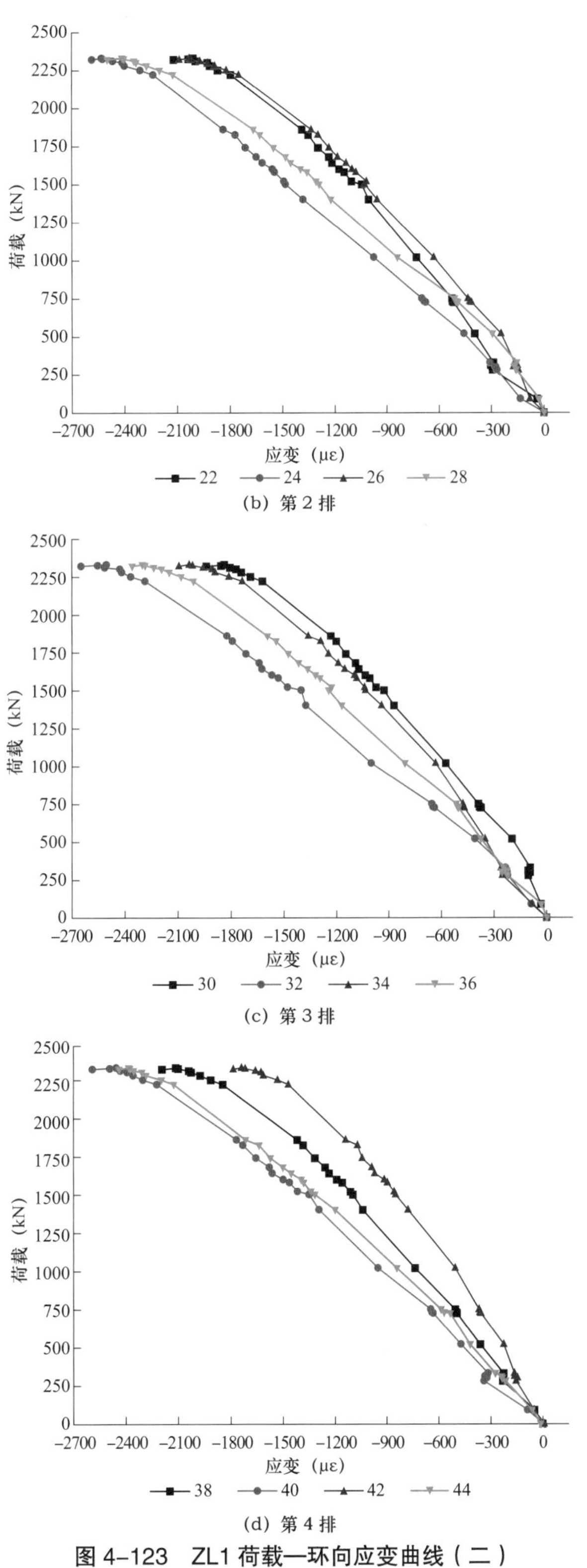

图 4-123　ZL1 荷载—环向应变曲线（二）

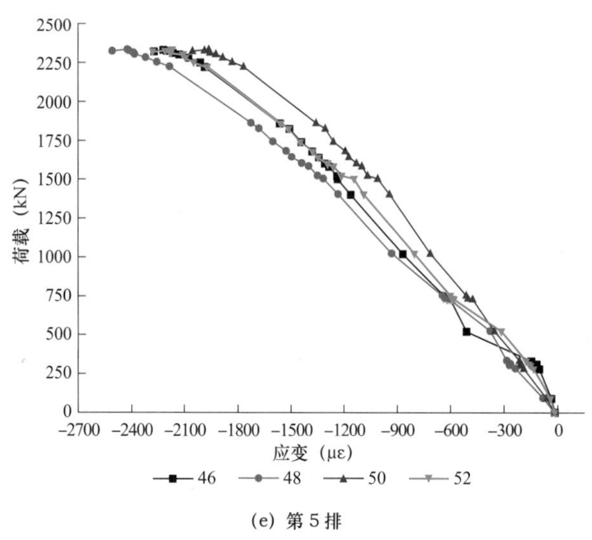

(e) 第 5 排

图 4-123 ZL1 荷载—环向应变曲线（三）

2. 荷载—纵向应变曲线

ZL1 荷载—纵向应变曲线如图 4-124 所示。

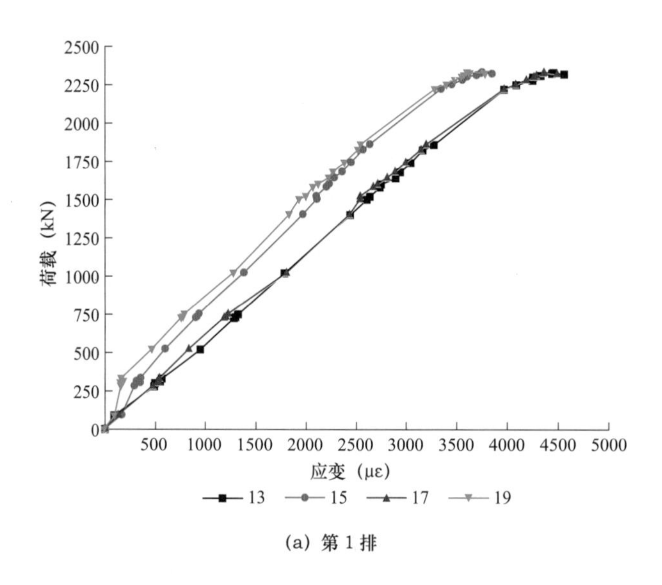

(a) 第 1 排

图 4-124 ZL1 荷载—纵向应变曲线（一）

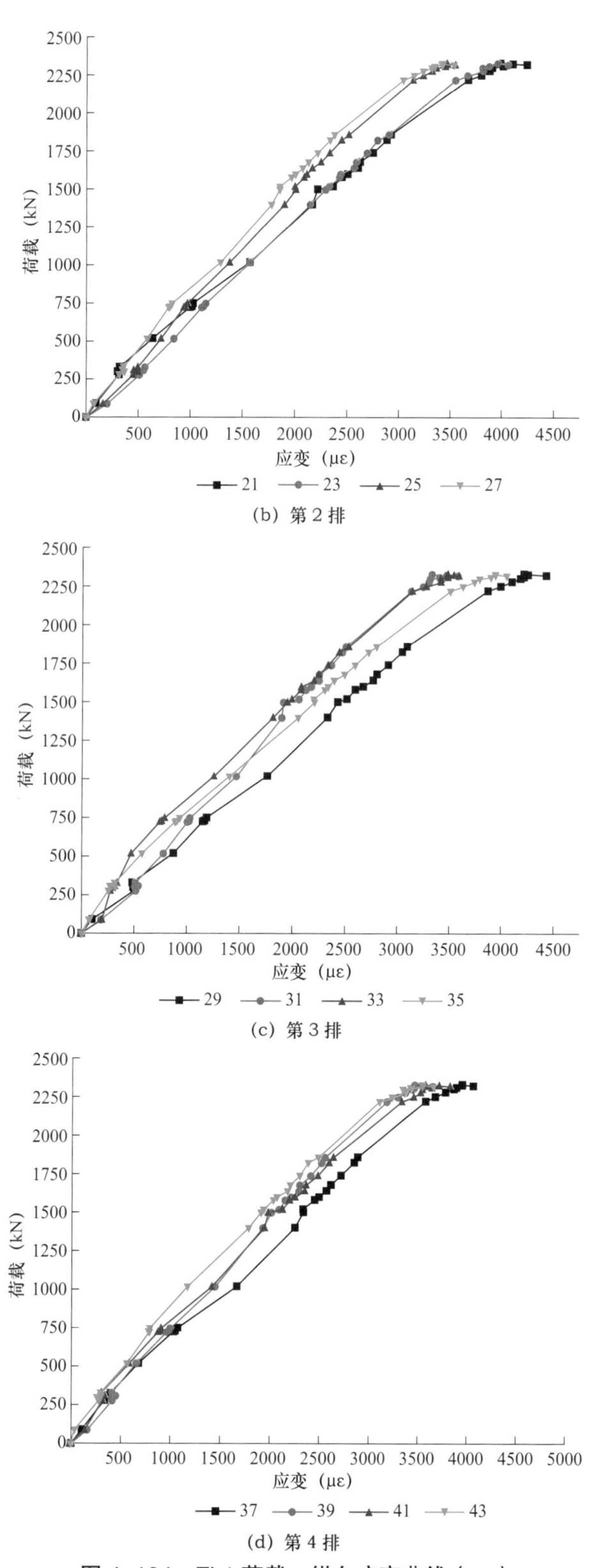

图 4-124 ZL1 荷载—纵向应变曲线（二）

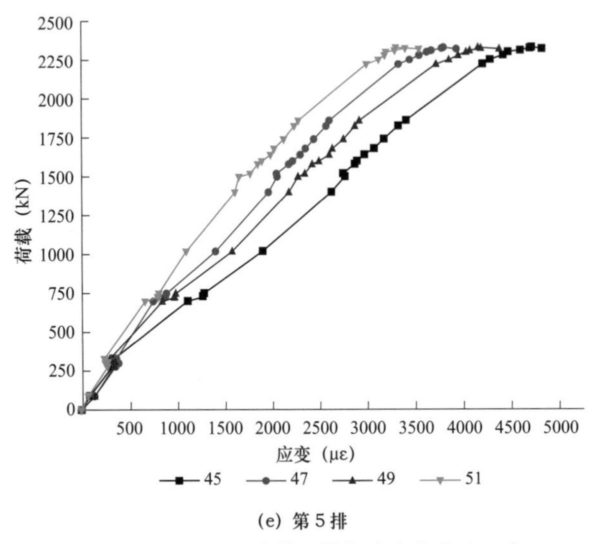

(e) 第 5 排

图 4-124 ZL1 荷载—纵向应变曲线（三）

3. 荷载 -45° 向应变曲线

ZL1 荷载 -45° 向应变曲线如图 4-125 所示。

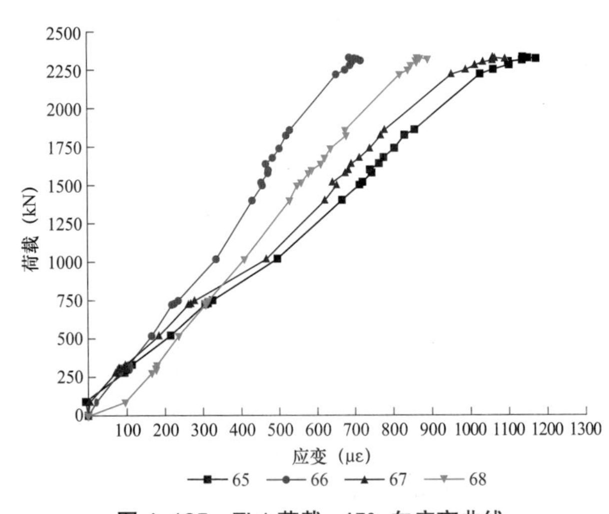

图 4-125 ZL1 荷载 -45° 向应变曲线

通过图 4-123~图 4-125 分析，在整个加载过程中，随着加载的进行荷载—应变呈近似线性关系，由于最终破坏为胶层与钢套管连接处破坏，复合材料应变值相对于轴压试验而言较小。由于材料的特殊的各向异性性质，在同级压力荷载下，同一截面不同测点的环向应变有一定差异。经统计，复合材料环向最大应变有 2000με，三个试件中 ZL2 的荷载较大，其应变也较大，约有 2500με；纵向最大应变有 4000με，中 ZL2 的纵向应变达 4500με。

4.4.5　有限元分析

钢套管连接复合横担轴拉试件有限元模拟与轴压试件一致，以下给出有限元分析结果。

1. 承载力对比

试件试验与有限元仿真的轴心受拉荷载—位移曲线如图 4–126 所示，承载力对比见表 4–25。

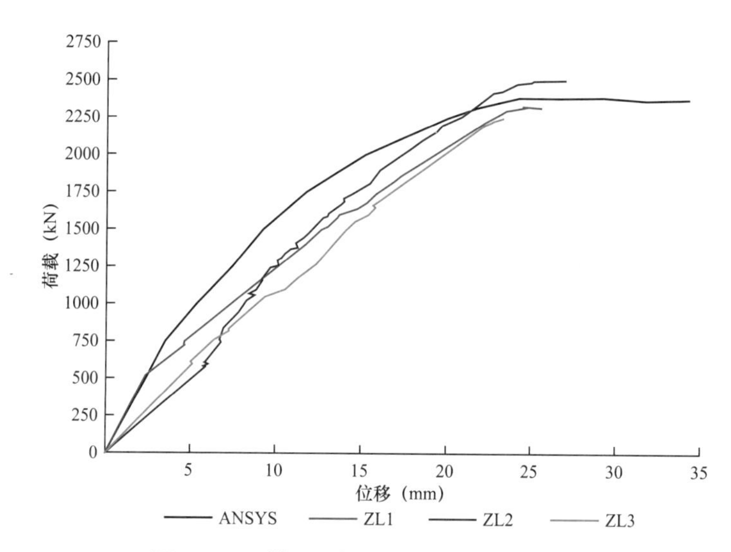

图 4–126　轴心受拉荷载—位移曲线对比图

表 4–25　轴心受拉承载力对比

<table>
<tr><th>试件编号</th><th>试件承载力（kN）</th><th>仿真承载力（kN）</th><th>（试验值 – 仿真值）/ 试验值</th></tr>
<tr><td>ZY1</td><td>2340</td><td rowspan="4">2387</td><td>2.01%</td></tr>
<tr><td>ZY2</td><td>2510</td><td>4.90%</td></tr>
<tr><td>ZY3</td><td>2260</td><td>5.62%</td></tr>
<tr><td>平均值</td><td>2370</td><td>4.17%</td></tr>
</table>

由上述承载力分析可以看出，试验与仿真的荷载位移曲线走势和极限承载力基本一致，斜率有一定差异，极限承载力吻合较好，模拟结果较为准确。

2. 破坏形态对比

试件有限元仿真的破坏形态如图 4–127 所示，受拉试件试验的破坏形态如图 4–128 所示。

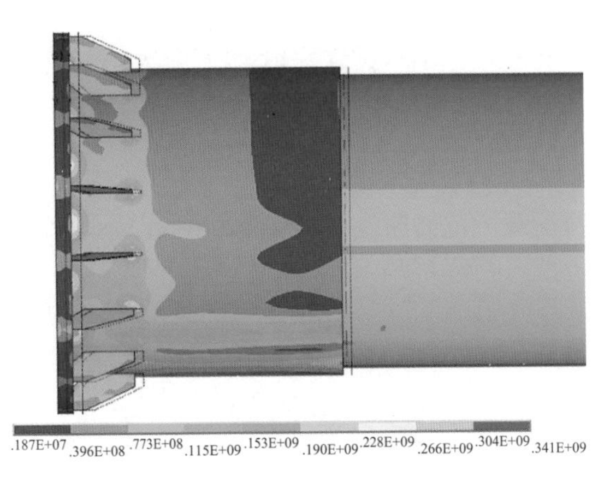

图 4–127　受拉试件破坏形态（模拟）

图 4–128　受拉试件破坏形态（试验）

由模拟结果与试验结果对比，可以看出建立的有限元模型能较好的模拟钢套管与复合材料管材间连接的胶层的滑脱，模拟结果具备较高的准确度。

4.5　钢套管连接复合横担疲劳性能试验

在钢套管连接复合材料横担构件轴压和轴拉极限承载力试验研究的基础上，基于构件实际受力工况，考虑风致振动引起的钢套管连接复合材料横担的疲劳问题，本章节设计了钢套管连接复合材料横担的高、低周疲劳性能试验，探究不同设计工况下交变荷载对其疲劳性能的影响，为复合材料横担应用于输电塔提供设计参考。

4.5.1　试件设计

本次试验共设计两种类型试件，即复合横担长试件和短试件两种。高周疲劳试验包括 6 个长横担试件，低周疲劳试验包括 6 个长横担试件和 3 个短横担试件。长试件设计图与钢套管连接复合材料横担轴压试验相同，短试件设计图如图 4–129 所示，短试件长度为 2000mm，内部充有绝缘气体，其余设计细节与长试件相同。

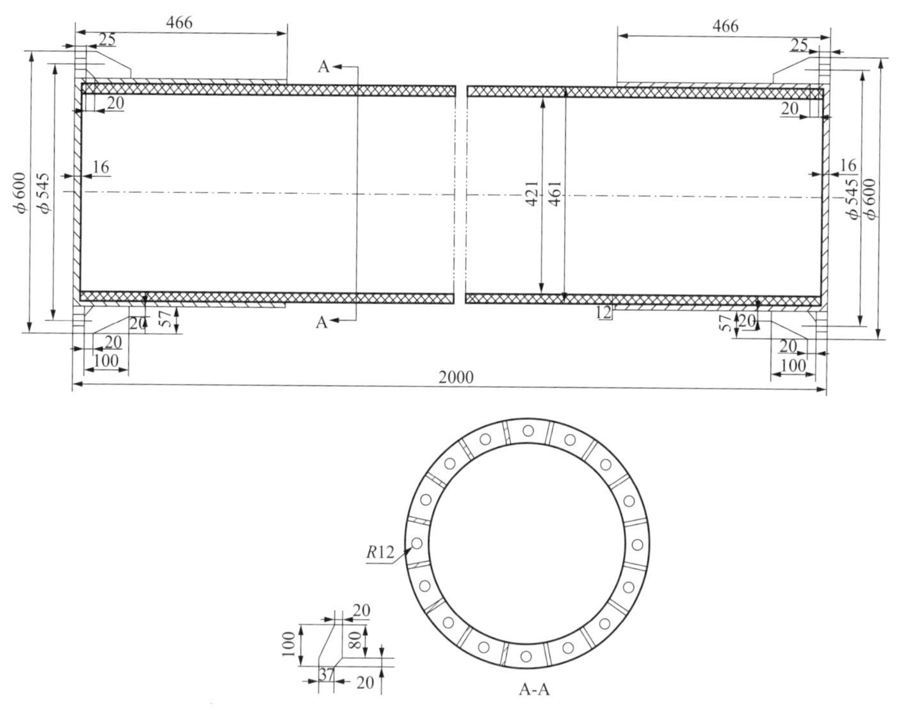

图 4-129 短试件设计示意图

4.5.2 试验设备及方案

本次疲劳试验包括高周疲劳加载和低周疲劳加载，高周疲劳加载采用 250kN 作动器，低周加载采用 1000kN 作动器，应变测量采用 DH5922N 型动态应变仪。根据试件实际受力工况，高周疲劳施加加载次数为 50 万次，低周疲劳加载次数为 3500 次。高周疲劳试验和低周疲劳试验加载方案见表 4-26 和表 4-27。

表 4-26 高周疲劳试验加载方案

试件编号	工况	施加荷载（kN）		荷载周数（万次）	试件个数（个）	备注
		荷载上限	荷载下限			
GZ-1	1	97.88	43.63	50	1	验证 10m/s 风速工况下，试件工程应用的可靠性
GZ-2	1	97.88	43.63	50	1	验证 10m/s 风速工况下，试件工程应用的可靠性
GZ-3	2	178.98	–40.96	50	1	验证 30m/s 风速工况下，试件工程应用的可靠性
GZ-4	3	178.98	–178.98	50	1	基于 30m/s 风速工况，探究试件拉压对称加载疲劳性能，进一步验证大风工况工程应用可靠性
GZ-5	4	200.00	–200.00	50	1	在工况 3 基础上进一步探究试件疲劳性能
GZ-6	5	230.00	–230.00	50	1	在工况 4 基础上进一步探究试件疲劳性能

注 荷载负号代表拉力，正号代表压力。

按照表 4–26 所示高周疲劳试验加载方案，以 1Hz 频率采用位移控制施加疲劳周期荷载。试验结束后，若试件没有发生明显疲劳破坏现象，对该试件进行极限承载力试验测定其剩余极限承载力，极限承载力加载方案如前述玻璃钢纤维复合材料横担轴心受压极限承载力试验和轴心受拉极限承载力试验的加载程序一致，在此不再累述。

表 4–27　　低周疲劳试验加载方案

试件编号	工况	施加荷载（kN）		荷载周数（次）	试件个数（个）	加载频率（Hz）	备注
		荷载上限	荷载下限				
DZ–1	1	179.00	–41.00	3500	1	0.5	此加载工况下，如若试件有两个及其以上破坏，则存在设计缺陷，反之 30m/s 大风工况下构件满足工程应用
DZ–2				3500	1	0.5	
DZ–3				3500	1	0.5	
DZ–4	2	358.00	–82.00	3500	1	0.5	探究 2 倍工况 1 下，短试件工程应用可靠性
DZ–5	2	358.00	–82.00	3500	1	0.5	探究 2 倍工况 1 下，长试件工程应用可靠性
DZ–6	3	720.00	–360.00	3500	1	0.5	探究工况 1 下 4 倍荷载上限和 9 倍荷载下限时，试件工程应用靠性
DZ–7	4	–90	–900.00	3500	1	0.25	基于受拉极限承载力试验，探究试件拉拉疲劳性能
DZ–8	5	720.00	–720.00	3500	1	0.25	基于工况 3，探究试件对称加载拉压疲劳性能
DZ–9	6	900.00	–900.00	3500	1	0.25	探究大幅值对称加载试件拉压疲劳性能

注　荷载正号代表压力，负号代表拉力。

按照表 4–27 所示低周疲劳试验加载方案，采用位移控制施加疲劳周期荷载。试验结束后，若试件没有发生明显疲劳破坏现象，对该试件进行极限承载力试验测定其剩余极限承载力。

疲劳试验应变监测方案如下：本次疲劳试验应变片的布置位置主要集中于试件受力比较敏感的部位——钢套管与复合材料管变截面处、钢套管处，复合材料管中部，如图 4–130 所示。

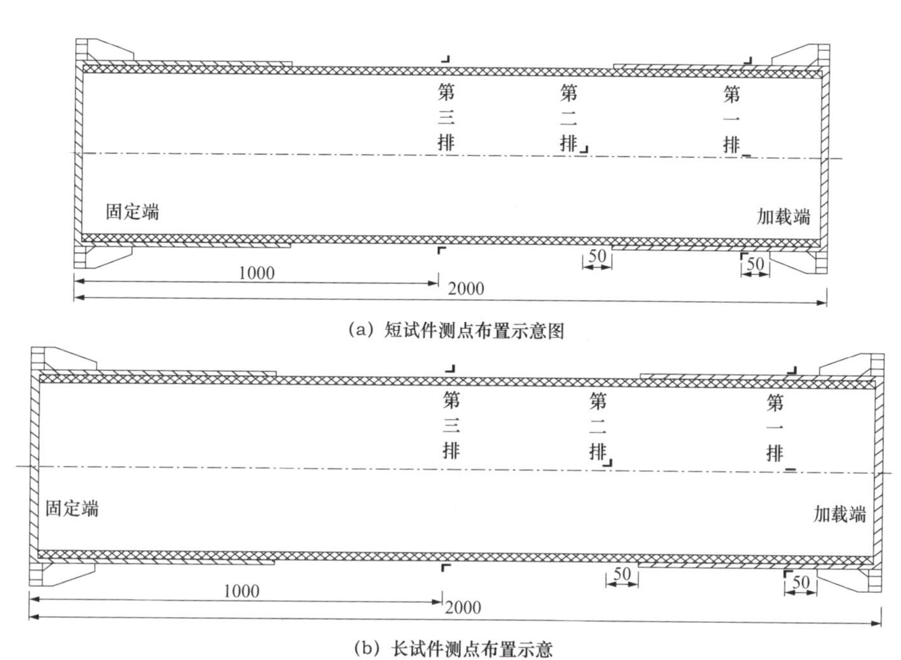

(a) 短试件测点布置示意图

(b) 长试件测点布置示意

图 4-130　疲劳试验测点布置图

如图 4-130 所示，疲劳试验测点布置分为三排，第一排四个测点，按单向、双向应变片间隔 90° 交替环向布置；第二排两个测点，按双向应变片 180° 环向对称布置；第三排两个测点，按双向应变片 180° 环向对称布置。

按照上述的加载方案及测量方案进行试验，试验加载现场如图 4-131 所示。

(a) 高周疲劳试验

图 4-131　试验加载现场（一）

(b) 低周疲劳试验

图 4-131 试验加载现场（二）

4.5.3 试验现象及破坏模式

试验结束后，将高周疲劳试验和低周疲劳试验各试件结果汇总，见表 4-28 和表 4-29。

表 4-28 高周疲劳试验结果汇总

试件编号	加载幅值（kN）	加载方式	试验现象	破坏方式	剩余承载力（kN）
GZ-1	$P_{max}=97.88$ $P_{min}=43.63$	压压疲劳	无明显疲劳破坏现象	轴压试验	5850
GZ-2	$P_{max}=97.88$ $P_{min}=43.63$	压压疲劳	无明显疲劳破坏现象	轴拉试验	2620
GZ-3	$P_{max}=178.98$ $P_{min}=-40.96$	拉压疲劳	无明显疲劳破坏现象	轴压试验	5891

续表

试件编号	加载幅值（kN）	加载方式	试验现象	破坏方式	剩余承载力（kN）
GZ-4	$P_{max}=178.98$ $P_{min}=-178.98$	拉压疲劳	无明显疲劳破坏现象	轴压试验	6304
GZ-5	$P_{max}=200.00$ $P_{min}=-200.00$	拉压疲劳	无明显疲劳破坏现象	轴压试验	5617
GZ-6	$P_{max}=230.00$ $P_{min}=-230.00$	拉压疲劳	无明显疲劳破坏现象	轴压试验	5566

表 4-29　　低周疲劳试验结果汇总

试件编号	加载幅值（kN）	加载方式	试验现象	破坏方式	剩余承载力（kN）
DZ-1	$P_{max}=179.00$ $P_{min}=-41.00$	拉压疲劳	无明显疲劳损伤破坏现象	/	/
DZ-2	$P_{max}=179.00$ $P_{min}=-41.00$	拉压疲劳	无明显损伤疲劳破坏现象	/	/
DZ-3	$P_{max}=179.00$ $P_{min}=-41.00$	拉压疲劳	无明显损伤疲劳破坏现象	/	/
DZ-4	$P_{max}=179.00$ $P_{min}=-41.00$	拉压疲劳	无明显疲劳损伤破坏现象	/	/
DZ-5	$P_{max}=358.00$ $P_{min}=-82.00$	拉压疲劳	每个加载周期内试件发出轻微响声，试验结束无明显疲劳损伤破坏现象	/	/
DZ-6	$P_{max}=720.00$ $P_{min}=-360.00$	拉压疲劳	开始加载时试件发出较明显相声，之后响声减弱逐渐稳定，保持细微响声至加载结束，试验结束无明显疲劳损伤破坏现象	/	/
DZ-7	$P_{max}=-90.00$ $P_{min}=-900.00$	拉拉疲劳	每个加载周期内试件发出微弱响声，试验结束无明显疲劳损伤破坏现象	/	/
DZ-8	$P_{max}=720.00$ $P_{min}=-720.00$	拉压疲劳	每个加载周期内试件发出较明显响声至试验结束，试验结束无明显疲劳损伤破坏现象	轴压试验	6057
DZ-9	$P_{max}=900.00$ $P_{min}=-900.00$	拉压疲劳	每个加载周期内试件发出较明显响声至试验结束，试验结束无明显疲劳损伤破坏现象	轴压试验	5607

高周疲劳试验在50万次疲劳荷载后试件无明显的疲劳破坏现象，对其进行了剩余极限承载力试验，以评定疲劳损伤；低周疲劳试验过程中，随着加载幅值的增

加，试件内部纤维断裂发出不同程度的响声，试验结束虽然无明显的疲劳破坏，但是从最大设计富裕度考虑，对最不利工况下的 DZ-8 和 DZ-9 试件进行了剩余极限承载力研究，以评定其低周疲劳损伤。

疲劳后轴拉试验与轴压试验破坏形态如图 4-132 和图 4-133 所示，疲劳加载后试件的破坏形态，轴拉荷载下依然是钢套管与复合材料管材连接处的胶层滑脱，轴压荷载下，试件发生剪切破坏，沿纤维缠绕方向产生斜状断裂带，试件压溃导致纤维从基体中崩断。

图 4-132　疲劳后轴拉试验破坏形态

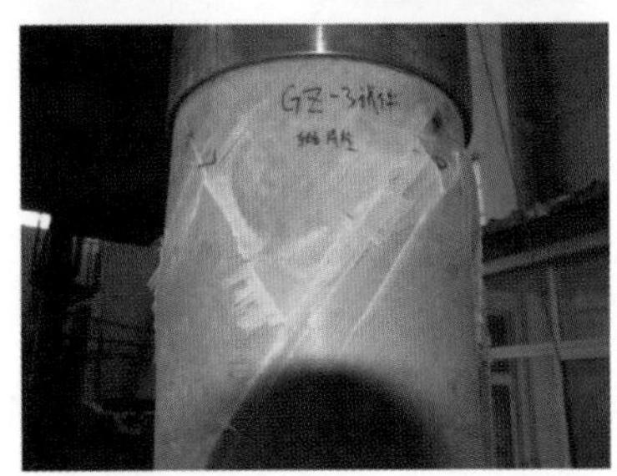

图 4-133　疲劳后轴压试验破坏动态

4.5.4　试验结果分析

4.5.4.1　荷载—位移—时间关系分析

疲劳加载过程中，荷载—位移—时间关系能够直接反映出试件的疲劳受力状态，如有较大的疲劳损伤，其荷载或者位移会出现突降现象。对高周疲劳试验和低周疲劳试验中各试件进行了全过程荷载和位移监控分析，以判断试件是否发生明显的疲劳破坏。下面以最不利工况下高周疲劳试件 GZ-6 和低周疲劳试件 DZ-9 为例进行说明。

GZ-6 试件荷载—位移—时间关系曲线如图 4-134 所示，在整个疲劳加载过程中，试件的荷载和位移呈明显的正弦波变化，周期为 1s，荷载和位移的整个变化过程中，其正弦波的峰值和谷值较为稳定，无明显荷载衰减现象和试件变形增大现象。GZ-6 试件的荷载—位移—试件关系曲线并结合试验结果，发现在 50 万次高周疲劳荷载下，试件没有发生可见的疲劳损伤破坏，说明玻璃钢纤维复合材料、钢套管与复合材料界面的胶层在高周疲劳荷载作用下没有发生明显的疲劳损伤破坏，整个试件的刚度和强度在整个加载历程中保持稳定状态，在工况 5 等幅对称加载方案下，试件在经历 50 万次疲劳周期荷载后仍保持较好的工作状态，力学性能稳定，进一步验证并确保试件在 30m/s 风速实际工程工况下其疲劳性能满足要求。此外工况 5 疲劳荷载幅值约为工况 3 荷载幅值的 1.29 倍，在 GZ-4 试件高周疲劳试验基础之上，继续加大其安全余裕度进行 50 万次高周疲劳试验，试件仍无明显疲劳破坏现象发生，说明试件设计存在充足的安全余裕度，满足实际工程应用的疲劳性能要求。

DZ-9 试件荷载—位移—时间关系曲线如图 4-135，在整个疲劳加载过程中，试件的荷载和位移呈明显的正弦波变化，周期为 4s，在工况 6 荷载下 DZ-9 试件位移变化范围约为 6.1~-14.4mm，相对变形为 20.5mm，在整个加载过程，峰值和谷值较为稳定，无明显荷载衰减现象和试件变形增大现象。DZ-9 试件的荷载—位移—试件关系曲线并结合试验结果，在 3500 次高周疲劳荷载下，DZ-9 试件没有发生可见的疲劳损伤破坏，说明玻璃钢纤维复合材料、钢套管与复合材料界面的胶层无明显的疲劳损伤破坏，整个试件的刚度和强度在整个加载历程中保持稳定状态，并具有 5 倍工况 1 荷载上限和 21.9 倍荷载下限的设计安全富裕度，试件抗疲劳破坏的可靠性非常高。

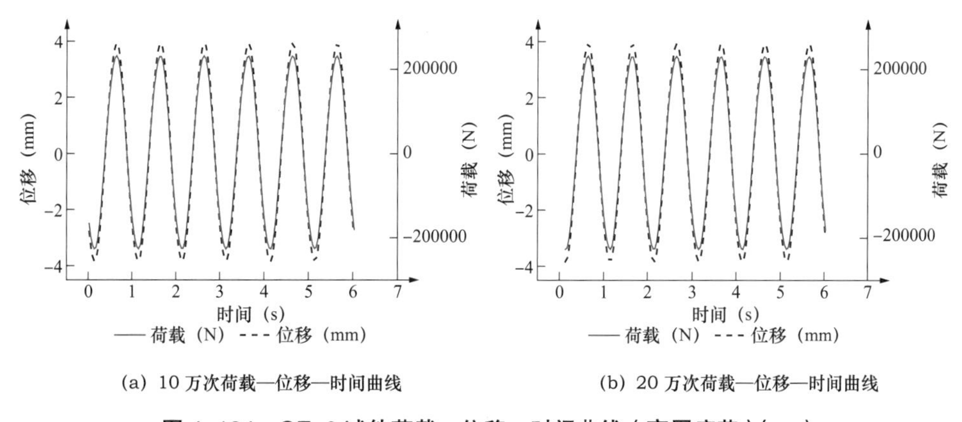

(a) 10 万次荷载—位移—时间曲线　　(b) 20 万次荷载—位移—时间曲线

图 4-134　GZ-6 试件荷载—位移—时间曲线（高周疲劳）（一）

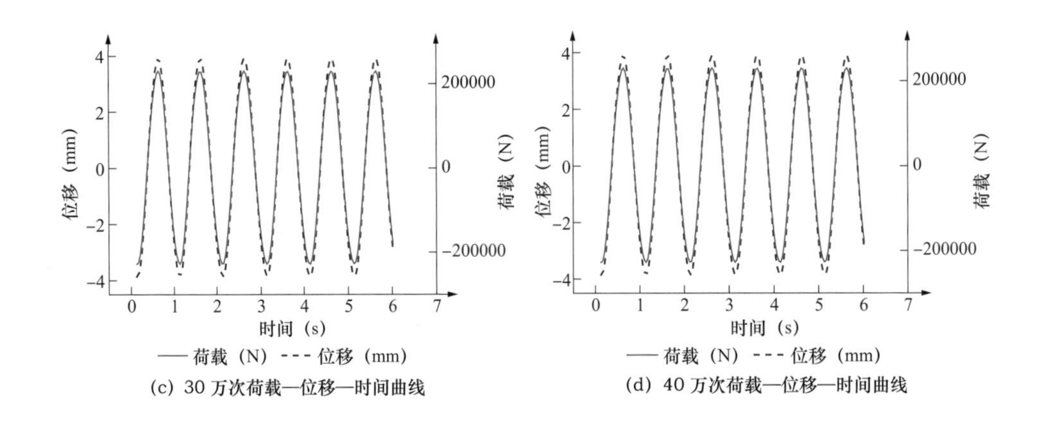

(c) 30 万次荷载—位移—时间曲线　　(d) 40 万次荷载—位移—时间曲线

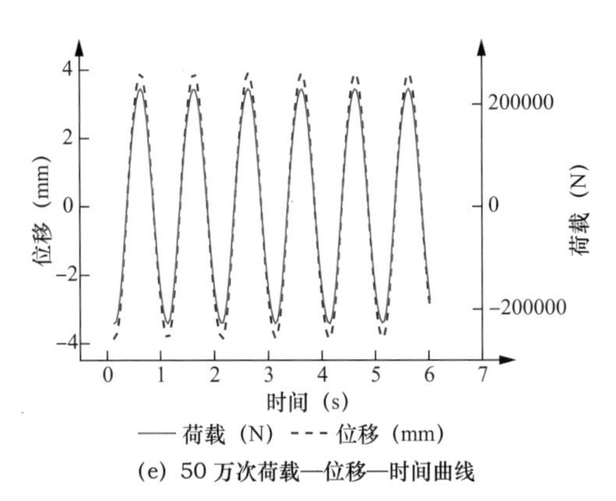

(e) 50 万次荷载—位移—时间曲线

图 4-134　GZ-6 试件荷载—位移—时间曲线（高周疲劳）（二）

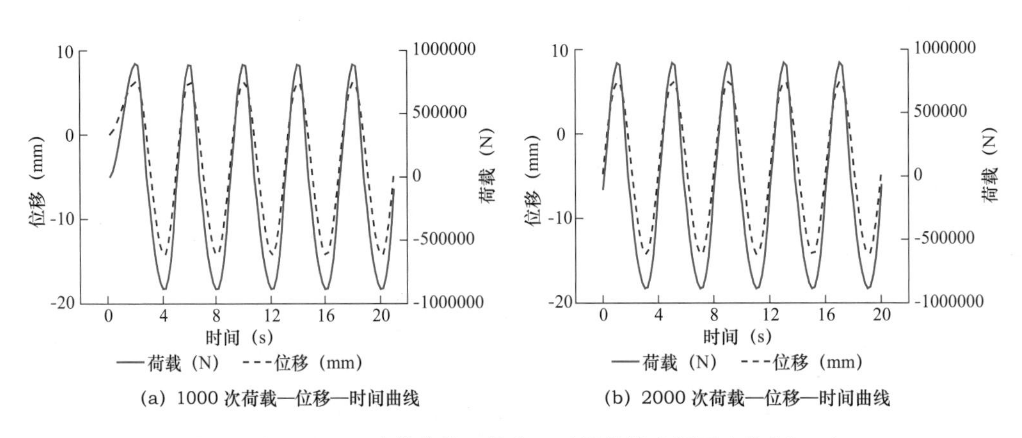

(a) 1000 次荷载—位移—时间曲线　　(b) 2000 次荷载—位移—时间曲线

图 4-135　DZ-9 试件荷载—位移—时间曲线（低周疲劳）（一）

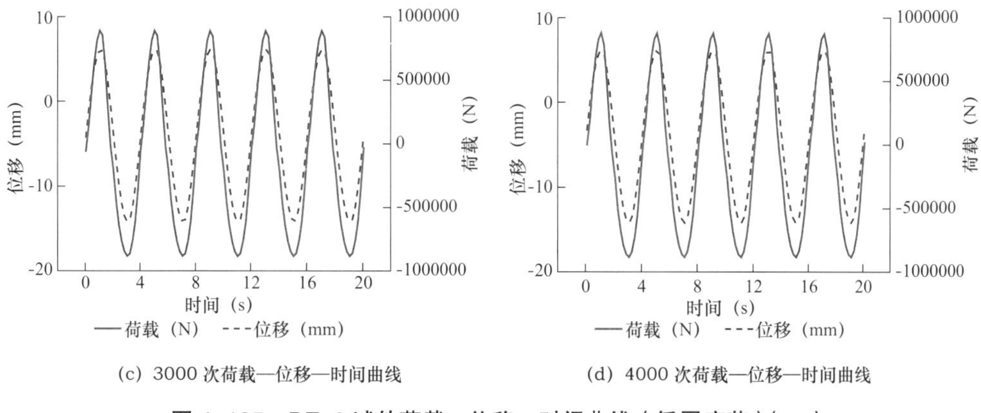

（c）3000 次荷载—位移—时间曲线　　（d）4000 次荷载—位移—时间曲线

图 4–135　DZ–9 试件荷载—位移—时间曲线（低周疲劳）（二）

另外，通过低周疲劳试验较大荷载工况下试件的荷载—位移—时间关系曲线可以发现：

（1）DZ–6 试件、DZ–8 试件和 DZ–9 的相对变形值 11.6、19.6mm 和 20.5mm，DZ–7 试件在拉—拉为主导的疲劳加载工况下，试件相对变形最小，约为 9.8mm。虽然玻璃钢纤维复合材料横担试件轴拉极限承载力小于其轴压极限承载力，拉力占主导地位，但是在工况 4 下其并未出现较前三者更明显的疲劳损伤，这是因为相对 DZ–8 及 DZ–9 试件，在加载频率同为 0.25Hz 情况下，加载幅值，尤其是大荷载工况下的拉压对称加载工况更能催生试件产生损伤，通过试验过程中的现象即加载过程中试件发出的声响及持续时长便能证明。

（2）DZ–7 试件及 DZ–8 试件的相对变形及试件发出的声响均比 DZ–6 试件较大，这与前两者加载频率低（0.25Hz）、荷载幅值大试件受力更充分有关，可见在低频大幅值拉压疲劳荷载作用下试件更易产生疲劳损伤，同时证明带钢套管钢套管连接复合材料横担构件具有较高的设计余裕度抵抗大风工况下引起的试件低周甚至超低周疲劳破坏，工程应用可靠度较高。

4.5.4.2　耗能分析

为了更好地分析复合横担构件疲劳加载过程中的损伤退化现象，基于其荷载—位移关系曲线进行耗能分析。对于高周疲劳试件，在加载周期次数为 10 万、20 万、30 万、40 万和 50 万次左右的节点处以 5 个加载周期的荷载—位移数据拟合复合横担构件疲劳加载过程中产生的耗能环，对于低周疲劳试件，在加载周期次数为 1000 次、2000 次、3000 次和 3500 万次左右的节点处以 5 个加载周期的荷载—位移数据拟合耗能环，进行数值积分求得其在不同节点处的能量变化，进而判定试件的损伤程度。高周疲劳各试件耗能分析如图 4–136 所示。

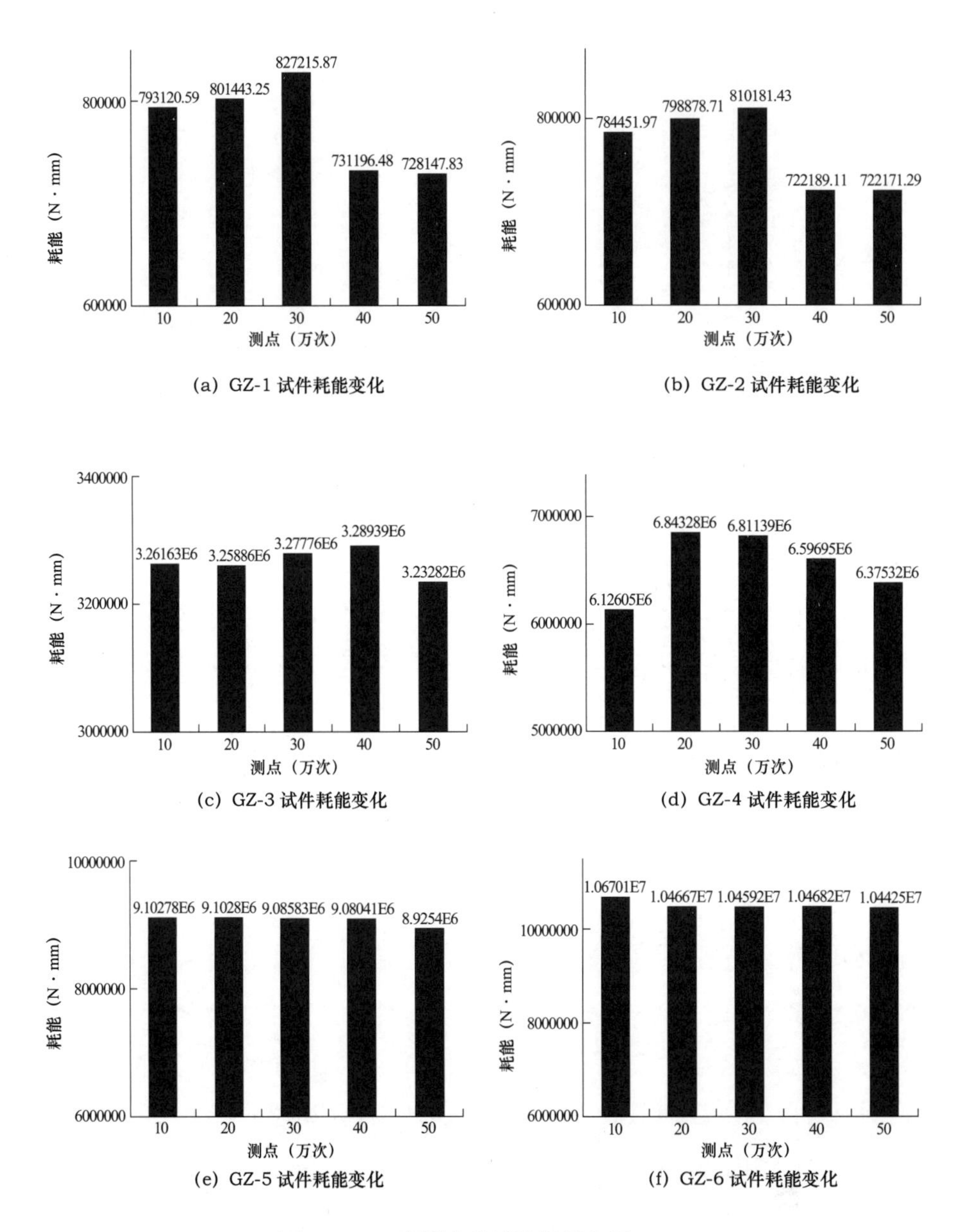

(a) GZ-1 试件耗能变化

(b) GZ-2 试件耗能变化

(c) GZ-3 试件耗能变化

(d) GZ-4 试件耗能变化

(e) GZ-5 试件耗能变化

(f) GZ-6 试件耗能变化

图 4-136　高周疲劳试验耗能分析

各试件耗能分析显示，在 50 万次疲劳加载过程中，试随着加载的进行耗能能力总体上会呈下降趋势，但是其下降速率较慢且并不符合线性累积损伤规律，尤其是在较大幅值的高周疲劳加载过程中，试件产生首次超越损伤现象提前（如 GZ-4），之后耗能逐渐缓慢衰减，试件处于损伤稳定增长的状态。相比较于荷载—位移—时间关系，基于微观能量层次的耗能分析能够直观的反映加载过程中试件的损伤发展。

低周疲劳试件耗能分析以较大荷载幅值下 DZ-6~DZ-9 试件为例，如图 4-137 所示。

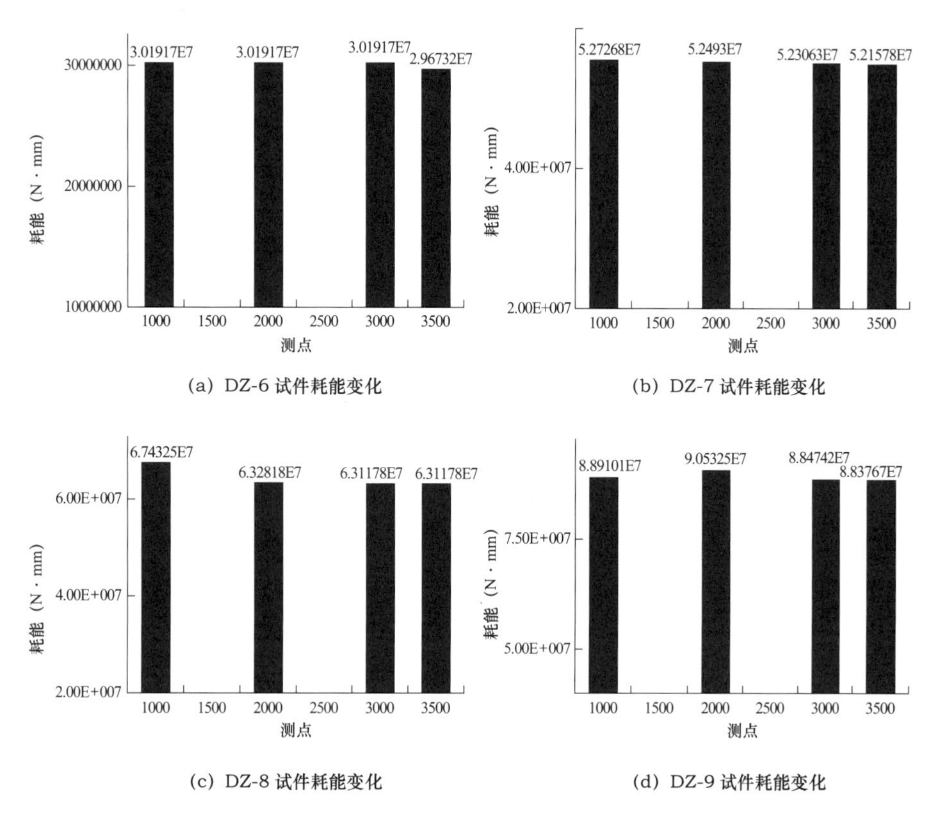

(a) DZ-6 试件耗能变化

(b) DZ-7 试件耗能变化

(c) DZ-8 试件耗能变化

(d) DZ-9 试件耗能变化

图 4-137 低周周疲劳试验耗能分析

由于在较大幅值荷载作用下，在试验过程中能明显的听到试件产生纤维断裂的微小响声，在相应节点下的耗能数值总体上不断减小，即意味着低周疲劳加载过程中产生的耗能环不断捏缩，试件刚度产生退化，虽然试件最终无明显的疲劳破坏，但是耗能分析揭示，有限次的低周疲劳荷载可产生较大的累积损伤，内部微裂缝不断形成并发展。

4.5.4.3 动态应变分析

以高周疲劳 GZ-6 试件和低周疲劳 DZ-9 试件为例分析动态应变。

高周疲劳 GZ-6 试件的动态应变如图 4-138 所示。

图 4-138 为 GZ-6 试件在工况 5 下的 50 万次高周疲劳动态应变记录结果，其变化规律同其余高周疲劳试件相似。通过各测点的应变数据显示，在加载过程中，第一排、第二排测点的复合材料纵向动态微应变数值小于 600με，相应测点的环向应

变也较小（小于 200με），并且在整个加载过程中复合材料应变数据无明显大幅波动，说明在工况 5 下玻璃钢纤维复合材料横担 GZ-6 试件在经历 50 万次疲劳荷载后，由于试件刚度较大，疲劳荷载较小，整个复合材料管材并无明显的疲劳损伤现象发生，试件仍处于较稳定的弹性工作状态，进一步保证试件在 30m/s 实际工况对试验疲劳性能要求。

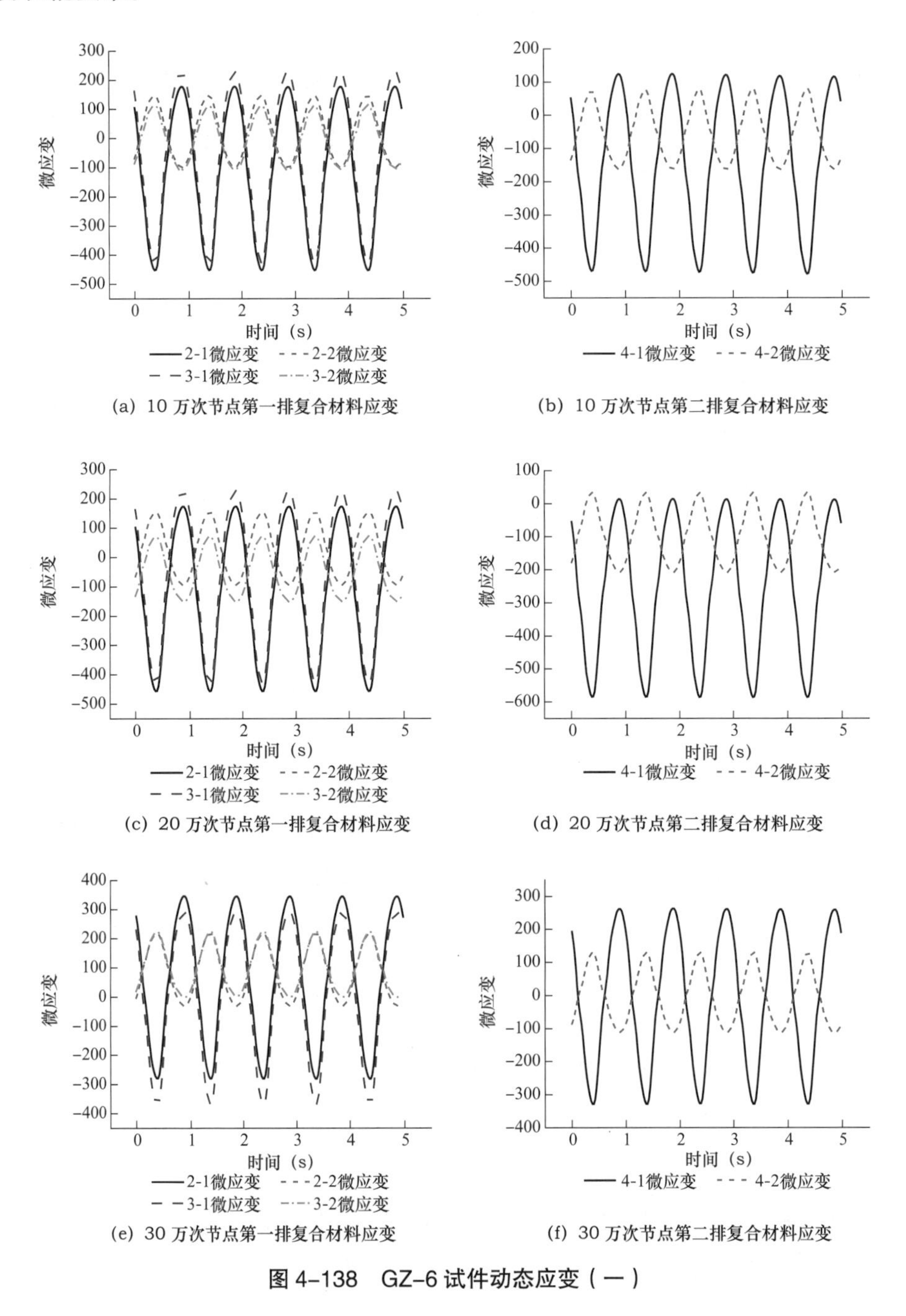

(a) 10 万次节点第一排复合材料应变
(b) 10 万次节点第二排复合材料应变
(c) 20 万次节点第一排复合材料应变
(d) 20 万次节点第二排复合材料应变
(e) 30 万次节点第一排复合材料应变
(f) 30 万次节点第二排复合材料应变

图 4-138　GZ-6 试件动态应变（一）

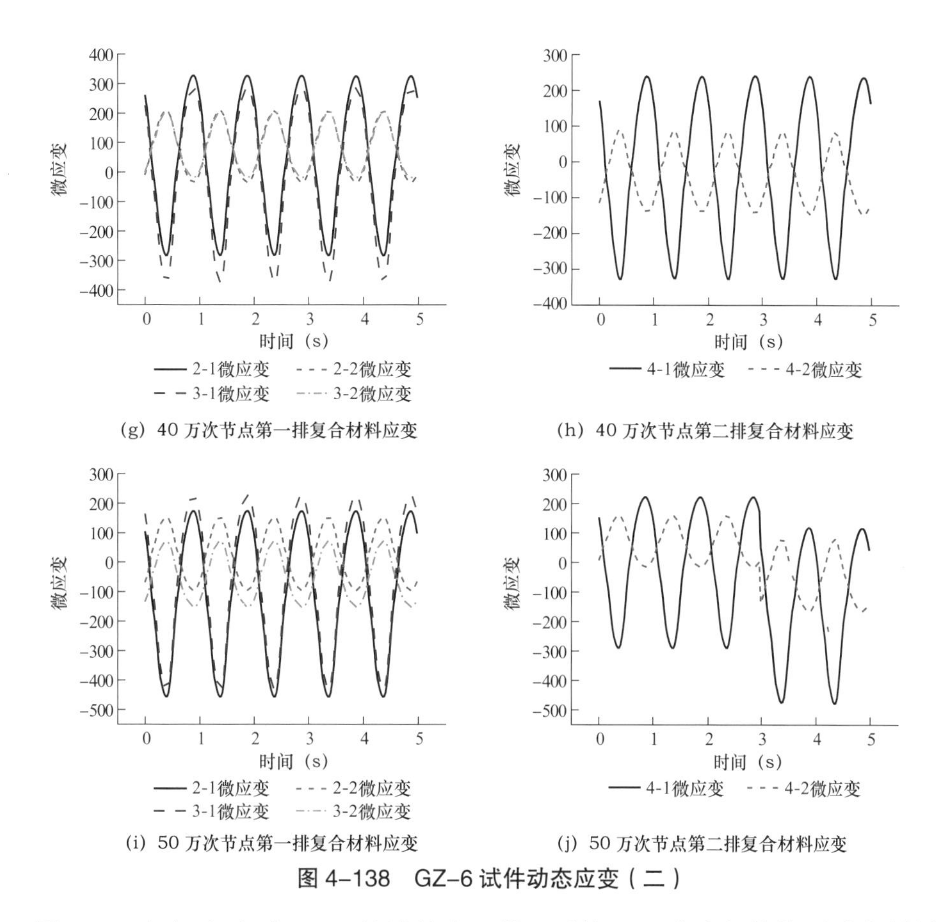

(g) 40 万次节点第一排复合材料应变　(h) 40 万次节点第二排复合材料应变

(i) 50 万次节点第一排复合材料应变　(j) 50 万次节点第二排复合材料应变

图 4–138　GZ–6 试件动态应变（二）

图 4–139（g)、(h）为 DZ–9 长试件在工况 6 下的 3500 次大幅值拉压对称低周疲劳荷载动态应变记录结果，通过各测点应变数据发现，在 3500 次疲劳加载过程中，试件复合材料相应测点的应变变化无明显波动，复合材料第一排纵向受压应变绝对值最大值约为 1500με，纵向受拉应变最大值最大值约为 1250με，环向应变拉应变较大压应变较小，环向应变绝对值最大值约为 800με；复合材料第二排应变值由压应变为主导逐渐变为拉压应变呈对称状态，纵向受压应变绝对值最大值由 2250με 变化为 1250με，拉压应变的相对变形值约为 2300με，环向应变变动较小，其拉压应变的相对变形值约为 1000με，对比复合材料横担试件极限承载力试验应变数据上述疲劳应变数据仍较小，说明在工况 6 大幅值拉压低周疲劳荷载作用下试件仍处于较稳定的弹性工作状态。验证了玻璃钢纤维复合材料横担长试件在 5 倍工况 1 荷载上限和 21.9 倍荷载下限的工况 5 下的低周疲劳性能，满足设计安全富裕度要求，试件可靠性非常高。此外，对 DZ–1 试件至 DZ–9 试件的低周疲劳动态应变的分析，各工况下玻璃钢纤维复合材料横担试件关键截面处复合材料应变随着荷载工况的加大而增加，但是随着试验进行并无明显的应变数值增大现象，试件无明显的疲劳损伤累积导致的变形突增现象。

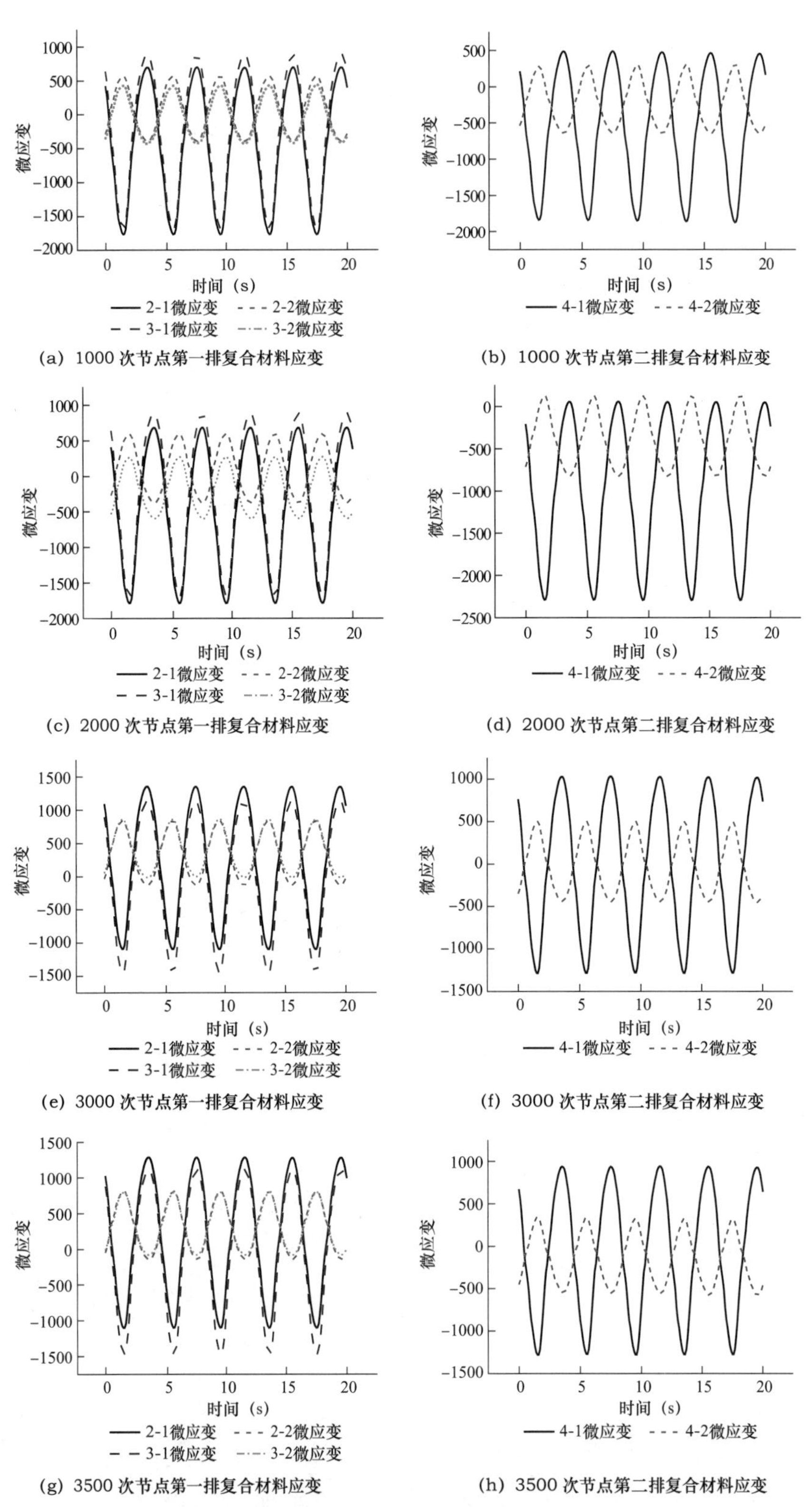

(a) 1000 次节点第一排复合材料应变

(b) 1000 次节点第二排复合材料应变

(c) 2000 次节点第一排复合材料应变

(d) 2000 次节点第二排复合材料应变

(e) 3000 次节点第一排复合材料应变

(f) 3000 次节点第二排复合材料应变

(g) 3500 次节点第一排复合材料应变

(h) 3500 次节点第二排复合材料应变

图 4-139　DZ-9 试件动态应变

4.5.4.4 剩余极限承载力分析

对高周疲劳试验所有试件进行剩余极限承载力试验，从最大设计安全富裕度考虑对低周疲劳 DZ-8 和 DZ-9 试件测定剩余极限承载力，各试件的剩余极限承载力荷载—位移曲线如图 4-140 所示。

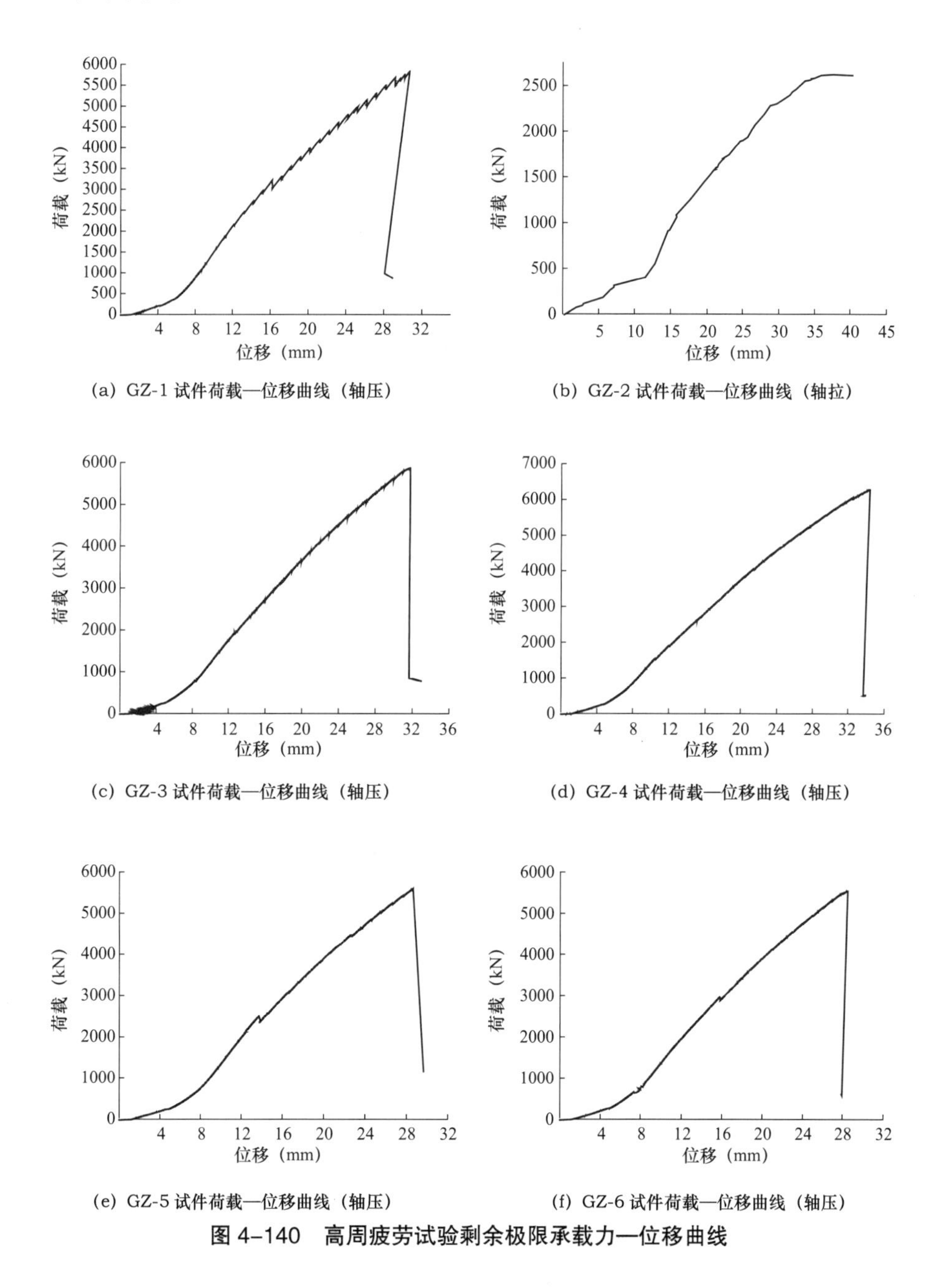

(a) GZ-1 试件荷载—位移曲线（轴压）

(b) GZ-2 试件荷载—位移曲线（轴拉）

(c) GZ-3 试件荷载—位移曲线（轴压）

(d) GZ-4 试件荷载—位移曲线（轴压）

(e) GZ-5 试件荷载—位移曲线（轴压）

(f) GZ-6 试件荷载—位移曲线（轴压）

图 4-140 高周疲劳试验剩余极限承载力—位移曲线

所有试件疲劳后极限承载力试验结束后，其中针对 GZ-1、GZ-3、GZ-4、GZ-5

和 GZ-6 的疲劳后极限轴压承载力统计均值为 5845.6kN，相比前期进行的复合横担试件轴压极限承载力统计均值为 6472kN，疲劳后轴压极限承载力均值较纯轴压极限承载力均值降低程度达 9.68%。统计各试件疲劳后极限承载力见表 4-30。

表 4-30　　高周疲劳试件剩余极限承载力统计

试件编号	荷载工况	施加次数	极限承载力试验类型	疲劳后承载力（kN）
GZ-1	1	50 万次	轴压	5850
GZ-2	1	50 万次	轴拉	2630
GZ-3	2	50 万次	轴压	5891
GZ-4	3	50 万次	轴压	6304
GZ-5	4	50 万次	轴压	5617
GZ-6	5	50 万次	轴压	5566

通过上表疲劳后极限承载力数据并对前期进行的复合横担构件极限承载力试验研究结果，发现在经历 50 万次疲劳荷载后各工况下试件的极限承载力产生了不同程度的减小，工况 5 下 GZ-6 试件的疲劳后承载力降低程度最大，达 14.00%，说明 50 万次疲劳荷载对其复合材料横担在一定程度上产生了明显损伤退化现象。

低周疲劳试验 DZ-8 和 DZ-9 试件的疲劳后剩余极限承载力—位移曲线如图 4-141 所示。

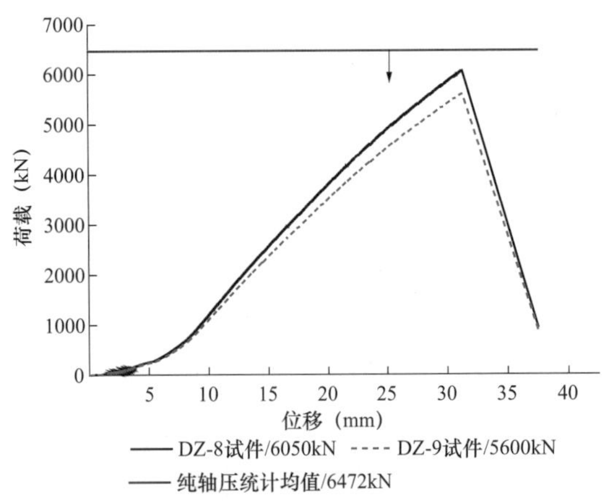

图 4-141　低周疲劳试验剩余极限承载力—位移曲线

DZ-8 和 DZ-9 的疲劳后极限轴压承载力统计均值为 5825kN，相比前期进行的复合横担试件轴压极限承载力统计均值为 6472kN，低周疲劳后轴压极限承载力均值较纯轴压极限承载力均值降低程度达 10.00%，其中工况 6 下 DZ-9 试件的疲劳后承载力降低程度最大，达 13.47%，说明 3500 次低周疲劳荷载对其复合材料横担在一定程度上产生了明显损伤退化现象。

4.5.5 基于剩余强度理论的疲劳寿命预测

国内外众多学者针对复合材料疲劳问题进行了不同程度的研究，如 Hashin、Talreja、Yang 和 Yao 等人在复合材料疲劳的损伤模式、疲劳力学行为、剩余强度和疲劳寿命预测等方面做出了奠基性工作并取得一定的研究成果，但复合材料疲劳性能研究多集中于材料层次和缩尺构件，尤其是累积损伤评价和疲劳寿命预测模型多集中于材料层次。尚未有关于足尺构件层次的钢套管连接复合材料横担构件高周疲劳性能试验研究，因此有必要考虑尺寸效应对复合材料缺陷的影响进行足尺钢套管连接复合材料横担构件的疲劳性能试验研究，为玻璃钢纤维复合材料构件应用于特高压输电塔提供一定的设计参考依据。

疲劳加载下纤维复合材料的剩余强度是复合材料的重要性能之一，它常常是疲劳寿命预测的基础，复合材料在疲劳加载过程中由于各种各样损伤的出现而使其强度退化，这种退化综合地反应了材料中的损伤程度。本节在疲劳试验结束后对尚未发生明显破坏的试件进行极限承载力试验研究基础上，基于剩余强度理论对钢套管连接复合材料横担构件进行疲劳寿命预测。

目前，国内外基于剩余强度理论的常用疲劳寿命预测模型如下：

Halpin 等人假设剩余强度 $R(n)$ 是疲劳循环次数 n 的单调递减函数，且剩余强度的变化可由幂律增长方程近似表示

$$\frac{\mathrm{d}R(n)}{\mathrm{d}n}=\frac{-A(\sigma)}{m[R(n)]^{m-1}} \tag{4-12}$$

式中：$A(\sigma)$ 是最大循环应力 σ 的函数；m 是常量。

J. N. Yang 等人认为剩余强度下降率与应力幅 S、应力比 r 及当前剩余强度 $R(n)$ 有关，得到

$$R^{v}(n)=R^{v}(0)-\frac{R^{v}(0)-\sigma^{v}}{R^{c}(0)-\sigma^{c}}KS^{b}n \tag{4-13}$$

式中：R 是剩余强度；n 是疲劳循环次数；σ 是最大循环应力；v 是参数。

另外，$c=\alpha/\alpha_f$ 是极限强度形状参数与疲劳寿命形状参数的比值，$N=1/KS^b$ 是疲劳寿命的特征 S–N 曲线，其中 K 和 b 是常量，S 是应力范围。

在 GFRP 试验观测的基础上，Broutman 和 Sahu 等人认为剩余强度的衰减与寿命成线性关系

$$\frac{\mathrm{d}R(n)}{\mathrm{d}n}=\frac{R(0)-\sigma_{\max}}{N} \tag{4-14}$$

式中：R 是剩余强度；n 是疲劳循环次数；$\sigma_{\max}$ 是最大循环应力；N 是疲劳寿命。

Hashin 认为 FRP 层合板在恒定应力振幅疲劳荷载的作用下，剩余强度与应力，应力比、疲劳循环次数有关。当应力比为常数时，假定剩余强度的衰减速率为

$$\frac{\mathrm{d}R(n)}{\mathrm{d}n}=-\frac{g[\sigma,R(0)]}{\alpha\sigma^{\alpha-1}} \tag{4-15}$$

式中：$R(n)$ 表示剩余强度；σ 表示应力；n 表示为疲劳循环次数；α 是经验参数。

Schaff 和 Davidson 做了广泛的理论和实验研究工作，提出以下所述的剩余强度模型

$$R(n)=R_0-\left(R_0-S_{\mathrm{p}}\right)\left(\frac{n}{N}\right)^{v} \tag{4-16}$$

式中：R 是剩余强度，S_P 是荷载的峰值应力，v 是参数。当 v=1 时相当于线性的强度衰减，当 v>时会发生猝死行为，当 v<1 时强度会发生快速的初始损失。

该模型首先应用于疲劳加载双应力振幅。因为在应力水平 S_2 下，强度的下降依赖于处于持续应力水平 S_1 条件下材料的疲劳循环次数 n_1，同时还应该考虑到（S_1，n_1）所起的作用。定义有效疲劳循环次数为 n_{eff}，例如（S_1，n_1）所造成同样的强度下降即可定义为（S_2，n_{eff}）。

Yao 等根据复合材料疲劳损伤发展的一般规律和大量的 FRP 剩余强度的试验结果，认为 FRP 在疲劳荷载下的剩余强度行为可表示为

$$R(n)=R(0)-[R(0)-S_{\max}]f(n/N) \tag{4-17}$$

式中：α、β 为疲劳荷载的峰值，N 为疲劳寿命。在受拉伸疲劳荷载作用时，函数 $f(n/N)$ 为

$$f(n/N)=\frac{\sin(\beta x)\cos(\beta-\alpha)}{\sin\beta\cos(\beta x-\alpha)} \tag{4-18}$$

式中：α、β 为材料常数，在没有试验数据的情况下，推荐 β=5π/6，α=0.5β 复合材料受压缩疲劳荷载作用时的剩余强度为

$$f(n/N)=\left(\frac{n}{N}\right)^{v} \tag{4-19}$$

通常情况下 FRP 材料层合板的压缩破坏是屈曲造成的，v 一般小于 1，等于 1 则说明受压荷载作用下 FRP 层合板退化损伤为线性关系。

此外，复合材料在承受疲劳荷载时经常伴随着不断增加且遍及整个试件的损伤，不像在金属材料中那样能观察到明显的单一裂纹。纤维增强复合材料损伤的主要形式有：纤维—基体脱胶、劈裂、纤维断裂、基体裂纹、分层等。这些损伤形式的任何组合都是可能导致降低疲劳强度和刚度的主要原因，它们与材料性能、铺层顺序以及疲劳加载类型等因素直接相关。为了定量分析疲劳试验结束后试件的累积损伤，基于宏观唯象上玻璃钢纤维复合材料横担试件强度衰减的程度，采用 Yao 等提出的累积损伤值计算模型，即认为一次循环荷载造成的损伤 ΔD 正比于这次加载造成的剩余强度的下降，见式（4–20）

$$\Delta D = A[R(n-1) - R(n)] \tag{4–20}$$

式中：A 是比例常数，假定临界损伤值 $D_{cr}=1$，则 $A = \dfrac{1}{R(0) - R(N_f)} = \dfrac{1}{R(0) - S}$。

对于常幅加载，n 次循环造成的损伤 D 为

$$D(n) = A\sum_{i=1}^{n}[R(i-1) - R(i)] = A[R(0) - R(n)] = \frac{R(0) - R(n)}{R(0) - S} \tag{4–21}$$

通过式（4–21）可以看出，Yao 提出的宏观唯象累积损伤值计算模型简单直观，并且考虑了疲劳加载应力幅值的影响，物理意义明确，与常用的基于剩余强度的直观分析方法有所改进，推荐累积损伤值的计算采用 Yao 模型。

综上所述，Yao 等提出的基于剩余强度理论的疲劳寿命预测模型和累积损伤计算模型由于参数少，试验数据验证多，准确度较高且使用简便，所以本次疲劳试验采用其模型对钢套管连接复合材料横担构件进行疲劳寿命预测，综合疲劳试验及极限承载力试验结果分析试件受压强度退化并非严格为线性关系，故在进行疲劳寿命预测时保守起见取 v 为 0.95 的经验系数。在进行疲劳寿命预测之前首先对 Yao 模型的累积损伤值进行计算并与基于剩余强度的直观分析结果对比，验证累积损伤模型的准确性并为疲劳寿命预测提供参考依据。

图 4–142 为 5 个工况下复合横担试件累积损伤值两种计算方法的计算比较（由于工况 1 下 GZ–2 试件疲劳后剩余极限承载力离散性较大未计入其中），可见基于理论推导的 Yao 模型与直观分析法计算的累积损伤值比较接近，直观分析法略显保守，主要是直观分析法未考虑不同疲劳应力幅值对承载力降低的影响，由此可见基于材料层次推导的累积损伤 Yao 模型能较好的应用于构件层次的累积损伤值的计算，也为后续疲劳寿命预测提供了依据；上图表明随着工况荷载值的增大试件的累积损伤程度大体呈增大趋势，工况 3 下 GZ–4 试件由于材料离散性有所偏差。

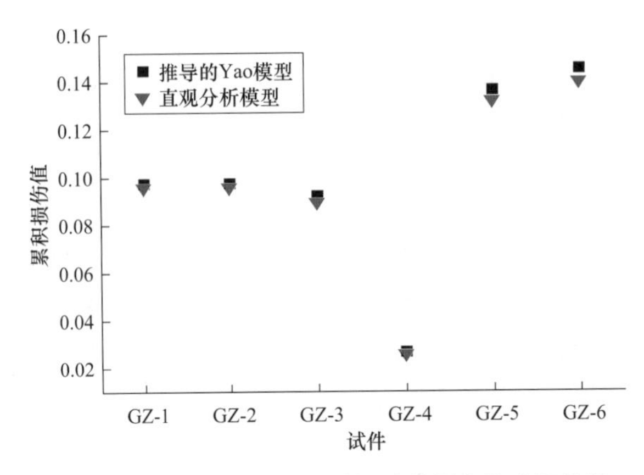

图 4–142　高周疲劳各工况下试件损伤值验证比较

综合各试件疲劳后极限承载力结果，发现 GZ–2 试件比前期进行的相应的同批次钢套管连接复合材料横担构件极限承载力平均值偏大，考虑到复合材料各向异性引起的离散型，为便于保守估计及设计安全余裕度方面考虑对其损伤值不进行计算而采用同工况下 GZ–1 试件的累积损伤值，而其疲劳寿命的预测考虑了其试验结果基于 GZ–1 试件预测结果进行相应调整，表 4–31 为各试件的累积损伤值计算结果，推荐采用 Yao 模型计算累积损伤值。

表 4–31　　高周疲劳试验累积损伤值计算结果

试件编号	工况	Yao 模型累积损伤值	直观分析法累积损伤值
GZ–1	1	0.09758	0.09611
GZ–2	1	0.09758	0.09611
GZ–3	2	0.09232	0.08977
GZ–4	3	0.02670	0.02596
GZ–5	4	0.13632	0.13211
GZ–6	5	0.14515	0.13999

表 4–32 为基于剩余强度理论的 Yao 疲劳寿命预测模型对高周疲劳试验中各试件的疲劳寿命预测结果，其中将疲劳后极限承载力均值作为添加试件 JZ–7 进行最不利工况疲劳寿命预测。

表 4–32　　高周疲劳寿命预测

试件编号	实际加载次数	工况	疲劳荷载上下限（kN）	疲劳寿命预测次数
GZ–1	500000	1	$P_{max}=97.88$　$P_{min}=43.63$	5791500
GZ–2	500000	1	$P_{max}=97.88$　$P_{min}=43.63$	6370650

续表

试件编号	实际加载次数	工况	疲劳荷载上下限（kN）	疲劳寿命预测次数
GZ-3	500000	2	P_{max} = 178.98　P_{min} = −40.96	6139200
GZ-4	500000	3	P_{max} = 178.98　P_{min} = −178.98	22664000
GZ-5	500000	4	P_{max} = 200.00　P_{min} = −200.00	4073400
GZ-6	500000	5	P_{max} = 230.00　P_{min} = −230.00	3813100
JZ-7	500000	5	P_{max} = 230.00　P_{min} = −230.00	5623300

表 4–32 对各工况下钢套管连接复合材料横担构件进行了疲劳寿命预测，寿命预测结果显示大部分的数量级为 380 万次以上，而 GZ–4 试件疲劳寿命更高，这与其疲劳后极限承载力降低程度较小及试件生产离散性有关；对除 GZ–2 试件之外的其余 5 个试件求其疲劳后轴压极限承载力均值为 5845.6kN，作为 JZ–7 试件，以前期进行的纯轴压极限承载力均值 6472kN 为参考在最不利荷载工况 5 下进行疲劳寿命预测，结果显示其寿命仍达 5623300 次。

同理，对低周疲劳试验从最大设计安全富裕度角度出发，对 DZ–8 和 DZ–9 试件进行累积损伤计算与疲劳寿命预测，结果见表 4–33。

表 4–33　　低周疲劳试验累积损伤值计算及疲劳寿命预测结果

试件编号	实际加载次数	工况	疲劳荷载上下限（kN）	Yao 模型累积损伤值	直观分析法累积损伤值	疲劳寿命预测次数
DZ–8	3500	5	P_{max} = 720.00　P_{min} = −720.00	0.07337	0.06520	54738
DZ–9	3500	6	P_{max} =900.00　P_{min} = −900.00	0.15650	0.13473	24658
JZ–10	3500	6	P_{max} =900.00　P_{min} = −900.00	0.11612	0.09997	33759

如表 4–33 为低周疲劳试验相关试件累积损伤值及疲劳寿命预测结果，其中将低周疲劳后极限承载力均值作为添加试件 JZ–10 进行最不利工况 6 下疲劳寿命预测，低周疲劳试验结束后发现不利工况下构件的累积损伤值较小，在疲劳荷载上限 P_{max} 为工况 1 的 5 倍，疲劳荷载下限 P_{min} 为工况 1 的 21.95 倍的工况 6 下，玻璃钢纤维复合材料疲劳寿命保守预测仍达 24658 次；对 DZ–8 和 DZ–9 两个试件求其疲劳后轴压极限承载力均值为 5825kN，作为 JZ–10 试件，以前期进行的纯轴压极限承载力均值 6472kN 为参考在最不利荷载工况 6 下进行疲劳寿命预测，结果显示其寿命仍达 33759 次，说明此类钢套管连接复合材料横担试件仍具有较大的工程设计安全冗余度，满足实际工程对构件疲劳性能的要求。

5 ±660kV 复合材料杆塔研究

为推广复合材料在输电杆塔中的应用，依托 ±660kV 银川东换流站接地极线路工程，国家电网有限公司和中国电力工程顾问集团公司西北电力设计院有限公司设计了“格构式”复合塔。本章以玻璃钢纤维复合材料输电塔为研究对象，采用有限元分析软件 ANSYS，主要完成的工作有：建立复合杆塔整塔的精细有限元模型，考虑结构在施工荷载、风荷载与导线荷载等不同工况下，整塔的结构的受力特点和变形情况，对比整塔试验结果验证计算模型的准确性并分析主材、辅材各杆件的受力特点，为研究复合杆塔节点计算模型、节点试验等提供荷载边界条件和不利工况数据，为复合材料杆塔的设计及实际工程应用提供参考依据。

5.1 整塔结构有限元建模

5.1.1 整塔结构设计参数

整塔结构主要包括两部分，第一部分是塔腿部分，由 Q345 钢管与 Q235 的角钢组成；另一部分为塔身和横担部分，主要由玻璃钢纤维复合材料的拉杆与横杆以及圆管主材。图 5-1 是整塔尺寸图，在整塔方案后期的设计中拉杆由两根 FRP 的圆杆变为单根 FRP 的圆杆。

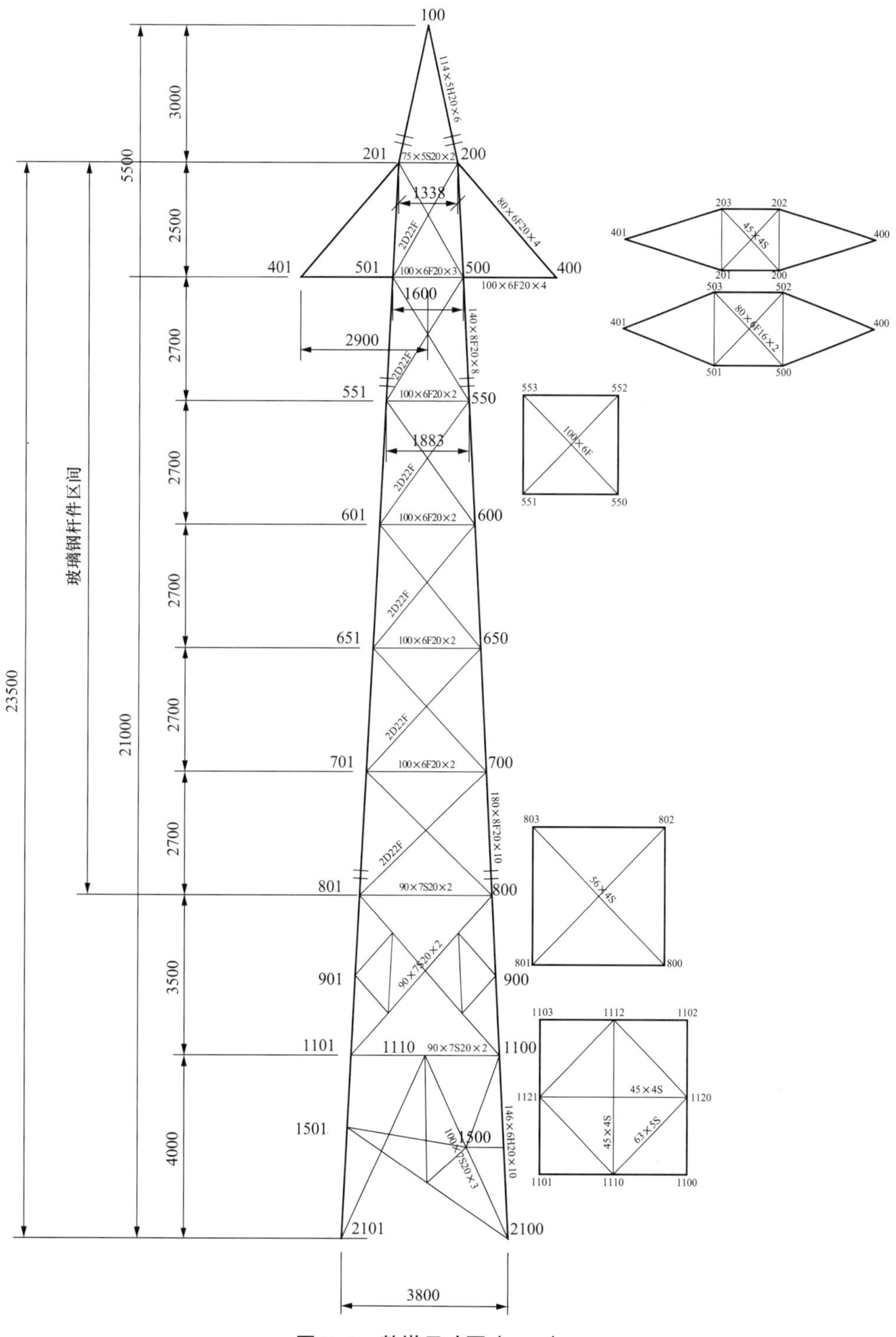
100
3000
114×5H20×6
5500
201
200
75×5S20×2
1338
80×6F20×4
2500
2D22F
401
501
500
400
100×6F20×3
100×6F20×4
2700
1600
140×8F20×8
2900
2D22F
551
100×6F20×2
550
2700
1883
2D22F
601
100×6F20×2
600
玻璃钢杆件区间
2700
2D22F
651
100×6F20×2
650
23500
21000
2700
2D22F
701
100×6F20×2
700
180×8F20×10
2700
2D22F
801
90×7S20×2
800
3500
901
90×7S20×2
900
1101
1110
90×7S20×2
1100
4000
1501
1500
100×7S20×3
146×6H20×10
2101
2100
3800
203
202
401
45×4S
400
201
200
503
502
401
80×6F16×2
400
501
500
553
552
100×6F
551
550
803
802
56×4S
801
800
1103
1112
1102
1121
45×4S
1120
45×4S
63×5S
1101
1110
1100

图 5-1 整塔尺寸图（mm）

5.1.2　整塔结构有限元模型

由于玻璃钢复合材料整塔结构属于典型的空间杆件结构，目前最成熟的方法是应用空间杆单元与梁单元建立有限元模型，进行非线性静力分析，整塔结构的有限元模型如图 5-2 所示。为了准确模拟各个杆件自身的特点和受力形式，主材和辅材采用可自定义任何截面形状的 Beam189 梁单元进行模拟，Beam189 单元适合于分析从细长到中等粗短的梁结构，该单元基于铁木辛柯梁结构理论，并考虑了剪切变形的影响，支持材料的弹性、蠕变和非线性大应变。根据实际情况主材的截面形式设置为钢管形状，辅材设置为角钢截面形式。由于辅助材主要通过单螺栓与主材和辅材相连，属于铰接，在模型中要用杆单元 Link8 单元模拟（见图 5-3 和图 5-4）。整个模型中共有 10137 个节点和 6590 个单元。

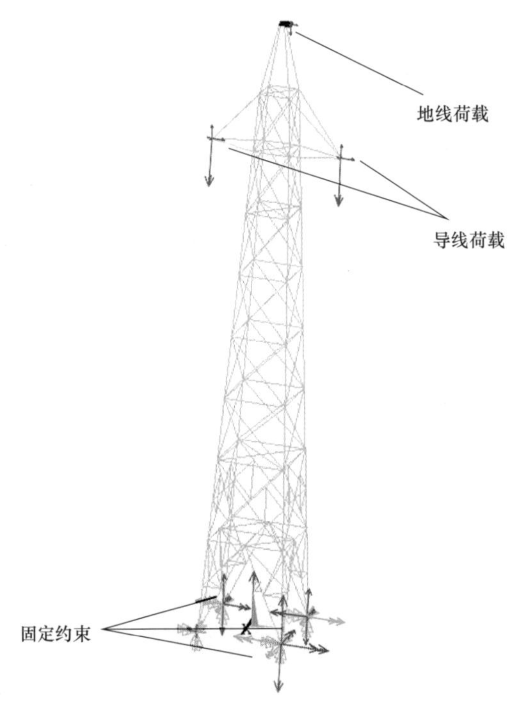

图 5-2　整塔结构的有限元模型

材料特性：主材和拉杆为玻璃钢纤维复合材料，材料特性为正交各向异性材料，纤维方向的材料采用试验测量结果（见表 5-1 和表 5-2）。角钢材料主要为 Q345 和 Q235 材料，取弹性模量为 2.06E+llPa，取泊松比为 0.3。在整塔的计算中，由于只能采用杆梁混合单元，因此还无法考虑玻璃钢复合材料正交各向异性的材料特性，因此在材料输入时只需输入顺纹的材料参数。

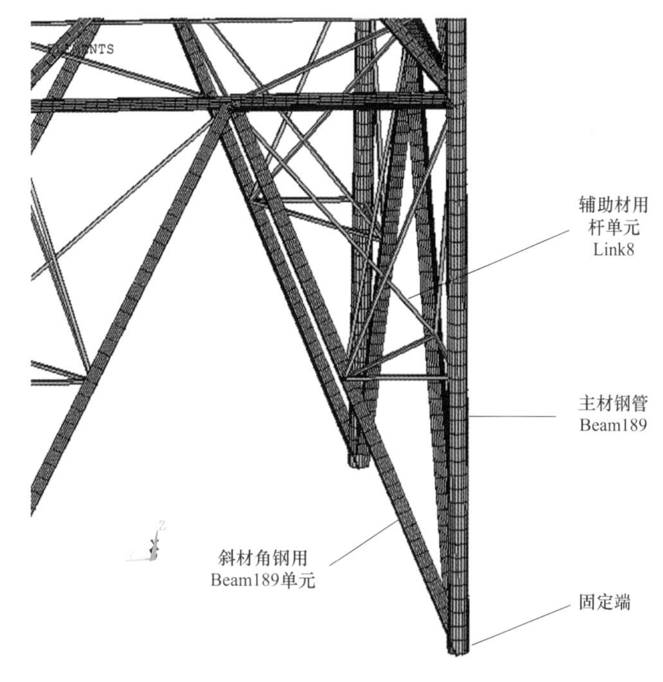

图 5-3 塔腿的局部网格

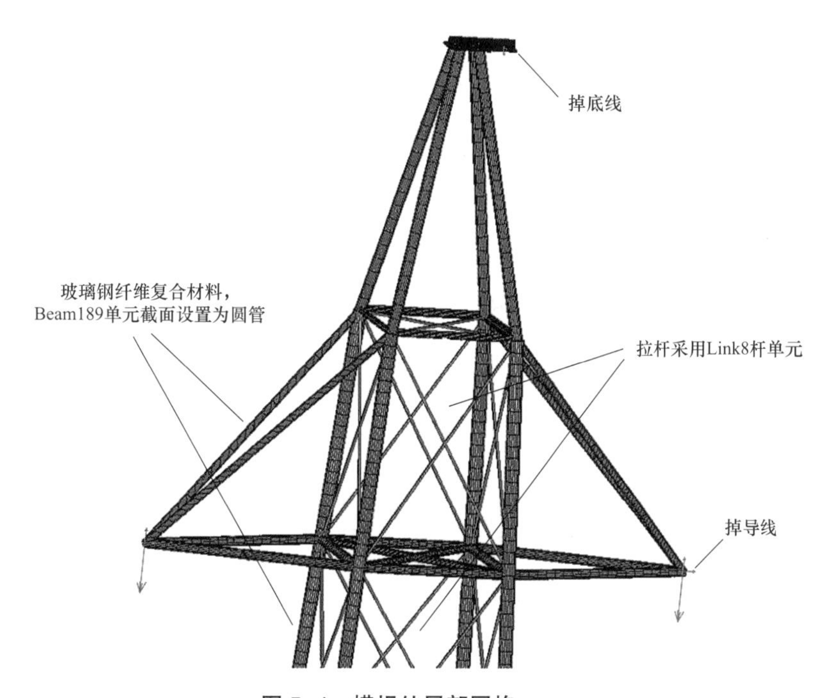

图 5-4 横担处局部网格

表 5-1　主材材料弹性模量和泊松比（顺纹）

试件编号	JB-1	JB-3	JB-4	JB-6	JB-8
弹性模量（GPa）	44.733	46.579	45.179	45.649	43.386
泊松比	0.287	0.299	0.296	0.2929	0.258
平均弹性模量（GPa）	45.105				
平均泊松比	0.287				

表 5-2　拉杆材料弹性模量和泊松比（顺纹）

试件编号	LB-1	LB-2	LB-5	LB-6	LB-7
弹性模量（GPa）	46.905	41.513	46.684	45.469	42.617
泊松比	0.266	0.287	0.2647	0.293	0.294
平均弹性模量（GPa）	44.638				
平均泊松比	0.281				

边界条件与荷载施加：在约束方面主要是塔腿通过地锚螺栓与地面固定，在有限元中处理成固定端。而荷载主要有两部分，一部分是导线荷载，该荷载为集中力直接各对应位置的挂点处；另一部分为塔身承受的风荷载，按《架空送电线路杆塔结构设计技术规定》中规定的关于输电塔各个杆件承受压力进行计算，即按式（5-1）和式（5-2）计算，再根据不同的风荷载工况下不同风向角下塔身和水平横担的荷载分配关系（文献《架空送电线路杆塔结构设计技术规定》中表 5.1.3）对各个单元施加风荷载。

$$W_0=V^2/1600 \tag{5-1}$$

$$W_s=W_0\cdot\mu_z\cdot\mu_s\cdot\beta_z\cdot A_f \tag{5-2}$$

式中：V表示塔身设计风速；μ_z表示风压高度系数，本文按B类即田野、乡村、丛林、丘陵以及房屋比较稀疏的中、小城镇和大城市郊区的系数取；μ_s表示构件的体型系数，本文中圆管取 0.7、角钢取 1.3；A_f表示构件承受风压投影面积计算值。

5.2　真型塔试验验证

为验证计算结果的准确性，确保该电压等级下复合材料杆塔设计安全可靠，对该塔型进行了真型塔试验，下面将获得的试验结果与计算分析结果对比，进行分析。

图 5-5 为 FGE 复合塔设计荷载位置，而图 5-6 和图 5-7 分别为试验中位移测点和应变测点布置图。由于数据较多，本文只比较 100% 工况下的位移和应变值，大风 60° 工况对比的是 200% 工况。

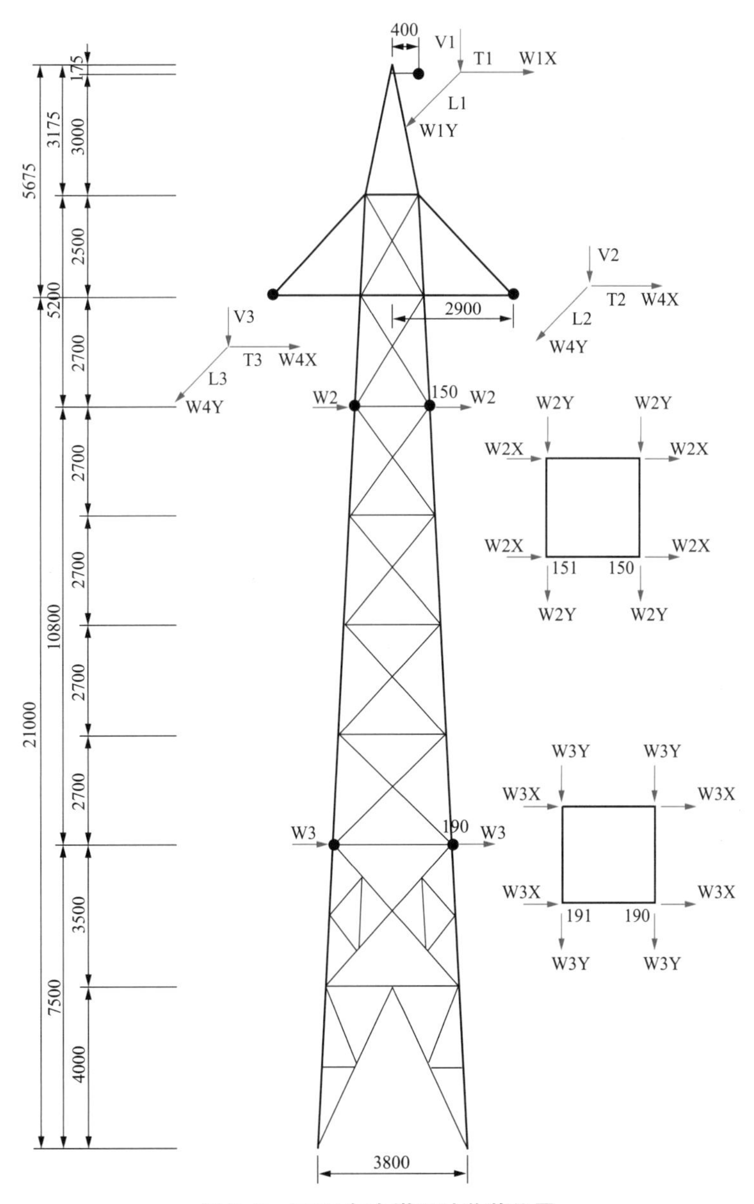

图 5-5　FGE 复合塔设计荷载位置

有限元计算可以提取杆件的轴向应变，因此我们主要通过计算轴向平均值与试验中四个测点应变值和试验的平均值进行比较，以了解试验与计算受力特点。

断右地线工况的位移对比见表 5-3，试验结果与计算结果符合较好：结构的最大位移在顶部位置，由于吊导线位置的导线拉力也较大，因此在第 6 和第 7 测点位

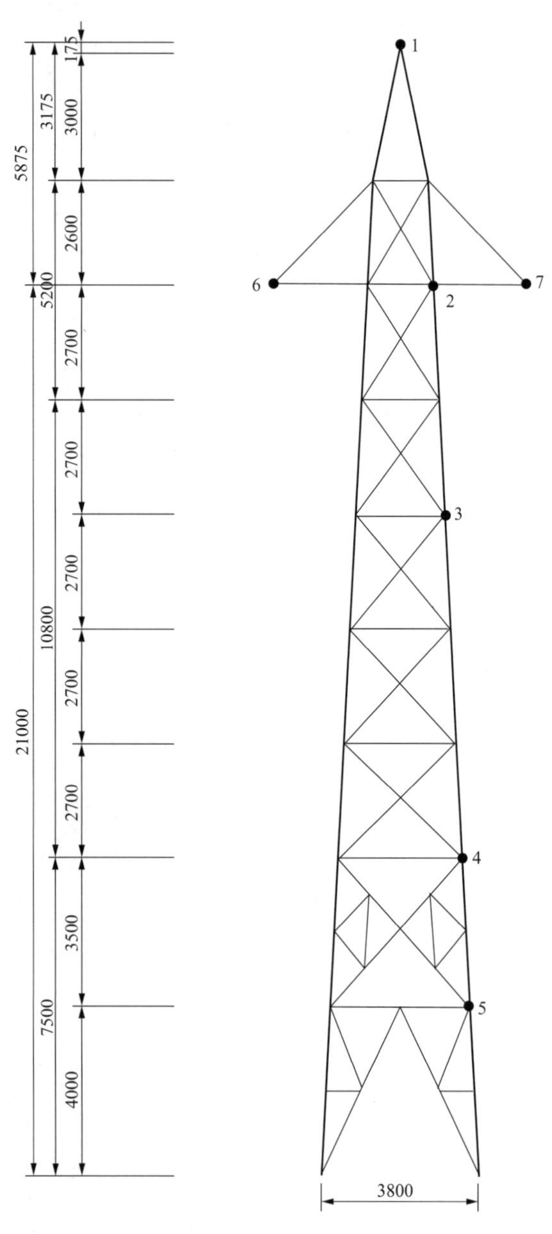

图 5-6　FGE 复合塔位移测点布置图

移也比较大，整塔上部分位移较大。断右地线工况的应变对比见表 5-4，试验结果与计算结果基本一致。从试验结果中我们还可以知道，结构在位置 1~6 中，同一位置各个测点的应变变化较大，说明结构在横担位置弯矩较大，而根部位置 7~9 中同一位置的应变变化范围较小，说明塔腿部位弯矩较小。

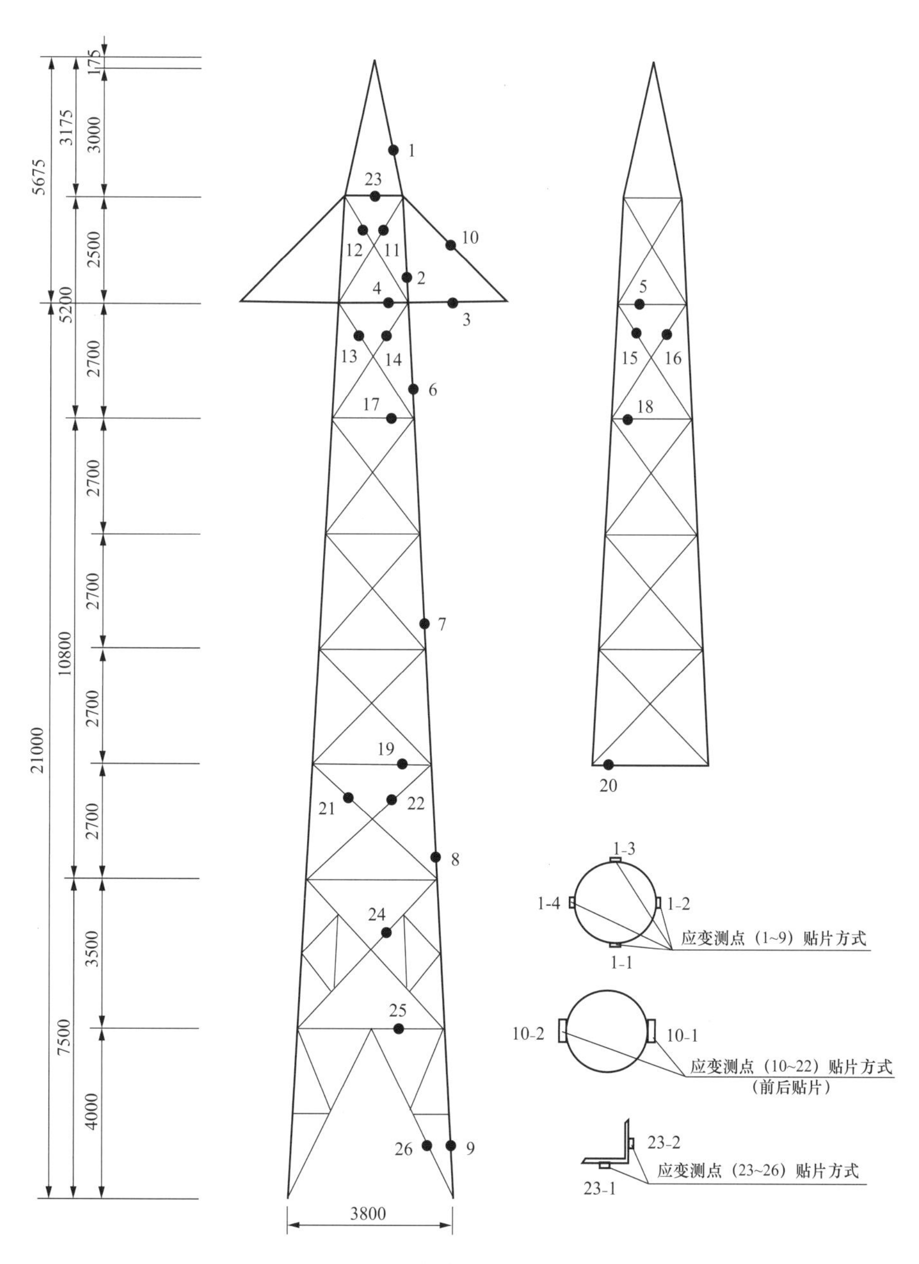

图 5-7　FGE 复合塔应变测点布置图

表 5-3　　断右地线工况的位移对比　　(mm)

测点	有限元分析			试验分析		
	x	y	z	x	y	z
1	-0.091	112.83	-3.351	-9	104	-8
2	-2.77	65.69	-8.26	-7	58	-10
3	-0.75	30.12	-6.47	-1	14	-7
4	0.06	3.16	-1.907	1	1	-6
5	0.063	0.44	-1.14	2	3	0
6	1.28	58.68	-7.38	-7	55	-6
7	-0.97	70.16	-7.57	-4	75	-8

表 5-4　　断右地线工况的微应变对比（一个位置四个测点）

位置	测点 A	测点 B	测点 C	测点 D	四个测点平均值	计算平均值（轴向）
1	40	55	-143	-284	-83	-69.23
2	-741	-825	-681	-544	-697.75	-613.19
3	-560	-437	-484	-523	-501	-591.45
4	-275	-462	-401	-156	-323.5	-245.59
5	85	47	96	152	95	179.1
6	-922	-825	-742	-916	-851.25	-699.85
7	-741	-593	-603	-676	-653.25	-684.97
8	-722	-740	-693	-702	-714.25	-775.86
9	-163	-128	-200	-233	-181	-292.86

断右导线工况的位移对比见表 5-5，试验结果与计算结果符合也较好：横担右端因断右线受力较大，发生较大转动，总体计算误差较小。在应变方面（见表 5-6），试验结果与计算结果也基本一致：在右边横担位置 3 应变比较大，该工况中弯矩最大的是测点 3 所在的位置。在位移和应变方面两者非常吻合。

表 5-5　　断右导线工况的位移对比　　(mm)

测点	有限元分析			试验分析		
	x	y	z	x	y	z
1	1.40	66.57	-3.49	-7	71	-11
2	-24.82	75.5	-5.42	-35	83	-12
3	-13.27	38.87	-4.85	-15	32	-2
4	-0.94	3.78	-1.6	1	4	3

续表

测点	有限元分析			试验分析		
	x	*y*	*z*	*x*	*y*	*z*
5	−0.69	1.306	−0.966	−1	3	−2
6	1.93	−40.114	−6.044	−12	−41	−1
7	−0.363	146.16	−8.46	1	163	−16

表 5–6 断右导线工况的微应变对比（一个位置四个测点）

位置	测点 A	测点 B	测点 C	测点 D	四个测点平均值	计算平均值（轴向）
1	21	−9	−14	8	1.5	−14.93
2	−75	−297	−324	−56	−188	−209.14
3	−1084	−485	−1084	−1543	−1049	−1020.4
4	−618	−764	−877	−632	−722.75	−549.03
5	−44	−494	−110	141	−126.75	185.88
6	−841	−820	−786	−805	−813	−318.04
7	−550	−427	−670	−602	−562.25	−473.54
8	−578	−625	−675	−606	−621	−614.37
9	−136	−110	−195	−219	−165	−248.36

相对于其他工况，在锚右导线工况下（见表 5–7 和表 5–8），结构的位移很小，应力均值相对也较小。主要变形在 500 号节点附近，同时在受力上该位置的平均应力也较大，在位置 6 达到了 600 微应变，但是经过多个节间的杆件力的分配后，主材上的受力迅速减小，到位置 7 和 8 应变下降到 400 微应变左右。该工况在位移和应变方面两者比较吻合。

表 5–7 锚右导线工况的位移对比 （mm）

测点	有限元分析			试验分析		
	x	*y*	*z*	*x*	*y*	*z*
1	53	18.2	−2	44	12	−10
2	14.26	19.05	−5.92	11	12	−4
3	4	9	−4	−3	13	−1
4	−0.5	1	−1.09	−1	3	−4
5	−0.202	0.344	−0.655	−1	9	1
6	20.28	−7.48	17.90	15	−7	18
7	18.92	35	−27.48	12	21	−35

表 5-8　　锚右导线工况的微应变对比（一个位置四个测点）

位置	测点 A	测点 B	测点 C	测点 D	四个测点平均值	计算平均值（轴向）
1	21	-70	-67	29	-21.75	-16.15
2	-528	-950	-624	-207	-577.25	-418.71
3	-662	-155	-498	-877	-548	-581.31
4	-320	-271	-523	-479	-398.25	-222.53
5	160	142	112	226	160	234.53
6	-738	-656	-612	-731	-684.25	-573.31
7	-472	-348	-429	-487	-434	-452.6
8	-353	-394	-358	-336	-360.25	-458.74
9	-67	-73	-96	-87	-80.75	-164.96

在锚左导线工况下（见表 5-9 和表 5-10），结构的位移也很小，应力均值相对较小。横担受力较大，同时对应的横杆位置 4 应力也较大，而 FRP 主材的受力相对较小。该工况在位移和应变方面两者比较吻合。

表 5-9　　锚左导线工况的位移对比　　（mm）

测点	有限元分析			试验分析		
	x	y	z	x	y	z
1	5	30.56	-3.89	-2	12	-4
2	6.15	21.82	-4.53	0	7	-6
3	3.59	10.75	-3.70	1	-6	-4
4	0.451	1.180	-1.138	-1	5	0
5	0.183	0.223	-0.689	-1	0	-6
6	7.03	26.9	-9.07	-1	21	-10
7	-4	20.314	-8.56	-4	3	-15

表 5-10　　锚左导线工况的微应变对比（一个位置四个测点）

位置	测点 A	测点 B	测点 C	测点 D	四个测点平均值	计算平均值（轴向）
1	2	-19	-20	-13	-12.5	-12.75
2	-336	-224	-326	-336	-305.5	-228.06
3	-626	-349	-442	-634	-512.75	-518.98
4	-403	-462	-693	-531	-522.25	-433.68
5	147	226	162	204	184.75	200.33
6	-272	-353	-279	-240	-286	-275.98

续表

位置	测点 A	测点 B	测点 C	测点 D	四个测点平均值	计算平均值（轴向）
7	-248	-262	-237	-200	-236.75	-352.42
8	-279	-270	-273	-281	-275.75	-438.07
9	-58	-60	-89	-85	-73	-176.15

在覆冰工况（最大受弯）下（见表 5-11 和 5-12），试验的位移非常小，计算结果位移较大，由于试验中在节点连接上采用钢套筒与辅材拉杆相连，同时在挂导线位置采用的钢板连接，刚度很强，使得结构抗扭能力较强，挂导线位置转动的量较小，因此计算结果偏大。从应力（表 5-12）上看：计算结构与试验结果符合的较好，两者在各个位置的受力情况基本相同。

表 5-11　覆冰工况（最大受弯）位移的对比　（mm）

测点	有限元分析			试验分析		
	x	y	z	x	y	z
1	31.176	73.96	-3.11	8	60	-7
2	21.395	52.56	-6.71	4	49	-6
3	10.75	25.78	-6.18	4	7	-5
4	1.28	2.77	-2.063	-4	7	-4
5	0.30	0.532	-1.257	-2	8	-2
6	23.44	51.7	-2.036	3	47	-7
7	21	56.19	-11.624	6	44	-8

表 5-12　覆冰工况（最大受弯）的微应变对比（一个位置四个测点）

位置	测点 A	测点 B	测点 C	测点 D	四个测点平均值	计算平均值（轴向）
1	-13	-14	-41	-71	-34.75	-30.06
2	-353	-328	-355	-303	-334.75	-286.15
3	-701	-397	-481	-694	-568.25	-570.32
4	-431	-471	-654	-518	-518.5	-453.23
5	50	-21	27	117	43.25	154.91
6	-478	-529	-449	-450	-476.5	-422.96
7	-428	-399	-442	-412	-420.25	-620.36
8	-513	-531	-507	-505	-514	-802.62
9	-131	-138	-181	-161	-152.75	-322.84

大风工况中（见表 5–13 和表 5–14），计算的位移结果与试验结果非常吻合。结构的最大位移在顶部，吊导线位置的位移也比较大，整塔上部分位移较大。在应变方面，试验结果与计算结果基本一致：整塔结构中主材下部分受力较大，上部分受力较小，但是上部分同一位置不同测点的应变值差距较大，说明 500 号节点附近杆件的弯矩很大。

表 5–13　　60° 大风超载工况的位移对比　　（mm）

测点	有限元分析			试验分析		
	x	*y*	*z*	*x*	*y*	*z*
1	136.14	11.25	–4.538	118	4	–15
2	99.77	8.705	–9.17	98	5	–4
3	50	5.02	–8.74	30	5	–7
4	5.63	0.869	–3.03	10	0	–3
5	1.21	0.36	–1.880	3	–11	–11
6	102.244	8.39	8.36	97	–9	2
7	99.08	8.834	–29.009	97	15	–28

表 5–14　　60° 大风超载工况的微应变对比（一个位置四个测点）

位置	测点 A	测点 B	测点 C	测点 D	四个测点平均值	计算轴向应变值
1	5	–53	–93	–31	–43	–29.13
2	–552	–307	–370	–500	–432.25	–349.75
3	–714	–22117	–134	–472	–5859.3	–309.33
4	–498	–572	–943	–712	–681.25	–389.79
5	140	109	189	292	182.5	201.34
6	–543	–751	–775	–681	–687.5	–524.52
7	–772	–703	–664	–632	–692.75	–862.25
8	–919	–1026	–948	–894	–946.75	–1162.6
9	–335	–374	–317	–173	–299.75	–479.52

注　B3 与同一位置的其他测点应变片相比，该测点应变较大，判断该位置应变片损坏。

6 750kV 酒杯型复合材料杆塔研究

本章依托 750kV 酒杯型复合材料杆塔工程为背景，提出两种横担节点设计方案：方案一中部横担上侧采用 $\phi272\times18$ 复合材料圆管；方案二横担上侧采用 $\phi38$ 复合材料圆杆。基于设计工况，建立两种不同横担节点形式的酒杯型复合材料杆塔有限元模型，进行静力非线性分析，对比不同方案下酒杯型复合材料杆塔的力学性能，为复合材料横担更好的应用于该电压等级的输电塔提供设计参考。

6.1 酒杯型复合材料杆塔有限元建模

酒杯型复合材料杆塔结构高度为 51.1m，塔腿根开为 10.200m × 10.200m。其设计条件为：电压等级 750kV、呼称高 29m、导线 6 × LGJ–400/50、地线 JLB20A–150、基本风速 31m/s、覆冰厚度 10mm、水平档距 450m、垂直档距 700m。其结构设计图及有限元模型如图 6–1 和图 6–2 所示。

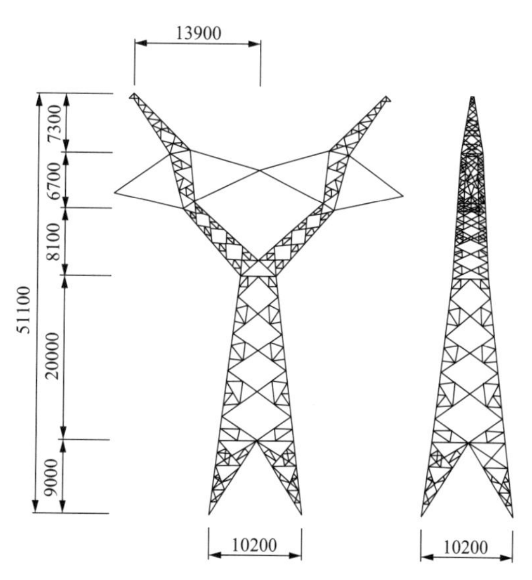

图 6–1 酒杯型复合材料杆塔结构设计图

有限元模型采用梁单元模拟塔中的杆件，考虑到螺栓连接作用在一定程度上限制了杆件间夹角的变化，造成杆件的弯曲，因此将节点设置成刚接。当横担上部采用复合材料圆杆时，由于圆杆的截面刚度小，承受的弯矩很小，为了简化计算，两端采用铰接模拟。主要材料参数取值见表 6–1。

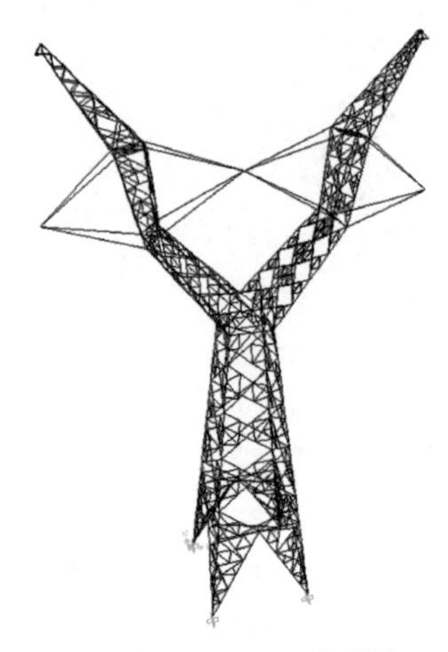

图 6–2　酒杯型复合材料杆塔有限元模型

表 6–1　主要材料参数取值

材料	弹性模量（N/mm²）	泊松比	密度（kg/m³）
Q420	2.06 × 1011	0.3	7850
Q345	2.06 × 1011	0.3	7850
Q235	2.06 × 1011	0.3	7850
FRP	4 × 1010	0.3	2001

此外，为了详细研究两种不同形式的横担节点受力状况，建立考虑两种不同形式横担节点的酒杯型复合材料杆塔多尺度有限元模型，如图 6–3 所示。

图 6–3　酒杯型复合材料杆塔多尺度有限元模型

多尺度有限元模型节点按照实体建模，其余主材、斜材和辅材等采用梁杆单元模拟，这样既能满足精度要求，又控制了计算量，解决不同单元的连接问题，保证了模型的整体性。

塔腿主材、塔头主材及横担杆

件编号分别如图 6–4~ 图 6–6 所示。定义 90° 大风顺风向横担结点依次为 1 号、2 号、3 号，横担从左向右记为 1–、2–、3–、4–；0° 大风顺风向横担为 1–1、2–1、3–1、4–1，背风向横担为 1–2、2–2、3–2、4–2。

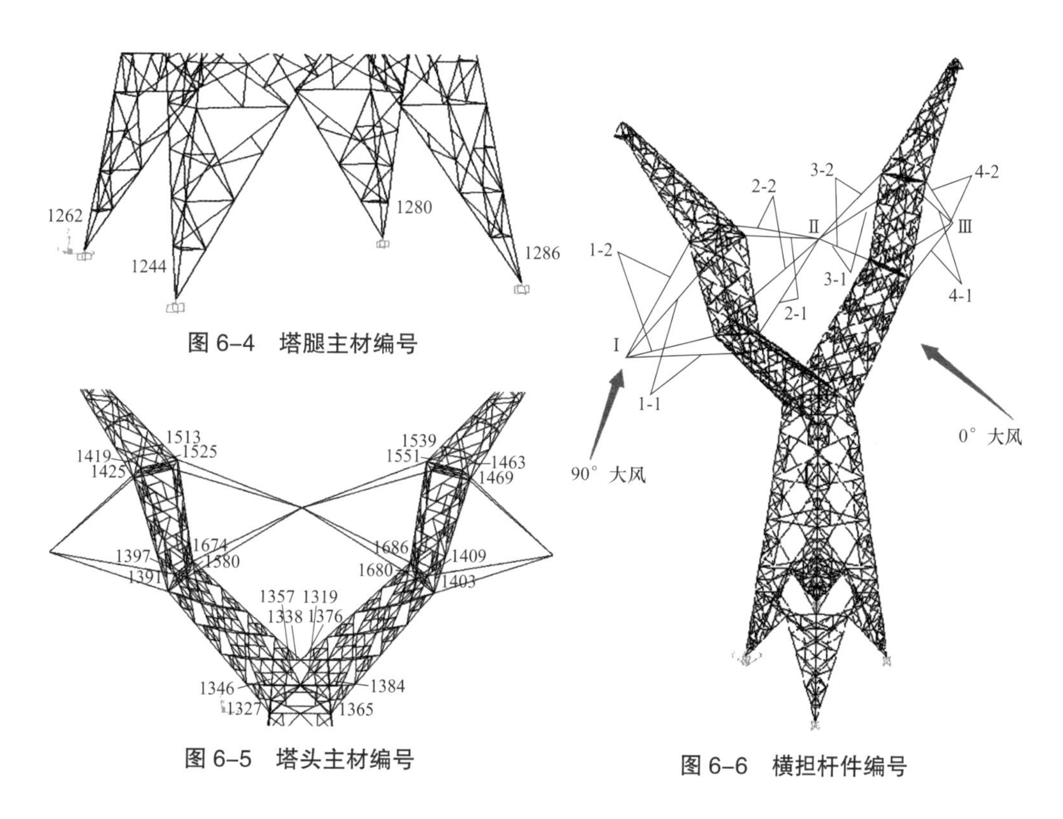

图 6–4　塔腿主材编号

图 6–5　塔头主材编号

图 6–6　横担杆件编号

6.2　酒杯塔模态分析

输电塔属于高耸结构，自振周期都比较大，一般要考虑由脉动风所引起的风振影响，在计算输电塔塔身风荷载时采用风振系数来考虑结构风振效应，风振系数按照 GB 5009—2012《建筑结构荷载规范》取值，而确定风振系数就需要先得出结构的第 1 自振周期及其振型。本酒杯型塔高达 51.1m，所以对本结构的自振特性的分析十分必要，求解中按无阻尼自由振动考虑，且认为结构处于线弹性阶段。计算取结构的前 3 阶自振频率和振型。

定义中部横担上侧杆件为复合材料管时为工况 a，横担上侧杆件为复合材料杆时为工况 b，铁塔的前 3 阶振型频率见表 6–2 和表 6–3，前 3 阶振型如图 6–7 和图 6–12 所示。

表 6–2　　管方案酒杯型塔的前 3 阶振型频率

阶数	频率（Hz）	周期（s）
1	1.8204	0.5493
2	1.9747	0.5064
3	2.4290	0.4117

表 6–3　　杆方案酒杯型塔的前 3 阶振型频率

阶数	频率（Hz）	周期（s）
1	2.0969	0.4769
2	2.2134	0.4518
3	2.8217	0.3544

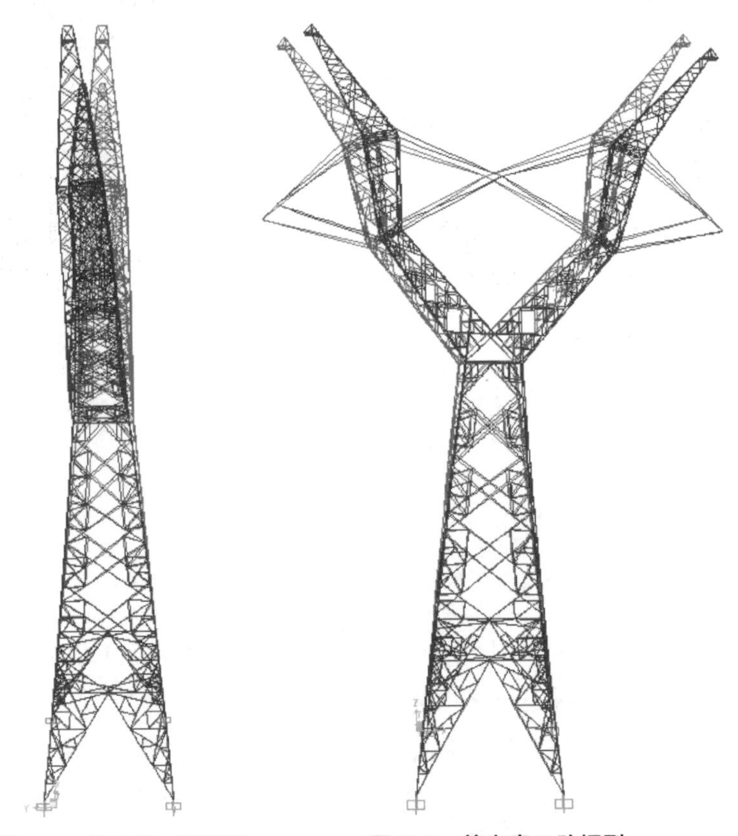

图 6–7　管方案 1 阶振型　　图 6–8　管方案 2 阶振型

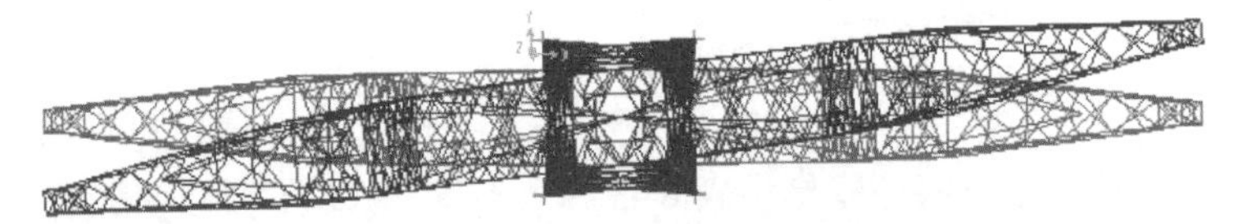

图 6–9　管方案 3 阶振型

管方案前三个周期分别为 0.5493、0.5064s 和 0.4117s。GB 50009—2019《建筑结构荷载规范》规定了塔架结构的一阶自振周期为：$T=（0.007\text{~}0.013）H$，其中 H 为塔架总高。按此公式，相应本塔计算得 1 阶自振周期范围为 0.3577~0.6643s，有限元计算值为 0.5064s，符合要求。

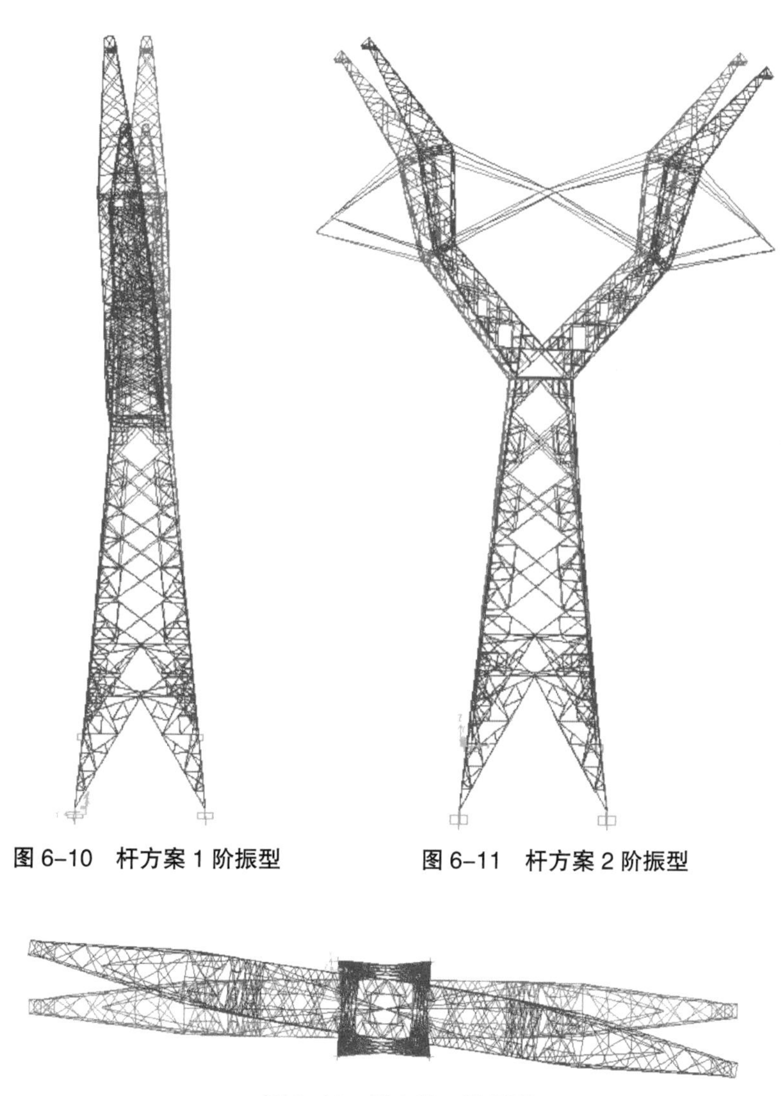

图 6-10　杆方案 1 阶振型

图 6-11　杆方案 2 阶振型

图 6-12　杆方案 3 阶振型

杆方案前三个周期分别为 0.4769、0.4518s 和 0.3544s，满足 GB 50009—2012《建筑结构荷载规范》的相关要求。

6.3 酒杯塔横担节点分析

基于多尺度模型的分析结果，由于分析工况较多，本节从相对不利的典型工况出发，对两种不同形式的节点分析结果进行说明。

6.3.1 大风 90° Z-max 工况

大风 90° Z-max 工况下两种节点的应力及应变云图如图 6-13~ 图 6-16 所示。

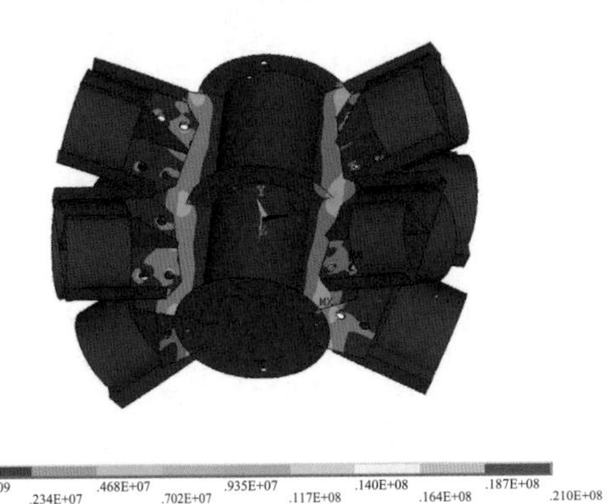

图 6-13 管方案节点应力云图

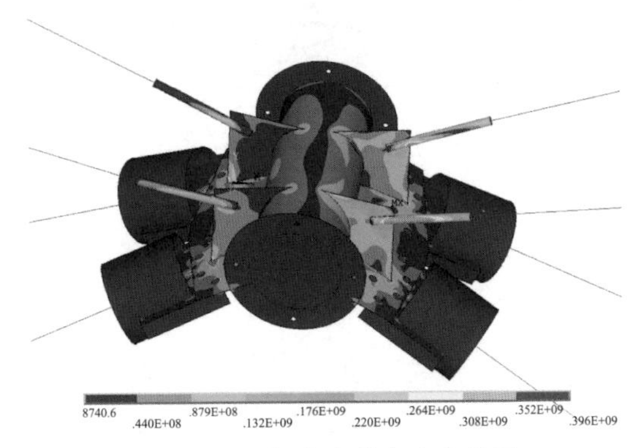

图 6-14 杆方案节点应力云图

图 6-15 管方案节点应变云图

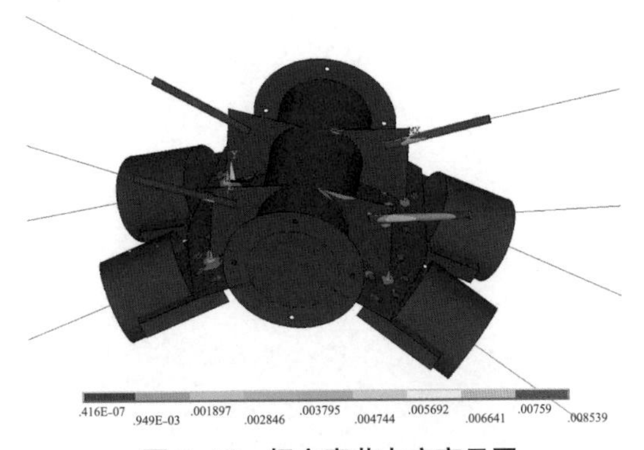

图 6-16 杆方案节点应变云图

可以看出，在该工况下，管方案节点最大应力约为 16MPa，出现在钢套管根部插板处，最大应变约为 8.6×10^{-5}；杆方案节点最大应力约为 320MPa，出现在钢套管和插板附近，最大应变为 6.4×10^{-3}。

6.3.2 覆冰工况

覆冰工况下两种节点的应力及应变云图如图 6-17~ 图 6-20 所示。

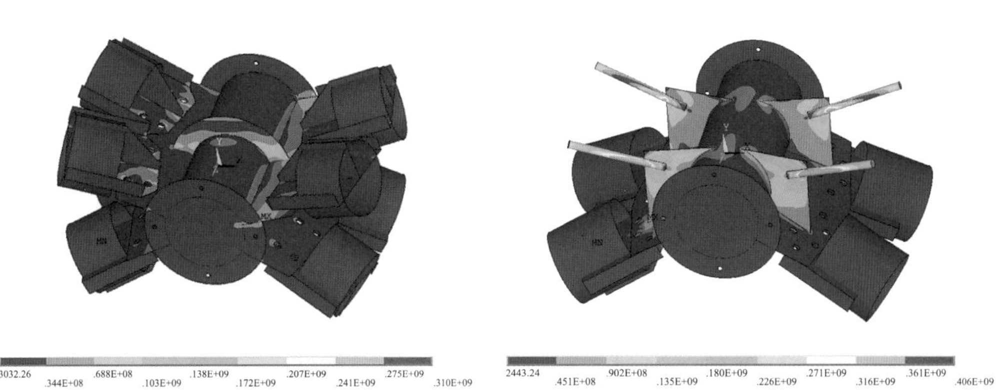

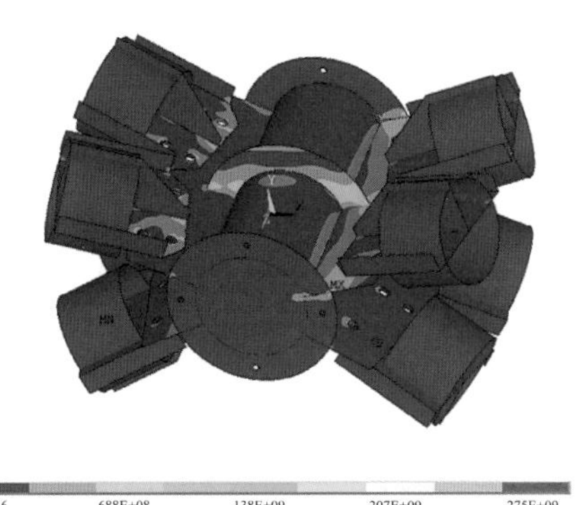

图 6–17　管方案节点应力云图　　　　图 6–18　杆方案节点应力云图

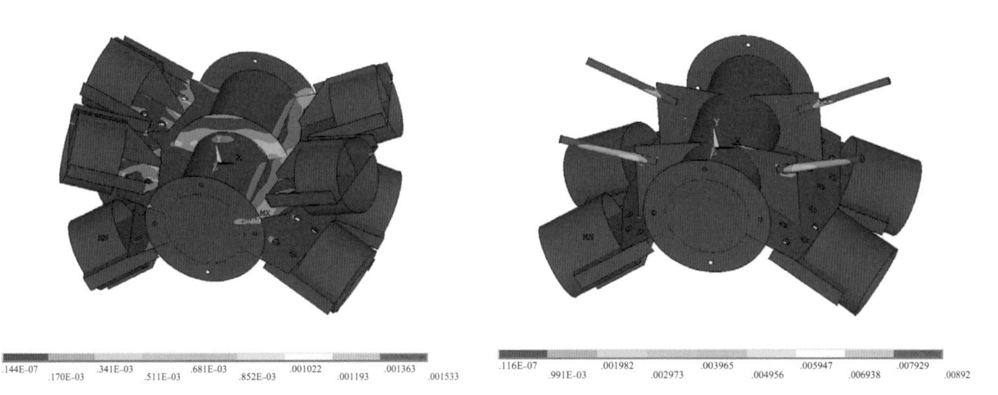

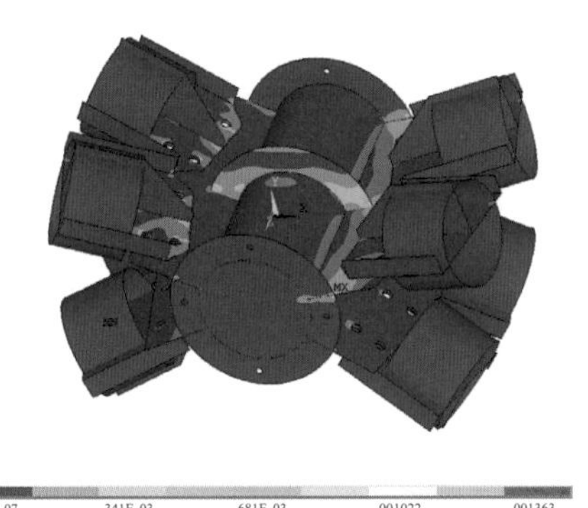

图 6–19　管方案节点应变云图　　　　图 6–20　杆方案节点应变云图

可以看出，在覆冰工况下，管方案节点最大应力约为 260MPa，出现在钢套管根部和插板边缘，最大应变约为 1.2×10^{-3}；杆方案节点最大应力约为 338MPa，出现在钢套管根部，最大应变为 7.9×10^{-3}。

6.3.3　断右地线工况

断右地线工况下两种节点的应力及应变云图如图 6–21~ 图 6–24 所示。

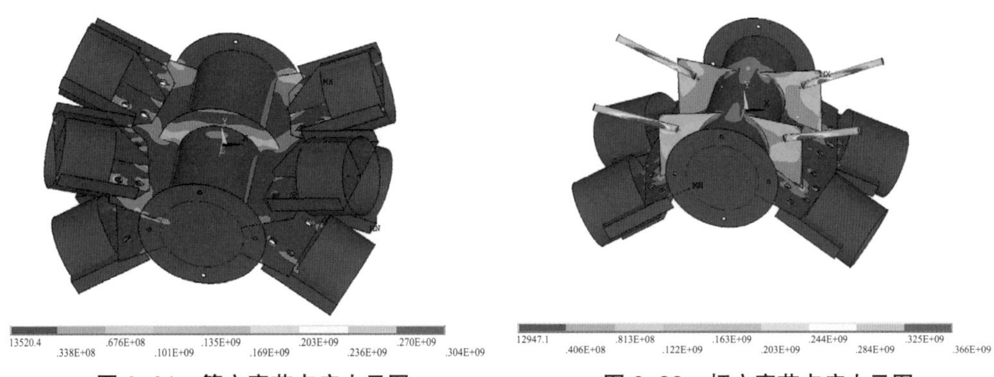

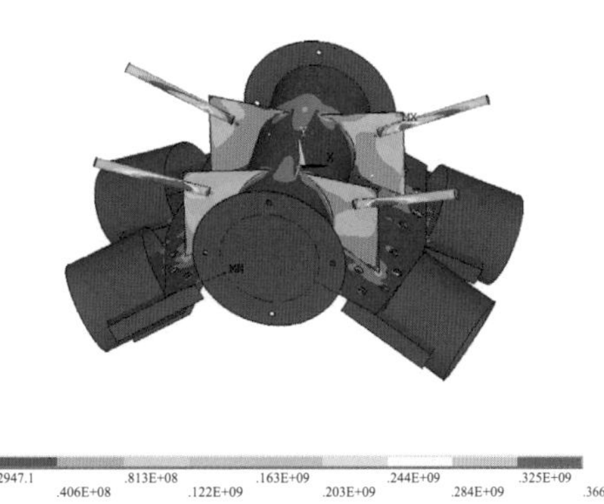

图 6–21　管方案节点应力云图　　　　图 6–22　杆方案节点应力云图

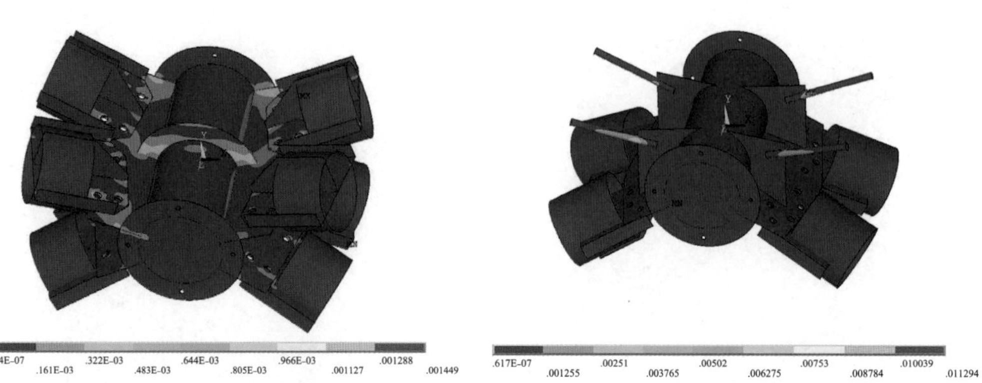

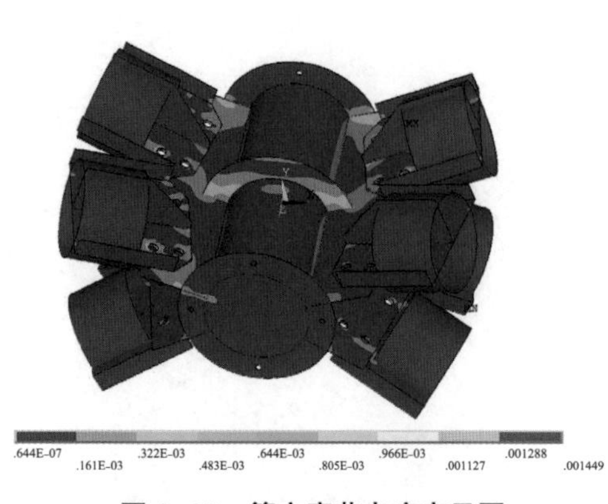

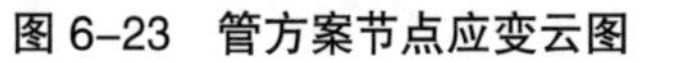

图 6–23 管方案节点应变云图 **图 6–24 杆方案节点应变云图**

可以看出，在断右地线下，管方案节点最大应力约为 270MPa，出现在插板边缘处，最大应变约为 1.4×10^{-3}；杆方案节点最大应力约为 345MPa，出现在钢套管根部，最大应变为 3×10^{-3}。

6.3.4 吊右地线工况

吊右地线工况下两种节点的应力及应变云图如图 6–25~ 图 6–28 所示。

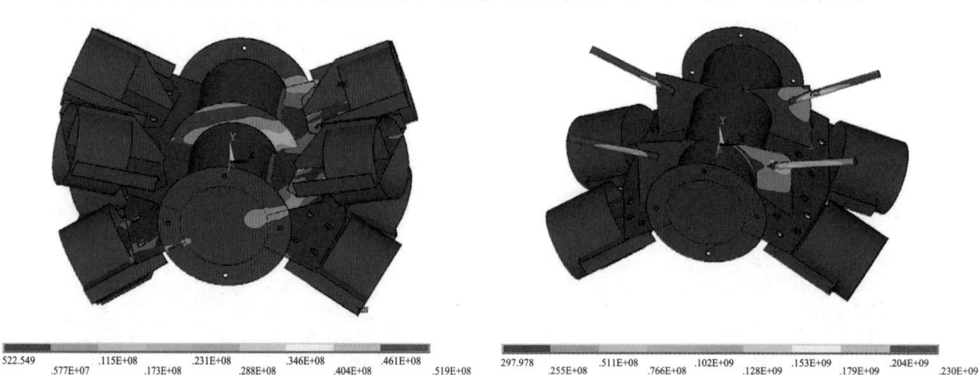

图 6–25 管方案节点应力云图 **图 6–26 杆方案节点应力云图**

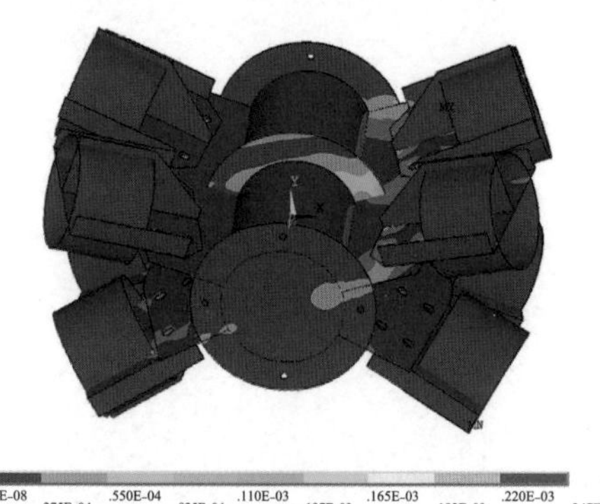

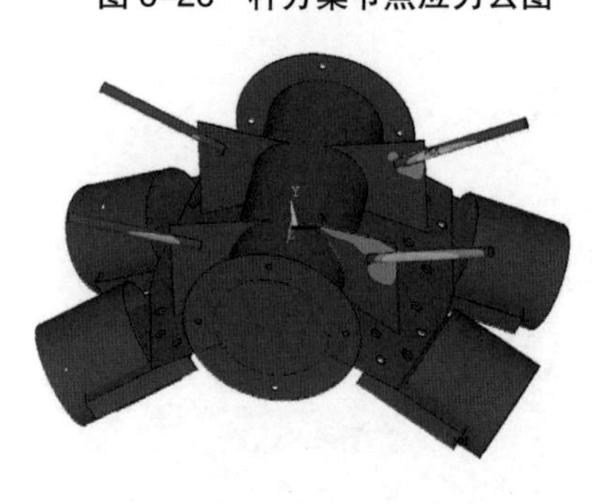

图 6–27 管方案节点应变云图 **图 6–28 杆方案节点应变云图**

可以看出，在吊右地线下，管方案节点最大应力约为 328MPa，出现在钢套管螺栓孔处，最大应变约为 1.6×10^{-3}；杆方案节点最大应力约为 339MPa，出现在钢套管根部，最大应变为 8.7×10^{-3}。

6.3.5 不均匀覆冰工况

不均匀覆冰工况下两种节点的应力及应变云图如图 6–29~ 图 6–32 所示。

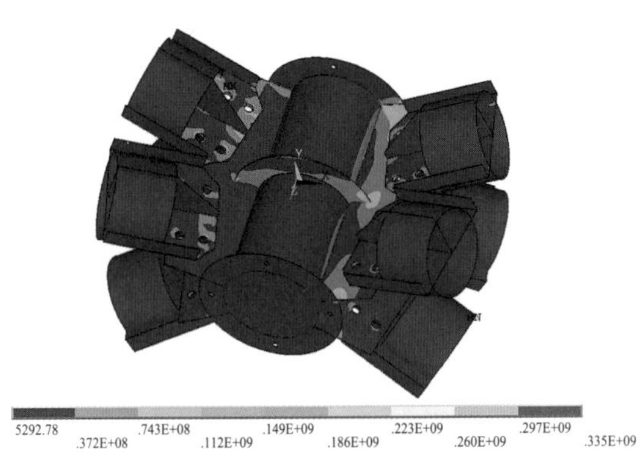

图 6–29 管方案节点应力云图

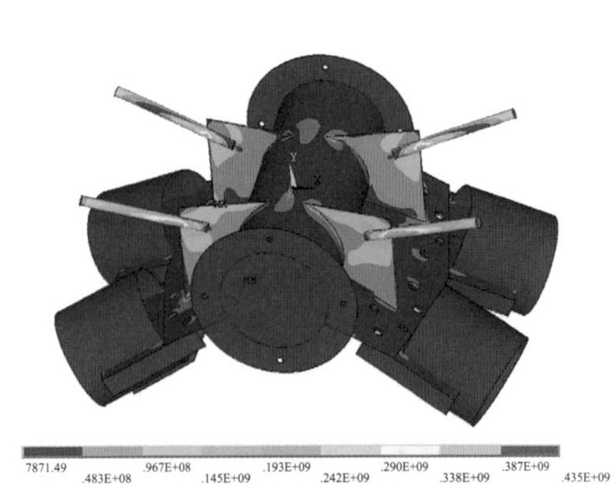

图 6–30 杆方案节点应力云图

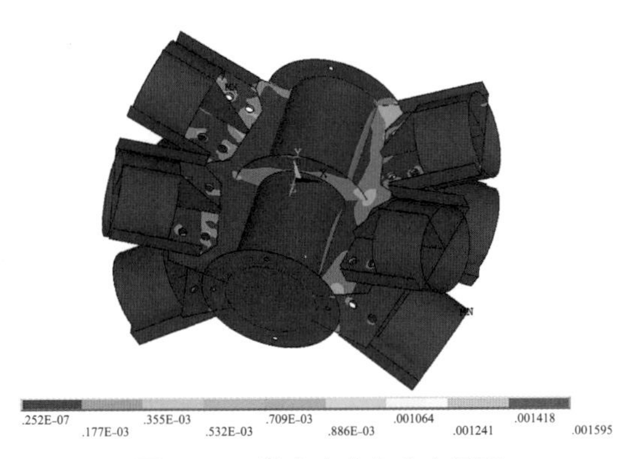

图 6–31 管方案节点应变云图

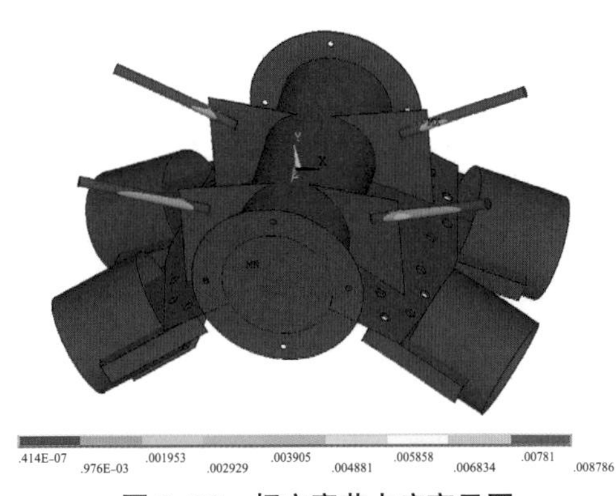

图 6–32 杆方案节点应变云图

可以看出，在不均匀覆冰工况下，管方案节点最大应力约为 335MPa，出现在钢套管根部螺栓孔处，最大应变约为 1.6×10^{-3}；杆方案节点最大应力约为 350MPa，出现在钢套管根部，最大应变为 8.8×10^{-3}。

6.3.6 掉串工况

掉串工况下两种节点的应力及应变云图如图 6–33~ 图 6–36 所示。

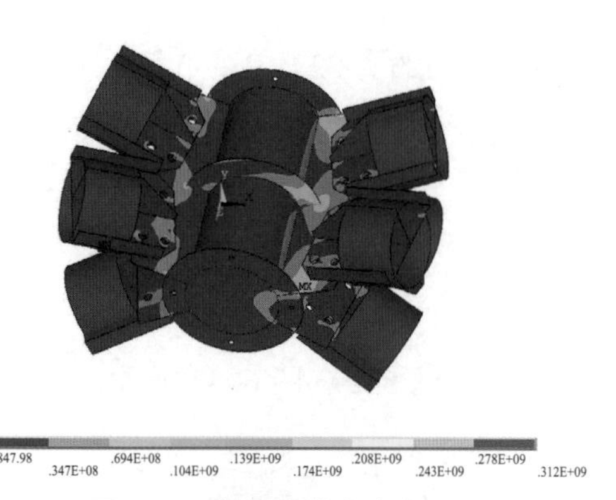

图 6-33　管方案节点应力云图

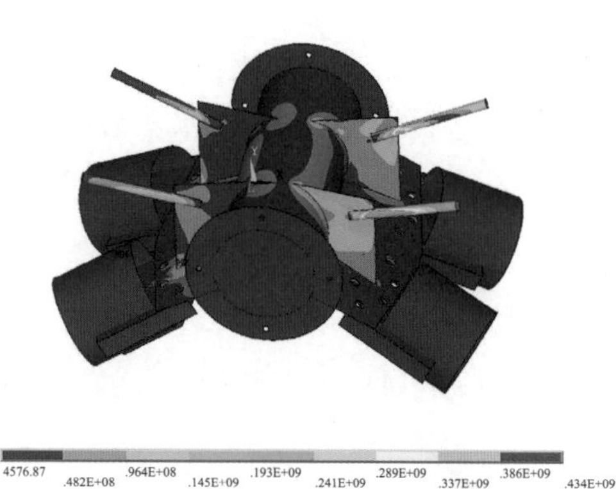

图 6-34　杆方案节点应力云图

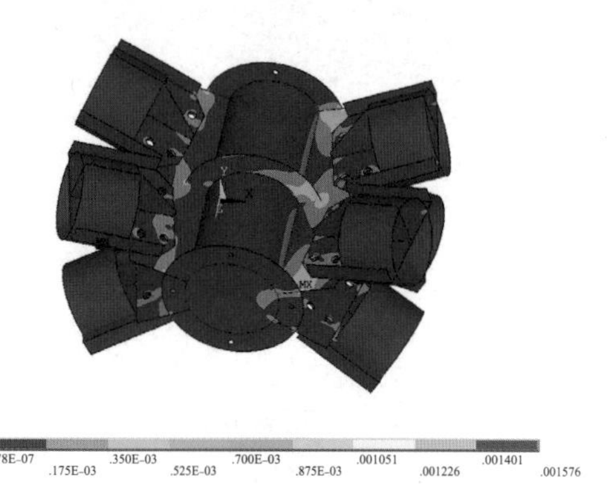

图 6-35　管方案节点应变云图

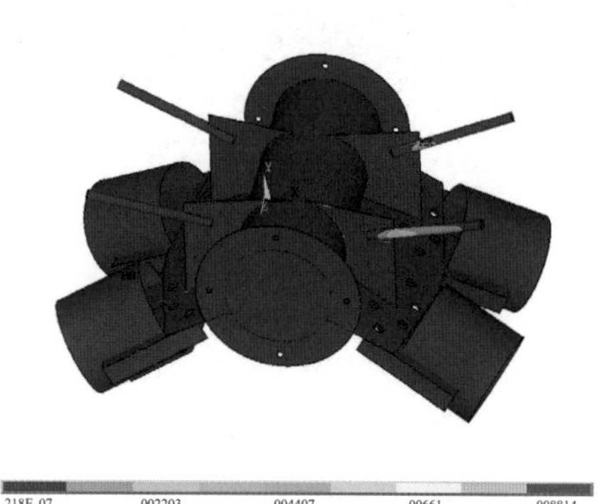

图 6-36　杆方案节点应变云图

可以看出，在掉串工况下，管方案节点最大应力约为 312MPa，出现在插板边缘处，最大应变约为 1.6×10^{-3}；杆方案节点最大应力约为 350MPa，出现在钢套管根部，最大应变为 1.3×10^{-2}。

6.3.7　对比分析

通过多尺度模型节点受力分析，总结如下：

（1）管方案应力最大值一般出现在钢套管根与插板连接处，螺栓孔处和插板边缘，杆方案应力最大值一般出现在钢套管根部和上侧插板上。其中钢套管根部与插板连接处，螺栓孔处都会在安装时因焊接或螺栓而被加强。

（2）管方案相比于杆方案节点的受力更均匀分散，但在同样安全的情况下，杆方案的四根上侧中横担为复合材料杆，综合成本更低。

7 ±800kV 特高压复合材料转动横担塔—线体系研究

采用转动复合横担，可以避免导线纵向的不平衡张力对横担弯矩的影响，使复合横担的构件主要承受轴心荷载。但是，横担的转动使横担和导线成为相互影响的联动体系，导线的弧垂累积效应更加明显，其弧垂与应力的关系（弧垂越大，导线的应力越小；反之，弧垂越小，应力越大）将更加突出。而输电塔—线体系是复杂的耦合体系，在风荷载的作用下，相邻输电塔之间相互影响并且导、地线呈现强非线性耦联作用，尤其是复合材料转动横担的应用使结构整体非线性更强。因此，研究在风荷载作用下复合材料转动横担输电塔—线体系的动力响应，揭示复合材料转动横担塔—线体系的风振特性，为更加合理地开展输电线路设计提供依据，确保输电线路的正常运行，是一项非常重要的工作。

前述章节的研究多集中于较低电压等级的采用复合横担的输电杆塔，本章节以更高电压等级的特高压 ±800kV 复合材料转动横担塔—线体系为对象，开展复合材料转动横担塔—线体系的静力非线性及动力非线性分析，以揭示塔—线体系协同工作机理，为特高压转动横担塔—线体系的设计及防灾减灾提供参考，具有重要的研究意义。

7.1　脉动风的模拟

本章将对塔—线体系的非线性动力学行为进行研究，为真实地反映结构塔—线体系的真实工作状态，合理模拟其所处的风环境尤为重要。

脉动风作为一个随机荷载，需用随机理论来描述其随机过程。根据随机振动理论，一般把随机过程分为平稳随机和非平稳随机两个过程，由此产生的随机风荷载模拟方法也是建立在这两大类的基础上。对风速时程模拟方法目前主要有线性滤波法、谐波法和小波生成法。本节采用 AR 模型，对复合材料转动横担塔—线体系的风速时程数值模拟进行深入的研究，并对模拟出来的风速时程曲线谱与目标谱进行对比，以验证基于该模型模拟复合材料转动横担塔—线体系风速时程的有效性。

7.1.1 自功率谱和互功率谱

脉动风速谱是利用统计方法获得的，获得方法也很多，最著名、最常用的是 Davenport 谱，Davenport 谱没有考虑高度对脉动风功率谱密度函数的影响。因此许多学者根据实测结果提出了一些与高度有关的脉动风功率谱密度函数：

Kamimal 谱

$$S_v(z,f)=4\overline{V}_*^2\frac{105f_*}{f(1+33f_*)^{5/3}} \tag{7-1}$$

Simiiu 谱

$$S_v(z,f)=4\overline{V}_*^2\frac{200f_*}{f(1+50f_*)^{5/3}} \tag{7-2}$$

式中：$\overline{V}_*^2$为地面摩擦风速，$\overline{V}_*=KV(z)/1n(z/z_0)$与地面粗糙度有关；其中 K 取 0.4；z_0为地地粗糙度长度；$f_*=\dfrac{fz}{V(z)}$。

由于 Davenport 谱代表性强，且简洁便于计算，目前已经被国内外许多国家风荷载规范所采用，本书也是采用 Davenport 谱。

脉动风功率谱描述的是其自身的特性，结构对其也有很大的影响，用空间相关性函数来描述。空间相关性指的是结构上各部位对脉动风交互影响，包括竖向、横向、纵向相关性。

如果仅考虑竖向和横向相关性，任意两点的空间相关性函数，按照 Davenport 谱建议可表示为

$$\rho(f,z_1,z_2,x_1,x_2)=\exp\left(\frac{-2f\sqrt{C_x^2(x_1-x_2)^2+C_z^2(z_1-z_2)^2}}{\overline{v}(z_1)+\overline{v}(z_2)}\right) \tag{7-3}$$

式中：f 为频率；C_x 和 C_z 分别为横向和竖向的衰减系数，根据 Emil 的建议，可取 C_x=16；C_z=10；z_1，z_2，x_1，x_2 分别为空间两点的坐标；$\overline{v}$（z_1）和$\overline{v}$（z_2）为相应空间两点的平均风速。

若考虑竖向、横向、纵向的相关性，则有

$$\rho(f,x_1,x_2,y_1,y_2,z_1,z_2)=\exp\left(-f\left[\frac{\sqrt{(x_1-x_2)^2}}{L_x}+\frac{\sqrt{(y_1-y_2)^2}}{L_y}+\frac{\sqrt{(z_1-z_2)^2}}{L_z}\right]\right) \tag{7-4}$$

式中：L_x=L_x=50 ；L_z=60。

由于三维相关性函数适用范围较窄，大多数采用的是 Davenport 谱建议的二维空间相关性函数来描述空间相关性。

7.1.2 风速时程模拟

利用 AR 法模拟风速时程，考虑脉动风速相干性的影响，假设$V(x,y,z,t)$为空间 m 个点相关脉动时程的随机列向量，其 AR 模型可表示为

$$V(x,y,z,t)=\sum_{k=1}^{p}\varphi_k V(x,y,z,t-k\Delta t)+N(t) \tag{7-5}$$

式中:（x_i，y_i，z_i）为空间第 i 点坐标，i=1，…，m，x、y、z 为坐标向量矩阵；p 为模型阶数；φ_k 为自回归系数矩阵，k =1，…，p ；Δt 为时间步；N（t）为独立随机过程向量。

求解 AR 模型需同时求解回归系数矩阵 φ 和随机过程向量 N（t）。

首先求解回归系数矩阵 φ，根据风速时程假定，式（7–5）等式两边变量同时右乘 V^T（x，y，z，$t-j\Delta t$），得

$$\begin{aligned}&V(x,y,z,t)V^T(x,y,z,t-j\Delta t)\\&=-\sum_{k=1}^{p}\varphi_k V(x,y,z,t-j\Delta t)V^T(x,y,z,t-j\Delta t)\\&\quad+N(t)V^T(x,y,z,t-j\Delta t)\quad j=1,\cdots,p\end{aligned} \tag{7-6}$$

对式（7–6）做数学期望运算可得

$$\begin{aligned}R(-j\Delta t)&=E\left[V(x,y,z,t)V^T(x,y,z,t-j\Delta t)\right]\\&=-\sum_{k=1}^{p}\varphi_k R\left[(j-k)\Delta t\right]\end{aligned}\quad j=1,\cdots,p \tag{7-7}$$

结合相关函数的性质有 R（$-j\Delta t$）=R（$j\Delta t$）

所以（7–7）可转化为

$$R(j\Delta t)=R(-j\Delta t)=-\sum_{k=1}^{p}\varphi_k R\left[(j-k)\Delta t\right]\quad j=1,\cdots,p$$

$$R(0)=-\sum_{k=1}^{p}\varphi_k R(k\Delta t)+R_0+\sum_{k=1}^{p}\varphi_k R\left[(j-k)\Delta t\right] \tag{7-8}$$

$$=-\sum_{k=1}^{p}\varphi_k R(k\Delta t)+R_N$$

将式（7–7）写成 AR 模型的正则方程形式，有

$$R\cdot\varphi=\begin{vmatrix}R_N\\O_P\end{vmatrix} \tag{7-9}$$

式中：φ 为 $\pm(p+1)m\times m$ 阶矩阵，$\varphi=\left[I,\varphi_1,\cdots,\varphi_p\right]^T$；$I$ 为 m 阶单位矩阵；$R_N=R_0+\sum_{k=1}^{p}\varphi_k R\left[(j-k)\Delta t\right]$，其中 R 为 $(p+1)m\times(p+1)m$ 阶自相关 Toeplitz 矩阵，形式如下

$$R=\begin{vmatrix}R_{11}(0) & R_{12}(\Delta t) & R_{13}(2\Delta t) & \cdots & R_{(p+1)1}[p\Delta t]\\ R_{21}(\Delta t) & R_{22}(0) & R_{23}(\Delta t) & \cdots & R_{2(p+1)}\left[(p-1)\right]\Delta t\\ R_{12}(\Delta t) & R_{12}(\Delta t) & R_{12}(\Delta t) & \cdots & R_{3(p+1)}\left[(p-2)\right]\Delta t\\ \vdots & \vdots & \vdots & \ddots & \vdots\\ R_{(p+1)1}[p\Delta t] & R_{(p+1)2}\left[(p-1)\Delta t\right] & R_{(p+1)3}\left[(p-2)\Delta t\right] & \cdots & R_{(p+1)(p+1)}(0)\end{vmatrix}_{(p+1)m\times(p+1)m} \tag{7-10}$$

式中：$R_{ij}(m\Delta t)$ 为 $m\times m$ 阶矩阵，i=1，$\cdots$，p+1，j = 1，$\cdots$，p+1，m = 1，$\cdots$，p。

根据脉动风功率谱密度函数，通过维纳－辛钦公式可求得：

$$R_{ij}(\square)\square\int_0^{\infty}S_{ij}(f)\cos(2\pi f\quad)df,\quad i,k\quad 1,\cdots,m \tag{7-11}$$

式中：当 i=j 时，$S_{ij}(f)$ 为脉动风速子功率谱密度函数；当 $i\neq j$ 时，$S_{ij}(f)$ 为脉动风速互功率谱密度函数，其中 $i=1$，$\cdots$，m，$j=1$，$\cdots$，m。

根据脉动风速时程假设，重谱等于 0，可得 $S_{ij}(f)$ 为

$$S_{ij}(f)=\sqrt{S_{ii}(f)S_{jj}(f)}\cdot r_{ij}(f) \tag{7-12}$$

式中：$S_{ii}(f)$ 或 $S_{jj}(f)$ 为风速谱密度函数；$r_{ij}(f)$ 为脉动风相干系数，由相关性函数求得；$\overline{v}(z_i),\overline{v}(z_j)$ 分别为第 i 点和第 j 点的平均风速。

由此可见，当知道脉动风速自谱密度函数 $S_{ii}(f)$ 和相干函数 $r_{ij}(f)$ 时，便可以确定 S_{ij}（f）的大小。

其次是独立随机过程向量 $N(t)$ 的求解

$$N(t)=L\cdot n(t) \tag{7-13}$$

式中：$n(t)=\left[n_1(t),\cdots,n_m(t)\right]^T$。

将 R_N 进行 Cholesky 分解，有

$$R_N=L\cdot L^T \tag{7-14}$$

式中：

$$L=\begin{vmatrix} L_{11} & 0 & \cdots & 0 \\ L_{12} & L_{22} & \cdots & 0 \\ \vdots & \vdots & \ddots & \vdots \\ L_{m1} & L_{m2} & \cdots & L_{mm} \end{vmatrix},\quad L_{ij}=\frac{R_{ij}-\sum_{k=1}^{i-1}L_{ik}L_{jk}}{L_{ij}},\quad L_{ii}=\sqrt{R_{ii}-\sum_{k=1}^{i-1}k_{ik}^2}\quad i,j=1,\cdots,m。 \tag{7-15}$$

将求得的回归系数矩阵 φ 和随机过程向量 $N(t)$ 代入式（7–5），可以得到最终的 m 个随机过程为

$$V(x,y,z,t)=\sum_{k=1}^{p}\phi_k V(x,y,z,t-k\Delta t)+N(t)$$

$$\begin{vmatrix} v^1(j\Delta t) \\ \vdots \\ v^m(j\Delta t) \end{vmatrix}=\sum_{k=1}^{p}\varphi_k\cdot\begin{vmatrix} v^1\left[(j-k)\Delta t\right] \\ \vdots \\ v^m\left[(j-k)\Delta t\right] \end{vmatrix}+\begin{vmatrix} n^1(j\Delta t) \\ \vdots \\ n^m(j\Delta t) \end{vmatrix}\quad \begin{matrix} j\Delta t=0,\cdots,T \\ k\leqslant j \end{matrix} \tag{7-16}$$

上述求解过程可简单表述为：

（1）脉动风速互动功率谱密度函数 $S_{ij}(f)$ 的求解，可由脉动风速自功率谱密度函数 $S_{ii}(f)$ 和相干函数 $r_{ij}(f)$ 求得。

（2）AR 模型系数矩阵 φ 和协方差矩阵 R_N 的求解，可由 $S_{ij}(f)$ 代入方程（7–9）和（7–10）得出。

（3）脉动风速时程 $V(x, y, z, t)$ 的求解，可由随机过程向量 $N(t)$ 代入式（7–15）中求解得出。

根据上述过程，在 Matlab 环境下编制了生成脉动风的实现程序，脉动风程序模拟界面如图 7–1 所示。

```
Editor - C:\MATLAB7\work\风荷载\wind2.m
File  Edit  Text  Desktop  Window  Help
1   clc
2   clear
3   tic
4   v10=27;
5   k=0.003; %地面粗糙度
6   ti=0.2; %时间步长
7   n=0.001:0.001:10;
8   xn=1200*n./v10;
9   s1=4*k*v10^2*xn.^2./n./(1+xn.^2).^(4/3); %Davenport谱
10
11   %产生空间点坐标
12   aaa=xlsread('F:\计算\坐标.xls');
13   x=aaa(:,1);
14   z=aaa(:,2);
15   [h,hh]=size(aaa);%点数
16   %求R矩阵
17   syms f
18   R0=zeros(h);
19   for i=1:h
20       for j=i:h
21           H0=inline('(4*k*v10^2*(1200*f/v10).^2)./f./(1+(1200*f/v10).^2).^(4/3).*exp(-sqrt(dx^2/50^2-
22           dx=x(i)-x(j);
23           dz=z(i)-z(j);
24           R0(i,j)=quadl(H0,0.001,10,0.001,0,k,dx,dz,v10);
25           R0(j,i)=R0(i,j);
26       end
27   end
28
29   R1=zeros(h);
30   for i=1:h
31       for j=i:h
script    Ln 31    Col 14    OVR
```

图 7–1　脉动风程序模拟界面

图 7–2 为脉动风时程曲线以及模拟谱与目标谱比较图，限于篇幅只给出第 1 层、第 3 层、第 5 层、第 7 层加载点处的模拟结果。结果表明，各层的脉动风模拟谱与目标谱吻合很好，可以采用模拟出的脉动风进行风振响应分析。

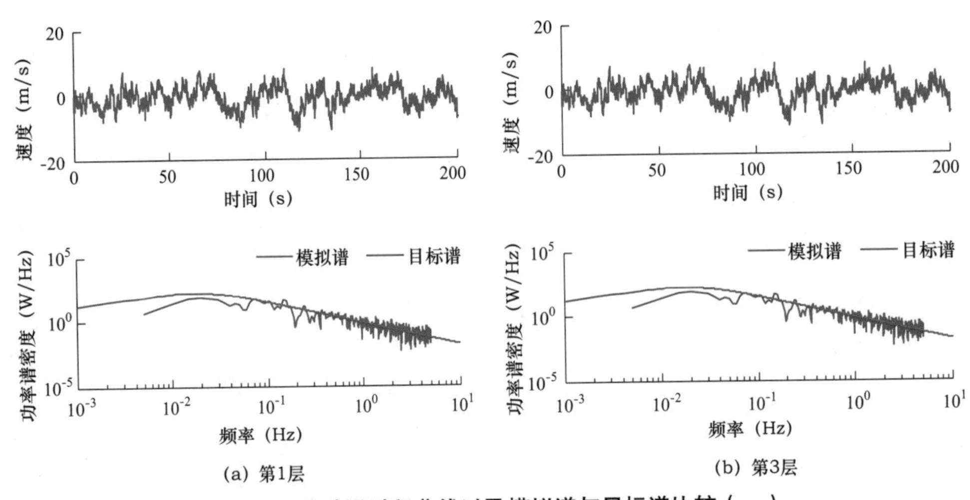

图 7–2　脉动风时程曲线以及模拟谱与目标谱比较（一）

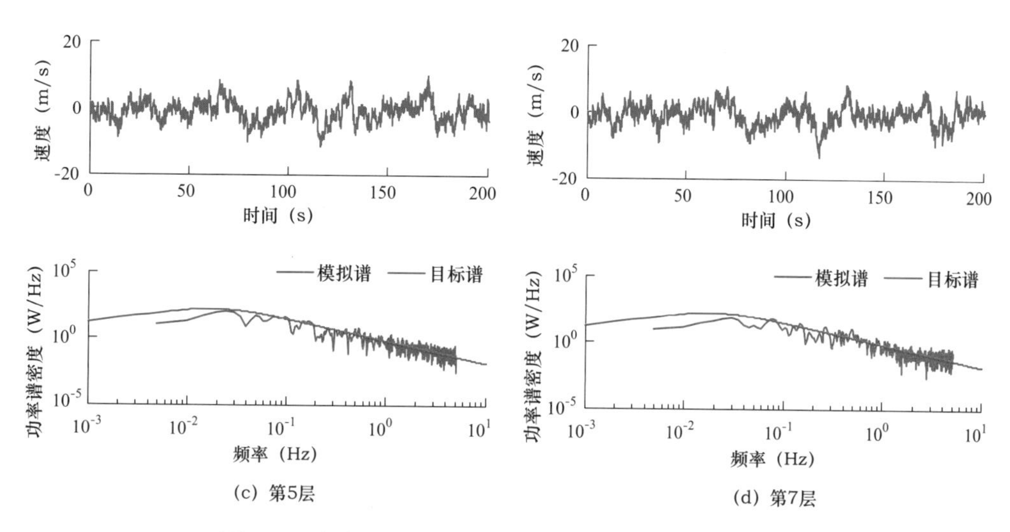

（c）第5层　（d）第7层

图 7–2　脉动风时程曲线以及模拟谱与目标谱比较（二）

7.2　加载方法及阻尼比确定

7.2.1　覆冰脱落、断线模拟方法

覆冰脱落后，导线内积聚的势能得到释放，迅速向上跳起，并使相邻档之间产生纵向不平衡张力，输电线的跳跃会减少线路之间的安全距离，造成闪烙或短路，同时可能会导致线路断线断股、杆件破坏甚至倒塔等；断线产生的振荡是输电塔纵向不平衡荷载之一，断线事故虽然是小概率事件，一旦发生，不仅损坏电气设备，还会引起整个输电系统的振荡，使输电塔的位移、内力响应加大，甚至导致输电塔倒塌，使整条线路瘫痪以及产生火灾等灾害。在进行塔—线体系非线性动力行为分析时，准确模拟覆冰脱冰及断线工况是非线性分析的基础。

针对覆冰、脱冰问题，在均匀覆冰情况下，不同覆冰厚度会使导线产生相应的应力，在设计高压线路时需要考虑这一参数。建模时将输电线覆冰模型考虑为单一均匀横截面的弹性体。对于覆冰荷载的模拟主要采用以下两种方法：

（1）增加密度法。

通过改变导线密度来模拟导线的覆冰现象，可以认为发生覆冰后的冰和导线不产生相对滑移，即覆冰单元和导线单元始终共线，并通过增加导线密度模拟导线的覆冰现象，通过减少导线密度模拟导线的脱冰现象。

（2）附加力模拟法。

通过对导线节点施加等距的集中力来模拟覆冰现象，用释放此外力来模拟脱冰现象。在实际线路中，可以从一定长度的覆冰导线上剥下相应厚度的冰，并测量其重量，计算单位长度导线覆冰的重量，再施加到输电线模型上。

本节采用第二种附加力模拟法，覆冰荷载计算参数和荷载换算关系见表 7–1、表 7–2。

表 7–1　　覆冰荷载计算参数

工况	结构重要性 γ_0	可变荷载组合系数 ψ	可变荷载分项 γ_{Qi}	永久荷载分项 γ_G
覆冰荷载	1.1	0.90	1.40	1.20

表 7–2　　荷载换算关系

导线自重荷载（N/m）	冰荷载（N/m）
39.3355	15.9018

实际的覆冰断面可能是各种不规则的形状，但在输电线路设计中覆冰截面通常按等厚中空圆形考虑，不考虑输电杆塔的覆冰。在覆冰脱落分析中，不考虑风力、温度等影响。通过对输电线有限元模型施加节点力的方式模拟均布冰荷载。

对于导线脱冰的模拟，采取以下几个步骤：

（1）计算塔—线体系在自重作用下的平衡。

（2）计算导线在 10mm 均匀覆冰作用下的塔—线体系平衡。

（3）某一跨（根）导线的覆冰在很短时间内突然脱落。

（4）覆冰脱落后塔—线体系的响应。

同理，对于断线模拟，采用下述步骤进行模拟：

（1）对高压输电塔—线体系进行静力分析，得到输电线的张力。

（2）去掉输电线最外端的约束，通过施加荷载 F 进行等效。

（3）荷载 F 是时程力，假定前 0.01 s 为输电线的张力，通过突然卸载的方式模拟断线对输电塔的冲击作用。

7.2.2　风荷载加载方法

1. 静力风荷载加载

（1）输电单塔静力风荷载。按照高度将输电塔分成 8 层，施加风荷载的总数为 8 层，每层荷载加载在 4 个节点上，加载方式及详细分层如图 7–3 所示。

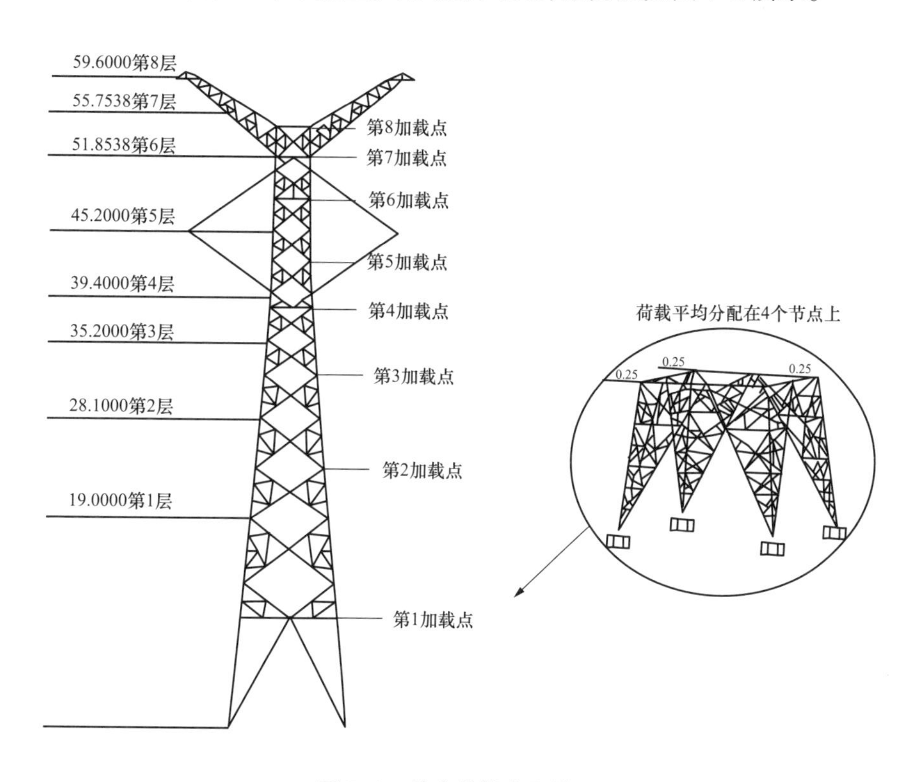

图 7–3　输电单塔分层详图

分段节点上采用施加瞬时力的形式，节点力的计算按照式（7–17）

$$\omega=\omega_0 A_f \tag{7–17}$$

其中，A_f 是铁塔迎风面积。输电铁塔迎风面杆件的迎风面积的计算有两种方法：一是根据铁塔杆件排布的具体情况，求出每段杆件的迎风面面积；二是根据填充系数 $\frac{A_f}{A}$，即单位长度铁塔平面的杆件实际迎风面积 A_f 与铁塔轮廓面积 A 的比值，利用填充系数乘以铁塔轮廓面积，得出所需要的迎风面积 A_f。按照设计经验，铁塔的填充面积取值为 0.2~0.3，塔头部位杆件布置较密集，一般取 0.3，塔身部位则取为 0.2，若算出的理论值与实际值相近，则可以使用。

（2）导线静力风荷载的施加。将导线分为 16 段，采用在每段上施加瞬时均布荷载。对于导线的角度风按照 DL / T 5154—2012《架空输电线路杆塔结构设计技术规定》进行加载，导线风向角加载分配见表 7–3。

表 7–3　导线风向角加载分配表

线条风荷载	0° 风荷载	45° 风荷载	60° 风荷载	90° 风荷载
X 方向	0	$0.5W_x$	$0.75W_x$	W_x
Y 方向	$0.25W_x$	$0.15W_x$	0	0

注　W_x 为风垂直吹向导线是的标准值。

2. 动力风荷载加载

（1）输电杆塔动力风荷载。图 7–4 为单塔动力分析加载示意图，由于图幅有限，只给出四层荷载时程曲线，每条曲线都不相同，体现了风荷载时程曲线的空间相关性。

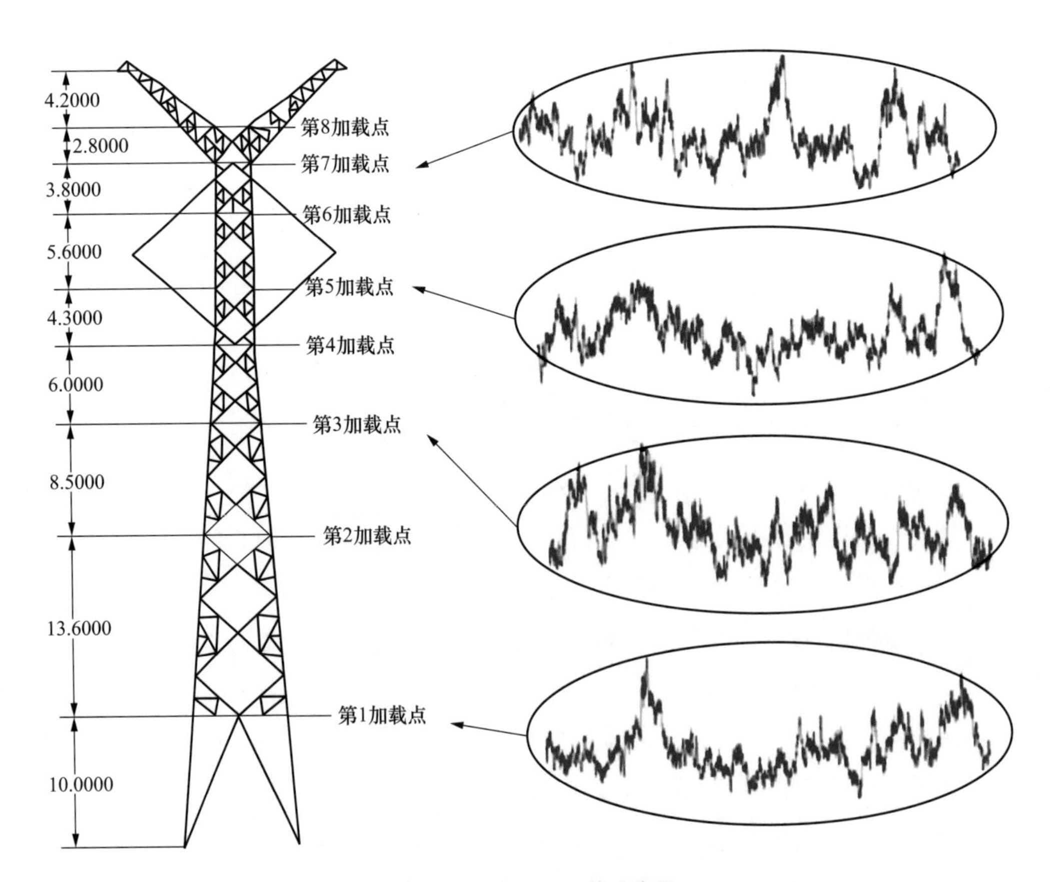

图 7–4　单塔动力加载示意图

（2）导线动力风荷载加载。与静力风荷载加载方式一样，把导线分为 16 段，按照生成的各层脉动风和平均风叠加后的风速时程曲线，然后按照风荷载计算公式计算出各段风荷载时程曲线，以相应顺序将其分别加在 16 个点上，如图 7-5 所示，限于图幅，图中只给出了四条荷载时程曲线，每条曲线都不相同，充分体现其空间相关性。

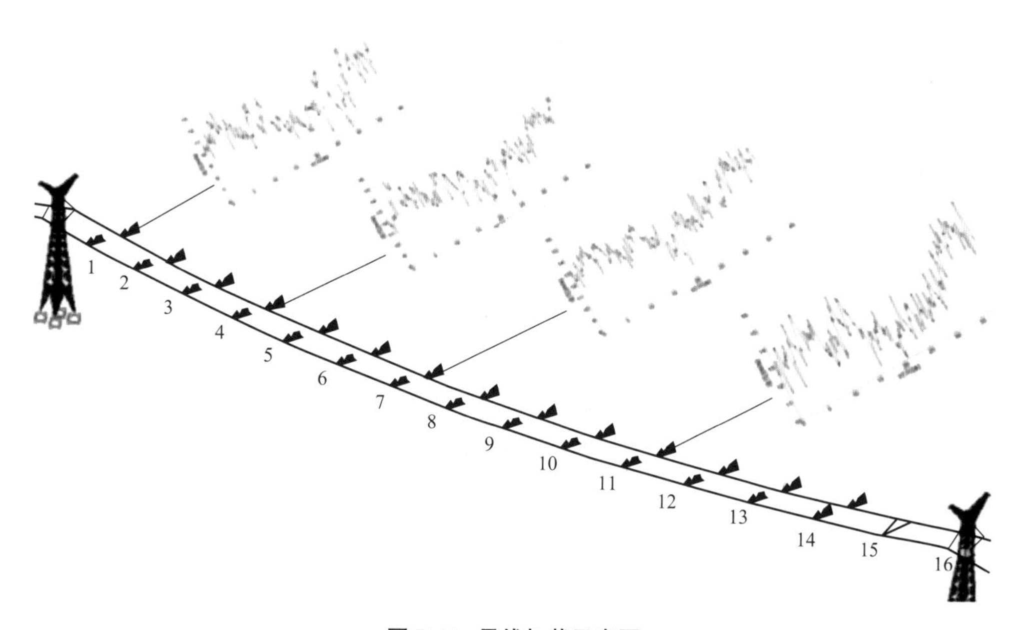

图 7-5　导线加载示意图

7.2.3　阻尼比的确定

对于多自由度体系的冲击问题可以按照两个阶段来考虑，即受迫振动和自由振动两阶段。在振动过程中实际结构系统不可避免地存在各种阻力，将消耗振动系统的能量，消耗的能量转变为热能和声能传播出去，这些阻力统称为阻尼。

ANSYS 中通过定义质量比例阻尼和刚度比例阻尼来考虑阻尼对结构的影响。多自由度体系动力平衡方程为

$$m\ddot{u}(t)+c\dot{u}(t)+ku(t)=p(t) \tag{7-18}$$

动力分析中无阻尼振型对质量和刚度都是正交的，阻尼矩阵可以表示为

$$c=a_0m \text{ 或 } c=a_1k \tag{7-19}$$

其中 a_0 和 a_1 单位分别为 s^{-1}、s，相应的阻尼称为质量比例阻尼和刚度比例阻尼，有关特性可以通过计算各自的广义振型阻尼值而得到

$$\xi_n = \frac{a_0}{2\omega_0} \text{或} \xi_n = \frac{a_1\omega_n}{2} \tag{7-20}$$

Rayleigh 阻尼将质量比例阻尼和刚度比例阻尼进行组合，其表达式如下

$$c = a_0 m + a_1 k \tag{7-21}$$

则

$$\xi_n = \frac{a_0}{2\omega_0} + \frac{a_1\omega_n}{2} \tag{7-22}$$

如果已知两个特定的频率和阻尼比就可以通过联立求解一对方程得到 Rayleigh 阻尼的系数 a_0 和 a_1。取两特定阻尼比均为 0.04 时，联立计算得到系数 a_0 和 a_1 为

$$\begin{pmatrix} a_0 \\ a_1 \end{pmatrix} = \frac{2\xi}{\omega_m + \omega_n}\begin{pmatrix} \omega_m\omega_n \\ 1 \end{pmatrix} = \begin{pmatrix} 0.0412 \\ 0.0388 \end{pmatrix} \tag{7-23}$$

7.3 复合材料横担塔—线体系建模

7.3.1 输电塔力学模型

以 ±800kV 特高压输电线路工程为背景，该线路输电塔原型结构高度为 59.6m，塔腿根开为 10.378m × 10.378m，塔的正、侧面视图如图 7–6 所示，每跨档距为 500m。

采用有限元理论为基础建立输电塔的空间三维模型，研究其动力特性和动力响应。针对输电塔的结构特点，采用梁单元建立塔身主材和斜材构件，塔脚为固定支座。塔身主材和斜材构件由多规格角钢，通过螺栓偏心连接而形成的刚性体结构，具体型号在此不一一注明。

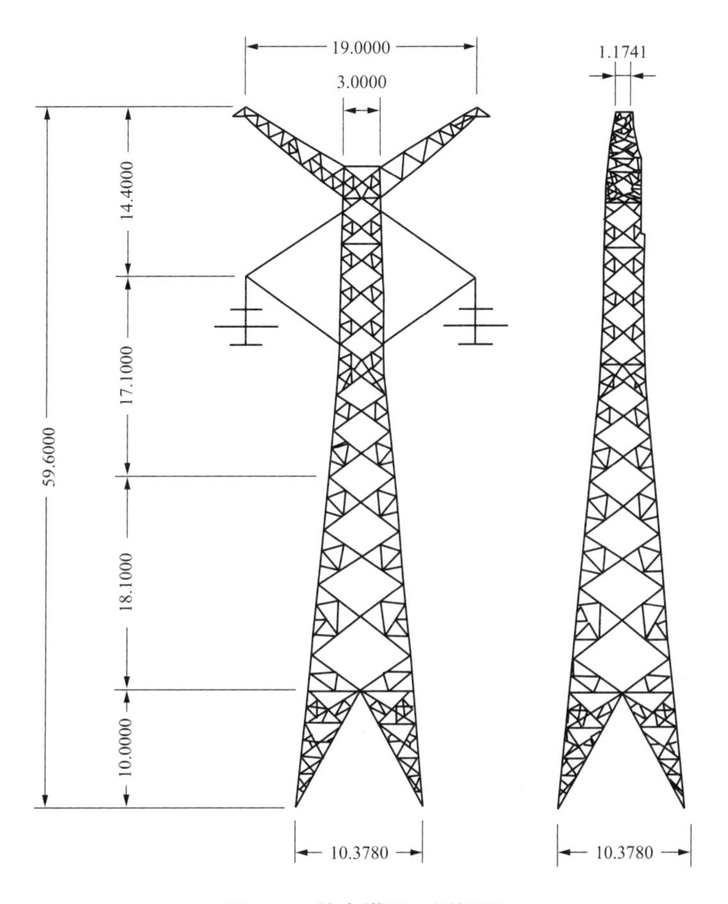

图 7-6 输电塔正、侧视图

7.3.2 复合材料转动横担力学模型

复合横担为 FRP 材料，采用框架单元模拟，计算参数见表 7-4。复合横担的构件主要承受轴心荷载，由于复合材料弹性模量较低，其受压杆件整体稳定问题较钢构件更为突出，因此横担下部受压构件的截面应开展且壁厚较薄，使其截面惯性矩尽可能大，以提高构件的稳定承载能力。

对于横担采用框架单元来模拟，两端释放 2、3 轴的弯矩来模拟铰接；对绕 2、3 轴的惯性矩刚度修正系数为不折减。

表 7-4 复合横担 FRP 计算参数

弹性模量(GPa)	线重量密度 (N/m^3)	线膨胀系数	泊松比
40	19615	1.170×10^{-5}	0.3

横担中，受压材（mm）：FRPϕ420×20，长11.58m；拉索（mm）：FRPϕ42实心，长11.52m。图7–7为转动横担的力学模型，如图7–7所示与输电塔连接处可以转动。

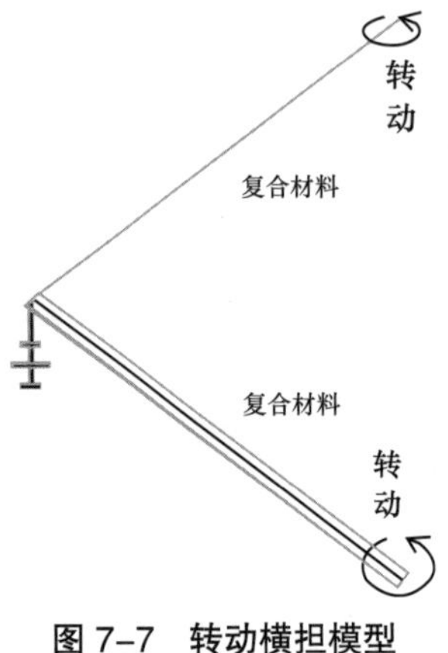

图7–7　转动横担模型

7.3.3　导线力学模型

导线一般是用索单元来模拟。在SAP2000中，索采用cable单元来模拟。在SAP2000中索力的施加有三种方法：一是直接施加$p-\Delta$力，这种行为直接影响单元的行为；二是指定索的初应变对索施加预拉力；三是通过降温法对索施加预拉力。后两种施加索预拉力的方法中索力必须存在于荷载工况内，这样在做动力分析时如果要考虑到索侧向刚度的增加，则可以在模态分析中选择采用产生索预拉力工况的刚度为初始刚度。本文拉索预拉力的模拟采用降温法，按照式（7–24）计算索力

$$N=\alpha EA\times\Delta T \tag{7–24}$$

式中：α为拉索材料的线热胀系数；E为拉索的弹性模量；A为拉索截面面积；ΔT为降低温度。

由于拉索自身重量很大，而式（7–24）中未考虑自重对拉索的影响，因此最终温度需要在计算温度上适当的降低，通过拉索轴力大小确定最终温度，拉索计算参数见表7–5。

表7–5　拉索计算参数

弹性模量（GPa）	线重量密度（N/ m^3）	线膨胀系数	面积（mm^2）	额定抗拉力（kN）
62.0±3	29700	21.2×10^{-6}	1320.43	≥299.43

六分裂导线模型如图 7-8 所示。

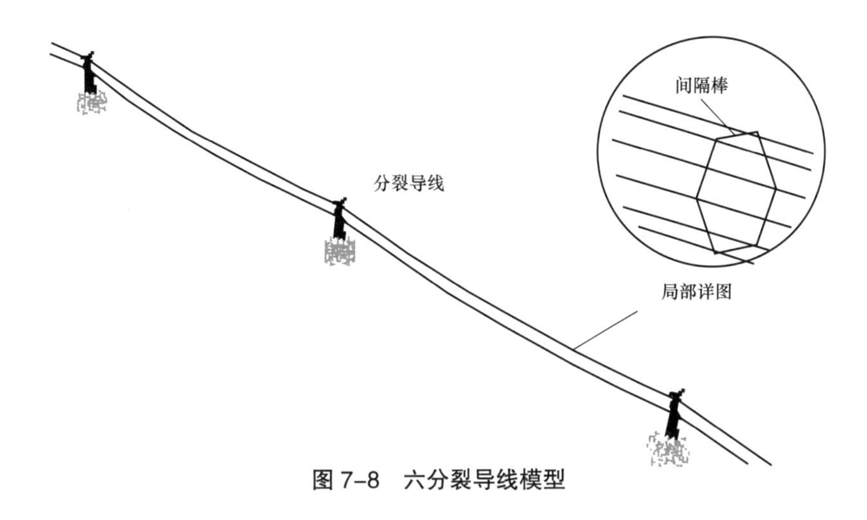

图 7-8 六分裂导线模型

7.3.4 绝缘子串力学模型

绝缘子串采取框架单元模拟，考虑实际结构为链索结构，建模时对杆件拉压限制设为压力限值为 0，使其只受拉不受压；绕 2、3 轴的惯性矩刚度修正系数为 0.01；两端释放 2、3 轴的弯矩来模拟铰接，绝缘子串模型如图 7-9 所示。

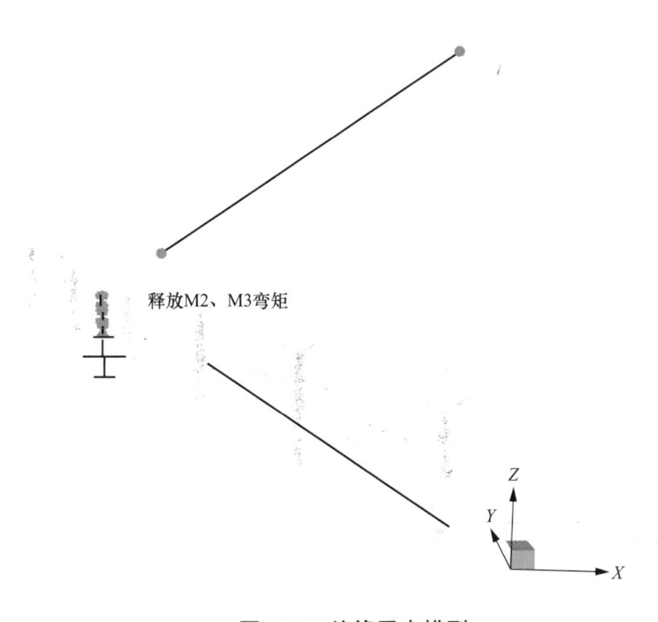

图 7-9 绝缘子串模型

绝缘子串计算参数见表 7-6。

表 7-6　绝缘子串计算参数

弹性模量（GPa）	泊松比	密度（kg/m^3）	等效直径（m）
100	0.3	4961.5	0.05

注　密度是按照自重相等的原则计算，得到等效密度。

模型中不包括连接部位节点板和辅助型材等结构部分，为了考虑这部分质量对结构动力特性的影响，将塔身结构的质量乘以一个增大系数 1.2。本文约定模型高度方向为 Z 轴，横向为 X 轴，纵向为 Y 轴。

图 7-10 为转动横担塔—线体系模型。对于单塔模型基础设置为四个角固接，塔—线体系模型两端导线的边界条件设置为铰接。

（a）三塔四跨塔—线体系模型

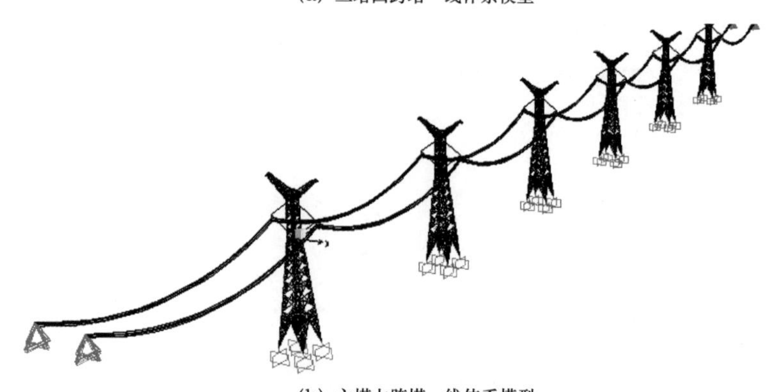

（b）六塔七跨塔—线体系模型

图 7-10　转动横担塔—线体系模型

7.4 风荷载下复合横担塔—线体系静力分析

对于特高压输电线路输电塔，在外荷载作用下，尽管应变较小、未超过弹性极限，但位移较大，必须考虑变形对平衡的影响，即几何非线性。而转动复合横担输电塔—线体系的非线性更加突出，因此采用非线性有限元进行结构仿真分析，分析中考虑几何非线性，同时考虑材料非线性，以有效地进行仿真分析。

在无风、无冰、0℃时建立模型：当导线弧垂为 17.01m 时，通过 SAP2000 反算出导线张力为 72761.08N，与设计导线张力 72181N 非常吻合。图 7-11 为三塔四跨输电塔—线体系模型示意图，四档与七档类似（只是档数的差别）。为了更明确分析转动横担对塔—线体系的影响，本节重点观察横担和绝缘子串的轴力、位移。为了方便表达单元和节点位置，把输电塔从左到右依次标记为 1、2、3，左侧和右侧分别用 1-、2- 标记，如图 7-11（a）所示，图 7-11（b）中指明了 90° 、0° 的风攻角方向。导线的两端采用铰接，只限制导线的平动。将导线中点也用上图输电塔标记的方法从第一跨到第四跨（或者第七跨）依次标记为 1-1、2-1……

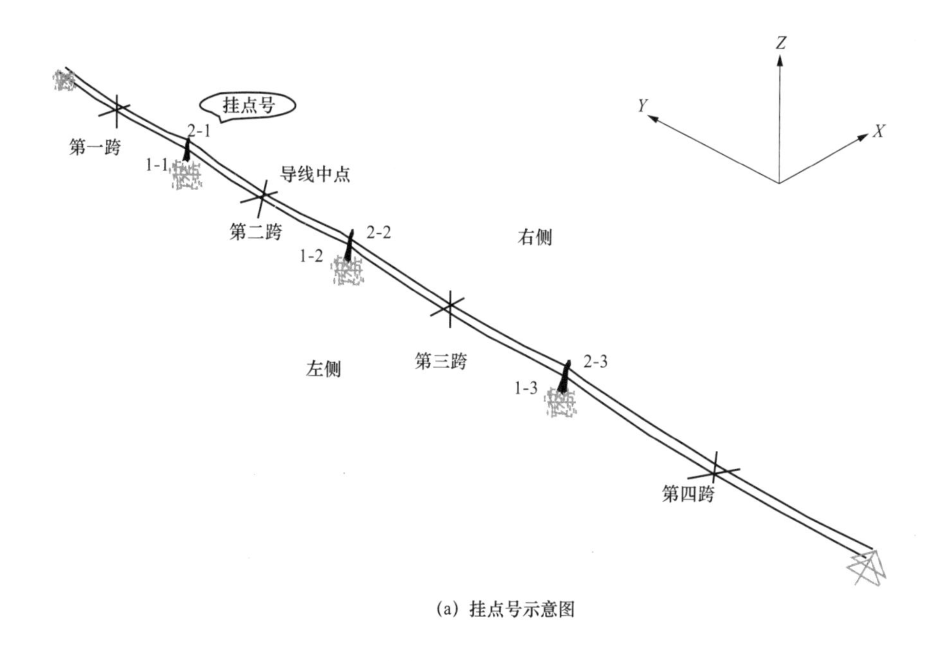

(a) 挂点号示意图

图 7-11 输电塔—线体系模型示意图（一）

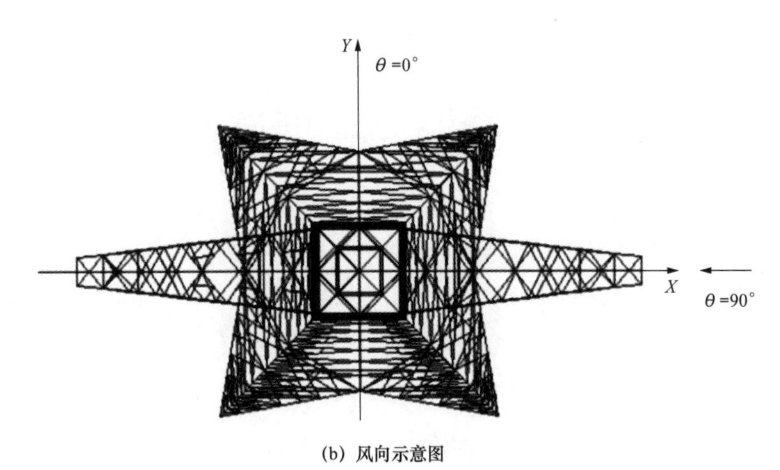

(b) 风向示意图

图 7-11　输电塔—线体系模型示意图（二）

7.4.1　三塔四跨塔—线体系静力非线性分析

根据不同工况分别对三塔四跨塔—线体系进行加载计算，提取挂点处的单元最大轴力和节点位移。轴力是指单元在本身自重、导线自重以及风荷载作用下的最大内力。横担位移取最外侧交点位移，绝缘子串位移取底部中点位移，节点及单元说明图如图 7-12 所示。表 7-7~ 表 7-14 分别为三塔四线塔—线体系在 0° 大风工况、45° 大风工况、60° 大风工况、90° 大风工况、均匀覆冰工况、不均匀覆冰工况、断线工况、安装工况下绝缘子串和横担的轴力及节点位移分析结果。

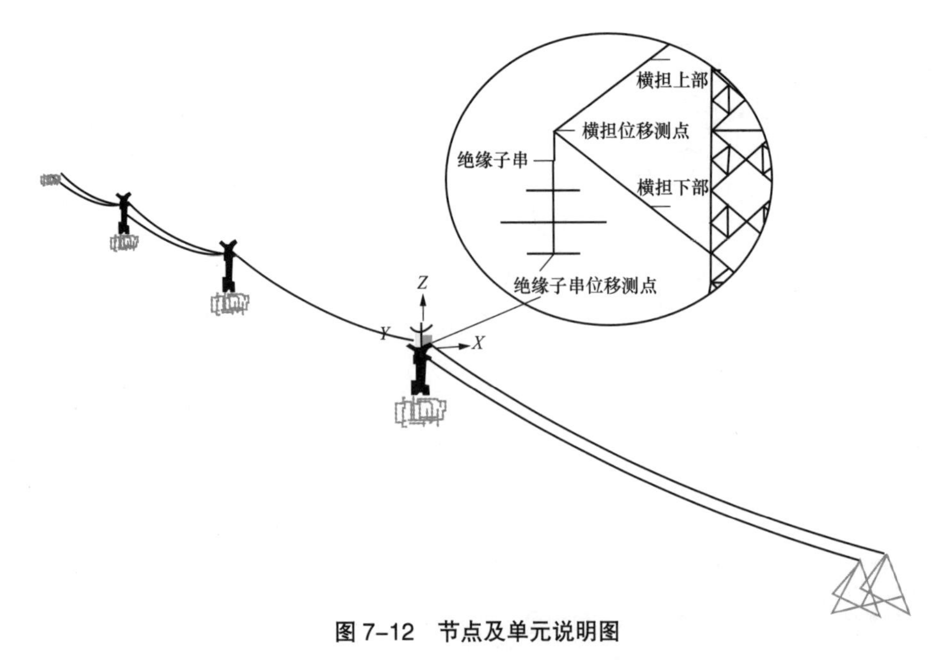

图 7-12　节点及单元说明图

表 7–7　　0° 大风工况单元轴力和节点位移

挂点号	绝缘子串最大轴力（kN）	横担上部最大轴力（kN）	横担下部最大轴力（kN）	绝缘子串风偏角（°）	横担 X 方向位移（m）	横担 Y 方向位移（m）	导线最低点斜弧垂（m）	导线最大张力（kN）
1–1	157.24	136.31	–138.75	7.6	–0.01	0.25	18.53	90.8
1–2	157.29	136.33	–138.73	9.6	–0.01	0.32	17.67	95.15
1–3	157.22	136.29	–138.75	7.0	–0.02	0.24	16.89	99.4
1–4	—	—	—	—	—	—	16.12	103.92
2–1	157.24	136.3	–138.75	7.6	0.01	0.25	18.53	90.81
2–2	157.29	136.32	–138.72	9.6	0.01	0.32	17.67	95.15
2–3	157.22	136.29	–138.75	7.0	0.02	0.24	16.89	99.4
2–4	—	—	—	—	—	—	16.12	103.91

从表 7–7 中可以看出，0° 大风工况顺风侧（右）和背风侧（左）的复合横担、绝缘子串轴力大致相等，绝缘子串轴力最大为 157.29kN，横担上部轴力最大为 136.33kN，横担下部轴力最大为 –138.75kN；两侧绝缘子串摆动幅度很小，风偏角最大为 9.6°，发生在中间塔；横担最外侧端点在 Y 轴正方向的最大位移为 0.32m，中间塔横担、绝缘子串位移变形图如图 7–13 所示；导线斜弧垂从 1~4 跨逐渐减小，最大斜弧垂在第 1 跨为 18.53m 处，如图 7–14 所示；导线张力与导线斜弧垂正好相反从 1~4 跨逐渐增大，最大张力在第 4 跨，数值为 103.92kN。

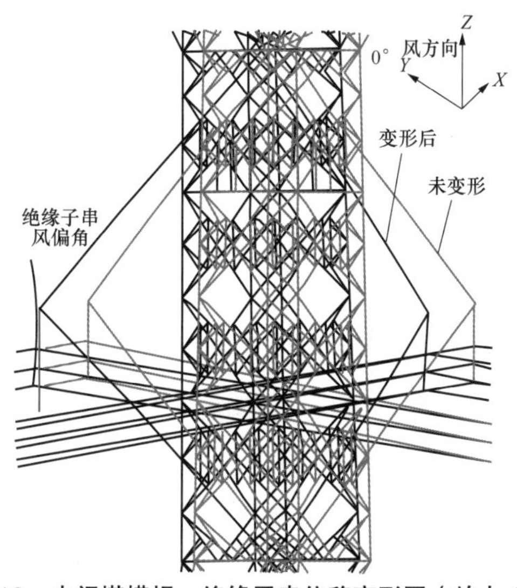

图 7–13　中间塔横担、绝缘子串位移变形图（放大 10 倍）

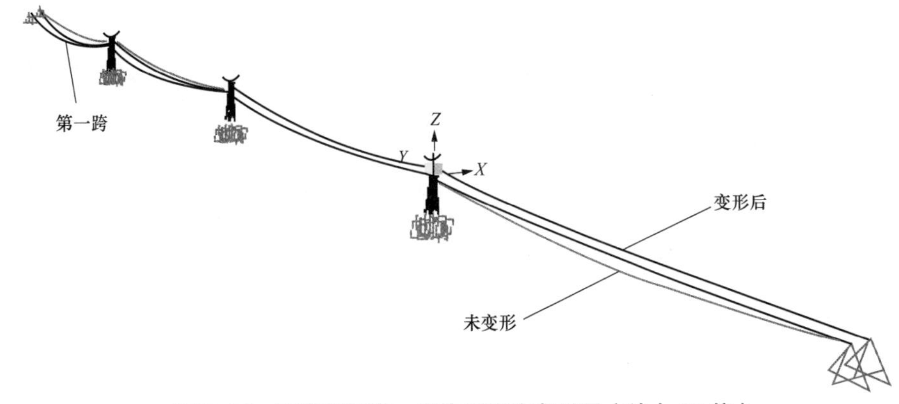

图 7-14　三塔四跨塔—线体系位移变形图（放大 10 倍）

表 7-8　　45° 大风工况单元轴力和节点位移

挂点号	绝缘子串最大轴力（kN）	横担上部最大轴力（kN）	横担下部最大轴力（kN）	绝缘子串风偏角（°）	横担 X 方向位移（m）	横担 Y 方向位移（m）	导线最低点斜弧垂（m）	导线最大张力（kN）
1-1	167.07	171.89	-102.74	22.68	-0.22	0.02	18.2	97.48
1-2	167.37	172.39	-102.25	23.1	-0.22	0.02	17.77	100.07
1-3	167.04	171.84	-102.78	22.64	-0.22	0.02	17.33	102.56
1-4	—	—	—	—			16.83	102.57
2-1	167.23	100.15	-174.27	20.78	-0.19	0.01	18.17	97.21
2-2	167.36	99.56	-174.6	21.22	-0.19	0.01	17.64	99.96
2-3	167.22	100.2	-174.24	20.72	-0.19	0.01	17.17	102.65
2-4	—	—	—	—			16.72	105.25

从表 7-8 中可以看出，45° 大风工况顺风侧（右）和背风侧（左）的绝缘子串轴力大致相等，绝缘子串轴力最大值为 167.37kN；由于绝缘子串风偏角相对 0° 大风工况，顺风侧横担下部为主要承力部件，背风侧横担上部为主要承力部件，轴力最大值分别为 -174.27kN 和 171.89kN；横担绕 Z 轴向 Y 轴正方向转动，Y 轴方向最大位移为 0.02m；导线斜弧垂从 1~4 跨逐渐减小（见图 7-15），最大斜弧垂在第 1 跨，数值为 18.2m；导线张力与导线斜弧垂正好相反从 1~4 跨逐渐增大，最大张力在第 4 跨为 105.25kN，顺风侧导线张力比背风侧张力稍大，顺风侧导线最大张力为 105.25kN，背风侧导线最大张力为 102.57kN。

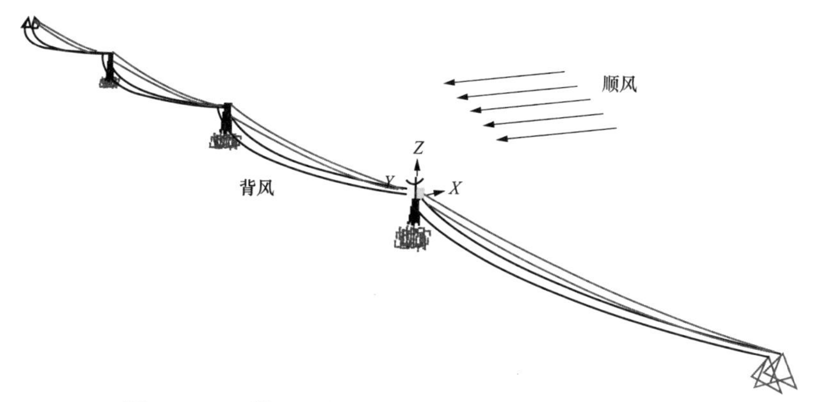

图 7-15 三塔四跨塔—线体系位移变形图（放大 10 倍）

表 7-9 60° 大风工况单元轴力和节点位移

挂点号	绝缘子串最大轴力（kN）	横担上部最大轴力（kN）	横担下部最大轴力（kN）	绝缘子串风偏角（°）	横担 X 方向位移（m）	横担 Y 方向位移（m）	导线最低点斜弧垂（m）	导线最大张力（kN）
1–1	178.66	189.42	−84.73	28.62	−0.22	0.02	17.8	105.58
1–2	178.66	189.42	−83.92	28.84	−0.22	0.02	17.88	105.68
1–3	178.66	189.42	−84.73	28.62	−0.22	0.02	17.85	105.84
1–4	—	—	—	—	—	—	17.71	106.09
2–1	178.89	82.05	−191.78	26.29	−0.19	0.01	17.69	105.67
2–2	179.18	81.06	−192.24	26.08	−0.19	0.01	17.69	105.72
2–3	178.89	82.06	−191.78	28.62	−0.19	0.01	17.68	105.8
2–4	—	—	—	—	—	—	17.64	105.92

从表 7–9 中可以看出，60° 大风工况顺风侧（右）和背风侧（左）的绝缘子串轴力大致相等，轴力最大为 178.89kN；由于绝缘子串风偏角变大并且达到 28.62°，顺风侧横担下部为主要承力部件，背风侧横担上部为主要承力部件，轴力最大值分别为 −192.42kN 和 189.42kN；导线斜弧垂和张力在每跨大致相同，斜弧垂最大在第 2 跨为 17.88kN，张力最大在第 3 跨为 105.84kN；由于导线每跨张力分布均匀，横担和绝缘子串在 Y 方向保持不动，整体向 X 方向偏移，顺风侧为 −0.19m，背风侧为 −0.22m。由于顺风侧横担下部主要承压，而背风侧横担上部主要承拉使单元伸长，因此导致背风侧在 X 方向偏移更大一些。

表 7-10　　90° 大风工况单元轴力和节点位移

挂点号	绝缘子串最大轴力（kN）	横担上部最大轴力（kN）	横担下部最大轴力（kN）	绝缘子串风偏角（°）	横担 X 方向位移（m）	横担 Y 方向位移（m）	导线最低点斜弧垂（m）	导线最大张力（kN）
1–1	193.76	206.88	–66.75	32.26	–0.26	0.00	18.06	113.46
1–2	194.54	207.69	–65.59	32.44	–0.26	0.00	18.24	113.42
1–3	193.76	206.88	–66.75	32.26	–0.26	0.00	18.24	113.42
1–4	—	—	—	—	—	—	18.06	113.46
2–1	194.04	63.97	–209.19	29.33	–0.23	0.00	17.96	113.46
2–2	194.55	62.57	–209.71	29.51	–0.23	0.00	18.04	113.42
2–3	194.04	63.97	–209.19	29.33	–0.23	0.00	18.04	113.42
2–4	—	—	—	—	—	—	17.96	113.45

从表 7–10 中可以看出，90° 大风工况顺风侧（右）和背风侧（左）的绝缘子串轴力大致相等，轴力最大为 193.76kN；由于绝缘子串风偏角变大并且达到 32.44°，顺风侧横担下部为主要承力部件，背风侧横担上部为主要承力部件，轴力最大值分别为 –209.71kN 和 207.69kN；导线斜弧垂和张力在每跨大致相同，斜弧垂最大在第 2 跨为 18.24kN，张力最大在第 3 跨为 113.42kN；由于导线每跨张力分布均匀，横担和绝缘子串在 Y 方向基本保持不动，整体向 X 方向偏移，顺风侧 –0.23m，背风侧为 –0.26m。由于顺风侧横担下部主要承压，而背风侧横担上部主要承拉使单元伸长，所以背风侧在 X 方向偏移更大一些。

表 7–11　　均匀覆冰工况单元轴力和节点位移

挂点号	绝缘子串最大轴力（kN）	横担上部最大轴力（kN）	横担下部最大轴力（kN）	绝缘子串风偏角（°）	横担 X 方向位移（m）	横担 Y 方向位移（m）	导线最低点斜弧垂（m）	导线最大张力（kN）
1–1	231.89	213.14	–186.31	7.67	–0.07	0.00	18.48	131.19
1–2	232.03	213.44	–186.18	7.77	–0.07	0.00	18.5	131.18
1–3	231.71	212.9	–186.31	7.67	–0.07	0.00	18.5	131.19

续表

挂点号	绝缘子串最大轴力（kN）	横担上部最大轴力（kN）	横担下部最大轴力（kN）	绝缘子串风偏角（°）	横担 X 方向位移（m）	横担 Y 方向位移（m）	导线最低点斜弧垂（m）	导线最大张力（kN）
1–4	—	—	—	—	—	—	18.48	131.19
2–1	231.78	183.6	–215.54	6.26	–0.02	0.00	18.46	131.2
2–2	231.85	183.46	–215.74	6.35	–0.02	0.00	18.45	131.19
2–3	231.78	183.6	–215.54	6.26	–0.02	0.00	18.45	131.18
2–4	—	—	—	—	—	—	18.46	131.18

从表 7–11 中可以看出，均匀覆冰工况顺风侧（右）和背风侧（左）的绝缘子串轴力大致相等，轴力最大为 232.03kN；由于绝缘子串风偏角很小，最大只有 7.77°，横担上部和下部轴力相对以上工况相差不大，顺风侧横担下部依然为主要承力部件，背风侧横担上部为主要承力部件，轴力最大值分别为 –215.74kN 和 213.44kN；导线斜弧垂和张力在每跨大致相同，斜弧垂最大在第 2 跨为 18.58kN，张力最大在第 3 跨为 131.19kN；由于导线每跨张力分布均匀，横担和绝缘子串在 Y 方向保持不动，整体向 X 方向偏移，顺风侧 –0.02m，背风侧为 –0.07m。由于顺风侧横担下部主要承压，而背风侧横担上部主要承拉使单元伸长，所以背风侧在 X 方向偏移更大一些。

表 7–12　　不均匀覆冰工况单元轴力和节点位移

挂点号	绝缘子串最大轴力（kN）	横担上部最大轴力（kN）	横担下部最大轴力（kN）	绝缘子串风偏角（°）	横担 X 方向位移（m）	横担 Y 方向位移（m）	导线最低点斜弧垂（m）	导线最大张力（kN）
1–1	231.86	212.79	–185.94	16.08	–0.06	0.45	20.55	118.48
1–2	196.21	181.64	–153.54	29.12	–0.02	0.95	20.81	117.06
1–3	158.91	150.4	–124	17.35	–0.05	0.44	14.65	113.3
1–4	—	—	—	—	—	—	14.83	112.19
2–1	231.88	183.38	–215.25	15.96	–0.03	0.49	20.62	117.86
2–2	195.81	151.83	–183	29.47	–0.08	1.01	20.81	116.75
2–3	158.9	121.37	–152.86	17.24	–0.04	0.48	14.55	113.65
2–4	—	—	—	—	—	—	14.71	112.78

从表 7–12 中可以看出，不均匀覆冰工况顺风侧（右）和背风侧（左）的绝缘子串轴力对称并且都是从 1~3 塔逐渐减小，最大为 231.88kN，最小为 158.9kN；绝缘子串风偏角最大在中间塔，为 29.47° ；横担轴力也有从 1~3 塔逐渐减小的规律，由于绝缘子串风偏角变大，顺风侧横担下部为主要承力部件，轴力最大值分别为 –215.25kN 和最小值为 –152.86kN，背风侧横担上部为主要承力部件，轴力最大值分别为 212.79kN 和最小值为 150.4kN；横担绕 Z 轴向 Y 轴正方向转动，Y 轴方向最大位移为 1.01m；导线斜弧垂从 1~4 跨逐渐减小（见图 7–16），最大斜弧垂在第 2 跨为 20.62m；导线张力也是从 1~4 跨逐渐减小，最大张力在第 1 跨为 118.48kN。

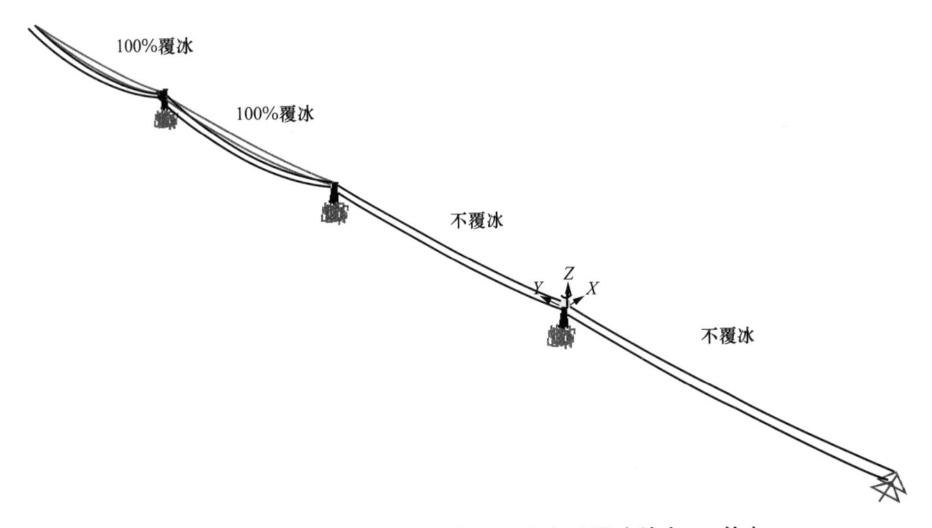

图 7–16　三塔四跨塔—线体系位移变形图（放大 10 倍）

表 7–13　断线工况单元轴力和节点位移

挂点号	绝缘子串最大轴力（kN）	横担上部最大轴力（kN）	横担下部最大轴力（kN）	绝缘子串风偏角（°）	横担 X 方向位移（m）	横担 Y 方向位移（m）	导线最低点斜弧垂（m）	导线最大张力（kN）
1–1	223.52	192.63	–195.09	6.57	0.01	–0.85	18.29	264.01
1–2	224.67	192.19	–194.55	4.20	–0.01	–0.47	18.50	117.80
1–3	223.51	192.40	–194.84	2.11	–0.07	–0.05	18.33	124.28
1–4	—	—	—	—			18.51	124.96

续表

挂点号	绝缘子串最大轴力（kN）	横担上部最大轴力（kN）	横担下部最大轴力（kN）	绝缘子串风偏角（°）	横担 X 方向位移（m）	横担 Y 方向位移（m）	导线最低点斜弧垂（m）	导线最大张力（kN）
2-1	223.38	192.11	−190.82	6.26	0.02	0.02	18.27	126.85
2-2	223.58	192.23	−191.31	6.35	0.02	0.02	18.31	126.97
2-3	223.51	192.20	−194.32	6.26	0.02	0.02	18.29	126.97
2-4	—	—	—	—			18.49	126.92

从表 7-13 三塔四跨断线工况可以看出，计算结果与覆冰工况结果相差不大，仅第 1 跨计算结果有所差异，这是因为发生在第 1 跨的断线使竖向绝缘子串发生扭转。

表 7-14　　安装工况单元轴力和节点位移

挂点号	绝缘子串最大轴力（kN）	横担上部最大轴力（kN）	横担下部最大轴力（kN）	绝缘子串风偏角（°）	横担 X 方向位移（m）	横担 Y 方向位移（m）	导线最低点斜弧垂（m）	导线最大张力（kN）
1-1	235.97	212.78	−199.78	6.63	−0.13	0	18.08	136.35
1-2	236.17	213.13	−199.72	6.73	−0.13	0	18.16	136.35
1-3	235.97	212.78	−199.78	6.63	−0.13	0	18.16	136.35
1-4	—	—	—	—		0	18.03	136.35
2-1	236.14	196.42	−216.35	5.1	−0.08	0	18.03	136.36
2-2	236.17	196.27	−216.52	5.18	−0.08	0	18.06	136.35
2-3	236.14	196.42	−216.35	5.1	−0.08	0	18.06	136.34
2-4	—	—	—	—		0	18.08	136.34

从表 7-14 中可以看出，安装工况顺风侧（右）和背风侧（左）的绝缘子串轴力大致相等，轴力最大为 236.17kN；由于绝缘子串风偏角很小，最大只有 6.73°，横担上部和下部轴力相对以上工况相差不大，顺风侧横担下部依然为主要承力部件，背风侧横担上部为主要承力部件，轴力最大值分别为 −216.52kN 和 212.78kN；

导线斜弧垂和张力在每跨大致相同，斜弧垂最大在第 2 跨为 18.16m，张力最大在第 3 跨为 136.36kN；由于导线每跨张力分布均匀，横担和绝缘子串在 Y 方向保持不动，整体向 X 方向偏移，顺风侧 -0.08m，背风侧为 -0.13m。由于顺风侧横担下部主要承压，而背风侧横担上部主要承拉使单元伸长，所以背风侧在 X 方向偏移更大一些。

7.4.2 六塔七跨塔—线体系静力非线性分析

与三塔四跨模型对比，根据不同工况分别对六塔七跨塔—线体系进行加载计算，提取挂点处的单元最大轴力和节点位移。轴力是指单元在本身自重、导线自重以及风荷载作用下的最大内力。横担位移取最外侧交点位移，绝缘子串位移取底部中点位移，如图 7-17 所示。表 7-15~ 表 7-22 分别为六塔七线塔—线体系在 0° 大风工况、45° 大风工况、60° 大风工况、90° 大风工况、均匀覆冰工况、不均匀覆冰工况、断线工况、安装工况下绝缘子串和横担的轴力及节点位移的分析结果。

表 7-15　　0° 大风工况单元轴力和节点位移

挂点号	绝缘子串最大轴力（kN）	横担上部最大轴力（kN）	横担下部最大轴力（kN）	绝缘子串风偏角（°）	横担 X 方向位移（m）	横担 Y 方向位移（m）	导线最低点斜弧垂（m）	导线最大张力（kN）
1-1	157.29	136.23	-138.62	12.81	-0.01	0.41	19.34	87.26
1-2	157.29	136.23	-138.62	19.62	0.00	0.64	18.50	87.29
1-3	157.56	136.05	-138.11	22.27	0.00	0.73	17.83	91.20
1-4	157.54	136.15	-138.17	21.72	0.00	0.71	17.24	91.22
1-5	157.43	136.22	-138.40	18.11	0.00	0.59	16.68	94.45
1-6	157.25	136.26	-138.67	11.05	-0.01	0.36	16.10	94.45
1-7	—	—	—	—	—	—	15.44	97.48
2-1	157.29	136.25	-138.62	12.77	0.01	0.41	19.35	97.48
2-2	157.48	136.21	-138.32	19.57	0.00	0.63	18.50	100.80
2-3	157.56	136.15	-138.14	22.22	0.00	0.72	17.83	100.79
2-4	157.54	136.12	-138.16	21.67	0.00	0.70	17.24	104.46
2-5	157.43	136.24	-138.40	18.07	0.00	0.58	16.68	104.43
2-6	157.25	136.26	-138.67	11.02	0.01	0.36	16.10	108.64
2-7	—	—	—	—	—	—	15.44	108.61

从表 7–15 中可以看出，与三塔四跨模型相比，单元轴力基本没变，有弧垂累积效应，如图 7–17 所示。而横担 1–6 挂点 Y 方向位移分别为 0.36、0.59、0.71、0.73、0.64、0.41m，这可以看出从挂点 4 到挂点 2 横担在 Y 方向转动位移在缩小，说明从第 4 跨开始弧垂累积效应得到控制。绝缘子串风偏角最大达到 22.27° ，发生在中间塔，斜弧垂最大依然在第 1 跨，达到 19.35m，导线张力最大值在最后 1 跨，数值为 108.61kN。

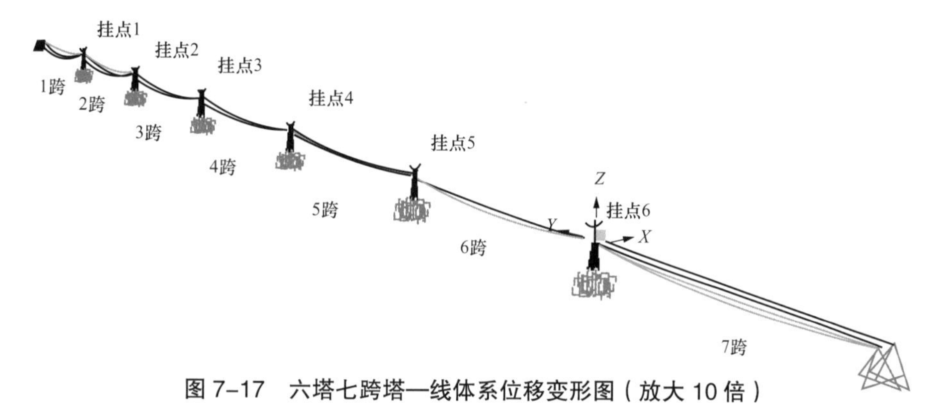

图 7–17　六塔七跨塔—线体系位移变形图（放大 10 倍）

表 7–16　　45° 大风工况单元轴力和节点位移

挂点号	绝缘子串最大轴力（kN）	横担上部最大轴力（kN）	横担下部最大轴力（kN）	绝缘子串风偏角（°）	横担 X 方向位移（m）	横担 Y 方向位移（m）	导线最低点斜弧垂（m）	导线最大张力（kN）
1–1	167.09	172.10	–102.46	23.16	–0.16	0.21	18.74	95.61
1–2	167.45	172.57	–101.88	24.43	–0.16	0.33	18.21	94.39
1–3	167.50	172.56	–101.82	25.01	–0.16	0.38	17.77	97.93
1–4	167.49	172.52	–101.81	24.95	–0.16	0.37	17.53	96.97
1–5	167.44	172.62	–101.91	24.28	–0.16	0.31	17.24	99.72
1–6	167.05	172.05	–102.54	23.02	–0.16	0.20	16.92	99.25
1–7	—	—	—	—	—	—	16.48	101.33
2–1	167.24	99.87	–174.46	21.60	–0.13	0.28	18.58	101.43
2–2	167.38	99.19	–174.65	23.46	–0.14	0.44	18.18	103.13
2–3	167.39	99.10	–174.56	24.38	–0.14	0.51	17.83	103.72

续表

挂点号	绝缘子串最大轴力（kN）	横担上部最大轴力（kN）	横担下部最大轴力（kN）	绝缘子串风偏角（°）	横担 X 方向位移（m）	横担 Y 方向位移（m）	导线最低点斜弧垂（m）	导线最大张力（kN）
2–4	167.39	99.19	–174.60	24.25	–0.14	0.50	17.38	105.17
2–5	167.38	99.23	–174.68	23.17	–0.14	0.42	16.99	106.13
2–6	167.22	99.95	–174.41	21.36	–0.13	0.25	16.61	107.60
2–7	—	—	—	—	—	—	16.21	108.77

从表 7–16 中可以看出，与三塔四跨模型相比，单元轴力结果基本没变，累积效应明显增强，如图 7–18 所示。绝缘子串风偏角最大达到 24.95°，发生在中间塔，斜弧垂最大在第一跨为 18.74m，导线张力最大在顺风最后一跨为 108.77kN。

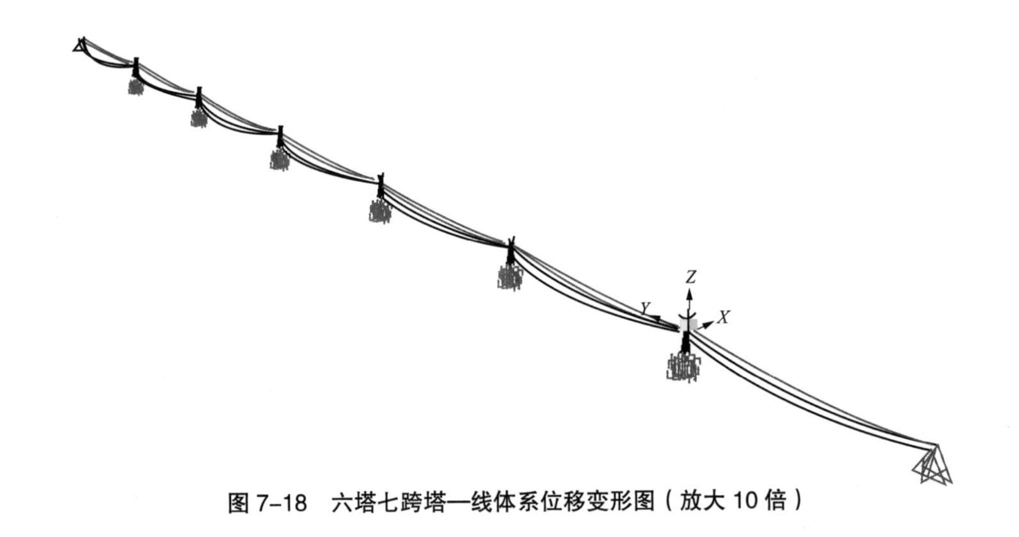

图 7–18　六塔七跨塔—线体系位移变形图（放大 10 倍）

表 7–17　　60° 大风工况单元轴力和节点位移

挂点号	绝缘子串最大轴力（kN）	横担上部最大轴力（kN）	横担下部最大轴力（kN）	绝缘子串风偏角（°）	横担 X 方向位移（m）	横担 Y 方向位移（m）	导线最低点斜弧垂（m）	导线最大张力（kN）
1–1	178.66	189.76	–84.38	28.65	–0.22	0.02	17.82	105.40
1–2	179.18	190.45	–83.56	28.87	–0.22	0.03	17.91	105.54
1–3	179.18	190.46	–83.54	28.88	–0.22	0.04	17.89	105.51

续表

挂点号	绝缘子串最大轴力（kN）	横担上部最大轴力（kN）	横担下部最大轴力（kN）	绝缘子串风偏角（°）	横担 X 方向位移（m）	横担 Y 方向位移（m）	导线最低点斜弧垂（m）	导线最大张力（kN）
1-4	179.18	190.46	-83.54	28.88	-0.22	0.04	17.87	105.60
1-5	179.18	190.45	-83.56	28.87	-0.22	0.03	17.85	105.64
1-6	178.65	189.75	-84.39	28.64	-0.22	0.02	17.83	105.67
1-7	—	—	—	—	—	—	17.69	105.75
2-1	178.89	81.73	-192.11	26.09	-0.19	0.01	17.71	105.75
2-2	179.18	80.72	-192.58	26.31	-0.19	0.02	17.71	105.87
2-3	179.18	80.71	-192.58	26.31	-0.19	0.02	17.70	105.82
2-4	179.18	80.71	-192.58	26.31	-0.19	0.02	17.69	106.00
2-5	179.18	80.72	-192.58	26.31	-0.19	0.02	17.67	105.90
2-6	178.89	81.73	-192.11	26.09	-0.19	0.01	17.66	106.22
2-7	—	—	—	—	—	—	17.62	106.02

从表 7-17 中可以看出，与三塔四跨模型相比计算结果基本没变，但是导线张力在顺风侧稍微增大，背风侧稍微减小。

表 7-18　　90° 大风工况单元轴力和节点位移表

挂点号	绝缘子串最大轴力（kN）	横担上部最大轴力（kN）	横担下部最大轴力（kN）	绝缘子串风偏角（°）	横担 X 方向位移（m）	横担 Y 方向位移（m）	导线最低点斜弧垂（m）	导线最大张力（kN）
1-1	193.76	207.33	-66.26	32.29	-0.26	0	18.06	113.41
1-2	194.55	208.15	-65.08	32.47	-0.26	0	18.24	113.43
1-3	194.55	208.15	-65.06	32.48	-0.26	0	18.24	113.41
1-4	194.55	208.15	-65.06	32.48	-0.26	0	18.24	113.42
1-5	194.55	208.15	-65.08	32.47	-0.26	0	18.24	113.41
1-6	193.76	207.33	-66.26	32.29	-0.26	0	18.24	113.41
1-7	—	—	—	—	—	—	18.06	113.41
2-1	194.04	63.60	-209.6	29.35	-0.23	0	17.96	113.41

续表

挂点号	绝缘子串最大轴力（kN）	横担上部最大轴力（kN）	横担下部最大轴力（kN）	绝缘子串风偏角（°）	横担 X 方向位移（m）	横担 Y 方向位移（m）	导线最低点斜弧垂（m）	导线最大张力（kN）
2–2	194.55	62.19	–210.17	29.53	–0.23	0	18.04	113.41
2–3	194.55	62.17	–210.17	29.53	–0.23	0	18.04	113.40
2–4	194.55	62.17	–210.17	29.53	–0.23	0	18.04	113.41
2–5	194.55	62.19	–210.17	29.53	–0.23	0	18.04	113.40
2–6	194.04	63.58	–209.64	29.35	–0.23	0	18.04	113.45
2–7	—	—	—	—	—	—	17.96	113.44

从表 7–18 中可以看出，与三塔四跨模型相比计算结果基本没变。

表 7–19　均匀覆冰工况单元轴力和节点位移

挂点号	绝缘子串最大轴力（kN）	横担上部最大轴力（kN）	横担下部最大轴力（kN）	绝缘子串风偏角（°）	横担 X 方向位移（m）	横担 Y 方向位移（m）	导线最低点斜弧垂（m）	导线最大张力（kN）
1–1	231.89	213.23	–186.21	7.68	–0.07	0	18.48	131.18
1–2	232.03	213.54	–186.08	7.78	–0.07	0	18.50	131.20
1–3	232.03	213.54	–186.08	7.78	–0.07	0	18.50	131.18
1–4	232.03	213.54	–186.08	7.78	–0.07	0	18.50	131.19
1–5	232.03	213.54	–186.08	7.78	–0.07	0	18.50	131.18
1–6	231.89	213.23	–186.21	7.68	–0.07	0	18.50	131.19
1–7	—	—	—	—	—	—	18.48	131.19
2–1	231.96	183.75	–215.63	6.27	–0.02	0	18.45	131.19
2–2	232.03	183.61	–215.84	6.35	–0.02	0	18.45	131.19
2–3	232.03	183.61	–215.84	6.35	–0.02	0	18.45	131.18
2–4	232.03	183.61	–215.84	6.35	–0.02	0	18.45	131.19

续表

挂点号	绝缘子串最大轴力（kN）	横担上部最大轴力（kN）	横担下部最大轴力（kN）	绝缘子串风偏角（°）	横担 X 方向位移（m）	横担 Y 方向位移（m）	导线最低点斜弧垂（m）	导线最大张力（kN）
2-5	232.03	183.61	-215.84	6.35	-0.02	0	18.45	131.18
2-6	231.96	183.75	-215.63	6.27	-0.02	0	18.45	131.20
2-7	—	—	—	—	—	—	18.46	131.18

从表 7-19 中可以看出，与三塔四跨模型相比计算结果基本没变。

表 7-20 不均匀覆冰工况单元轴力和节点位移

挂点号	绝缘子串最大轴力（kN）	横担上部最大轴力（kN）	横担下部最大轴力（kN）	绝缘子串风偏角（°）	横担 X 方向位移（m）	横担 Y 方向位移（m）	导线最低点斜弧垂（m）	导线最大张力（kN）
1-1	232.39	213.08	-186.04	14.88	-0.06	0.41	15.73	119.63
1-2	232.60	213.13	-184.95	26.78	-0.03	0.86	20.35	118.39
1-3	196.81	178.73	-154.03	39.09	0.03	1.41	20.59	115.73
1-4	158.96	145.60	-127.86	29.59	0.00	0.94	21.07	110.24
1-5	158.33	145.59	-128.64	20.27	-0.03	0.59	14.92	107.60
1-6	157.96	145.58	-129.25	11.63	-0.04	0.28	15.33	105.78
1-7	—	—	—	—			15.60	104.87
2-1	232.06	183.69	-215.13	15.30	-0.03	0.46	15.55	118.45
2-2	232.39	182.80	-214.17	28.20	-0.07	0.97	20.52	117.44
2-3	196.22	152.54	-177.95	40.42	-0.15	1.54	20.70	115.39
2-4	158.74	125.80	-146.37	31.13	-0.07	1.05	21.09	110.60
2-5	158.27	126.55	-147.59	21.41	-0.04	0.66	14.83	108.33
2-6	157.99	126.81	-147.93	11.85	-0.02	0.32	15.19	106.70
2-7	—	—	—	—			15.45	105.89

从表 7-20 中可以看出，与三塔四跨模型相比，计算结果每项都有少量的增加，这是因为三塔四跨模型中是前两跨 100%覆冰，而六塔七跨是前三跨 100%覆冰，弧垂累计效应、导线张力规律与三塔四跨大致相同（见图 7-19）。

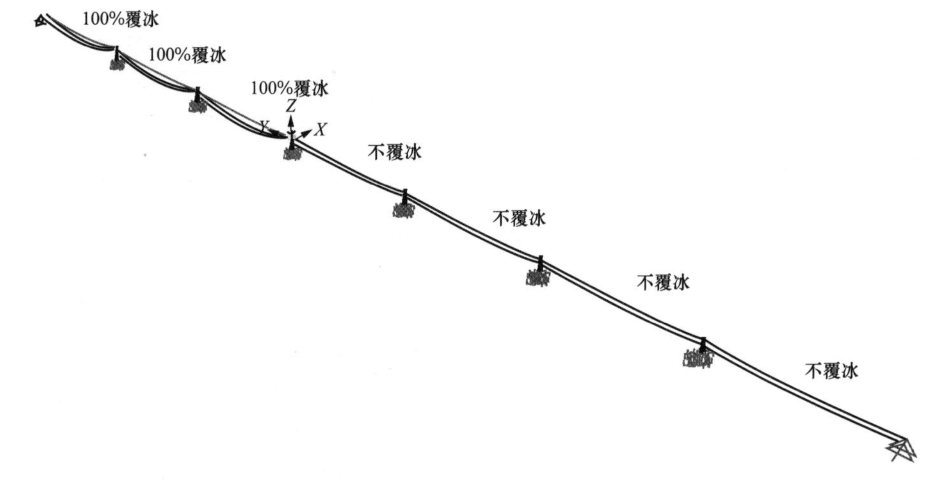

图 7-19　六塔七跨塔—线体系位移变形图（放大 10 倍）

表 7-21　　断线工况单元轴力和节点位移

挂点号	绝缘子串最大轴力（kN）	横担上部最大轴力（kN）	横担下部最大轴力（kN）	绝缘子串风偏角（°）	横担 X 方向位移（m）	横担 Y 方向位移（m）	导线最低点斜弧垂（m）	导线最大张力（kN）
1-1	223.52	192.63	-195.09	5.25	0.01	-0.85	18.29	264.01
1-2	224.67	192.19	-194.55	2.89	-0.01	-0.47	18.50	117.80
1-3	223.61	192.21	-194.78	1.95	-0.02	-0.32	18.51	123.44
1-4	223.59	192.23	-194.83	1.33	-0.22	-0.05	18.35	124.35
1-5	223.58	192.48	-194.86	0.83	-0.14	-0.05	18.36	124.08
1-6	223.51	192.40	-194.84	0.40	-0.07	-0.05	18.33	124.28
1-7	—	—	—	—			18.32	124.17
2-1	223.38	192.11	-190.82	0.76	0.02	0.02	18.27	126.85
2-2	223.50	192.22	-191.55	0.76	0.02	0.02	18.46	126.83
2-3	223.58	192.23	-191.30	0.76	0.02	0.02	18.46	127.06
2-4	223.58	192.26	-191.27	0.76	0.02	0.02	18.31	127.10

续表

挂点号	绝缘子串最大轴力（kN）	横担上部最大轴力（kN）	横担下部最大轴力（kN）	绝缘子串风偏角（°）	横担 X 方向位移（m）	横担 Y 方向位移（m）	导线最低点斜弧垂（m）	导线最大张力（kN）
2–5	223.58	192.23	−191.31	0.76	0.02	0.02	18.31	126.97
2–6	223.51	192.20	−194.32	0.76	0.02	0.02	18.29	126.97
2–7	—	—	—	--			18.29	126.97

从表 7–21 中可以看出，计算结果与三塔四跨相比，计算结果普遍偏小，这是因为发生在第 1 跨的断线使竖向绝缘子串发生扭转，绝缘子串风偏角比三塔四跨的略大一些，导致轴力变小。

表 7–22　　安装工况单元轴力和节点位移

挂点号	绝缘子串最大轴力（kN）	横担上部最大轴力（kN）	横担下部最大轴力（kN）	绝缘子串风偏角（°）	横担 X 方向位移（m）	横担 Y 方向位移（m）	导线最低点斜弧垂（m）	导线最大张力（kN）
1–1	235.98	212.85	−199.71	3.62	−0.24	0	18.06	136.34
1–2	236.17	213.20	−199.65	3.63	−0.24	0	18.11	136.35
1–3	236.17	213.21	−199.65	3.63	−0.24	0	18.11	136.35
1–4	236.17	213.21	−199.65	3.63	−0.24	0	18.11	136.35
1–5	236.17	213.20	−199.65	3.63	−0.24	0	18.10	136.35
1–6	235.98	212.85	−199.71	3.62	−0.24	0	18.11	136.35
1–7	—	—	—	—	—	—	18.06	136.35
2–1	236.14	196.35	−216.42	5.12	−0.08	0	18.01	136.36
2–2	236.17	196.20	−216.60	5.20	−0.08	0	18.00	136.36

续表

挂点号	绝缘子串最大轴力（kN）	横担上部最大轴力（kN）	横担下部最大轴力（kN）	绝缘子串风偏角（°）	横担 X 方向位移（m）	横担 Y 方向位移（m）	导线最低点斜弧垂（m）	导线最大张力（kN）
2-3	236.17	196.20	-216.60	5.20	-0.08	0	18.00	136.35
2-4	236.17	196.20	-216.60	5.20	-0.08	0	18.00	136.35
2-5	236.17	196.20	-216.60	5.19	-0.08	0	18.01	136.34
2-6	236.14	196.35	-216.42	5.12	-0.08	0	18.01	136.34
2-7	—	—	—	—	—	—	18.01	136.35

从表 7-22 中可以看出，与三塔四跨模型相比，计算结果基本没变。

7.4.3 塔—线体系静力非线性分析结果比较

为了更清晰的说明结构在风荷载作用下单元轴力和节点位移的变化情况，下面给出结构在等效静力风荷载作用下的位移变化图。在三塔四跨和六塔七跨塔—线体系的分析结果中可以看出，静力分析对两种模型影响不大，所以以下只比较三塔四跨塔—线体系。由于中间塔能更好的反映了耦合体系对结构的影响，因此本文对中间塔的静荷载响应进行比较，此外，对于断线工况由于断线发生在第 1 跨，所以断线工况比较第 1 跨的塔和导线数据。其他 7 个工况本项目选择第 2 跨对斜弧垂进行比较，由于本章将导线分为 16 段，所以统一选择导线中间点作比较。

（1）静力风荷载作用下各工况中间塔绝缘子串、横担轴力最大值比较，见表 7-23。

表 7-23　　各工况中间塔绝缘子串、横担轴力最大值比较

工况 / 编号	塔左侧轴力（kN）			塔右侧轴力（kN）		
	绝缘子串	横担上部	横担下部	绝缘子串	横担上部	横担下部
0° 大风 /1	157.29	136.33	-138.73	157.29	136.32	-138.72
45° 大风 /2	167.37	172.39	-102.25	167.36	99.56	-174.60

续表

工况 / 编号	塔左侧轴力（kN）			塔右侧轴力（kN）		
	绝缘子串	横担上部	横担下部	绝缘子串	横担上部	横担下部
60° 大风 /3	178.66	189.42	−83.92	179.18	81.06	−192.24
90° 大风 /4	194.54	207.69	−65.59	194.55	62.57	−209.71
均匀覆冰 /5	232.03	213.44	−186.18	231.85	183.46	−215.74
不均匀覆冰 /6	231.86	212.79	−185.94	231.88	183.38	−215.25
断线 /7	235.97	212.78	−190.78	223.38	192.11	−199.82
安装 /8	236.17	213.13	−199.72	236.17	196.27	−216.52

从表 7–23 中可以看出，在 1~4 工况不同风攻角中绝缘子串轴力依次增大，而塔右侧为顺风方向，在 1~4 工况横担上部左侧为主要受力构件，横担下部右侧为主要受力构件，左侧横担上部轴力随工况依次增大，右侧横担下部轴力也随工况号依次增大，如图 7–20 所示。比较 1~8 工况可以看出，绝缘子串、左侧横担上部、右侧横担下部在安装工况轴力最大，所以安装工况对结构受力影响最大。第 5 工况与第 6 工况比较，可以看出均匀覆冰轴力远大于不均匀覆冰轴力。

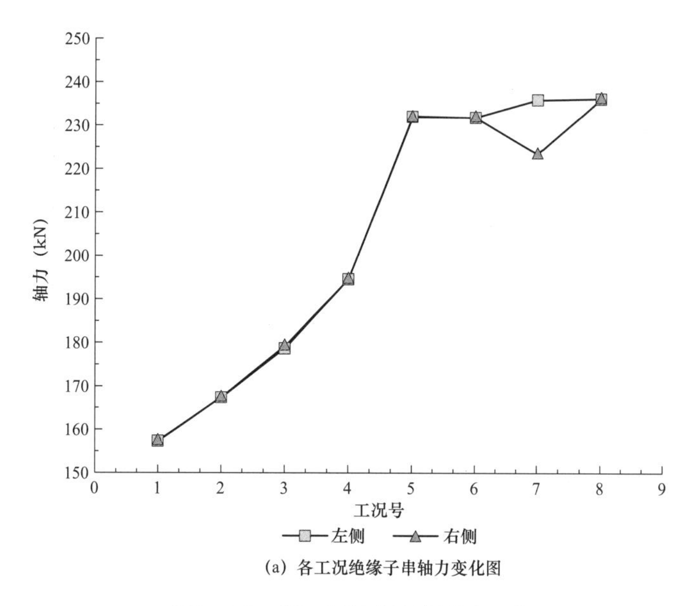

(a) 各工况绝缘子串轴力变化图

图 7–20 各工况轴力变化图（一）

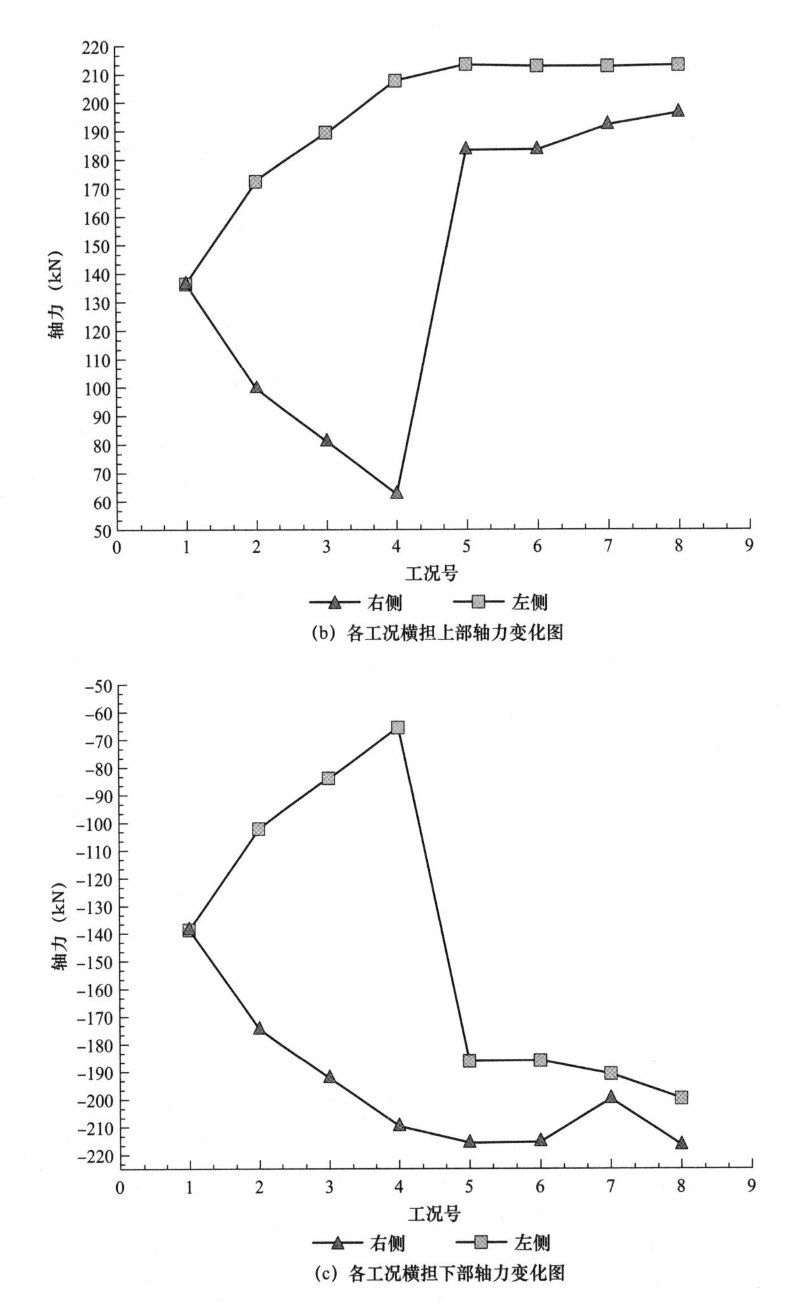

(b) 各工况横担上部轴力变化图

(c) 各工况横担下部轴力变化图

图 7-20　各工况轴力变化图（二）

（2）静力风荷载作用下绝缘子串风偏角比较。

表 7-24 为各工况绝缘子串风偏角最大值，图 7-21、图 7-22 分别为绝缘子串与横担夹角、绝缘子串测点和与间隔棒最大夹角。由表 7-24 可以看出，在 1~4 工况中，风偏角随工况依次增大。5~8 工况风偏角普遍偏小，其中不均匀覆

冰工况由于导线牵引绝缘子串，风偏角比其他三个工况有所增大。在 2、3、4、6 工况中可以看出，间隔棒会碰到下横担，所以应调整复合材料横担角度。

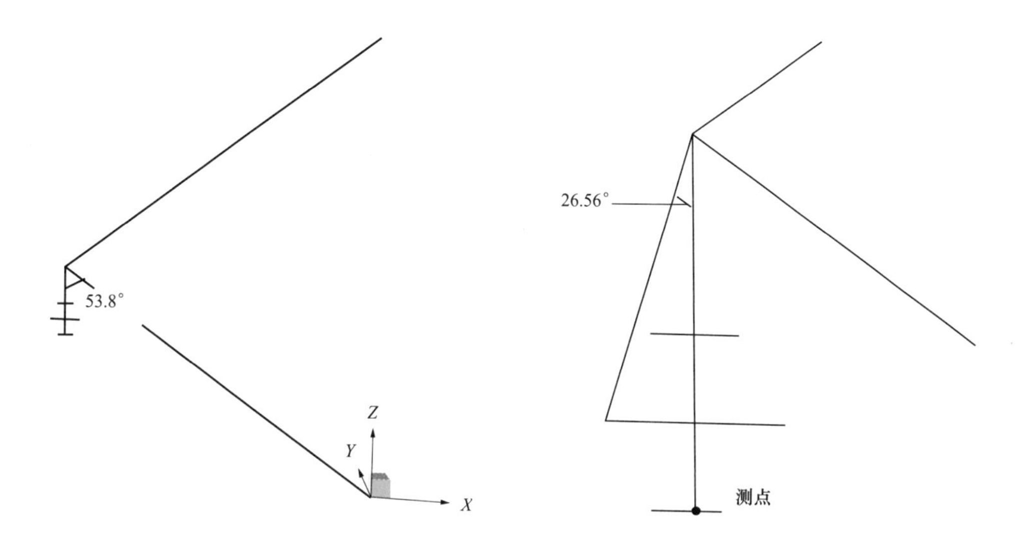

图 7-21 绝缘子串与横担夹角

图 7-22 绝缘子串测点与间隔棒最大夹角

表 7-24 各工况绝缘子串风偏角最大值比较 (°)

工况 / 编号	1-1 挂点	1-2 挂点	1-3 挂点	2-1 挂点	2-2 挂点	2-3 挂点
0° 大风 /1	7.60	9.66	7.05	7.60	9.65	7.04
45° 大风 /2	22.68	23.10	22.64	20.78	21.22	20.72
60° 大风 /3	28.62	28.84	28.62	26.08	26.29	26.08
90° 大风 /4	32.26	32.44	32.26	29.33	29.51	29.33
均匀覆冰 /5	7.67	7.77	7.67	6.26	6.35	6.26
不均匀覆冰 /6	16.08	29.12	17.35	15.96	29.47	17.24
断线 /7	6.57	4.2	2.11	6.26	6.35	6.26
安装 /8	6.63	6.73	6.63	5.10	5.18	5.10

（3）静力风荷载作用下斜弧垂比较。通过提取各工况第 2 跨导线中点位移，计算出斜弧垂进行比较，结果见表 7-25。

表 7–25　各工况导线中点处弧垂比较　(m)

工况 / 编号	左侧导线中点处斜弧垂	右侧导线中点处斜弧垂
0° 大风 /1	17.67	18.53
45° 大风 /2	17.77	18.17
60° 大风 /3	17.88	17.69
90° 大风 /4	18.24	17.96
均匀覆冰 /5	18.50	18.46
不均匀冰 /6	20.81	20.62
断线 /7	18.56	18.28
安装 /8	18.16	18.03

从表 7–25 中可以看出，在 1~4 工况中，斜弧垂随工况号依次增大。在 1~8 工况中，不均匀覆冰工况第 2 跨斜弧垂最大。而在 0° 、45° 大风工况中有弧垂累积效应，图 7–23、图 7–24 分别为 0° 、45° 大风工况每跨斜弧垂比较。从图 7–23、图 7–24 中可以看出，0° 、45° 大风工况弧垂随跨数依次减小，有弧垂累积效应。

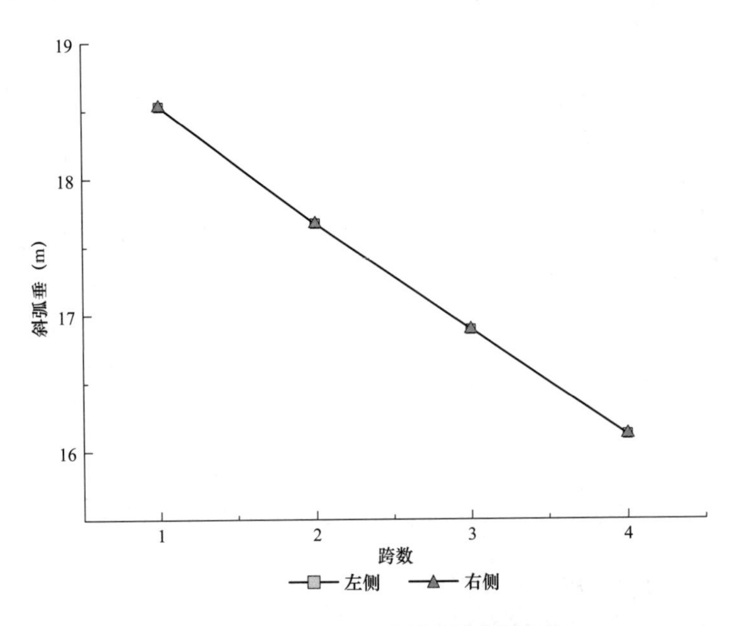

图 7–23　0° 大风工况斜弧垂位移变化

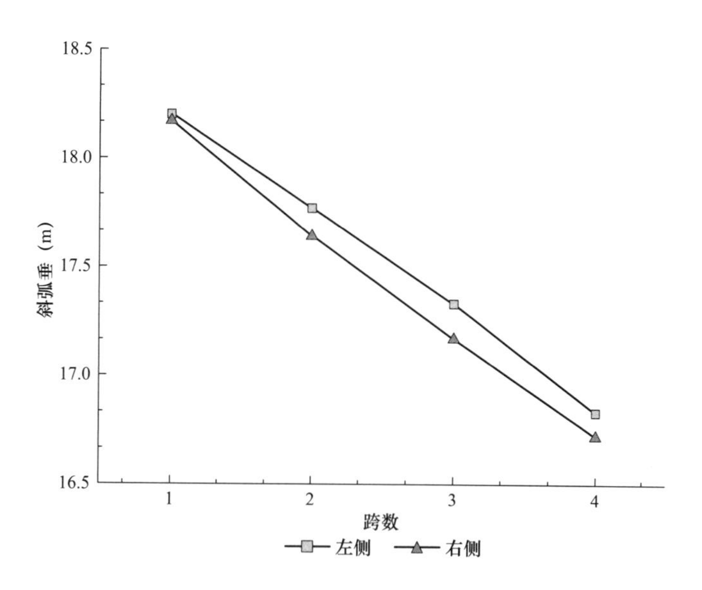

图 7-24 45° 大风工况斜弧垂位移变化

7.5 风荷载下复合转动横担塔—线体系动力分析

7.5.1 塔—线体系模态分析

对三塔四线和六塔七线塔—线体系模型的模态进行分析比较，由于塔—线体系属于频率密集结构，这里，仅就前 10 阶振型的自振频率进行比较，具体见表 7-26。

表 7-26 三塔四跨模型和六塔七跨模型的自振频率

阶数	三塔四跨模型（Hz）	六塔七跨模型（Hz）	相对误差
1	0.14438	0.14365	0.51%
2	0.145	0.14433	0.46%
3	0.14708	0.14467	1.64%
4	0.14747	0.14527	1.49%
5	0.14992	0.14621	2.47%
6	0.15004	0.14667	2.25%
7	0.15028	0.14796	1.54%

续表

阶数	三塔四跨模型（Hz）	六塔七跨模型（Hz）	相对误差
8	0.15033	0.14826	1.38%
9	0.15062	0.14894	1.12%
10	0.15066	0.14958	0.72%

注 相对误差 $=\dfrac{\text{三塔四跨模型的自振频率}-\text{六塔七跨模型的自振频率}}{\text{三塔四跨模型的自振频率}}\times 100\%$

从表 7–26 可以看出，两个模型前 4 阶的自振频率较为密集，在前 4 阶的自振频率相差最大不超过 1.49%，但第 5 阶和第 6 阶的差距较大，达到 2.47% 左右。两模型相比较而言，自振频率相差不大，而三塔四跨模型自振频率变化较为明显。对三塔四跨模型进行模态分析，取前 400 阶振型，结果表明，前 400 阶的自振振型主要表现为导线和绝缘子的左右摆动或上下振动，这与导线的柔性以及绝缘子本身的悬挂状态有关（绝缘子串为链接和横担可以转动），输电塔—线与单塔第 1 自振频率相近的模态出现在第 385 阶。由于篇幅限制，只给出出现塔—线体系振型的主要阶次的部分主要振型（见图 7–25）。

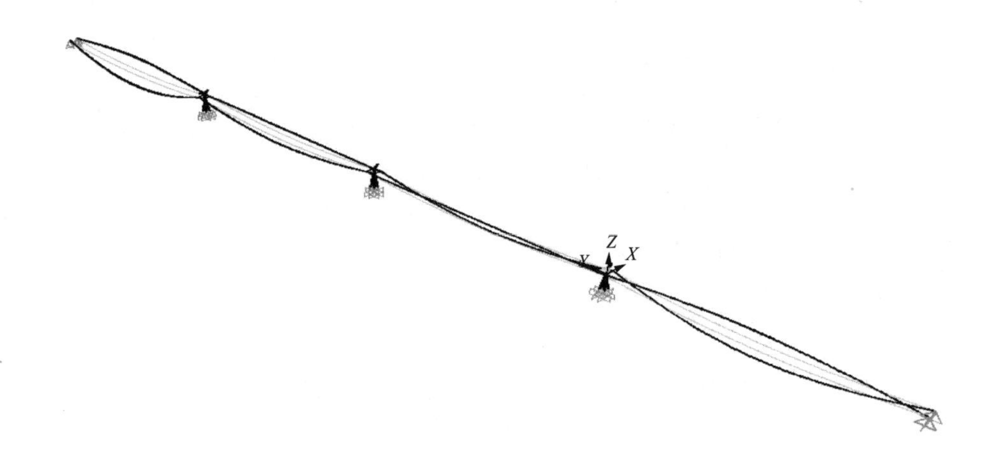

(a) 第1阶输电塔—线 T=7.361s的阵型

图 7–25 塔—线体系部分主要振型（一）

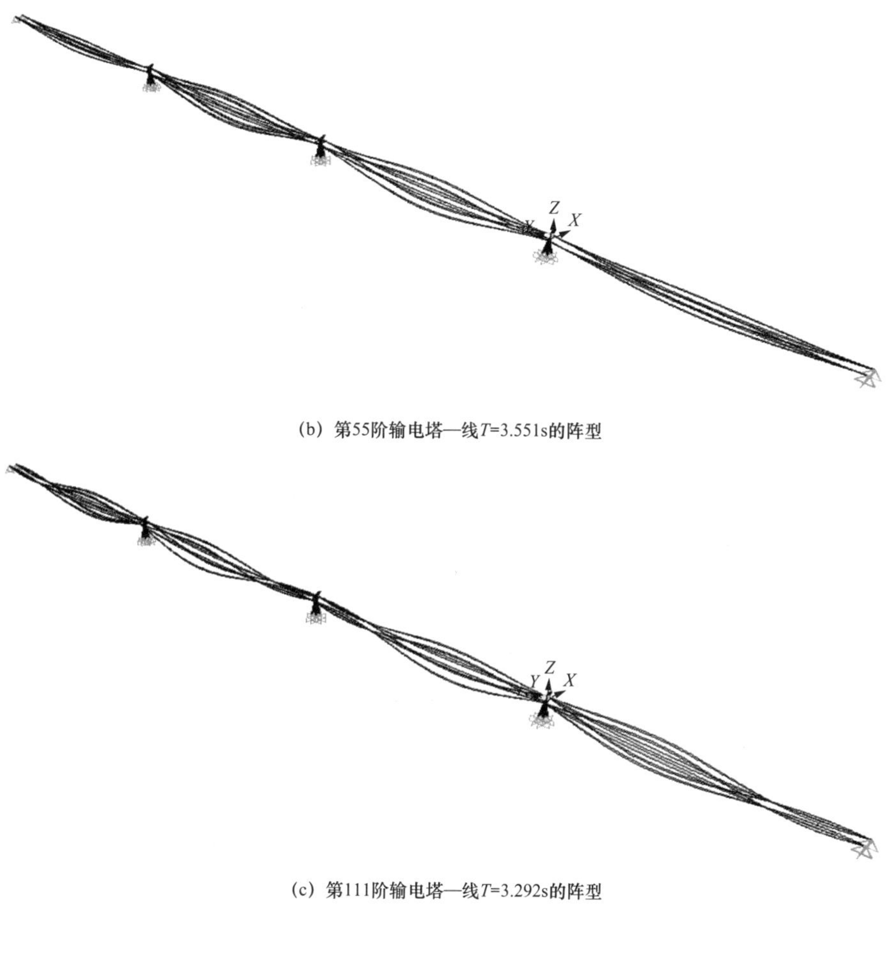

(b) 第55阶输电塔—线T=3.551s的阵型

(c) 第111阶输电塔—线T=3.292s的阵型

(d) 第163阶输电塔—线T=2.953s的阵型

图 7–25 塔—线体系部分主要振型（二）

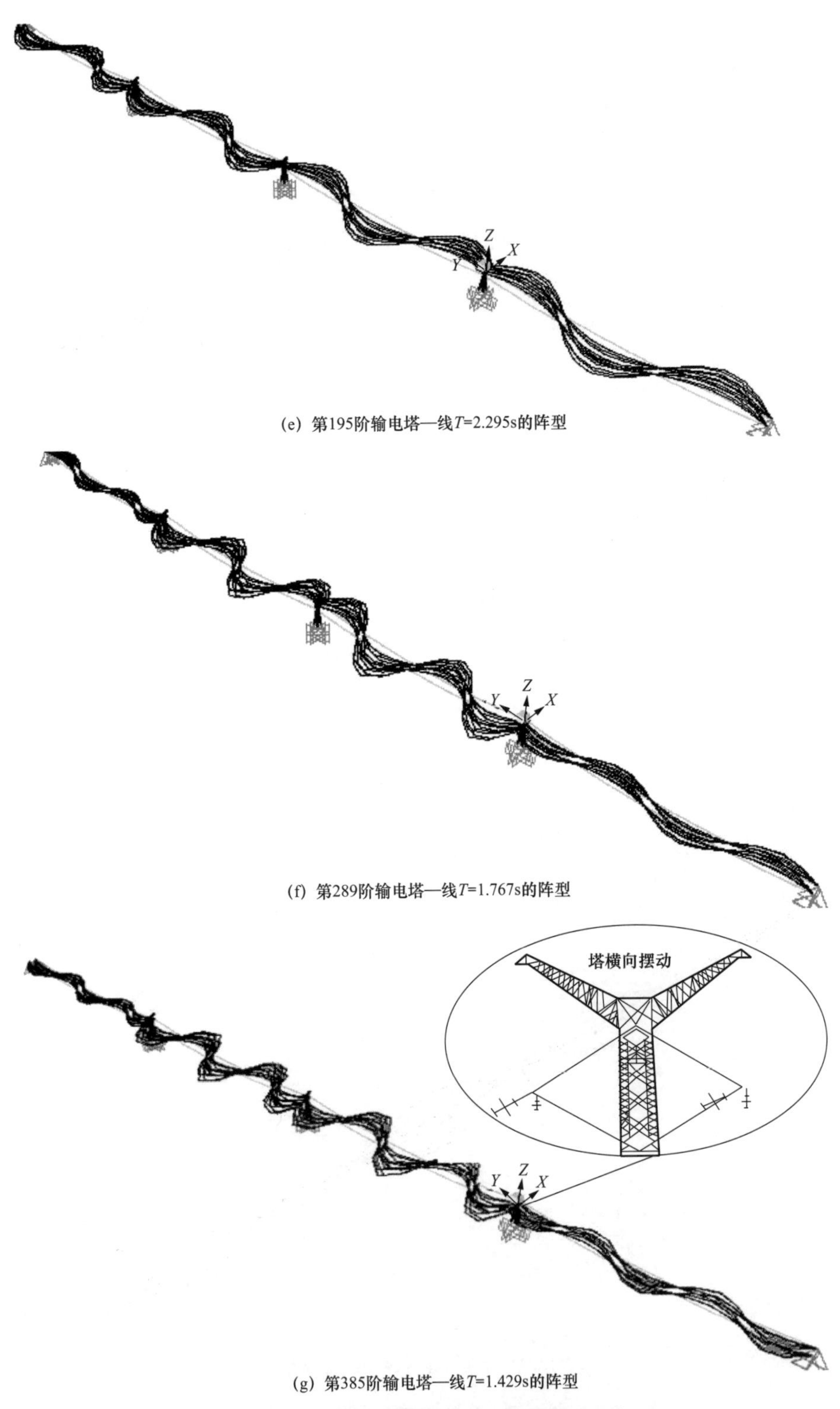

(e) 第195阶输电塔—线T=2.295s的阵型

(f) 第289阶输电塔—线T=1.767s的阵型

(g) 第385阶输电塔—线T=1.429s的阵型

图 7-25 塔—线体系部分主要振型（三）

7.5.2　三塔四跨塔—线体系风振响应计算

对三塔四线塔—线体系模型分析，重点观察内容如下：绝缘子串轴力风振响应，绝缘子串位移风振响应；复合横担轴力风振响应，复合横担位移风振响应；导线最大张力风振响应、导线中点位移风振响应。动力响应结果主要包括位移、速度、加速度、轴力、应力时程曲线，主要分析单塔各层迎风面节点的位移、加速度的响应结果和塔—线体系中在迎风面重点观察的单元轴力、节点位移时程变化，单塔计算参考点如图 7–26 所示。

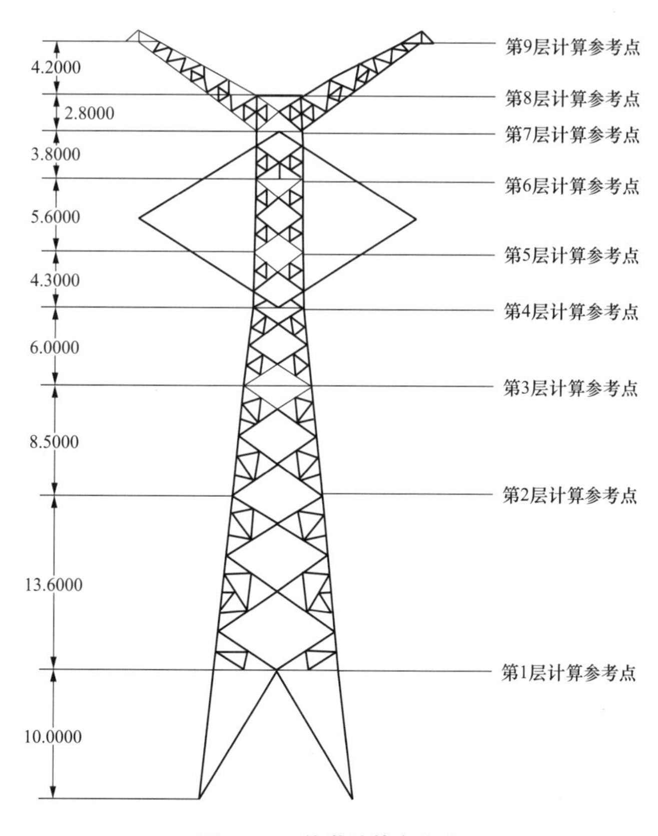

图 7–26　单塔计算参考点

由于计算工况较多，以 90° 大风工况风振响应分析为例，对三塔四线模型动力响应进行分析。

7.5.2.1　单塔风振响应

各层位移响应时程如图 7–27 所示，各层加速度响应时程如图 7–28 所示。为统一比较分析单塔响应规律，结果分析见 7.5.4 节。

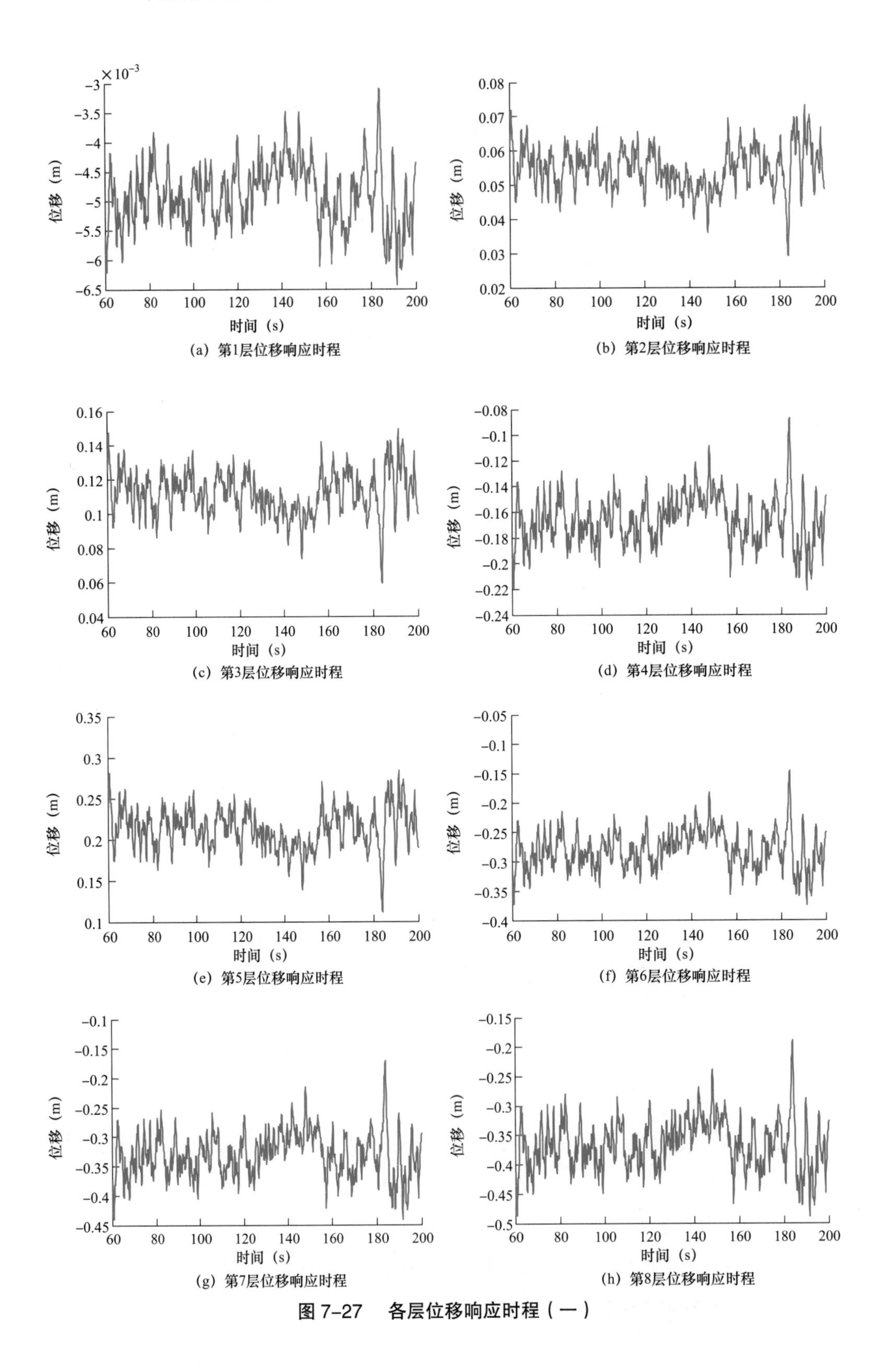

图 7-27　各层位移响应时程（一）

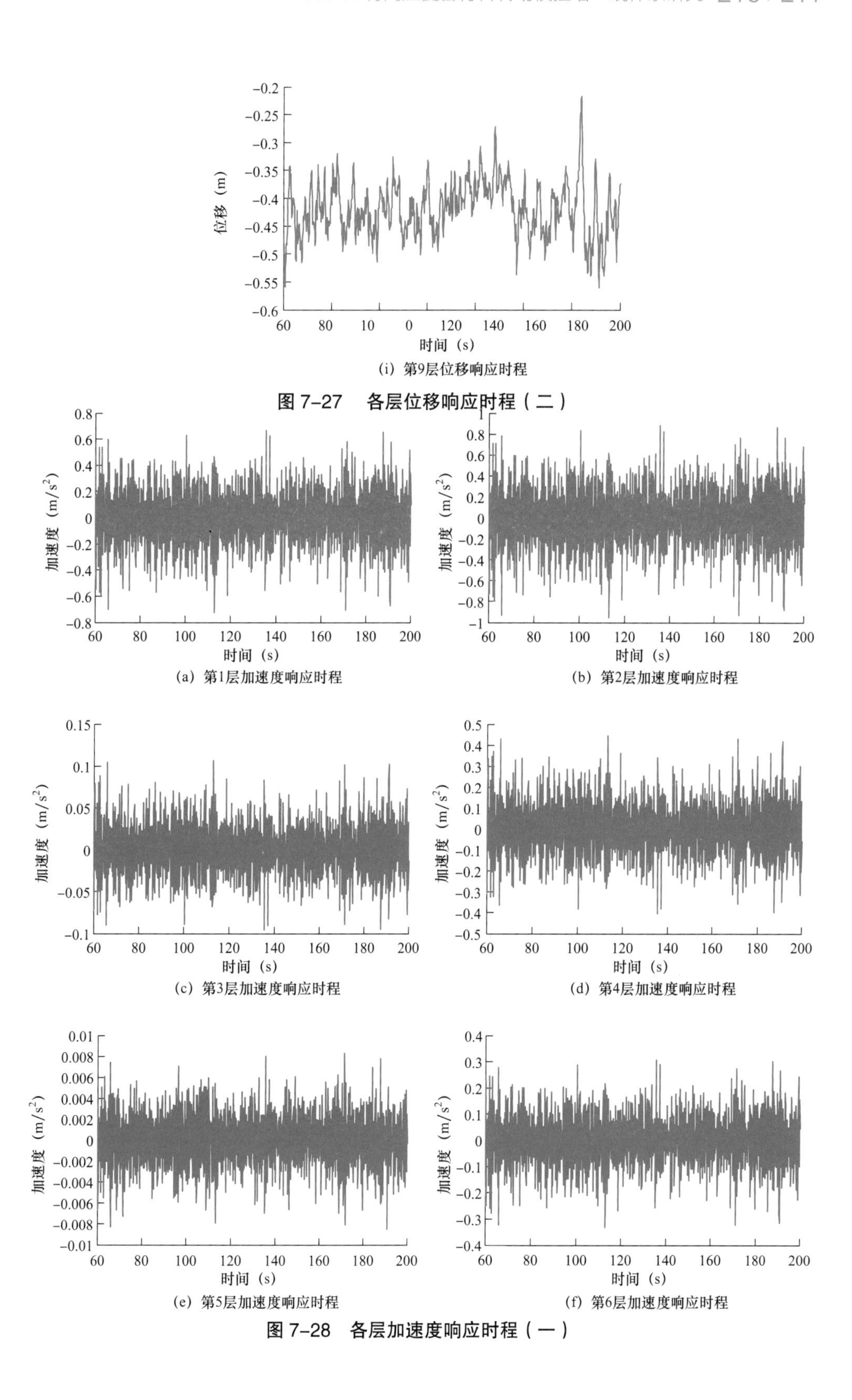

(i) 第9层位移响应时程

图 7–27 各层位移响应时程（二）

(a) 第1层加速度响应时程

(b) 第2层加速度响应时程

(c) 第3层加速度响应时程

(d) 第4层加速度响应时程

(e) 第5层加速度响应时程

(f) 第6层加速度响应时程

图 7–28 各层加速度响应时程（一）

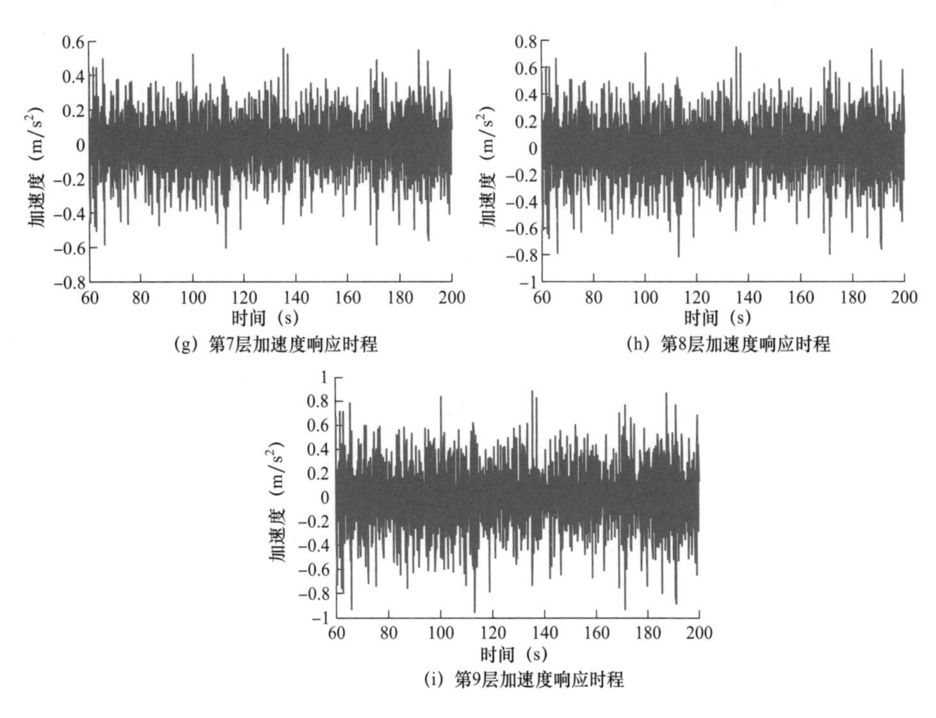

(g) 第7层加速度响应时程

(h) 第8层加速度响应时程

(i) 第9层加速度响应时程

图 7–28　各层加速度响应时程（二）

7.5.2.2　塔—线风振响应

在 90° 大风工况下，重点观察的单元和节点风振时程响应如下。图 7–29 为 90° 大风工况下横担、绝缘子串位移变形示意图。

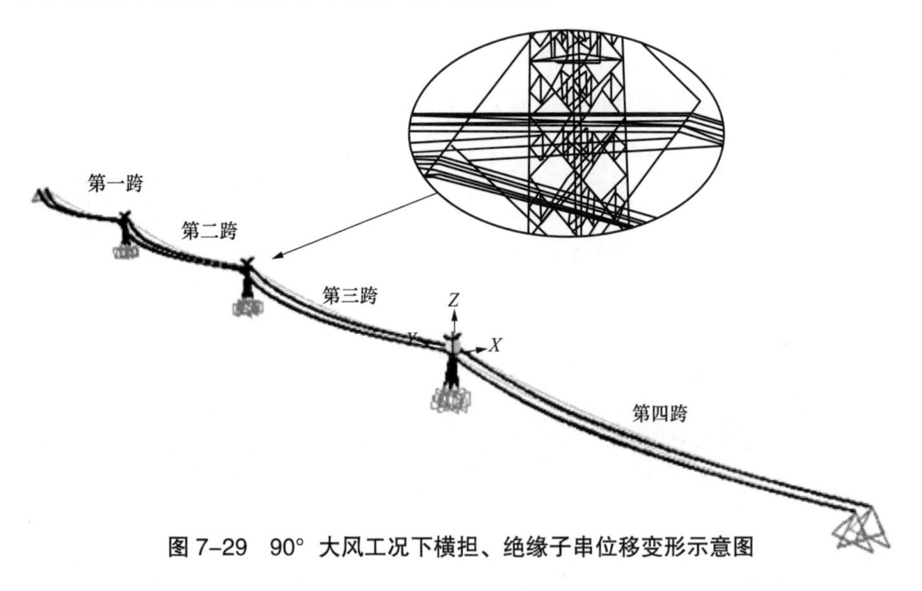

图 7–29　90° 大风工况下横担、绝缘子串位移变形示意图

90° 大风工况在迎风面 X 轴正方向波动最明显。图 7–30 为绝缘子串轴力响应时程，其在 191.3s 有最大轴力，为 282.72kN，在这一时刻 1、2、3 号挂点的绝缘子串轴力如图 7-31 所示；图 7-32 为横担上部轴力响应时程，其在 69.6s 有最大轴力，为 280.81kN，在这一时刻 1、2、3 号挂点的横担上部轴力如图 7-33 所示；图 7-34 为横担下部轴力响应时程，其在 191.3s 有最大轴力，为 -289.84kN，在这一时刻 1、2、3 号挂点的横担下部轴力如图 7-35 所示；图 7-36 为第 2 跨导线张力响应时程，去除 60.8s 的风振奇点位置，其第 2 跨在 188.6s 有最大张力，为 156.0kN，在这一时刻 1、2、3、4 跨的导线最大张力如图 7-37 所示。

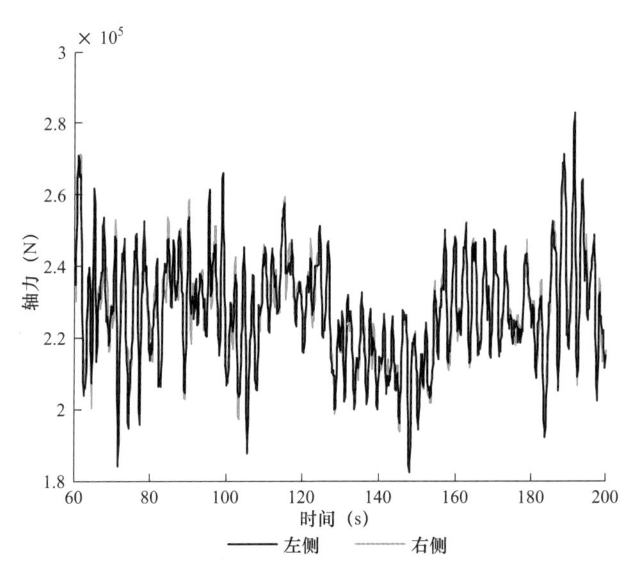

图 7-30 绝缘子串轴力响应时程

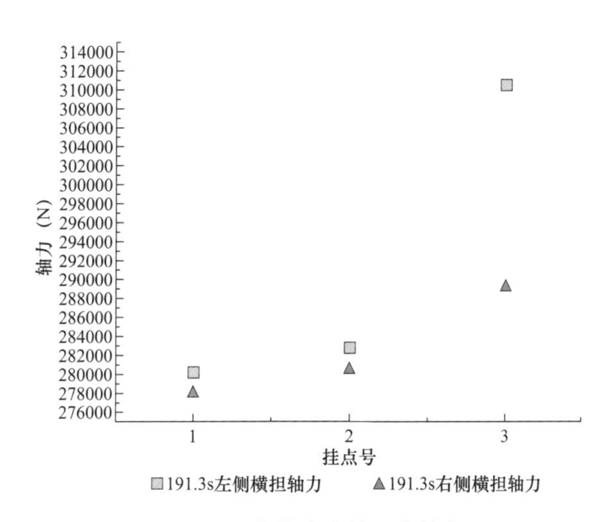

图 7-31 各挂点绝缘子串轴力

由图 7–31 可以看出，在 191.3s 各挂点绝缘子串轴力中，第三塔挂点轴力最大，为 310kN。

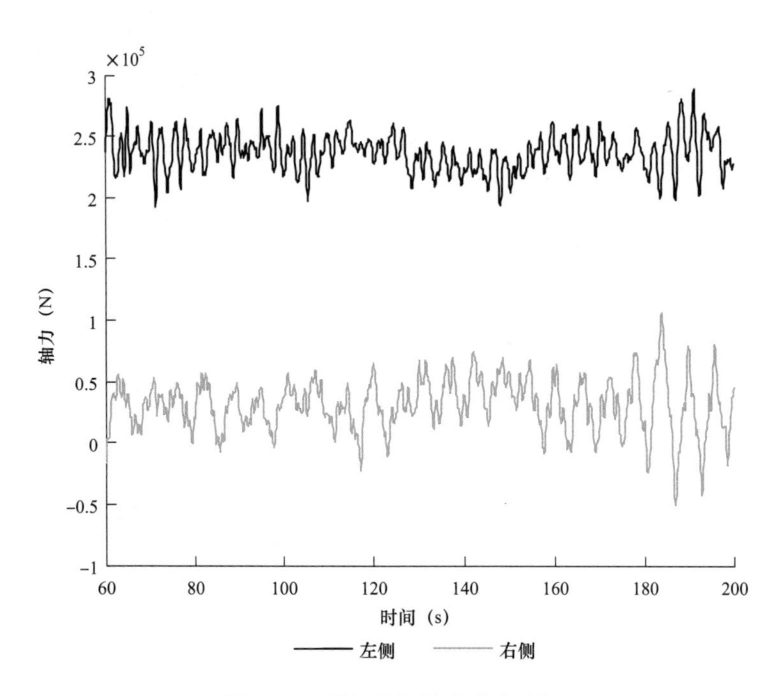

图 7–32　横担上部轴力响应时程

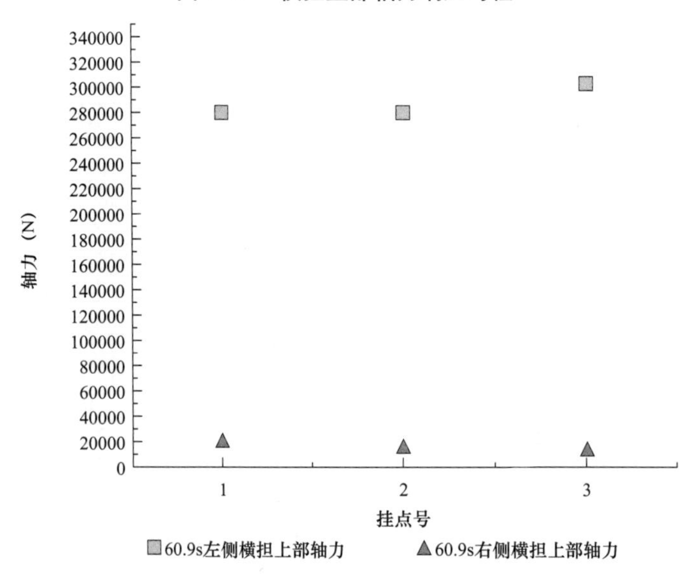

图 7–33　60.9s 各挂点横担上部轴力

由图 7–33 可以看出，在 60.9s 各挂点横担上部轴力中，第三塔挂点轴力最大，为 300kN。

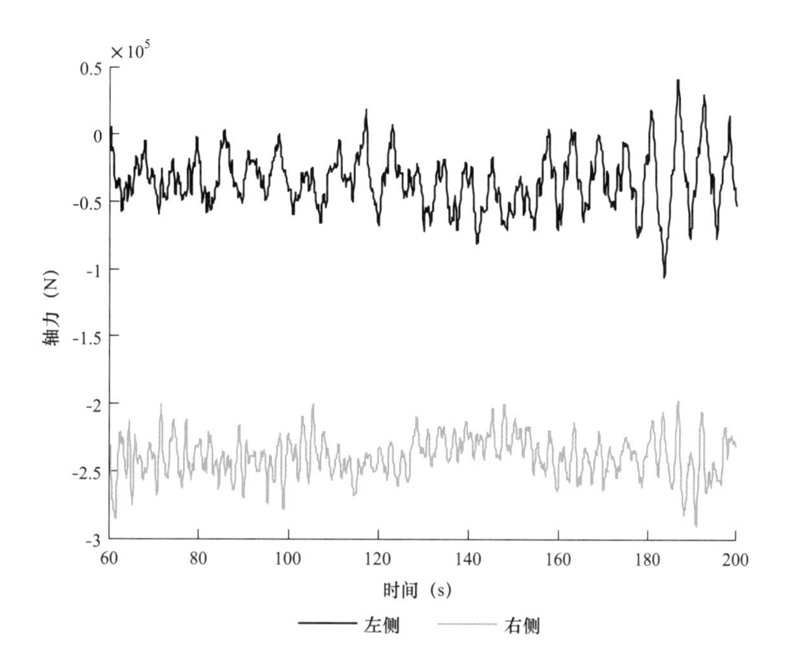

图 7-34　轴力下部轴力响应时程

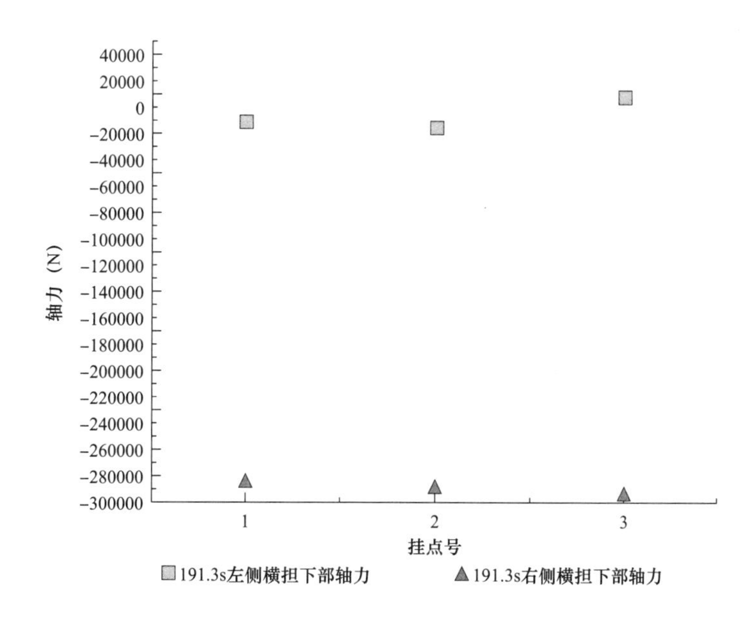

图 7-35　191.3s 各挂点横担下部轴力

由图 7-35 可以看出，在 191.3s 各挂点横担下部轴力中，第三塔挂点轴力最大，为 -300kN。

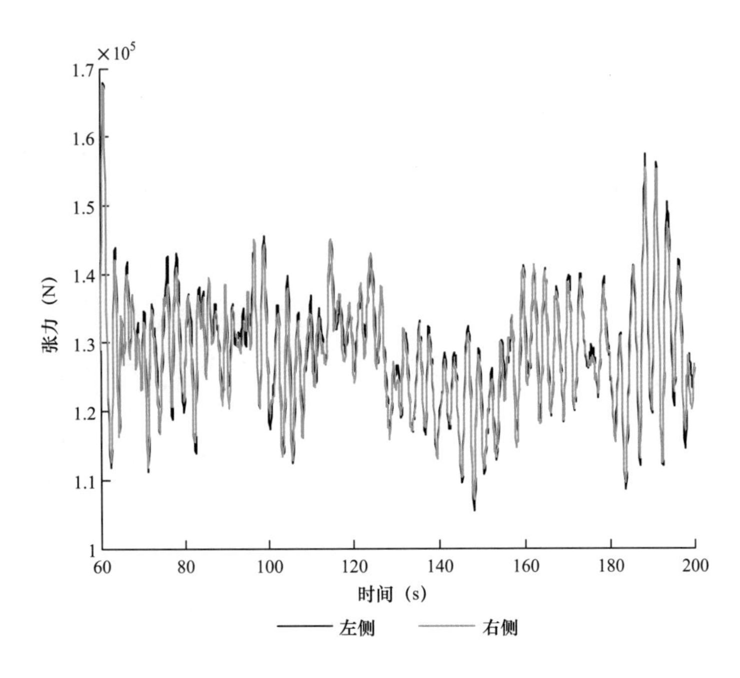

图 7-36 第二跨导线最大张力响应时程

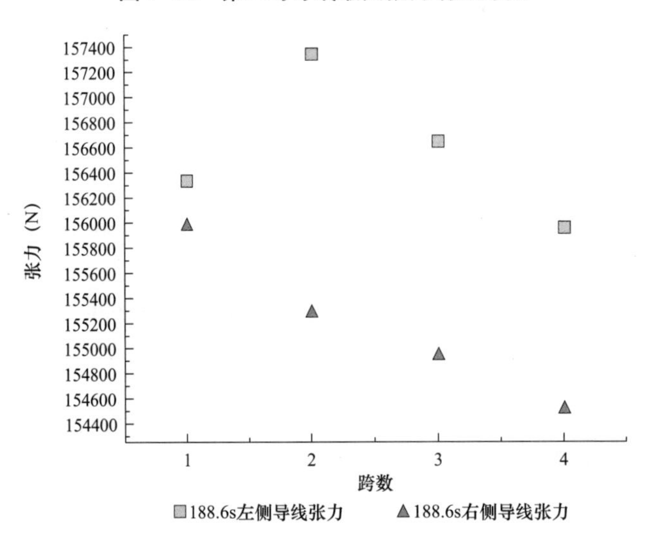

图 7-37 188.6s 各跨导线最大张力

由图 7-37 中可以看出，在 186.6s 各跨导线张力中，第二跨导线张力最大。

绝缘子串位移响应时程如图 7-38 所示，由图 7-38（a）中可以看出，在 186.9s 绝缘子串 X 方向位移有最大值，为 -2.28m。在这一时刻，从图 7-38（b）和图 7-38（c）中找出对应的 Y、Z 坐标值并计算出此刻中间塔绝缘子串的风偏角。图 7-39 为 186.9s 各挂点绝缘子串 X 方向位移，并标明了此刻绝缘子串风偏角。

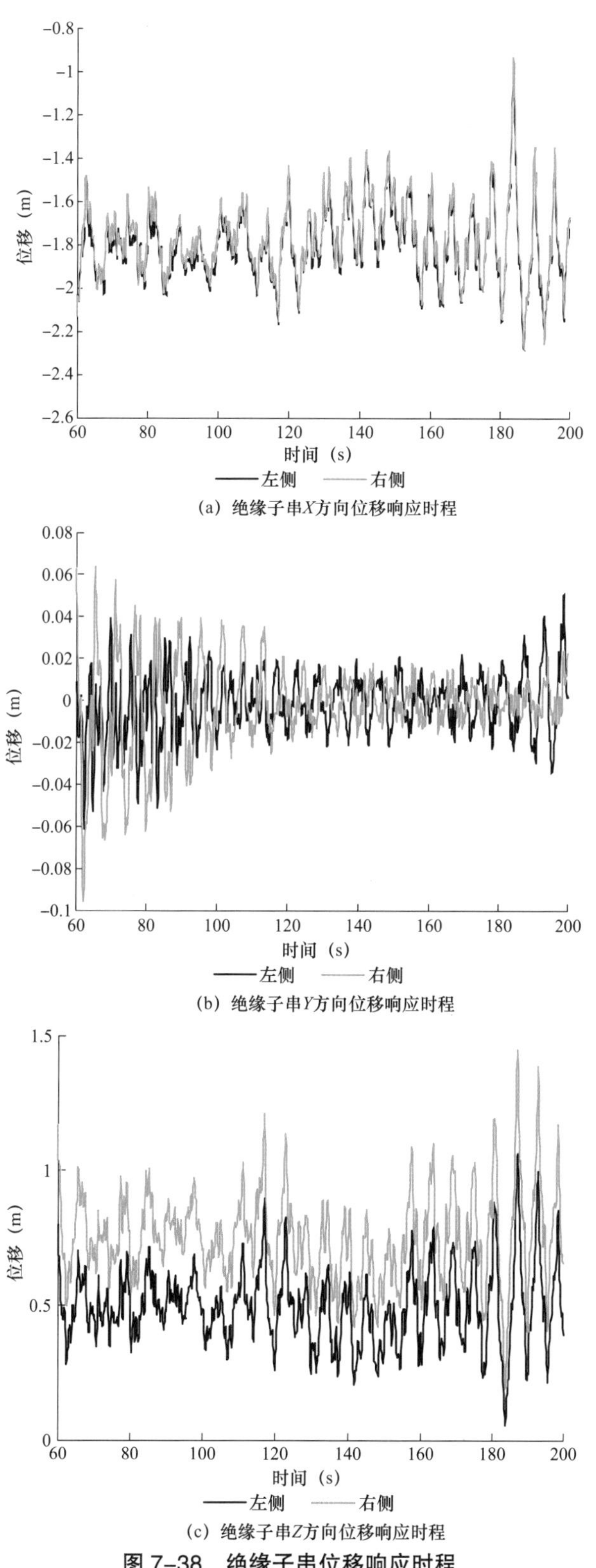

(a) 绝缘子串X方向位移响应时程

(b) 绝缘子串Y方向位移响应时程

(c) 绝缘子串Z方向位移响应时程

图 7-38　绝缘子串位移响应时程

各挂点绝缘子 X 方向位移如图 7-39 所示，可以看出，186.9s 绝缘子串 X 方向位移在中间塔挂点最大，此刻绝缘子串风偏角最大值为 47.05° 。

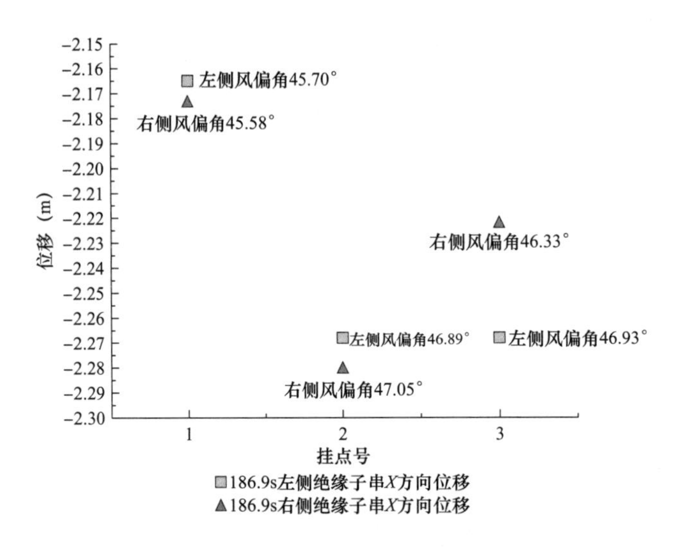

图 7-39　186.9s 各挂点绝缘子 X 方向位移

导线中点位移响应时程如图 7-40 所示，由图 7-40（a）可以看出，在 192.5s 导线中点 X 方向位移有最大值。在这一时刻，从图 7-40（b）和图 7-40（c）中找出对应的 Y、Z 坐标值并计算出此刻第 2 跨导线中点处的斜弧垂为 19.36m。

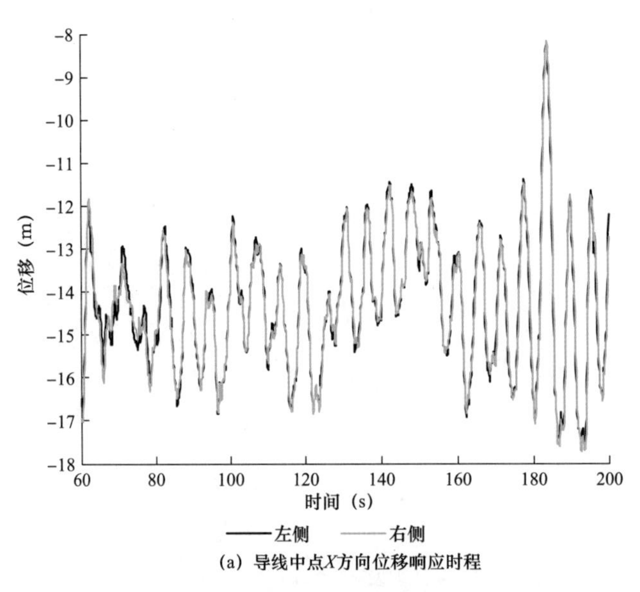

(a) 导线中点X方向位移响应时程

图 7-40　导线中点位移响应时程（一）

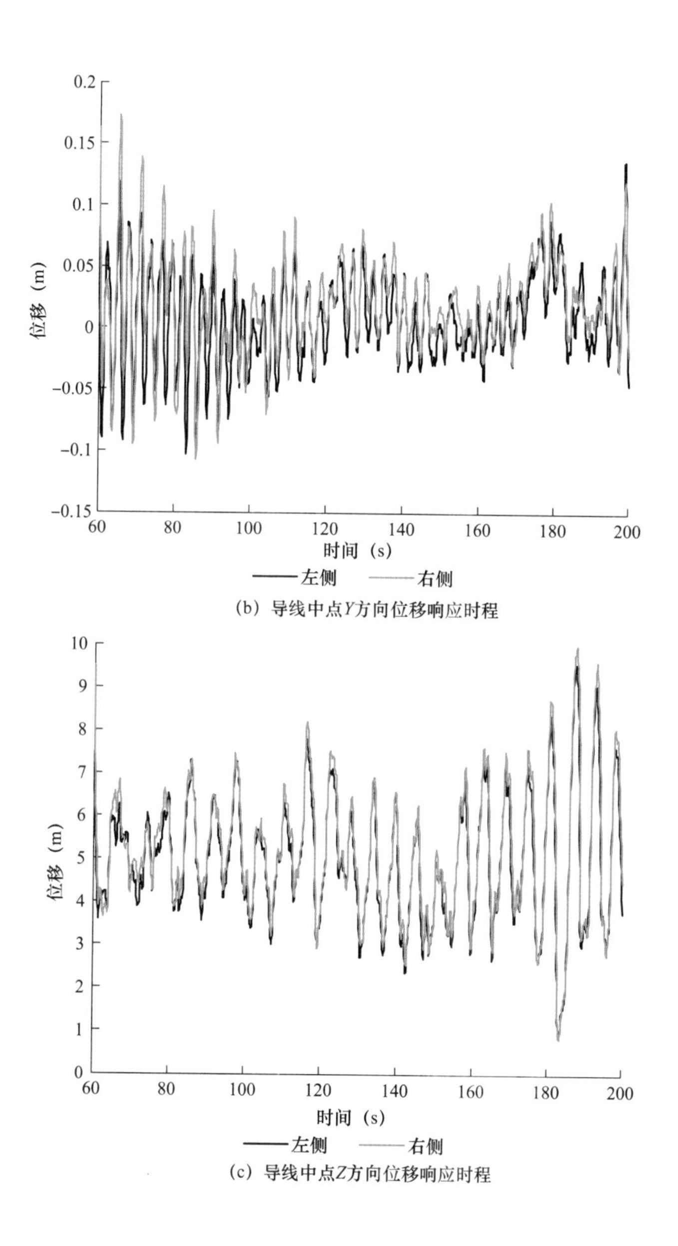

（b）导线中点Y方向位移响应时程

（c）导线中点Z方向位移响应时程

图 7–40　导线中点位移响应时程（二）

图 7–41 为 192.5s 各跨导线斜弧垂位移。可以看出，192.5s 导线斜弧垂在第 2 跨最大。

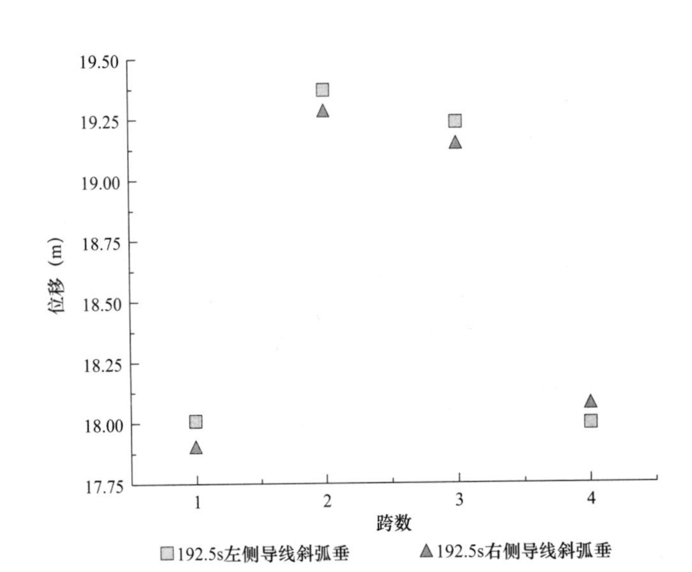

图 7-41　192.5s 各跨导线中点斜弧垂

7.5.3　六塔七跨塔—线体系风振响应计算

对六塔七跨模型分析，由于最中间的输电塔能更好的反映了塔—线体系对结构的影响，因此取第三输电塔挂点和第四跨导线挂点的时程风振响应，重点观察：绝缘子串轴力风振响应、绝缘子串（1、2 节点）位移风振响应，复合横担轴力风振响应、位移（3、4 节点）风振响应，导线最大张力风振响应、导线中点位移风振响应。以 90° 大风工况风振响应为例进行说明。

7.5.3.1　单塔风振响应

各层位移响应时程如图 7-42 所示，各层加速度响应时程如图 7-43 所示。为统一比较分析单塔响应规律，结果分析见 7.5.4 节。

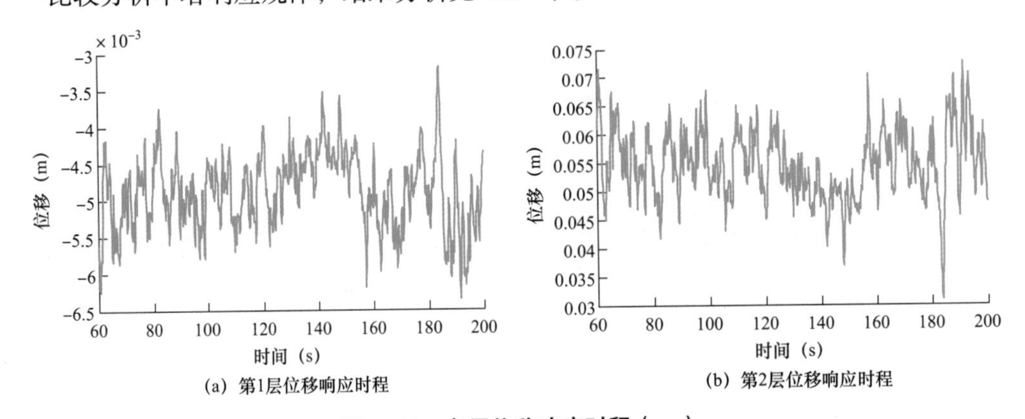

图 7-42　各层位移响应时程（一）

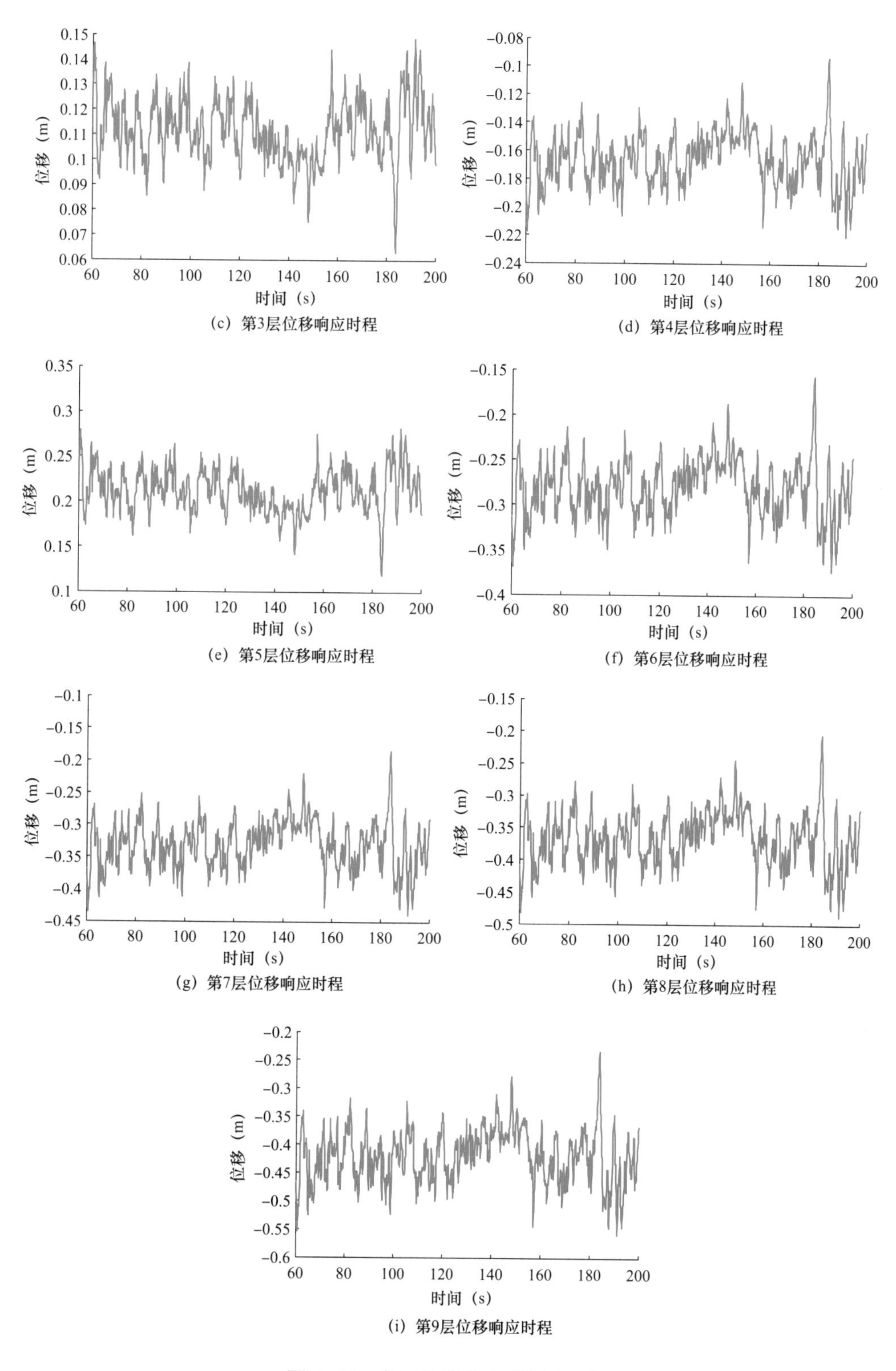

(c) 第3层位移响应时程

(d) 第4层位移响应时程

(e) 第5层位移响应时程

(f) 第6层位移响应时程

(g) 第7层位移响应时程

(h) 第8层位移响应时程

(i) 第9层位移响应时程

图 7–42　各层位移响应时程（二）

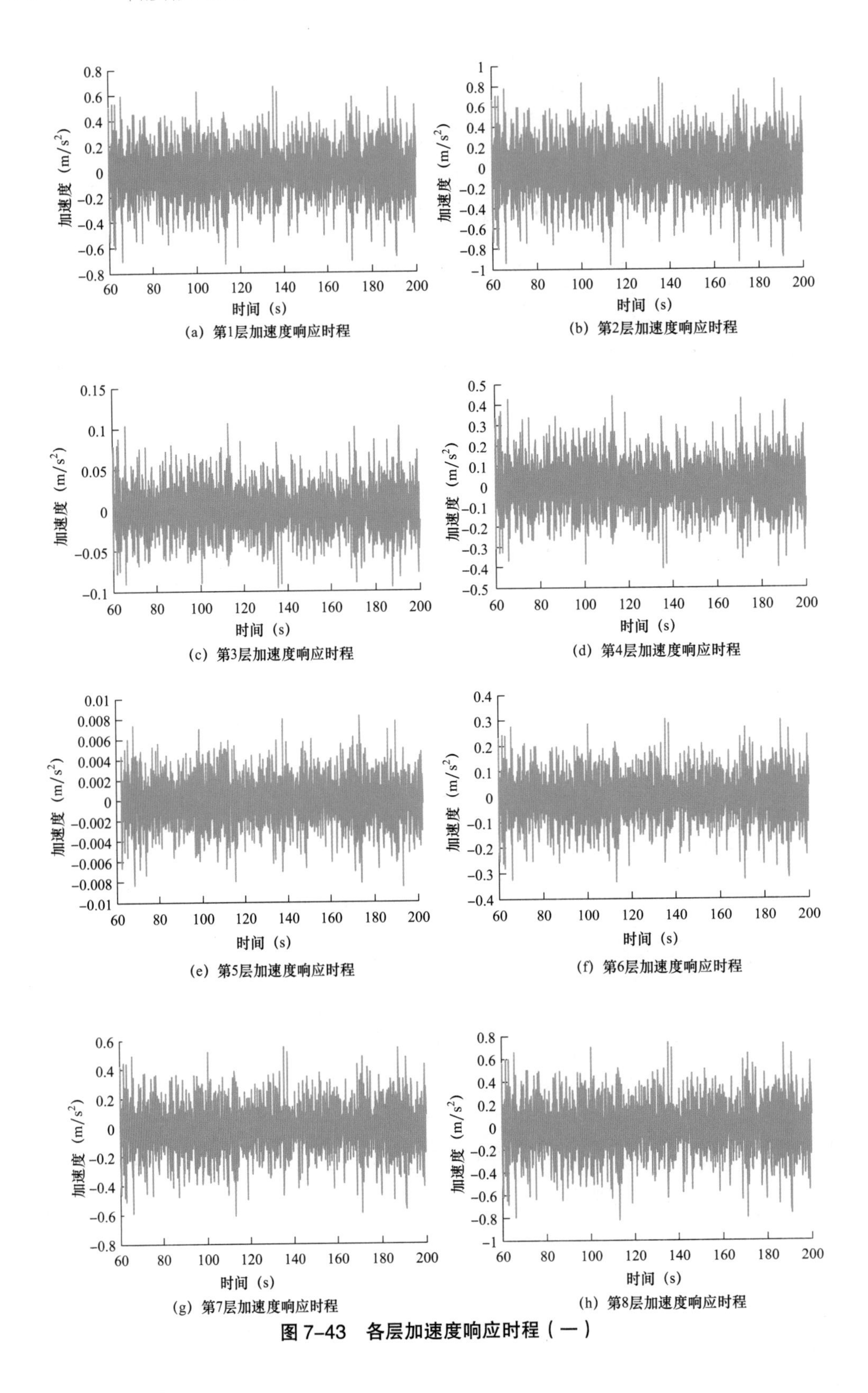

图 7-43　各层加速度响应时程（一）

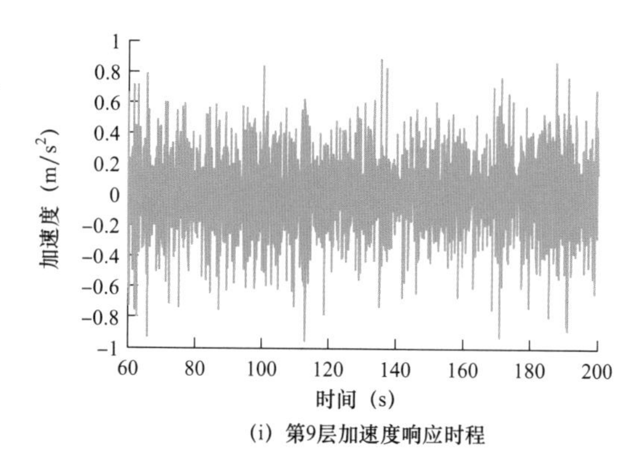

(i) 第9层加速度响应时程

图 7–43　各层加速度响应时程（二）

7.5.3.2　塔—线风振响应

90° 大风工况在迎风面 X 轴正方向波动最明显。图 7–44 为绝缘子串轴力响应时程，其在 191.4s 有最大轴力，为 284.4kN，在这一时刻各挂点绝缘子串轴力如图 7–45 所示；图 7–46 为横担上部轴力响应时程，其在 61.4s 有最大轴力，为 280.81kN，这一时刻各挂点的横担上部轴力如图 7–47 所示；图 7–48 为横担下部轴力响应时程，其在 191.3s 时有最大轴力，为 –285.84kN，这一时刻各挂点的横担下部轴力如图 7–49 所示；图 7–50 为第 4 跨导线张力响应时程，去除 60.7s 的风振奇点位置，其第 4 跨在 188.6s 有最大张力，为 158.5kN，在这一时刻各跨导线最大张力如图 7–51 所示。

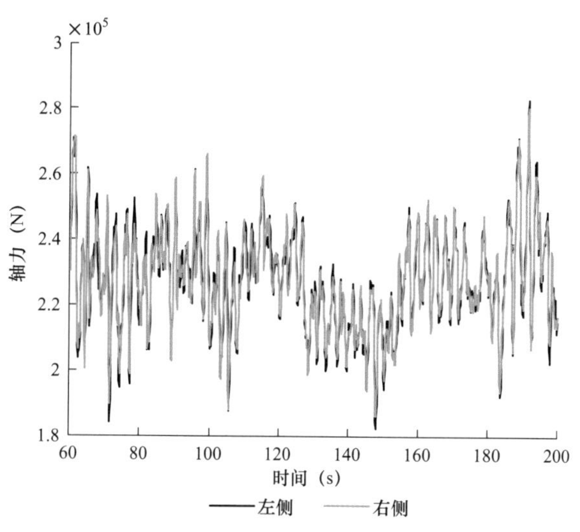

图 7–44　绝缘子串轴力响应时程

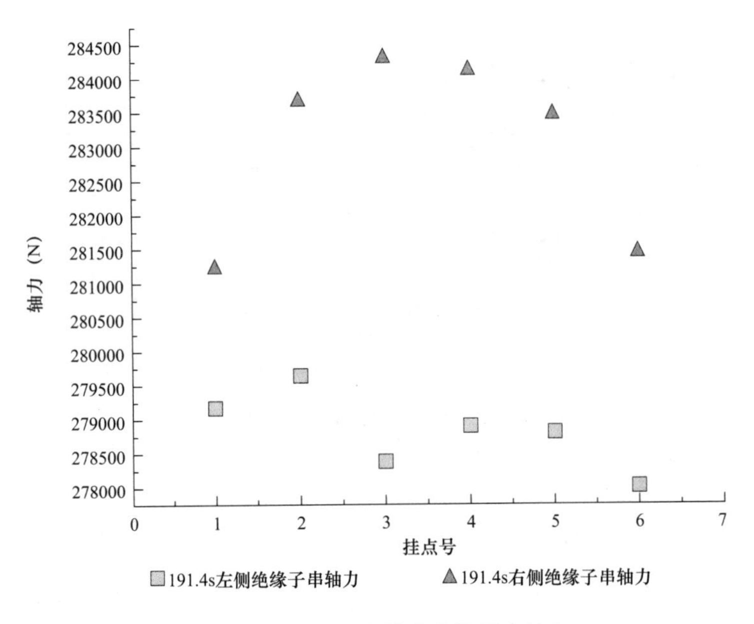

图 7–45　191.4s 各挂点绝缘子串轴力

由图 7–45 可以看出，在 191.4s 各挂点绝缘子串轴力中，第三塔挂点轴力最大。

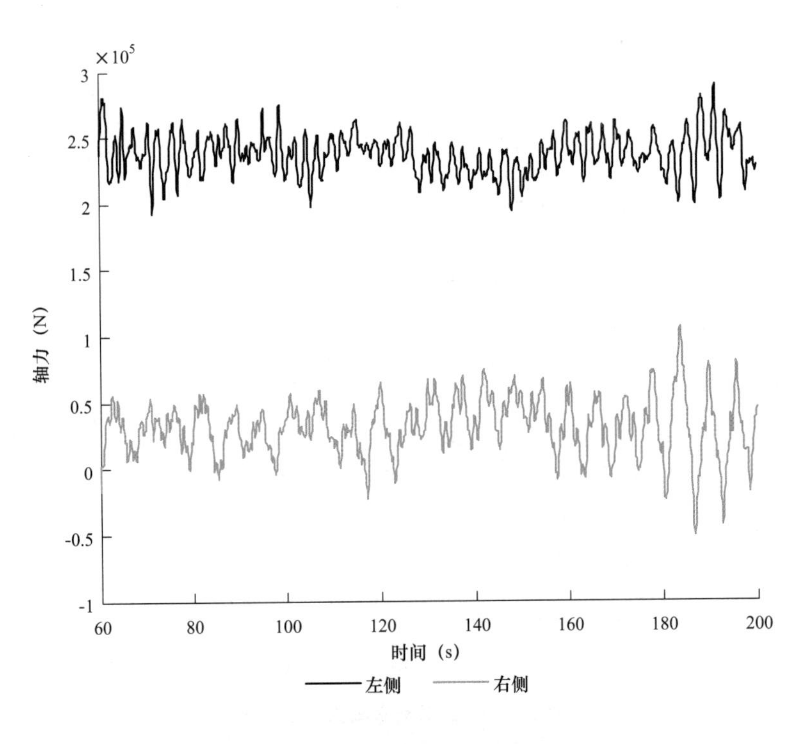

图 7–46　横担上部轴力响应时程

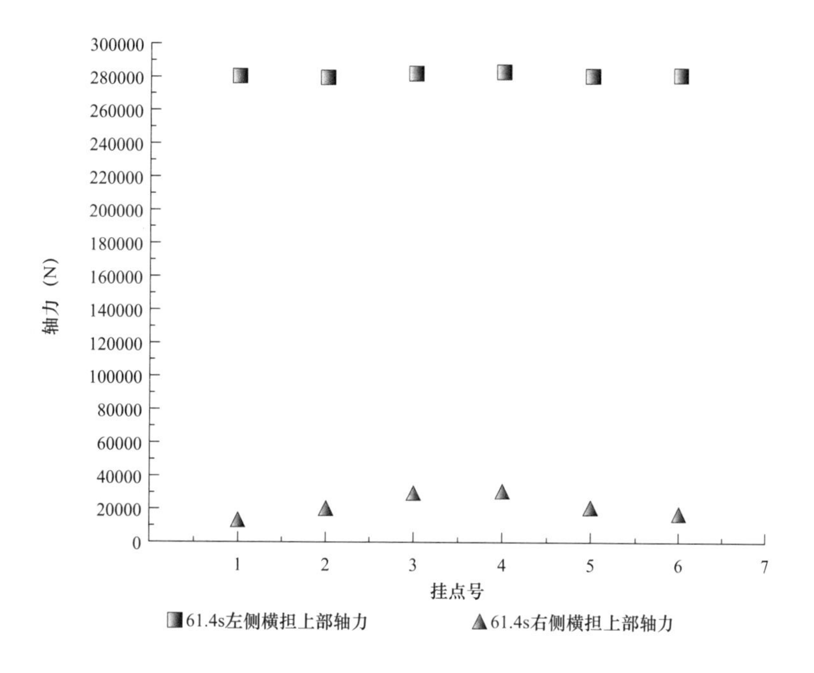

图 7–47　61.4s 各挂点横担上部轴力

由图 7–47 可以看出，在 61.4s 各挂点横担上部轴力中，第三塔挂点轴力最大。

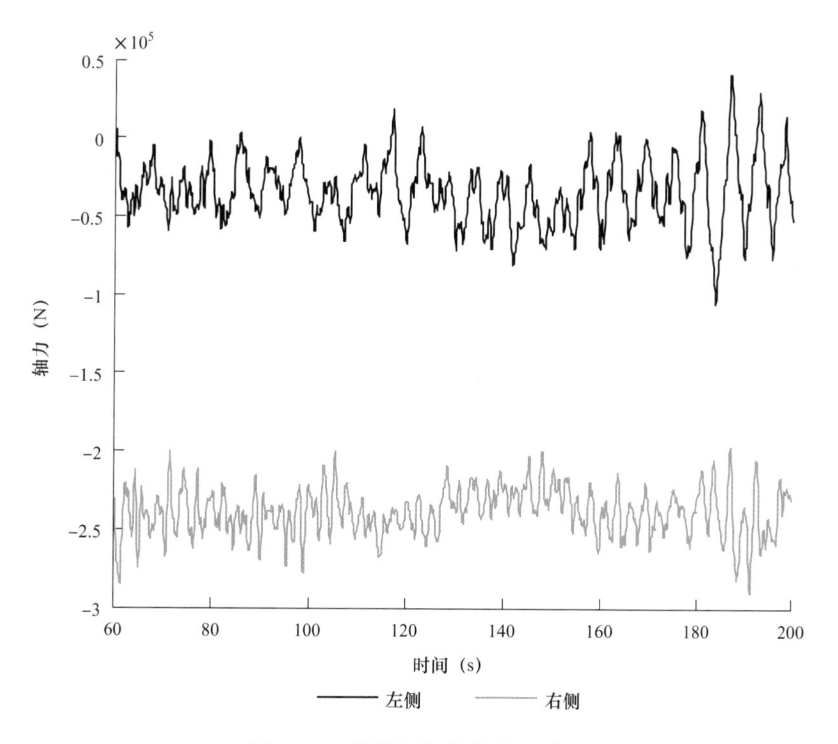

图 7–48　横担下部轴力响应时程

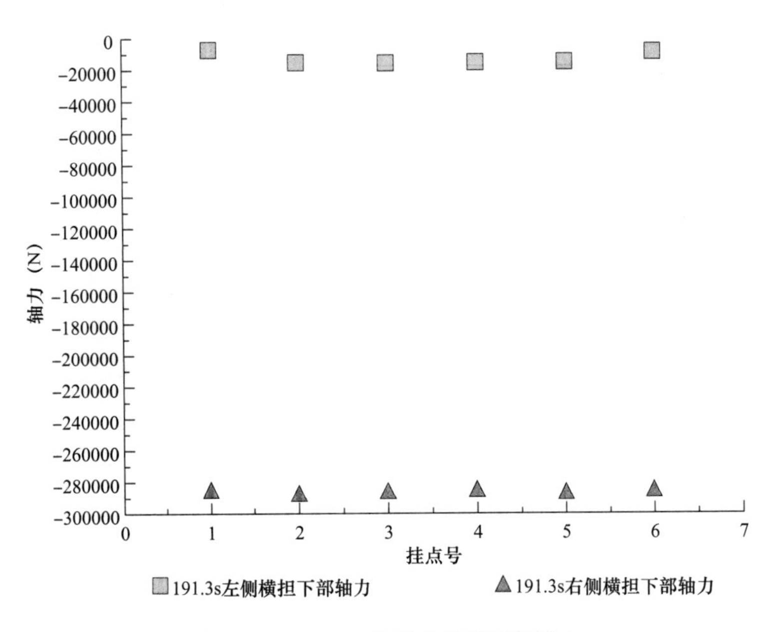

图 7-49　191.3s 各挂点横担下部轴力

由图 7-49 可以看出，在 191.3s 各挂点横担下部轴力中，第 2 塔挂点轴力最大，为 -290.0kN。

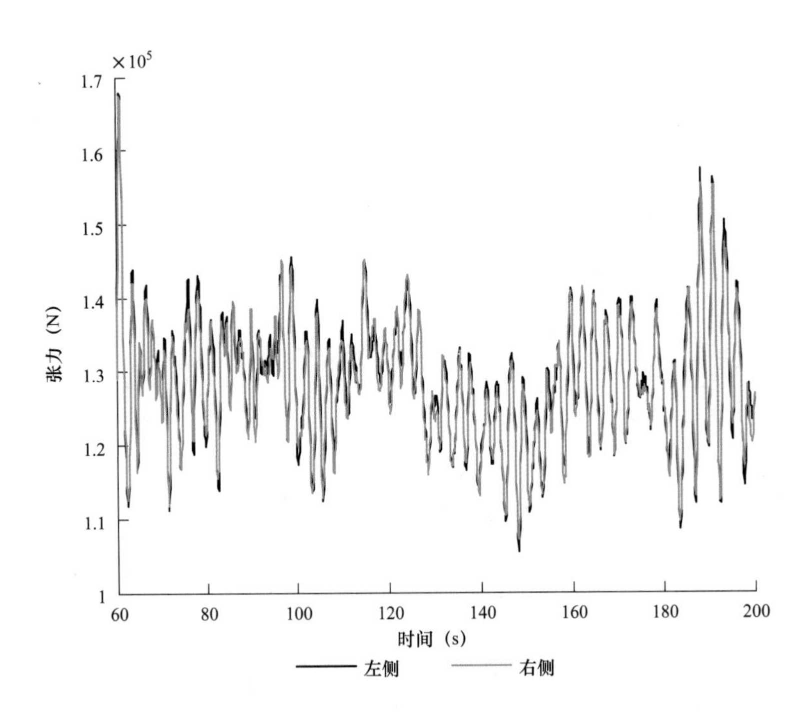

图 7-50　第 4 跨导线最大张力响应时程

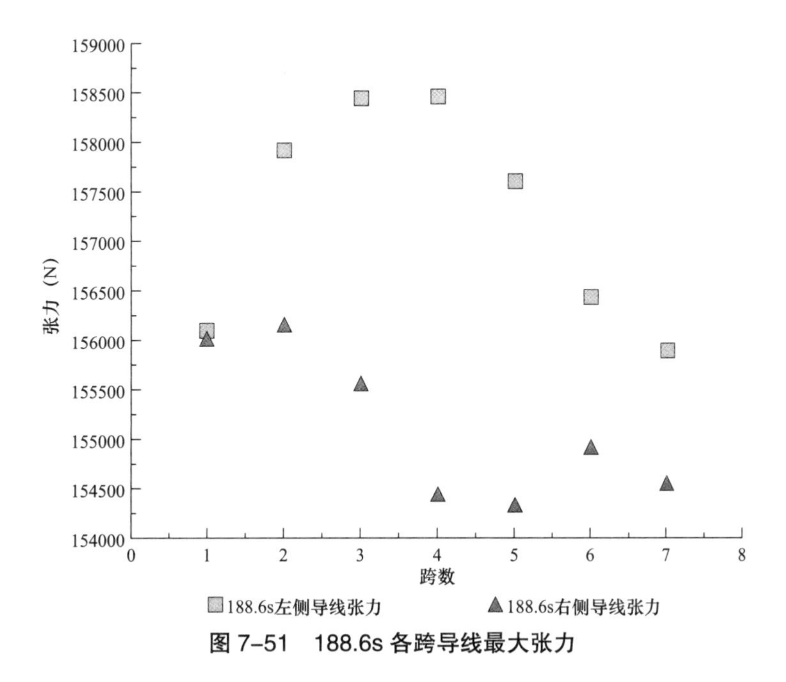

图 7–51　188.6s 各跨导线最大张力

由图 7–51 中可以看出，在 188.6s 各跨导线张力中，第 4 跨导线张力最大。

绝缘子串位移响应时程如图 7–52 所示，可以看出，在 186.9s 绝缘子串 X 方向位移有最大值，为 –2.26m。在这一时刻，从图 7–52（b）和图 7–52（c）中找出对应的 Y、Z 坐标值并计算出此刻第 3 塔绝缘子串的风偏角。

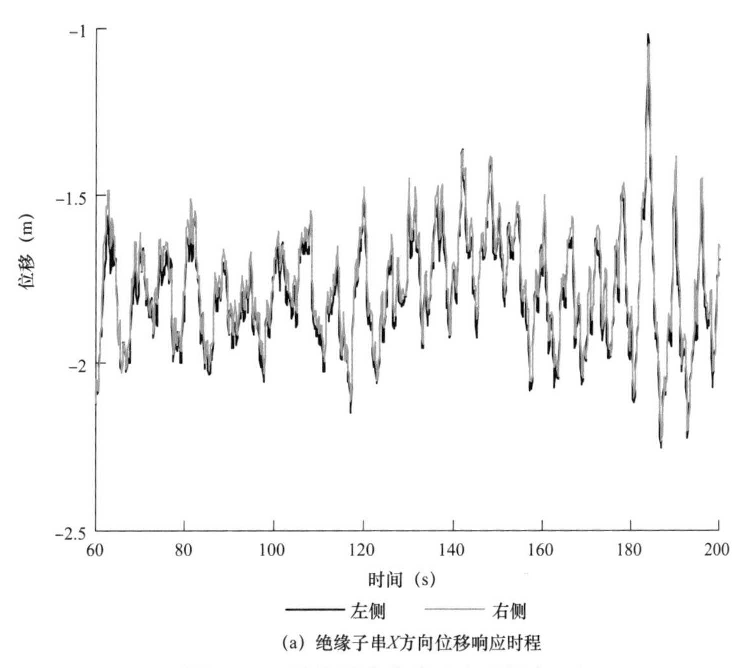

(a) 绝缘子串X方向位移响应时程

图 7–52　绝缘子串位移响应时程（一）

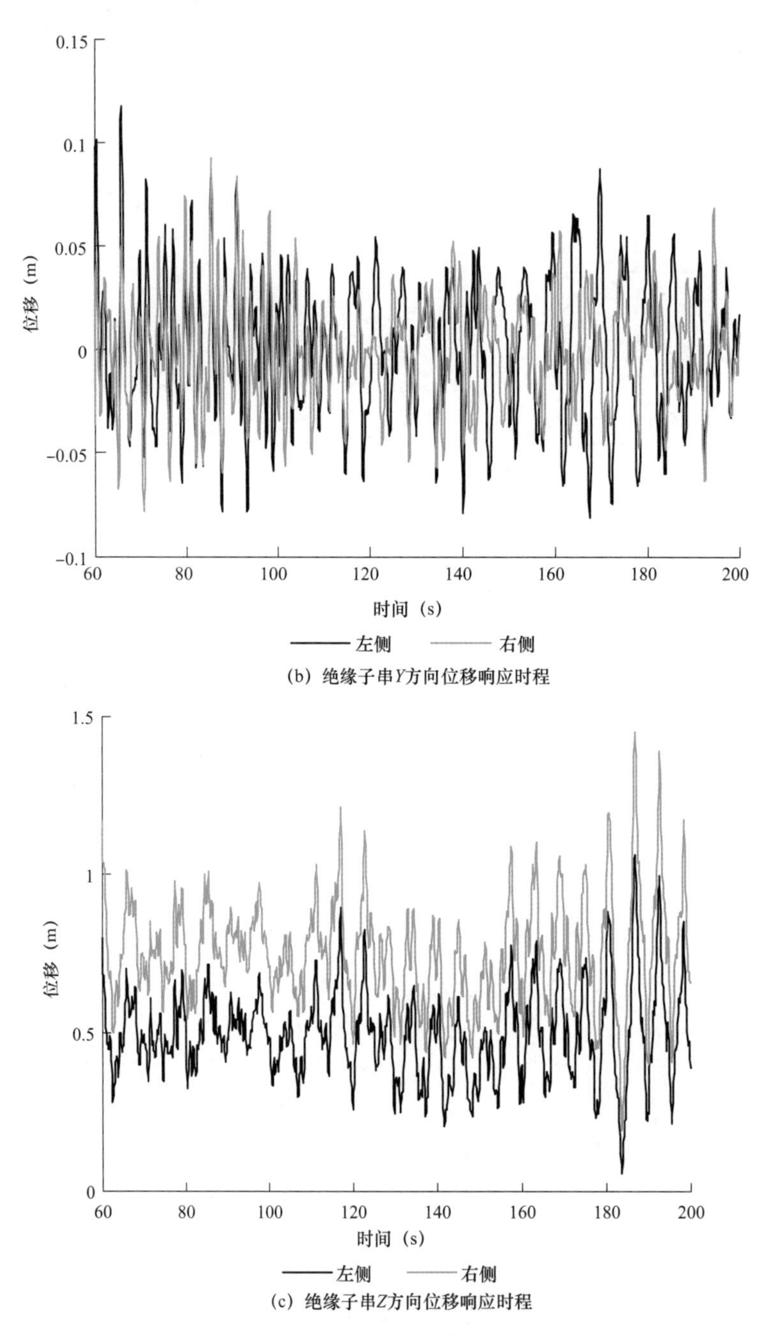

(b) 绝缘子串Y方向位移响应时程

(c) 绝缘子串Z方向位移响应时程

图 7–52 绝缘子串位移响应时程（二）

图 7–53 为 186.9s 各挂点绝缘子串 *X* 方向位移，并标明了此刻绝缘子串风偏角。可以看出，186.9s 绝缘子串 *X* 方向位移在中间挂点最大，此刻绝缘子串风偏角最大值为 46.76° 。

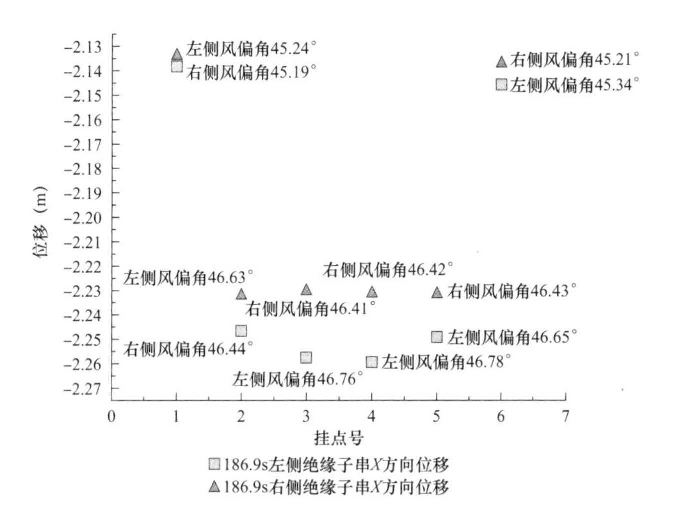

图 7-53　186.9s 各挂点绝缘子串 Y 方向位移

横担位移响应时程如图 7-54 所示，由图 7-54（a）可以看出，在 191.5s 横担 X 方向位移有最大位移，为 -0.367m。

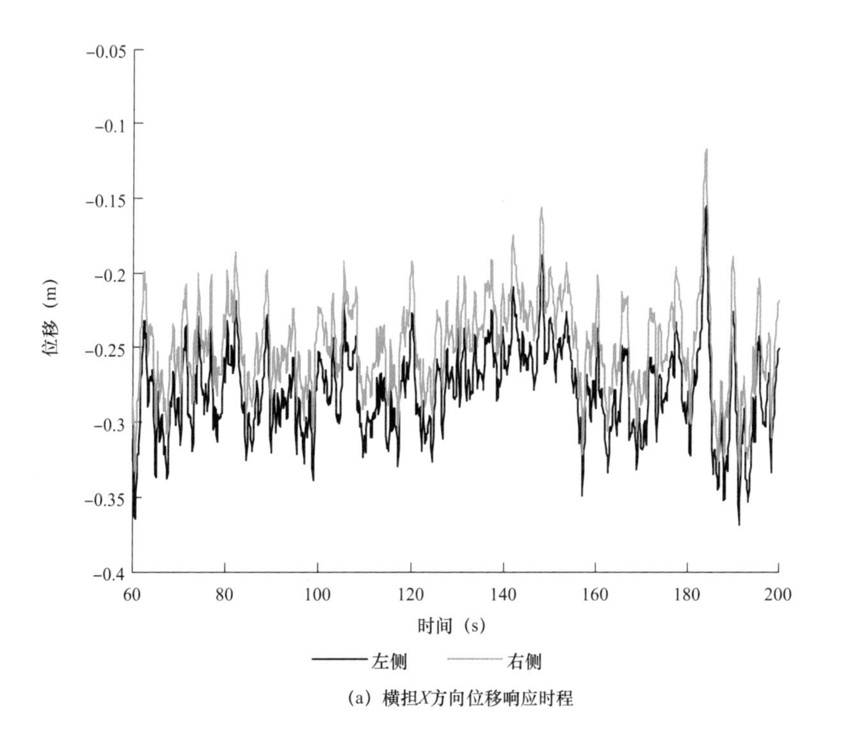

(a) 横担X方向位移响应时程

图 7-54　横担位移响应时程（一）

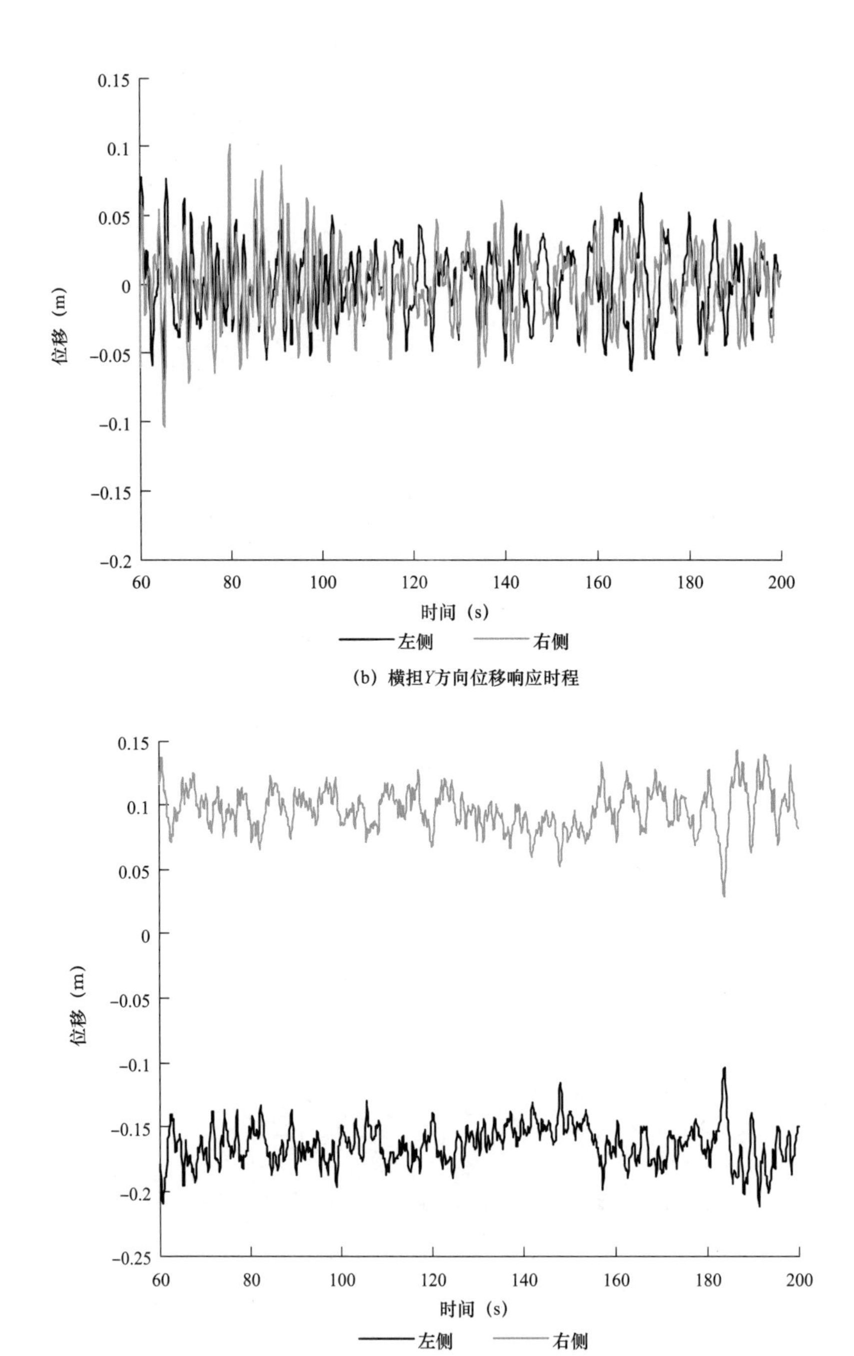

（b）横担Y方向位移响应时程

（c）横担Z方向位移响应时程

图 7–54　横担位移响应时程（二）

图 7–55 为 191.5s 各挂点横担 X 方向位移。可以看出，在各挂点横担 X 方向位移中，第 4 塔挂点位移最大。

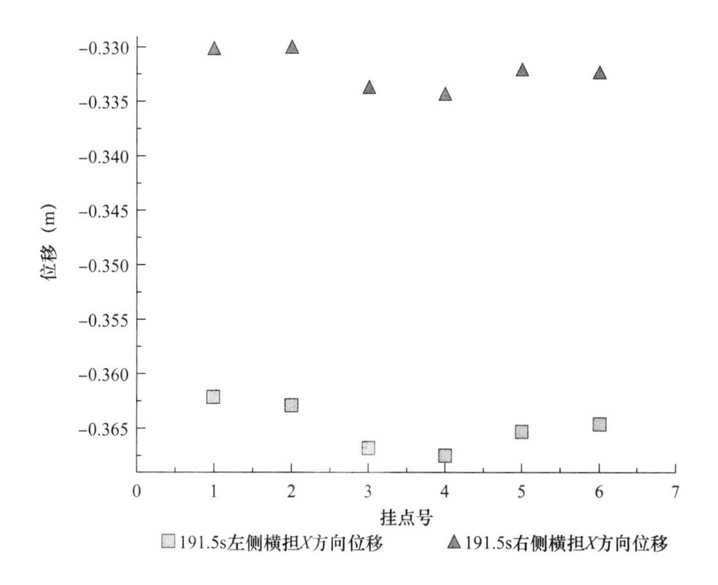

图 7–55 191.5s 横担 X 方向位移

第 4 跨导线中点位移响应时程如图 7–56 所示。由图 7–56（a）可以看出，在 193.8s 导线中点 X 方向位移有最大值。在这一时刻，从图 7–56（b）和图 7–56（c）中找出对应的 Y、Z 坐标值并计算出此刻第 4 跨的斜弧垂为 19.9m。

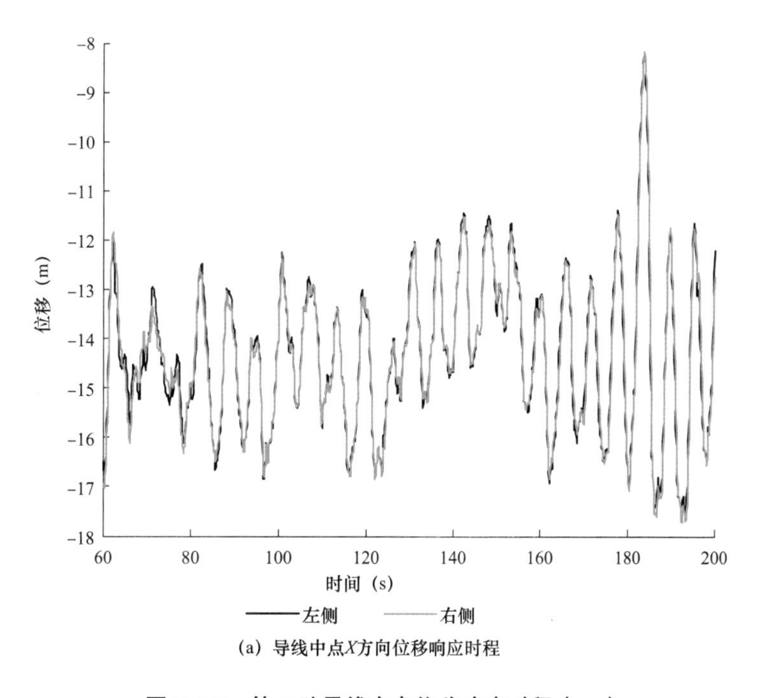

(a) 导线中点X方向位移响应时程

图 7–56 第 4 跨导线中点位移响应时程（一）

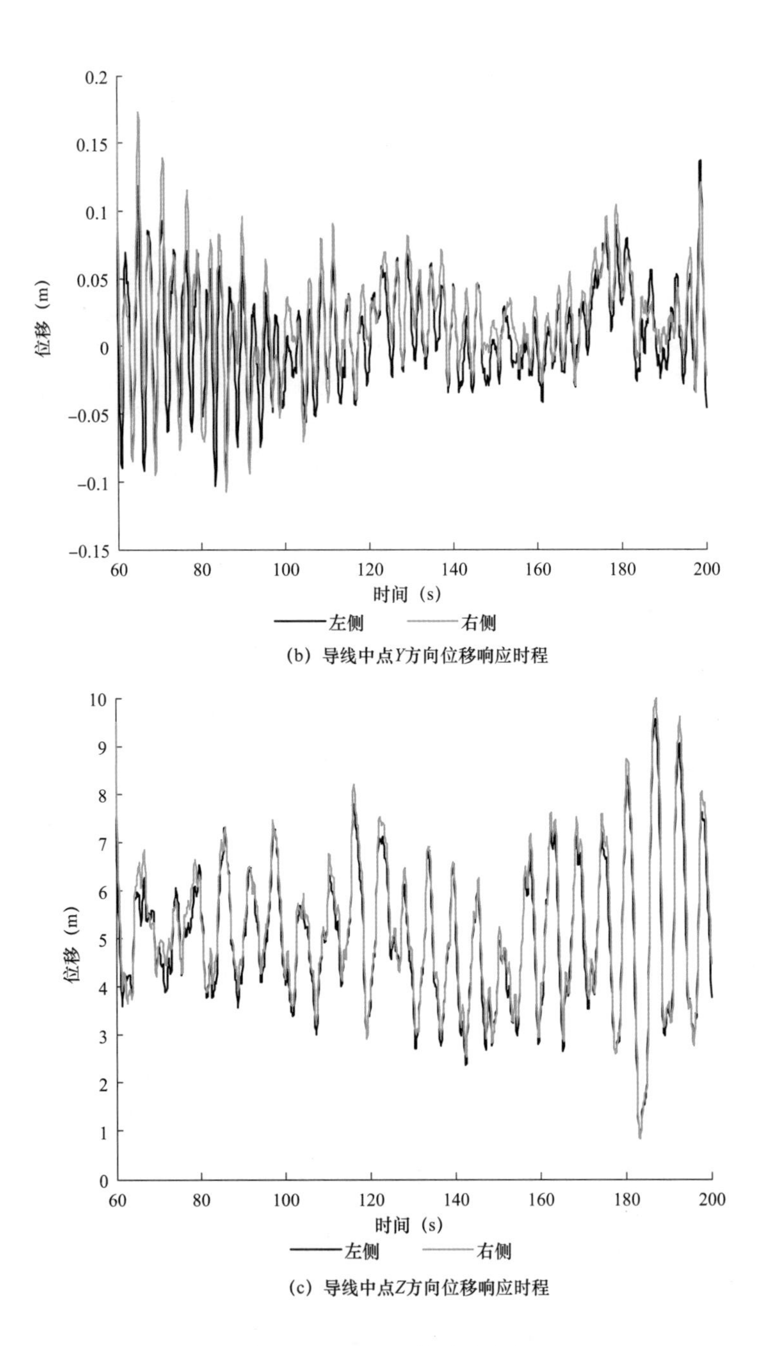

（b）导线中点Y方向位移响应时程

（c）导线中点Z方向位移响应时程

图 7–56　第 4 跨导线中点位移响应时程（二）

图 7–57 为 193.8s 各跨导线斜弧垂位移。可以看出，193.8s 导线斜弧垂在第 5 跨最大，此刻斜弧垂为 20.05m。

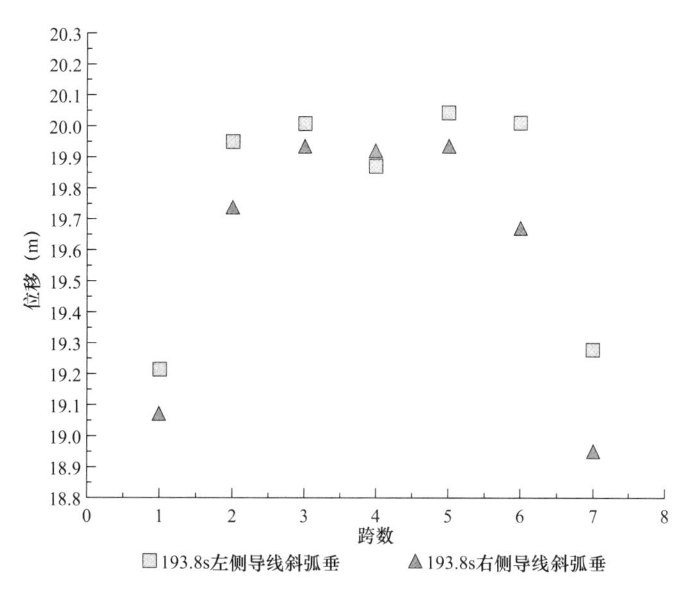

图 7-57　193.8s 各跨斜弧垂比较

7.5.4　输电单塔响应规律

根据前面结构时程响应分析的结果，本节主要研究三塔四线、六塔七线塔—线体系中输电单塔对不同风向风荷载的敏感程度。以下分别对三塔四线塔—线体系中第二塔和六塔七线塔—线体系中第三塔在各个风向下不同高度处的位移和加速度响应变化规律展开深入分析。对于随机响应结果通常采用数理统计方法进行分析，此处分别计算不同高度处位移均方差和加速度均方差，以其更直观的描述塔身在风荷载作用下的变化规律。

各层位移均方差见表 7-27 和图 7-58，加速度均方差见表 7-28 和图 7-59。

表 7-27　　各层位移均方差

层数	加载点高度（m）	三塔四线模型位移均方差（m）			六塔七线模型位移均方差（m）		
		塔—线体系 0° 大风	塔—线体系 45° 大风	塔—线体系 90° 大风	塔—线体系 0° 大风	塔—线体系 45° 大风	塔—线体系 90° 大风
1	10.000	0.0002	0.0004	0.0005	0.0002	0.0003	0.0005
2	23.600	0.0016	0.0040	0.0063	0.0015	0.0037	0.0061
3	32.100	0.0033	0.0081	0.0128	0.0032	0.0076	0.0125
4	38.100	0.0049	0.0121	0.0191	0.0048	0.0114	0.0186
5	42.400	0.0066	0.0155	0.0245	0.0064	0.0145	0.0239

续表

层数	加载点高度(m)	三塔四线模型位移均方差(m)			六塔七线模型位移均方差(m)		
		塔—线体系 0° 大风	塔—线体系 45° 大风	塔—线体系 90° 大风	塔—线体系 0° 大风	塔—线体系 45° 大风	塔—线体系 90° 大风
6	48.000	0.0087	0.0205	0.0324	0.0086	0.0192	0.0316
7	51.800	0.0114	0.0242	0.0382	0.0104	0.0226	0.0373
8	54.600	0.0126	0.0268	0.0424	0.0116	0.0250	0.0413
9	58.800	0.0144	0.0308	0.0488	0.0134	0.0287	0.0476

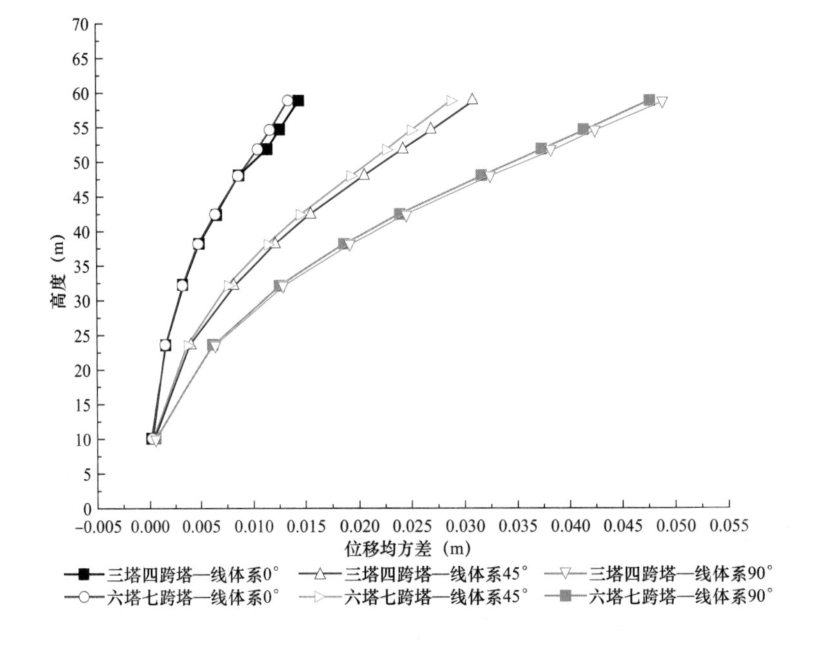

图 7–58　各层位移均方差对比图

表 7–28　各层加速度均方差

层数	加载点高度(m)	加速度均方差(m/s^2)					
		单塔 90° 大风	单塔 45° 大风	单塔 0° 大风	塔—线体系 90° 大风	塔—线体系 45° 大风	塔—线体系 0° 大风
1	10.000	0.2155	0.4955	0.9090	0.2843	0.4692	0.9390
2	23.600	0.2843	0.4226	0.7749	0.2422	0.4002	0.8005
3	32.100	0.0648	0.3762	0.6906	0.2155	0.3561	0.7134
4	38.100	0.2422	0.3139	0.5770	0.1789	0.2969	0.5965
5	42.400	0.0025	0.2314	0.4265	0.1306	0.2188	0.4414
6	48.000	0.1789	0.1764	0.3259	0.0986	0.1669	0.3378

续表

层数	加载点高度（m）	加速度均方差（m/s²）					
		单塔 90° 大风	单塔 45° 大风	单塔 0° 大风	塔—线体系 90° 大风	塔—线体系 45° 大风	塔—线体系 0° 大风
7	51.800	0.0310	0.1168	0.2161	0.0648	0.1106	0.2242
8	54.600	0.1305	0.0564	0.1045	0.0310	0.0537	0.1086
9	58.800	0.0985	0.0043	0.0078	0.0025	0.0090	0.0083

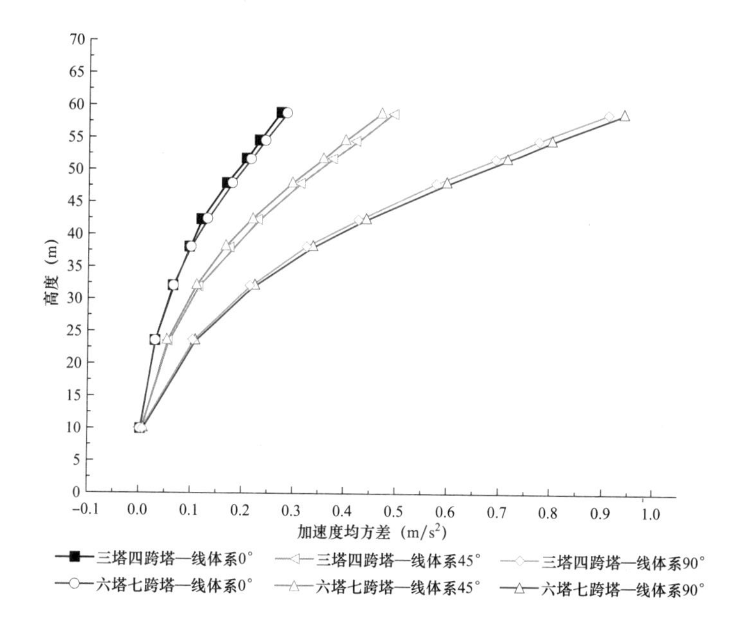

图 7–59　各层加速度均方差对比图

从表 7–27 和图 7–58 可以看出：单塔不同风向对迎风向的位移均方差变化规律相同。塔身位移风振响应随高度愈来愈敏感，塔身相同高度的位移均方差在 90° 时响应最大，说明单塔塔身对于 90° 大风位移响应最为敏感；三塔四线中第二塔的位移均方差与六塔七线第三塔的位移均方差相差不大，说明两种模型导线对输电塔身的耦联作用相同。

从表 7–28 和图 7–59 可以看出：单塔不同风向对迎风向的加速度均方差变化规律相同。塔身加速度风振响应随高度愈来愈敏感，塔身相同高度的加速度均方差在 90° 时响应最大，说明单塔对于 90° 大风加速度响应最为敏感；三塔四线中第二塔的加速度均方差与六塔七线第三塔的加速度均方差相差不大，说明两种模型导线对输电塔身的耦联作用相同。

通过以上动力响应的比较分析可以发现，三塔四跨模型与六塔七跨模型具有基本相同的计算精度。

7.6 塔—线体系风振系数研究

7.6.1 动力风振响应与静力响应比较

通过对结构时程响应分析的结果，发现三塔四跨模型与六塔七跨模型具有基本相同的计算精度。本节只取三塔四跨塔—线体系模型，由于最中间的输电塔能更好的反映了塔—线体系对结构的影响，因此本节比较中间塔的绝缘子串轴力，绝缘子串位移，复合横担轴力、位移，导线中点位移的风振响应，而对于断线工况由于断线发生在第1跨，所以这一工况比较第1跨的塔和导线数据。节点标注：1号节点为左侧绝缘子串下部中点，2号节点为左侧复合横担最外侧节点，3号节点为右侧绝缘子串下部中点，4号节点为右侧复合横担最外侧节点，5号节点为左侧导线中点，6号节点为右侧导线中点，7号节点为与横担相交点同一高度处塔身上一点。中间塔节点编号详图如图7-60所示。

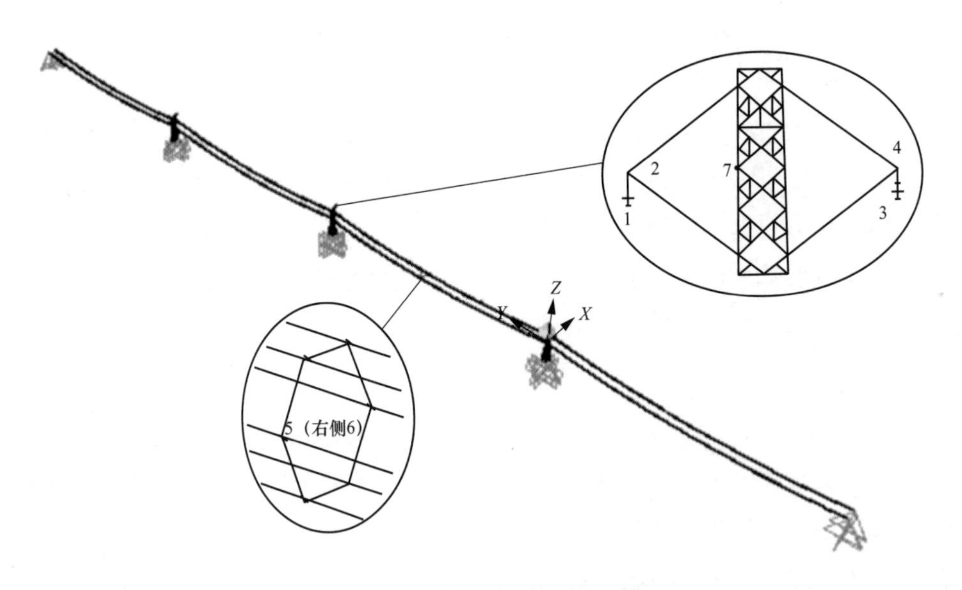

图7-60 中间塔节点编号详图

以90° 大风工况为例对静力风振与动力风振响应进行比较。在90° 大风工况中，表 7–29~ 表 7–37 分别为动力时程分析法和静力风荷载作用下的各轴力与位移比较。

表 7–29 绝缘子串轴力比较 （kN）

挂点号	时程分析法					静力风荷载作用
	平均值（EV）	标准差（σ）	最小值	最大值	EV+3σ	
1–1	225.92	15.61	181.76	280.63	272.75	193.76
1–2	227.37	15.51	182.40	283.02	273.90	194.54
1–3	248.42	17.91	197.89	311.80	302.14	193.76
2–1	226.21	15.19	186.93	278.58	271.79	194.04
2–2	227.37	15.05	186.02	280.39	272.53	194.55
2–3	233.52	15.76	190.74	289.15	280.81	194.04

表 7–30 横担上部受拉轴力比较 （kN）

挂点号	时程分析法					静力风荷载作用
	平均值（EV）	标准差（σ）	最小值	最大值	EV+3σ	
1–1	235.31	14.38	190.51	281.53	278.46	206.88
1–2	236.23	14.32	192.48	280.81	279.21	207.69
1–3	253.47	15.47	210.17	302.35	299.87	206.88
2–1	33.77	16.67	–17.08	79.46	83.79	63.97
2–2	31.71	18.01	–23.48	74.16	85.75	62.57
2–3	27.29	17.19	–28.98	73.90	78.87	63.97

表 7–31 横担下部受压轴力比较 （kN）

挂点号	时程分析法					静力风荷载作用
	平均值（EV）	标准差（σ）	最小值	最大值	EV+3σ	
1–1	–37.04	16.56	–85.37	8.00	–86.72	–66.75
1–2	–35.15	17.70	–80.98	18.72	–88.25	–65.59
1–3	–18.08	18.11	–71.75	37.20	–72.42	–66.75
2–1	–237.72	14.03	–287.59	–199.60	–279.80	–209.19
2–2	–238.28	13.93	–284.71	–199.72	–280.06	–209.71
2–3	–243.72	14.23	–294.26	–205.28	–286.40	–209.19

表 7-32　　导线最低点 X 方向位移比较　　（m）

挂点号	时程分析法					静力风荷载作用
	平均值（EV）	标准差（σ）	最小值	最大值	EV+3σ	
1-1	-13.41	1.24	-15.97	-10.00	-17.12	-11.17
1-2	-14.30	1.31	-16.92	-11.39	-18.22	-11.73
1-3	-14.33	1.27	-17.09	-11.57	-18.13	-11.73
1-4	-13.70	1.24	-16.61	-10.59	-17.40	-11.17
2-1	-13.41	1.22	-15.99	-10.11	-17.06	-11.15
2-2	-14.31	1.28	-17.02	-11.47	-18.16	-11.70
2-3	-14.26	1.25	-17.06	-11.56	-18.00	-11.70
2-4	-13.61	1.22	-16.47	-10.57	-17.27	-11.15

表 7-33　　导线最低点 Y 方向位移比较　　（m）

挂点号	时程分析法					静力风荷载作用
	平均值（EV）	标准差（σ）	最小值	最大值	EV+3σ	
1-1	0.04	0.03	-0.06	0.14	0.14	0.01
1-2	0.01	0.04	-0.10	0.12	0.12	0.00
1-3	0.01	0.05	-0.15	0.15	0.14	0.00
1-4	-0.01	0.04	-0.15	0.11	0.12	-0.01
2-1	0.03	0.04	-0.06	0.16	0.14	0.00
2-2	0.02	0.04	-0.11	0.18	0.14	0.00
2-3	0.02	0.05	-0.11	0.20	0.16	0.00
2-4	0.00	0.04	-0.13	0.14	0.13	0.00

表 7-34　　导线最低点 Z 方向位移比较　　（m）

挂点号	时程分析法					静力风荷载作用
	平均值（EV）	标准差（σ）	最小值	最大值	EV+3σ	
1-1	4.50	1.10	1.86	6.81	7.81	2.82
1-2	4.93	1.20	2.36	8.96	8.54	3.05
1-3	5.01	1.18	2.46	8.96	8.55	3.05
1-4	4.68	1.14	1.83	7.10	8.09	2.82
2-1	4.60	1.11	1.91	7.01	7.93	2.94
2-2	5.14	1.25	2.55	9.89	8.89	3.28
2-3	5.24	1.20	2.79	9.89	8.83	3.28
2-4	4.83	1.10	1.95	7.21	8.13	2.94

表 7–35 挂串底部中点 X 方向位移比较 （m）

挂点号	时程分析法					静力风荷载作用
	平均值（EV）	标准差（σ）	最小值	最大值	EV+3σ	
1–1	–1.78	0.15	–2.19	–1.08	–2.24	–1.50
1–2	–1.79	0.26	–2.41	–0.67	–2.56	–1.51
1–3	–1.93	0.17	–2.33	–1.24	–2.45	–1.50
2–1	–1.75	0.21	–2.25	–0.93	–2.39	–1.46
2–2	–1.76	0.27	–2.41	–0.62	–2.57	–1.48
2–3	–1.82	0.20	–2.27	–1.04	–2.41	–1.19

表 7–36 挂串底部中点 Y 方向位移比较 （m）

挂点号	时程分析法					静力风荷载作用
	平均值（EV）	标准差（σ）	最小值	最大值	EV+3σ	
1–1	0.00	0.02	–0.10	0.04	–0.06	0.00
1–2	0.00	0.02	–0.07	0.15	–0.07	0.00
1–3	0.02	0.06	–0.11	0.42	–0.17	0.00
2–1	–0.02	0.06	–0.38	0.07	–0.20	0.00
2–2	0.00	0.03	–0.10	0.12	–0.08	0.00
2–3	0.02	0.06	–0.07	0.42	–0.17	0.00

表 7–37 挂串底部中点 Z 方向位移比较 （m）

挂点号	时程分析法					静力风荷载作用
	平均值（EV）	标准差（σ）	最小值	最大值	EV+3σ	
1–1	0.48	0.12	0.10	0.93	0.84	0.25
1–2	0.50	0.21	–0.03	1.42	1.14	0.26
1–3	0.60	0.16	0.16	1.25	1.10	0.25
2–1	0.74	0.20	0.19	1.42	1.33	0.48
2–2	0.76	0.25	0.08	1.81	1.53	0.49
2–3	0.80	0.19	0.24	1.44	1.38	0.31

通过上述比较可以看出，动力荷载作用下相比较于同等情况的静力荷载，其响应更加明显，所以对塔—线体系进行非线性动力分析，准确把握结构体系的时程响应至关重要。

7.6.2 风振系数研究

7.6.2.1 风振系数的一般表达

风振系数通常定义为风引起结构的总响应与平均风产生的响应之比。风振系数有两种表达形式。一种是内力风振系数，记作 β_N；另一种是位移风振系数，记作 β_D。

z 高度处某单元风荷载作用下的内力和 P_i（Z）由平均风和脉动风两部分风荷载引起的单元轴力组成，即 $P_i(Z)=P_{Si}(Z)+P_{Di}(Z)$，其中，$P_{Si}(Z)$ 为 z 高度处某单元的平均风荷载内力值，$P_{Di}(Z)$ 为 z 高度处某单元脉动风荷载内力值。用风荷载内力和 $P_i(Z)$ 和平均风荷载内力值 $P_{Si}(Z)$ 的比值可以得到内力风振系数的一般表达式

$$\beta_N(Z)=\frac{P_i(Z)}{P_{Si}(Z)}=\frac{P_{Si}(Z)+P_{Di}(Z)}{P_{Si}(Z)}=1+\frac{P_{Di}(Z)}{P_{Si}(Z)} \tag{7-25}$$

位移风振系数 β_D 也比较常用，它定义为节点在平均风和脉动风荷载共同作用下位移的总和（$U_{Si}+U_{Di}$）与平均风作用下节点位移 U_{Si} 的比值

$$\beta_D=\frac{U_i}{U_{si}}=\frac{U_{si}+U_{Di}}{U_{si}}=1+\frac{U_{Di}}{U_{si}} \tag{7-26}$$

下面依据上述表达的位移风振系数及内力风振系数对塔—线体系进行比较分析。

（1）内力风振系数。内力风振系数定义为单元在平均风和脉动风共同作用下的内力总和与平均风荷载作用下内力的比值。表 7-38 为三塔四跨塔—线体系内力风振系数。

表 7-38 内力风振系数

工况	单元编号	平均风轴力 (kN)	时程分析法轴力(kN)	内力风振系数	备注
0°大风	4	125.42	126.08	1.01	
	16	125.04	−125.80	1.01	
	64	122.40	−125.12	1.02	
	256	−63.92	113.15	1.77	
	267	−141.73	−141.77	1.00	下横担
	290	157.29	161.61	1.03	挂串
	512	48.10	−60.07	1.25	
	612	136.33	139.47	1.02	上横担
	1024	14.14	−52.59	3.72	
	2048	18.24	−24.12	1.32	
	4096	12.47	15.42	1.24	
45°大风	4	549.60	556.9	1.01	
	16	388.85	468.14	1.20	
	64	339.88	365.5	1.08	
	256	299.45	306.42	1.02	
	267	−102.25	−127.53	1.25	下横担
	290	167.36	200.96	1.20	挂串
	512	157.83	165.67	1.05	
	612	99.56	132.13	1.33	上横担
	1024	23.11	−52.67	2.28	
	2048	19.09	−35.80	1.88	
	4096	12.96	18.57	1.43	

续表

工况	单元编号	平均风轴力 (kN)	时程分析法轴力（kN）	内力风振系数	备注
60°大风	4	637.71	863.32	1.35	
	16	451.59	727.25	1.61	
	64	396.04	571.53	1.44	
	256	347.53	470.14	1.35	
	267	−83.92	−112.36	1.34	下横担
	290	178.66	237.04	1.33	挂串
	512	183.49	269.66	1.47	
	612	189.42	251.75	1.33	上横担
	1024	31.44	62.43	1.99	
	2048	20.44	−42.76	2.09	
	4096	13.21	17.15	1.30	
90°大风	4	604.31	1188.19	1.97	
	16	433.22	990.75	2.29	
	64	375.65	764.74	2.04	
	256	321.52	617.26	1.92	
	267	−209.71	−284.71	1.36	下横担
	290	193.76	283.02	1.46	挂串
	512	172.98	353.05	2.04	
	612	207.69	280.81	1.35	上横担
	1024	26.40	90.35	3.42	
	2048	24.64	−48.59	1.97	
	4096	13.95	18.84	1.35	

续表

工况	单元编号	平均风轴力 (kN)	时程分析法轴力 (kN)	内力风振系数	备注
均匀覆冰	4	34.08	132.92	3.90	
	16	40.03	50.10	1.25	
	64	80.36	−323.72	4.03	
	256	16.18	64.37	3.98	
	267	−215.74	−238.23	1.10	下横担
	290	232.03	242.05	1.04	挂串
	512	39.82	−147.52	3.70	
	612	213.44	239.36	1.12	上横担
	1024	57.62	−134.29	2.33	
	2048	37.55	−82.10	2.19	
	4096	14.32	15.66	1.09	
不均匀覆冰	4	72.83	225.44	3.10	
	16	61.53	185.77	3.02	
	64	31.00	137.59	4.44	
	256	52.38	128.91	2.46	
	267	−183	−197.51	1.08	下横担
	290	196.21	200	1.02	挂串
	512	28.18	57.22	2.03	
	612	181.64	200.26	1.10	上横担
	1024	37.73	−51.25	1.36	
	2048	33.03	−33.91	1.03	
	4096	14.35	15.69	1.09	

续表

工况	单元编号	平均风轴力 (kN)	时程分析法轴力 (kN)	内力风振系数	备注
断线	4	37.46	-217.34	5.80	
	16	43.45	-219.38	5.05	
	64	83.96	97.97	1.17	
	256	18.75	114.18	6.09	
	267	-184.52	-186.17	1.01	下横担
	290	227.11	231.85	1.02	挂串
	512	41.43	-112.38	2.71	
	612	182	183.46	1.01	上横担
	1024	58.10	-89.141	1.53	
	2048	37.49	-45.57	1.22	
	4096	14.31	19.60	1.37	
安装	4	129.22	-191.84	1.48	
	16	79.51	-188.75	2.37	
	64	34.52	-188.06	5.45	
	256	87.87	-96.48	1.10	
	267	-216.52	-229.62	1.06	下横担
	290	236.17	241.19	1.02	挂串
	512	18.26	-90.72	4.97	
	612	213.13	227.73	1.07	上横担
	1024	41.59	-80.42	1.93	
	2048	32.57	-38.61	1.19	
	4096	20.82	21.84	1.05	

（2）位移风振系数。位移风振系数定义为节点在平均风和脉动风荷载共同作用下位移的总和与平均风作用下节点位移的比值。表 7–39 为以三塔四跨塔—线体系中间塔为例的位移风振系数。

表 7–39　　位移风振系数

工况	高度（m）	平均风位移 (cm)	时程分析法位移 (cm)	位移风振系数	备注
0°大风	10.000	0.3607	0.5167	1.43	
	23.600	3.4607	4.6907	1.36	
	32.100	4.7684	7.3724	1.55	
	38.100	6.9402	10.8112	1.56	
	41.58	35.00	71.00	2.03	绝缘子串底部中点
	42.400	8.9253	14.0073	1.57	
	45.000	32.00	61.00	1.91	横担最外点
	48.000	11.8357	18.7657	1.59	
	51.800	13.9439	22.2569	1.60	
	54.600	15.481	24.801	1.60	
45°大风	10.000	0.40	0.40	1.01	
	23.600	4.59	4.80	1.05	
	32.100	6.57	9.38	1.43	
	38.100	9.60	13.93	1.45	
	41.58	86	168	1.95	绝缘子串底部中点
	42.400	12.31	17.86	1.45	
	45.000	19.00	21.00	1.11	横担最外点
	48.000	16.23	23.62	1.46	
	51.800	19.10	27.86	1.46	
	54.600	21.15	30.87	1.46	

续表

工况	高度(m)	平均风位移 (cm)	时程分析法位移 (cm)	位移风振系数	备注
60°大风	10.000	0.52	0.57	1.10	
	23.600	6.54	6.60	1.01	
	32.100	8.94	13.51	1.51	
	38.100	13.13	20.08	1.53	
	41.58	121	207	1.71	绝缘子串底部中点
	42.400	16.81	25.76	1.53	
	45.000	19.00	27.00	1.42	横担最外点
	48.000	22.17	34.07	1.54	
	51.800	26.09	40.19	1.54	
	54.600	28.88	44.54	1.54	
90°大风	10.000	0.54	0.81	1.49	
	23.600	7.75	9.61	1.24	
	32.100	10.60	19.69	1.86	
	38.100	15.65	29.24	1.87	
	41.58	148	241	1.63	绝缘子串底部中点
	42.400	20.03	37.44	1.87	
	45.000	23.00	33.00	1.43	横担最外点
	48.000	26.45	49.43	1.87	
	51.800	31.14	58.24	1.87	
	54.600	34.48	64.51	1.87	

续表

工况	高度(m)	平均风位移(cm)	时程分析法位移(cm)	位移风振系数	备注
均匀覆冰	10.000	0.13	0.23	1.76	
	23.600	1.32	2.90	2.19	
	32.100	1.96	6.11	3.12	
	38.100	2.81	8.94	3.18	
	41.58	28.00	81.00	2.89	绝缘子串底部中点
	42.400	3.56	11.38	3.20	
	45.000	4.00	8.00	2.00	横担最外点
	48.000	4.71	15.04	3.20	
	51.800	5.54	17.72	3.20	
	54.600	6.13	19.64	3.20	
不均匀覆冰	10.000	0.1306	0.162	1.24	
	23.600	1.3657	2.005	1.47	
	32.100	1.9374	4.142	2.14	
	38.100	2.7971	6.141	2.20	
	41.58	33.00	82.00	2.48	绝缘子串底部中点
	42.400	3.5666	7.873	2.21	
	45.000	8.00	13.00	1.63	横担最外点
	48.000	4.6759	10.391	2.22	
	51.800	5.5008	12.257	2.23	
	54.600	6.0874	13.581	2.23	

续表

工况	高度（m）	平均风位移 (cm)	时程分析法位移 (cm)	位移风振系数	备注
断线	10.000	0.131	0.254	1.94	
	23.600	1.3209	1.848	1.40	
	32.100	1.9564	3.618	1.85	
	38.100	2.8105	5.063	1.80	
	41.58	23.00	39.00	1.70	绝缘子串底部中点
	42.400	3.561	6.423	1.80	
	45.000	2.0	3.0	1.50	横担最外点
	48.000	4.707	8.609	1.83	
	51.800	5.5401	10.237	1.85	
	54.600	6.1335	11.395	1.86	
安装	10.000	0.40	0.60	1.50	
	23.600	0.15	1.41	1.40	
	32.100	4.78	7.37	1.54	
	38.100	6.91	10.66	1.54	
	41.58	19.0	37.0	1.95	绝缘子串底部中点
	42.400	8.85	13.61	1.54	
	45.000	13.00	21.00	1.62	横担最外点
	48.000	11.73	18.02	1.54	
	51.800	13.83	21.25	1.54	
	54.600	15.34	23.55	1.54	

通过比较内力风振系数与位移风振系数，发现：

（1）比较位移和内力风振系数发现，内力风振系数普遍比位移风振系数偏小，所以基于安全考虑，应取位移风振系数。

（2）风振在某些部位出现负值，这是由于风振系数是个比值概念。在静力分析和动力分析时由于荷载不同，绝缘子串的风偏角等发生变化，整体结构的受力分布也发生改变，这导致了某些单元内力或位移变小。

（3）风振系数出现奇大，这是由于某些节点在静力分析中位移较小，而风振系数是个比值概念，所以出现风振系数奇大，有关文献称为风振奇点。

7.6.2.2 《建筑结构荷载规范》定义的风振系数

GB 50009—2012《建筑结构荷载规范》中定义的风振系数为

$$\beta_z = 1 + 2gI_{10}B_z\sqrt{1+R} \tag{7-27}$$

以 90° 大风工况为例，计算的风振系数见表 7-40，$\Phi_1(z)$ 为结构第一阶振型系数；R 为脉动风荷载共振分量因子；ρ_z、ρ_x 分别为脉动风竖直和水平方向相关系数；B_z 为脉动风背景分量因子；θ_B、θ_v 为 B_z 的修正系数。由公式可以看出只有 θ_B 受不同角度风影响，其他参数基本保持不变。θ_B 为构筑物在 z 高度处的迎风面宽度 B_z 与底部宽度 B_o 的比值。

表 7-40 《建筑结构荷规范》GB 50009—2012 计算风振系数（90° 大风工况）

高度（m）	$\Phi_1(z)$	R	ρ_z	ρ_x	B_z	θ_B	θ_v	β_z
10.00	0.031	1.77	0.783	1	0.05	0.82	2.63	1.16
23.60	0.155	1.77	0.783	1	0.20	0.50	2.63	1.38
32.10	0.358	1.77	0.783	1	0.43	0.44	2.63	1.70
38.10	0.591	1.77	0.783	1	0.68	0.34	2.63	1.87
42.40	0.661	1.77	0.783	1	0.74	0.33	2.63	1.91
48.00	0.892	1.77	0.783	1	0.96	0.31	2.63	2.10
51.80	0.92	1.77	0.783	1	0.96	0.30	2.63	2.09
54.60	1	1.77	0.783	1	1.04	0.29	2.63	2.11

从表 7-40 求出的 90° 大风的风振系数可以看出，计算结果偏于保守。

7.6.2.3 “华北院—重大”定义的风振系数

根据重庆大学土木工程学院与华北电力设计院编制的《双柱拉线塔风振分析—理论部分》中，风振系数的计算公式

$$风振系数 = \frac{风振时程最大值}{风振时程平均值} \tag{7-28}$$

式（7-28）又分为按内力和位移计算的两种风振系数。按照上述定义分别计算塔—线体系的内力风振系数和位移风振系数如下。

（1）内力风振系数。

表 7-41 为三塔四跨塔—线体系内力风振系数。可以看出内力风振系数由于时程振动中杆件轴力随时间变化为拉力和压力，而由此算出的平均值变的很小，也导致风振系数过大。

表 7-41　　　　内力风振系数

工况	单元编号	轴力平均值（kN）	时程分析法轴力（kN）	内力风振系数	备注
0°大风	4	31	−126.08	4.07	
	16	−30.94	−125.80	4.07	
	64	−30.16	−125.12	4.15	
	256	21.59	−63.92	2.96	
	267	−137.65	−141.73	1.03	下横担
	290	156.63	161.61	1.03	挂串
	512	−40.16	−60.068	1.50	
	612	135.01	139.47	1.03	上横担
	1024	−30.28	−52.59	1.74	
	2048	−21.25	−24.117	1.13	
	4096	12.96	15.42	1.19	

续表

工况	单元编号	轴力平均值（kN）	时程分析法轴力（kN）	内力风振系数	备注
45°大风	4	346.43	556.9	1.61	
	16	283.65	468.14	1.65	
	64	213.16	365.5	1.71	
	256	190.83	299.45	1.57	
	267	−188.33	−215.40	1.14	下横担
	290	179.64	199.62	1.11	挂串
	512	96.64	165.67	1.71	
	612	188.96	212.18	1.12	上横担
	1024	18.00	−52.67	2.93	
	2048	−25.39	−35.80	1.41	
	4096	13.79	18.57	1.35	
60°大风	4	523.14	863.32	1.65	
	16	431.26	727.25	1.69	
	64	329.81	571.53	1.73	
	256	283.73	470.14	1.66	
	267	−213.68	−252.82	1.18	下横担
	290	200.54	237.04	1.18	挂串
	512	153.50	269.66	1.76	
	612	211.49	251.75	1.19	上横担
	1024	20.75	62.43	3.01	
	2048	−25.77	−42.76	1.66	
	4096	13.41	17.15	1.28	

续表

工况	单元编号	轴力平均值（kN）	时程分析法轴力（kN）	内力风振系数	备注
90°大风	4	643.05	1188.19	1.85	
	16	534.00	990.75	1.86	
	64	408.87	764.74	1.87	
	256	335.36	617.26	1.84	
	267	-238.28	-284.711	1.19	下横担
	290	227.37	283.02	1.24	挂串
	512	185.86	353.05	1.90	
	612	236.23	280.81	1.19	上横担
	1024	30.13	90.345	3.00	
	2048	-28.88	-48.585	1.68	
	4096	13.84	18.84	1.36	
均匀覆冰	4	-62.00	132.911	2.14	
	16	-120.35	50.10	0.42	
	64	-169.22	-323.72	1.91	
	256	-37.97	64.37	1.70	
	267	-226.92	-238.234	1.05	下横担
	290	235.76	242.05	1.03	挂串
	512	-77.86	-147.52	1.89	
	612	226.92	239.36	1.05	上横担
	1024	-111.28	-134.29	1.21	
	2048	-80.80	-82.10	1.02	
	4096	15.43	15.66	1.01	

续表

工况	单元编号	轴力平均值（kN）	时程分析法轴力（kN）	内力风振系数	备注
不均匀覆冰	4	107.11	225.44	2.10	
	16	82.35	185.77	2.26	
	64	52.28	137.59	2.63	
	256	66.67	128.91	1.93	
	267	–187.70	–197.51	1.05	下横担
	290	195.80	200.00	1.02	挂串
	512	17.87	57.22	3.20	
	612	188.23	200.26	1.06	上横担
	1024	–33.30	–51.25	1.54	
	2048	–32.38	–33.91	1.05	
	4096	14.07	15.69	1.12	
断线	4	–46.35	–217.34	4.69	
	16	–69.93	–219.38	3.14	
	64	–92.88	97.97	1.05	
	256	–29.07	114.18	3.93	
	267	–212.41	–216.987	1.02	下横担
	290	225.71	227.19	1.01	挂串
	512	–45.45	–112.38	4.07	
	612	209.88	214.73	4.07	上横担
	1024	–57.68	–89.141	4.15	
	2048	–35.44	–45.57	2.96	
	4096	13.96	19.60	1.03	

续表

工况	单元编号	轴力平均值（kN）	时程分析法轴力（kN）	内力风振系数	备注
安装	4	−86.30	−191.84	1.03	
	16	−98.05	−188.75	1.50	
	64	−114.85	−188.06	1.03	
	256	−42.20	−96.48	1.74	
	267	−221.78	−229.62	1.13	下横担
	290	237.79	241.19	1.19	挂串
	512	−57.40	−90.72	1.61	
	612	219.53	227.73	1.65	上横担
	1024	−68.46	−80.42	1.71	
	2048	−37.45	−38.61	1.57	
	4096	20.51	21.84	1.14	

（2）位移风振系数。

表 7–42 为三塔四跨塔—线体系位移风振系数。可以看出其绝大数值与风振系数定义中计算结果一致，但是也有少数值偏大。这是由于时程振动中位移有正有负，因此平均值很小，导致风振系数过大。

表 7–42　　　　位移风振系数

工况	高度（m）	时程位移平均值（cm）	时程分析法位移 (cm)	位移风振系数	备注
0°大风	10.000	0.11	0.52	4.73	
	23.600	0.89	4.70	5.28	
	32.100	1.87	7.37	3.94	
	38.100	2.74	10.81	3.95	
	41.58	48.00	71.00	1.48	绝缘子串底部中点
	42.400	3.58	14.01	3.91	

续表

工况	高度（m）	时程位移平均值（cm）	时程分析法位移 (cm)	位移风振系数	备注
0°大风	45.000	32.00	49.00	1.53	横担最外点
	48.000	4.86	18.77	3.86	
	51.800	5.82	22.26	3.82	
	54.600	6.52	24.80	3.80	
45°大风	10.000	0.40	0.40	1.00	
	23.600	4.59	4.80	1.05	
	32.100	6.57	9.38	1.43	
	38.100	9.60	13.93	1.45	
	41.58	118.00	172.00	1.46	绝缘子串底部中点
	42.400	12.31	17.86	1.45	
	45.000	17.00	23.00	1.35	横担最外点
	48.000	16.23	23.62	1.46	
	51.800	19.10	27.86	1.46	
	54.600	21.15	30.87	1.46	
60°大风	10.000	0.52	0.57	1.10	
	23.600	6.54	6.60	1.01	
	32.100	8.94	13.51	1.51	
	38.100	13.13	20.08	1.53	
	41.58	150	207	1.38	绝缘子串底部中点
	42.400	16.81	25.76	1.53	
	45.000	6.00	11.00	1.83	横担最外点
	48.000	22.17	34.07	1.54	
	51.800	26.09	40.19	1.54	
	54.600	28.88	44.54	1.54	

续表

工况	高度（m）	时程位移平均值（cm）	时程分析法位移 (cm)	位移风振系数	备注
90°大风	10.000	0.54	0.81	1.50	
	23.600	7.75	9.61	1.24	
	32.100	10.60	19.69	1.86	
	38.100	15.65	29.24	1.87	
	41.58	179	241	1.35	绝缘子串底部中点
	42.400	20.03	37.44	1.87	
	45.000	5.00	12.00	2.40	横担最外点
	48.000	26.45	49.43	1.87	
	51.800	31.14	58.24	1.87	
	54.600	34.48	64.51	1.87	
均匀覆冰	10.000	0.13	0.23	1.77	
	23.600	1.32	2.90	2.20	
	32.100	1.96	6.11	3.12	
	41.58	50.00	81.00	1.62	绝缘子串底部中点
	38.100	2.81	8.94	3.18	
	42.400	3.56	11.38	3.20	
	45.000	9.00	13.00	1.44	横担最外点
	48.000	4.71	15.04	3.19	
	51.800	5.54	17.72	3.20	
	54.600	6.13	19.64	3.20	

续表

工况	高度（m）	时程位移平均值（cm）	时程分析法位移 (cm)	位移风振系数	备注
不均匀覆冰	10.000	0.1306	0.16	1.23	
	23.600	1.3657	2.01	1.47	
	32.100	1.9374	4.14	2.14	
	38.100	2.7971	6.14	2.20	
	41.58	47.00	83.00	1.77	绝缘子串底部中点
	42.400	3.5666	7.873	2.21	
	45.000	4.00	9.00	2.25	横担最外点
	48.000	4.6759	10.39	2.22	
	51.800	5.5008	12.26	2.23	
	54.600	6.0874	13.58	2.23	
断线	10.000	0.131	0.25	1.91	
	23.600	1.3209	1.85	1.40	
	32.100	1.9564	3.62	1.85	
	38.100	2.8105	5.06	1.80	
	41.58	33.00	44.00	1.33	绝缘子串底部中点
	42.400	3.561	6.423	1.80	
	45.000	7.00	8.00	1.14	横担最外点
	48.000	4.71	8.61	1.83	
	51.800	5.54	10.24	1.85	
	54.600	6.13	11.40	1.86	

续表

工况	高度（m）	时程位移平均值（cm）	时程分析法位移 (cm)	位移风振系数	备注
安装	10.000	0.40	0.60	1.50	
	23.600	0.15	1.41	9.40	
	32.100	4.78	7.37	1.54	
	38.100	6.91	10.66	1.54	
	41.58	27.00	45.00	1.67	绝缘子串底部中点
	42.400	8.85	13.61	1.54	
	45.000	6.00	8.00	1.33	横担最外点
	48.000	11.73	18.02	1.54	
	51.800	13.83	21.25	1.54	
	54.600	15.34	23.55	1.54	

7.7　复合材料转动横担塔—线体系脱冰动力分析

7.7.1　建模参数影响

为确定合适的有限元模型来分析导线脱冰问题，需要对主要的建模参数（覆冰档数、覆冰导线的阻尼）进行分析。由于导线和塔之间需要通过绝缘子串、转动横担进行联系，因此绝缘子串、转动横担的轴力是一个非常重要的参数，同时通过计算发现，最靠近脱冰档的绝缘子串轴力的纵向分量，即脱冰张力对建模参数非常敏感，因此选用脱冰张力作为敏感性分析的因素之一。除此之外，脱冰导线的跳跃对线路危害较大，在下面的分析中，综合考虑脱冰张力及脱冰导线竖向位移作为分析的参考依据。

为了便于研究六塔七跨输电塔—线体系在各种工况下的脱冰动力响应规律，覆冰、脱冰各工况组合说明见表 7–43。

表 7-43　　覆冰、脱冰各工况组合

工况号	脱冰时间(s)	档数脱冰情况	阻尼取值
工况 1	0.01	第一档导线覆冰脱落(100%脱冰)	0.02
工况 2	0.01	第一档、第二档导线覆冰脱落(100%脱冰)	0.02
工况 3	0.01	第一档、第二档、第三档导线覆冰脱落(100%脱冰)	0.02
工况 4	0.01	第一档、第二档、第三档、第四档导线覆冰脱落(100%脱冰)	0.02
工况 5	0.01	第一档、第二档、第三档、第四档导线一侧覆冰脱落(100%脱冰)	0.02
工况 6	0.001	第一档、第二档、第三档、第四档导线覆冰脱落(100%脱冰)	0.02
工况 7	5	第一档、第二档、第三档、第四档导线覆冰脱落(100%脱冰)	0.02
工况 8	10	第一档、第二档、第三档、第四档导线覆冰脱落(100%脱冰)	0.02
工况 9	0.01	第一档、第二档、第三档、第四档导线覆冰脱落(先脱 50%再脱到 100%)	0.02
工况 10	0.01	第一档、第二档、第三档、第四档导线覆冰脱落(先脱 20%，再到 60%，最后到 100%)	0.02
工况 11	0.01	第一档、第二档、第三档、第四档导线覆冰脱落	0.01
工况 12	0.01	第一档、第二档、第三档、第四档导线覆冰脱落	0.001
工况 13	0.01	第一档、第二档、第三档、第四档导线覆冰脱落	0.0001
工况 14	0.01	第一档、第二档、第三档、第四档导线覆冰脱落	0.0001

为更明确分析转动横担对塔—线体系的影响，输出覆冰脱落后 150s 内输电塔的动力响应，用 U_x、U_y 和 U_z 表示输电塔的位移动力响应，其中 U_x 表示 X 方向的位移，U_y 表示 Y 方向的位移(在直线塔中也称顺线向位移)，U_z 表示 Z 方向的位移；为了得到输电塔杆件在断线荷载下的动力响应，重点观察绝缘子串、转动横担、导线等单元，节点及单元说明图如图 7-61 所示，研究结构内力、位移变化情况。

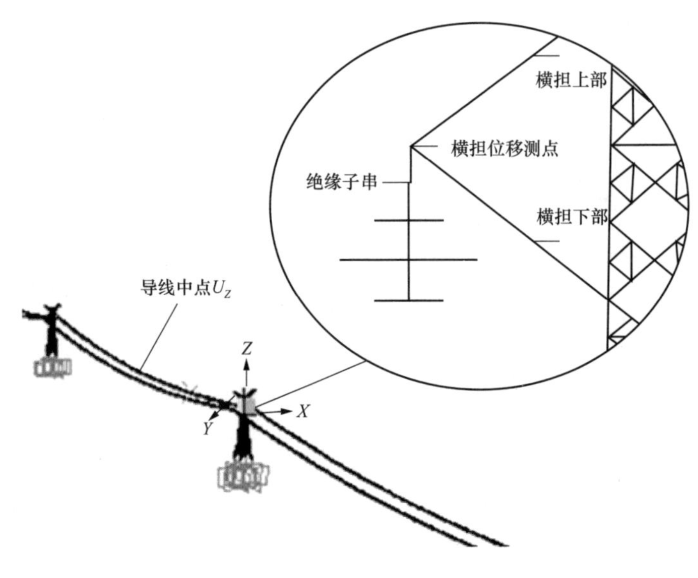

图 7-61　节点及单元说明图

7.7.2　不同档数脱冰响应分析

以输电线路第一、二、三和四档脱冰为例，并对不同档脱冰工况下的响应进行对比分析。

导线覆冰脱落后脱冰一、二、三、四档导线及相邻档导线档距中点的竖向位移时程如图 7-62~ 图 7-66 所示。可以看出，脱冰第四档导线在覆冰脱落后迅速弹起，档距导线中点在 3.7s 时刻达到竖向位移最大值 13.667m，而后慢慢衰减，所有的导线均做低频舞动。脱冰第一档导线中点竖向位移最大值为 12.136m，脱冰第二档导线中点竖向位移最大值为 12.456m，脱冰第三档导线中点竖向位移最大值为 13.069m，相邻档导线中点竖向位移最大值为 -10.776m。

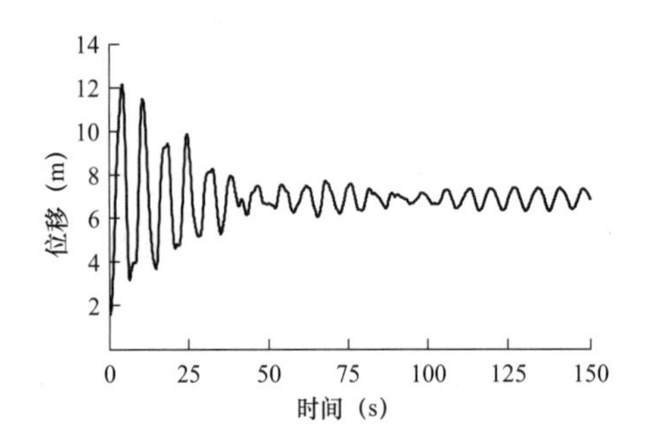

图 7-62　脱冰第一档导线中点 U_z 位移

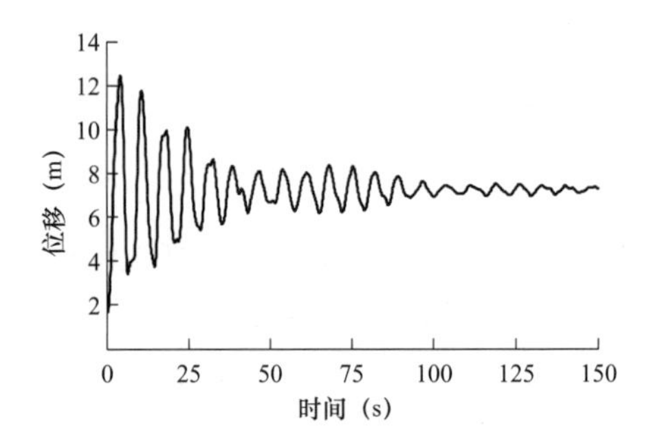

图 7-63　脱冰第二档导线中点 U_z 位移

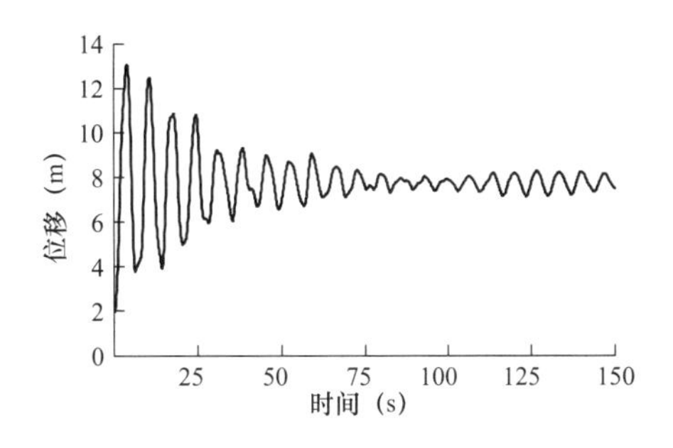

图 7-64 脱冰第三档导线中点 U_z 位移

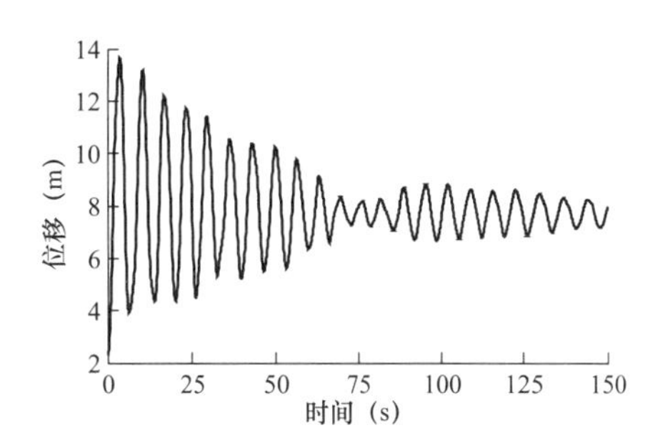

图 7-65 脱冰第四档导线中点 U_z 位移

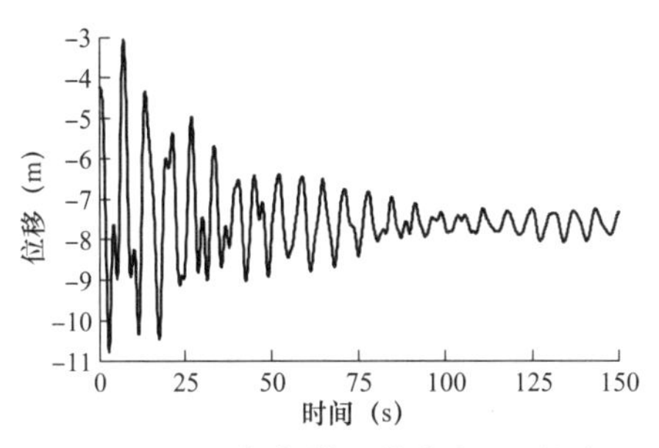

图 7-66 相邻档导线中点 U_z 位移

输电塔的转动横担由于覆冰脱落会向远离脱冰档的方向摆动，顺导线方向脱冰一、二、三、四档及相邻档的转动横担偏移位移时程如图 7-67~ 图 7-71 所示。图 7-70 中可以看出脱冰第四档转动横担顺线方向位移摆动范围为 –4.800~–1.458m，最大偏转角为 27.3°；图 7-67 中脱冰第一档转动横担顺线方向位移摆动范围为 –0.940 ~–0.289m，图 7-68 中脱冰第二档转动横担顺线方向位移摆动范围为 –1.938~–0.606m，图 7-69 中脱冰第三档转动横担顺线方向位移摆动范围为 –3.055~–0.975m，图 7-71 中相邻档转动横担顺线方向位移摆动范围为 –2.939~–0.907m。可知，由于转动横担要承受更大的不平衡张力，因此其顺导线方向偏移幅度大于相邻档转动横担顺导线方向偏移幅度，即距脱冰档越近，转动横担摆动幅度越大。

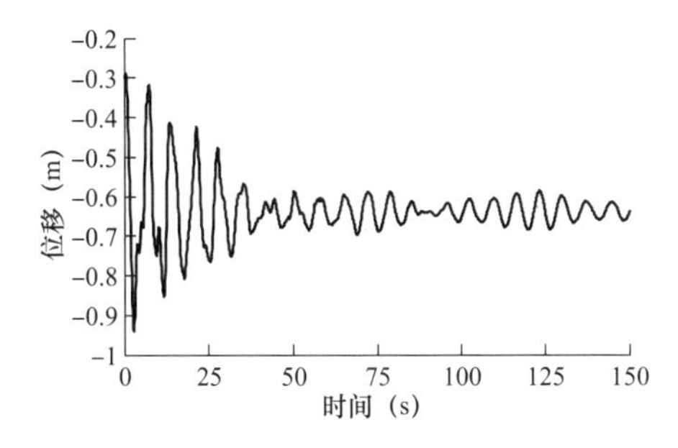

图 7-67 脱冰第一档转动横担 U_y 位移

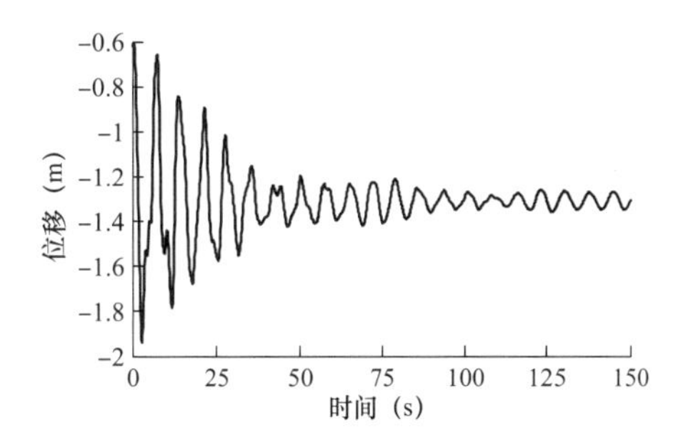

图 7-68 脱冰第二档转动横担 U_y 位移

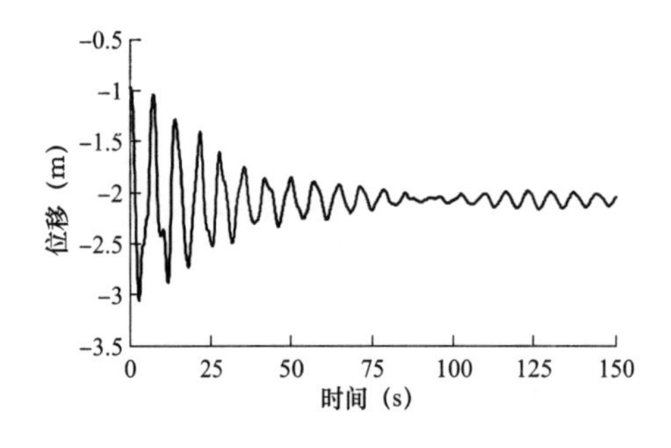

图 7-69　脱冰第三档转动横担 U_y 位移

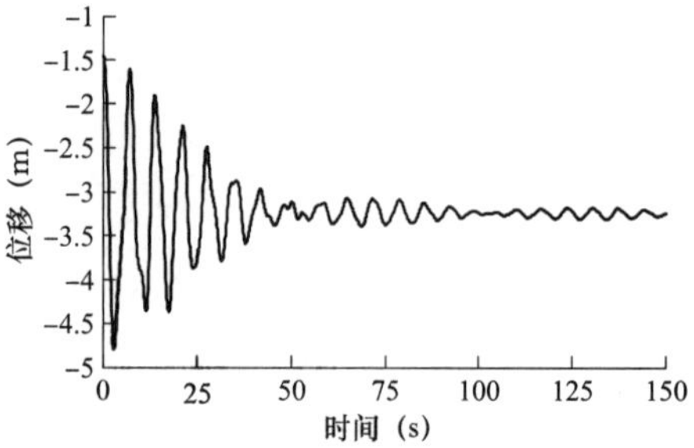

图 7-70　脱冰第四档转动横担 U_y 位移

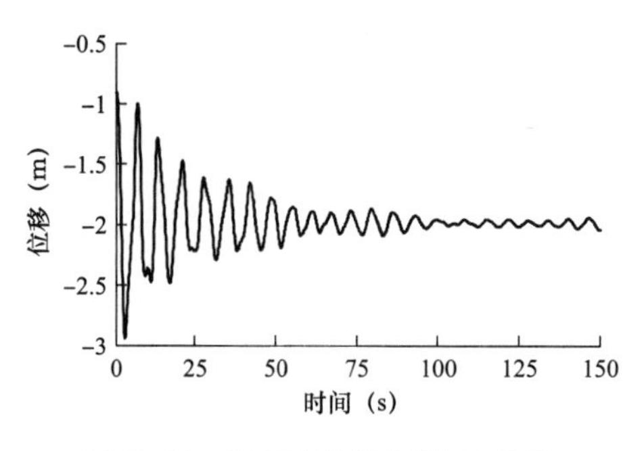

图 7-71　相邻档转动横担 U_y 位移

脱冰一、二、三、四档导线及相邻档导线的最大张力时程如图 7-72~ 图 7-76 所示，可以发现脱冰档导线的张力释放了一部分，引起与相邻档导线的张力不平衡，致使转动横担朝远离脱冰档的方向摆动。这种摆动使未脱冰档导线的张力有所下降，即相当覆冰脱落对塔—线体系的动力冲击作用于该档的档距减小，引起导线的张力下降。同时离脱冰档越远，张力损失越小，从各图中可以看出，脱冰第四档导线张力最大值为 118.602kN，脱冰第一档导线张力最大值为 113.464kN，脱冰第二档导线张力最大值为 115.297kN，脱冰第三档导线张力最大值为 112.516kN，相邻档导线张力最大值为 115.085kN。

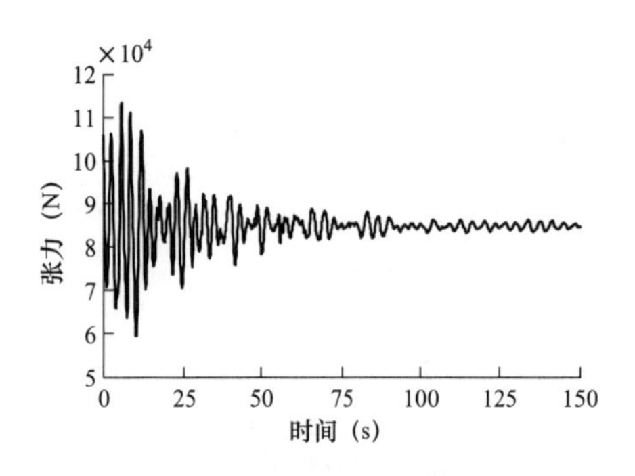

图 7-72　脱冰第一档导线最大张力

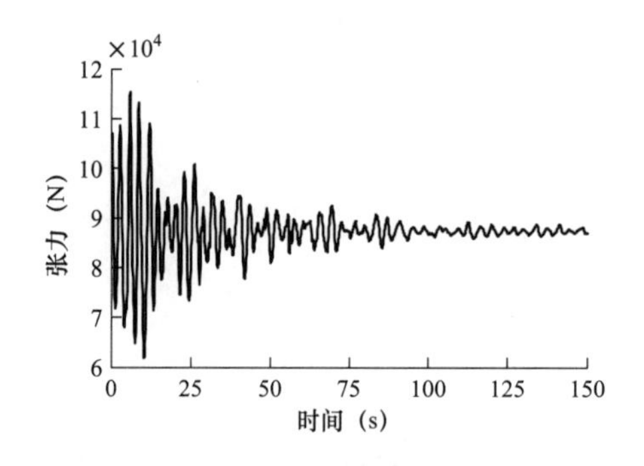

图 7-73　脱冰第二档档导线最大张力

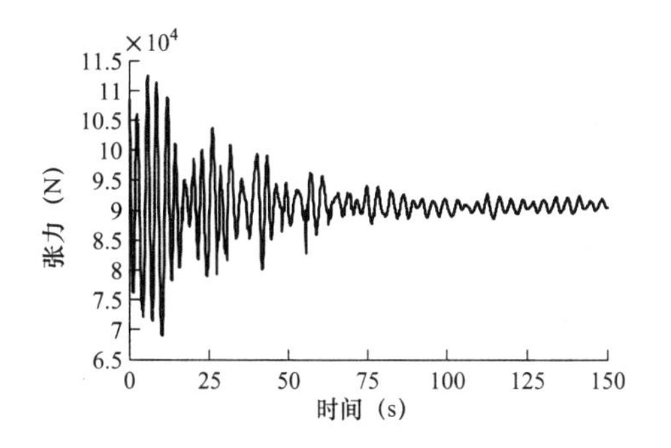

图 7-74　脱冰第三档导线最大张力

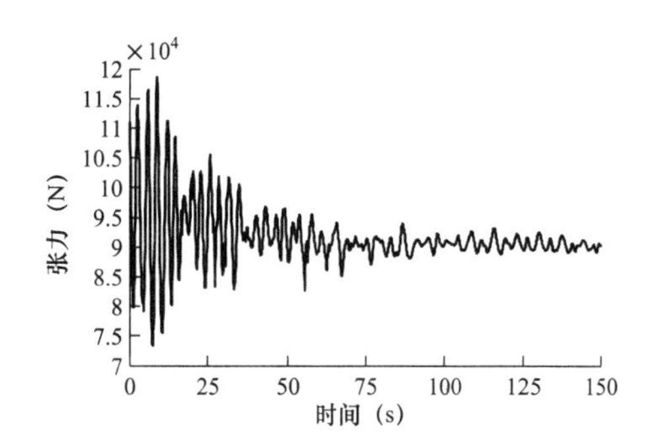

图 7-75　脱冰第四档导线最大张力

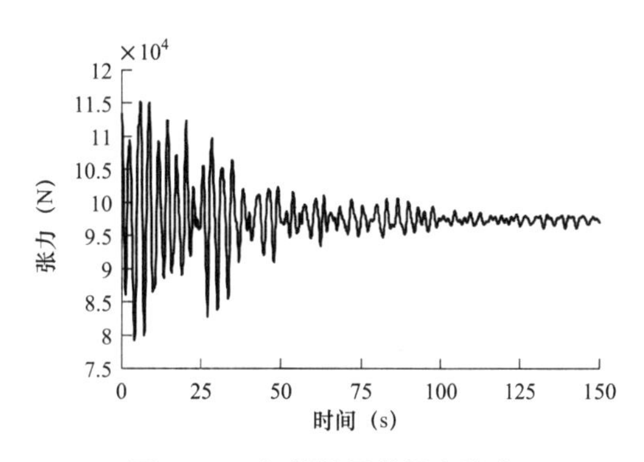

图 7-76　相邻档导线最大张力

对于绝缘子串、转动横担，除了需要承担导线的重量之外，还需承担由于导线脱冰造成的相邻档导线的不平衡张力，脱冰一、二、三、四档及相邻档绝缘子串、转动横担上部和下部分别在绝缘子串、转动横担在导线脱冰过程中的轴力时程如图 7-77~ 图 7-91 所示。脱冰第四档绝缘子串、横担上部、横担下部轴力分别为 210.087、165.328、-166.177kN；脱冰第一档绝缘子串、横担上部、横担下部轴力分别为 157.385、136.031、-138.717kN；脱冰第二档绝缘子串、横担上部、横担下部轴力分别为 157.663、135.765、-138.216kN；脱冰第三档绝缘子串、横担上部、横担下部轴力分别为 158.212、135.164、-137.211kN；相邻档绝缘子串、横担上部、横担下部轴力分别为 270.120、227.121、-224.714kN。可以发现，绝缘子串、转动横担的轴力有明显的减小，由于前四档的导线已脱冰，脱冰档所承受的竖直方向荷载显著减小。

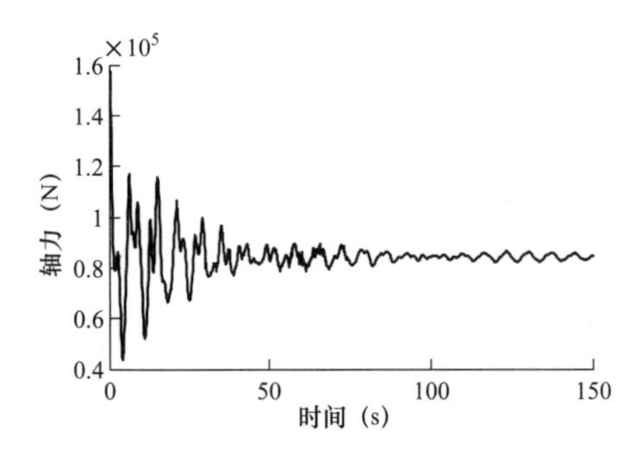

图 7-77　脱冰第一档绝缘子串轴力

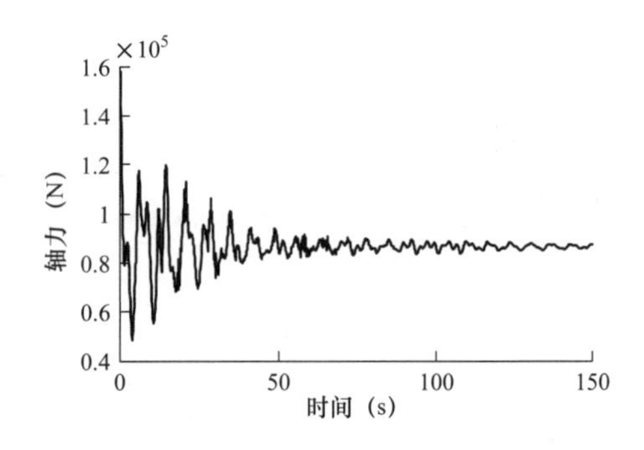

图 7-78　脱冰第二档绝缘子串轴力

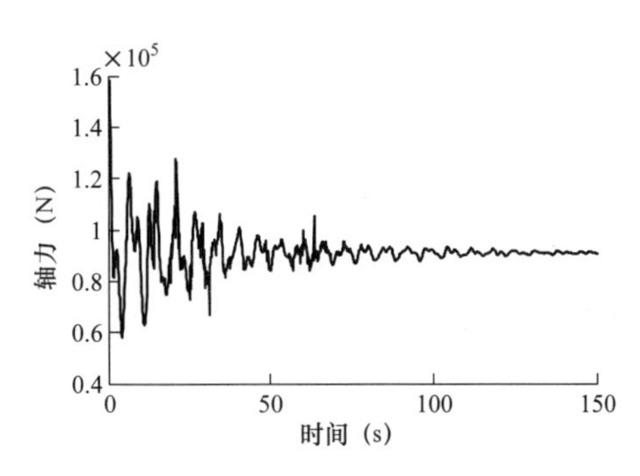

图 7-79　脱冰第三档绝缘子串轴力

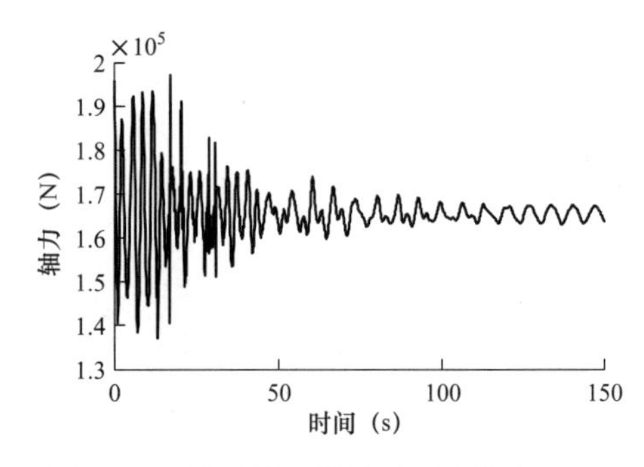

图 7-80　脱冰第四档绝缘子串轴力

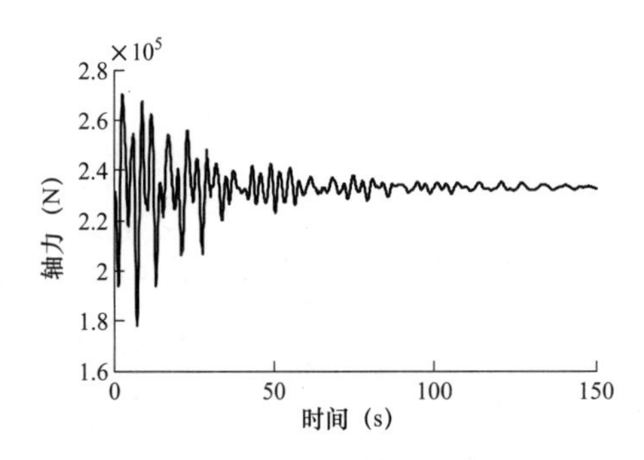

图 7-81　相邻档绝缘子串轴力

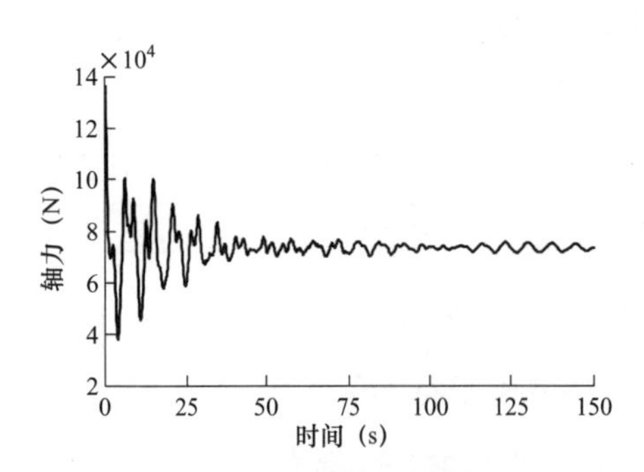

图 7-82　脱冰第一档横担上部轴力

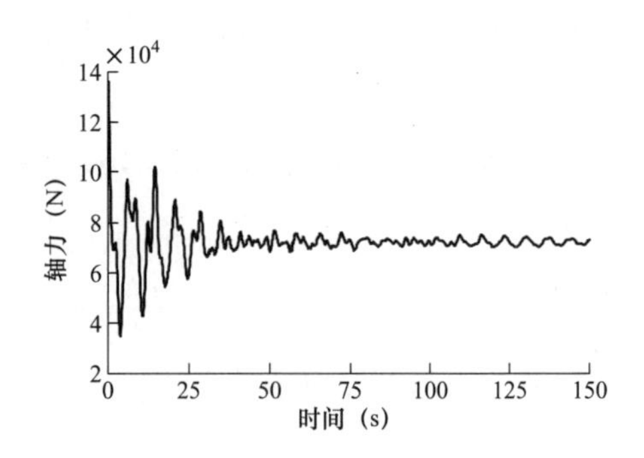

图 7-83　脱冰第二档横担上部轴力

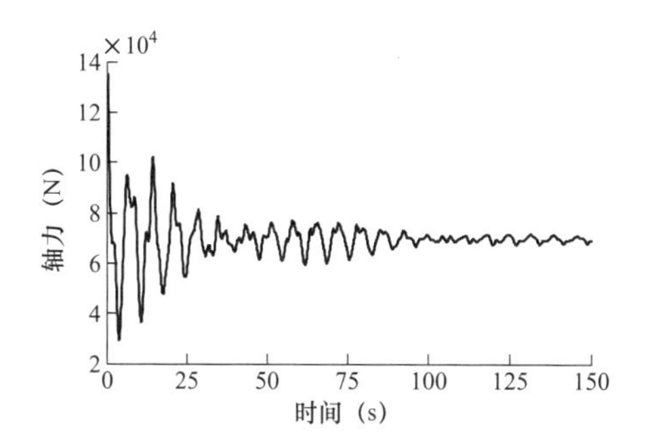

图 7-84　脱冰第三档横担上部轴力

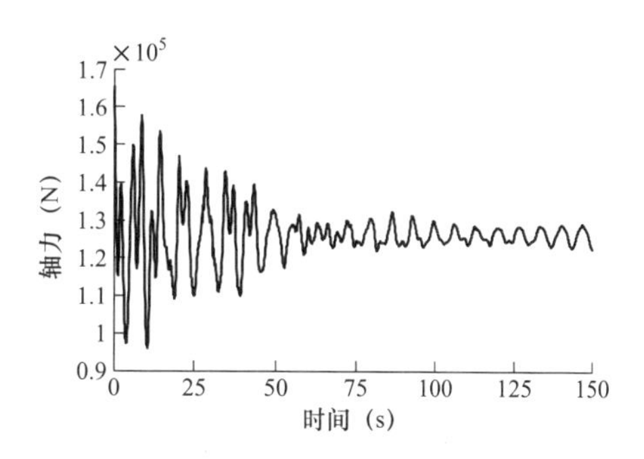

图 7-85　脱冰第四档横担上部轴力

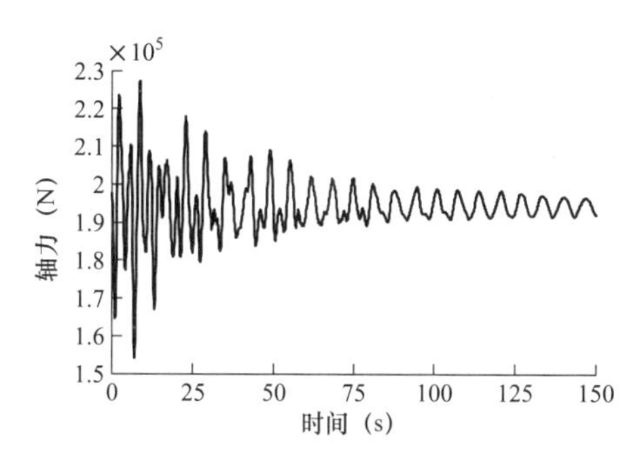

图 7-86　相邻档横担上部轴力

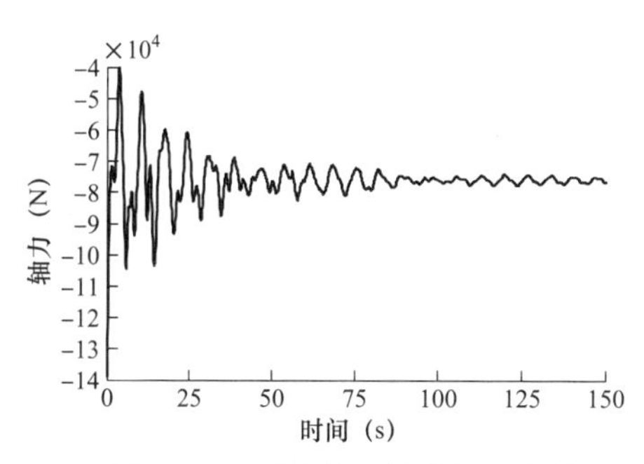

图 7-87　脱冰第一档横担下部轴力

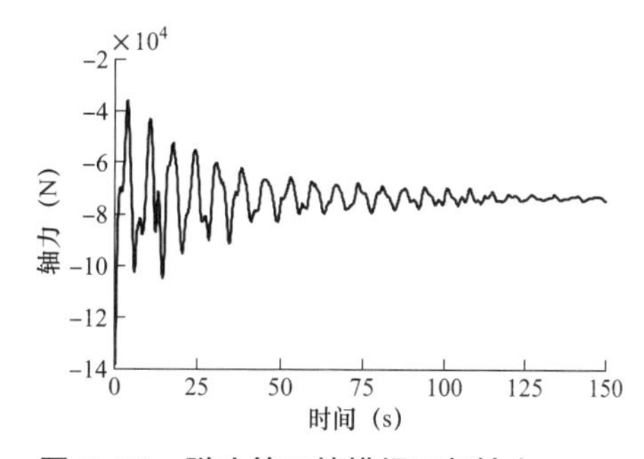

图 7-88　脱冰第二档横担下部轴力

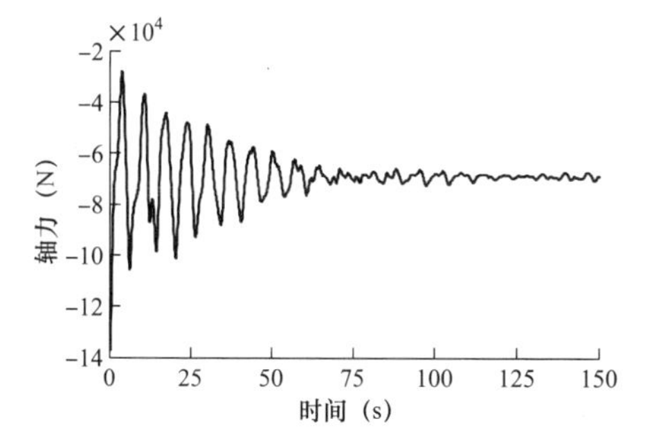

图 7-89　脱冰第三档横担下部轴力

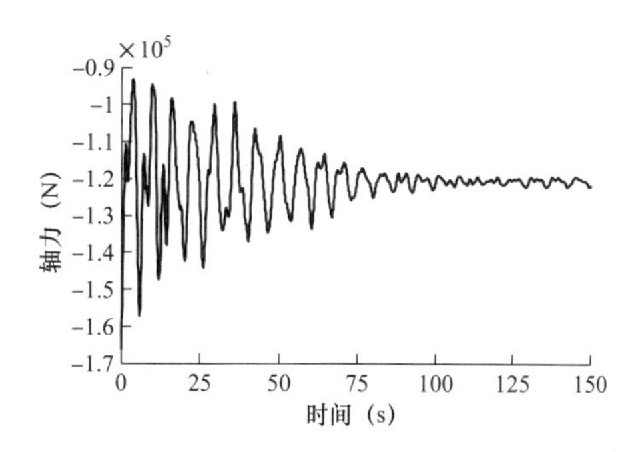

图 7-90　脱冰第四档横担下部轴力

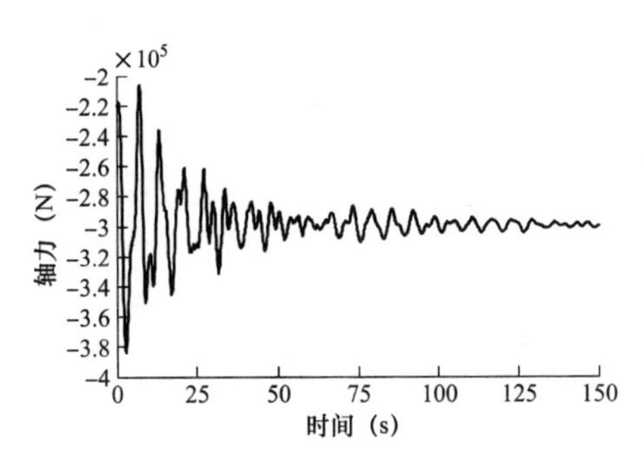

图 7–91　相邻档横担下部轴力

导线脱冰除了对导线产生影响外，对输电塔也会产生动力冲击作用。图 7–92~图 7–95 分别为脱冰四档及相邻档输电塔腿的轴力、弯矩时程。脱冰第四档塔腿的轴力、弯矩分别为 –438.516kN、–19622.554N · m；相邻档塔腿的轴力、弯矩分别为 –376.958kN、–17576.247N · m。图 7–96、图 7–97 分别为顺导线方向脱冰四档和相邻档塔头位移，脱冰第四档塔头最大位移为 –0.198m，相邻档塔头最大位移为 –0.156m。

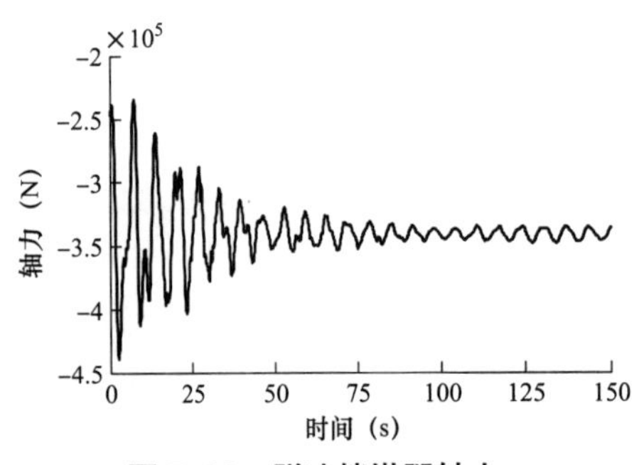

图 7–92　脱冰档塔腿轴力

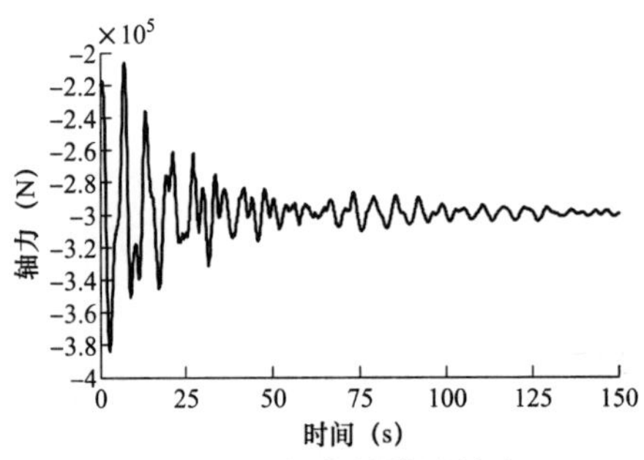

图 7–93　相邻档塔腿轴力

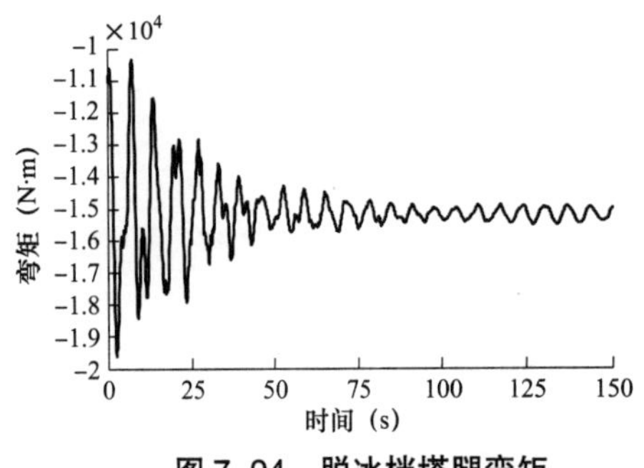

图 7–94　脱冰档塔腿弯矩

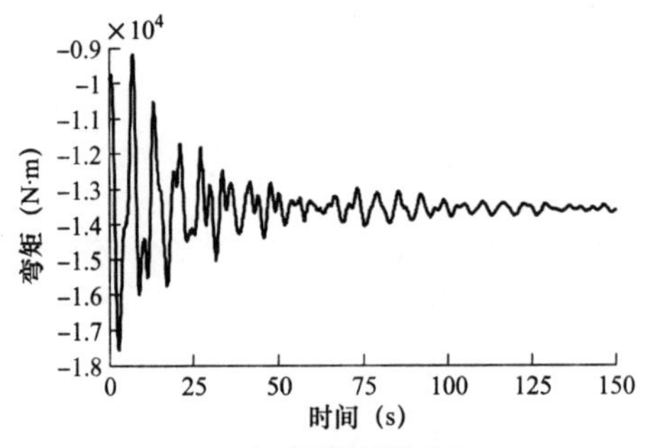

图 7–95　相邻档塔腿弯矩

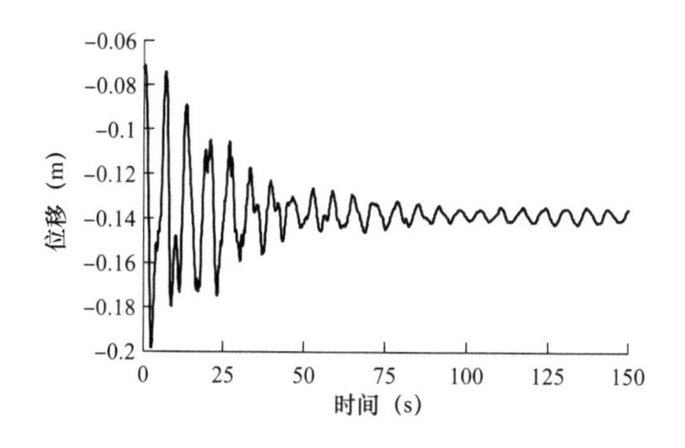

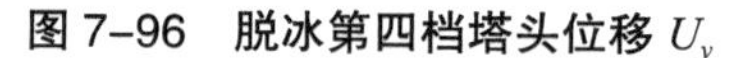
图 7-96　脱冰第四档塔头位移 U_y

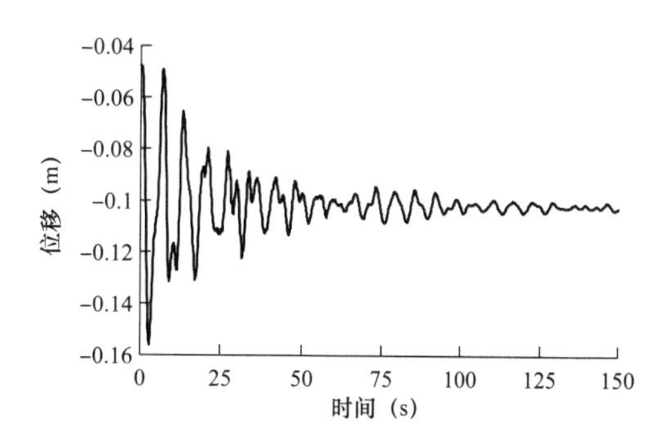

图 7-97　相邻档塔头位移 U_y

通过对不同脱冰档工况的分析，可知：在导线覆冰脱落冲击过程中，转动横担顺导线方向的位移变化幅度随着脱冰档数的增多而增大，第一、二、三、四档脱冰工况转动横担位移变化幅度最大。第一档脱冰工况顺导线方向位移转动最大为 -1.458m，第一、二档脱冰工况顺导线方向位移转动最大为 -2.786m，第一、二、三档脱冰工况顺导线方向位移转动最大为 -3.518m，第一、二、三、四档脱冰工况顺导线方向位移转动最大为 -4.800m。第一、二、三、四档脱冰工况顺导线方向横担转动位移最大是因为横担可以转动，致使横担转动位移存在累积效应。

在导线覆冰脱落冲击过程中，由于导线覆冰脱落，该档导线会向上跃起，跃起的高度最大为第一档脱冰工况，跃起的高度达到 15.727m；最小为第一、二、三、四档脱冰工况，跃起的高度达到 13.436m。相邻未脱冰档下降位移最大为第一、二、三、四档脱冰工况，为 -10.776m，而第一档脱冰工况下降位移仅为 -3.673m。这是由于横担可以转动引起横担转动的累积效应，导致相邻未脱冰档的档距减小，导线下降位移增大。导线张力中，最大张力为第一档脱冰工况，其值为 131.549kN；最小张力为第一、二、三、四档脱冰工况，其值为 118.602kN，原因也是由于横担的累积效应。覆冰脱落的冲击作用引起的内力中，脱冰档中内力最大值为第一、二、三档脱冰工况，绝缘子串轴力、横担上部和下部轴力分别为 231.327、197.761、-199.913kN；最小为第一档脱冰工况，绝缘子串轴力、横担上部和下部轴力分别为 194.503、166.836、-169.048kN。未脱冰相邻档中内力最大值为第一、二、三、四档脱冰工况，绝缘子串轴力、横担上部和下部轴力分别为 270.120、227.121、-224.714kN；最小为第一档脱冰工况，绝缘子串轴力、横担上部和下部轴力分别为 246.968、211.203、-211.270kN。

对于输电塔身的冲击响应：顺导线方向位移响应，第一、二、三、四档脱冰工况对输电塔冲击最大为 -0.156m，第一档脱冰工况对输电塔冲击最小为 -0.068m。在塔腿的轴力和弯矩中，第一、二、三、四档脱冰工况中塔腿的轴力和弯矩最大，脱

冰档其值分别为 −438.516kN、−19622.554N·m；第一档脱冰工况的轴力、弯矩最小，分别为 −229.924kN、−10211.434N·m。通过顺线方向位移、塔腿的轴力和弯矩对比可以看出，采用转动横担结构，可以有效的削弱导线不平衡张力对结构的轴力、弯矩的影响。

7.7.3 输电线路不同侧脱冰响应分析

限于篇幅，以第一、二、三和四档两侧与一侧脱冰工况对比分析为例进行说明。图 7–98 为第一、二、三、四档全脱冰和一侧脱冰的横担转动位移 U_y 的影响对比，图 7–99 为第四档全脱冰和一侧脱冰的导线中点 U_z 的影响对比，图 7–100 为第四档全脱冰和一侧脱冰的导线张力的影响对比，图 7–101 为第四档全脱冰和一侧脱冰的绝缘子串轴力的影响对比。

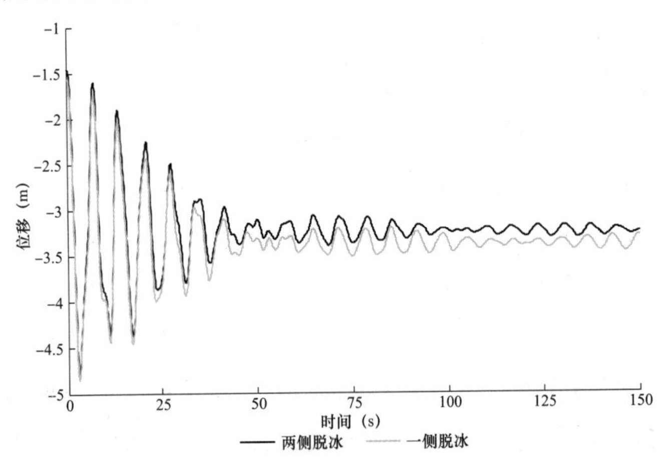

图 7–98　一侧、两侧脱冰对横担转动位移 U_y 的影响

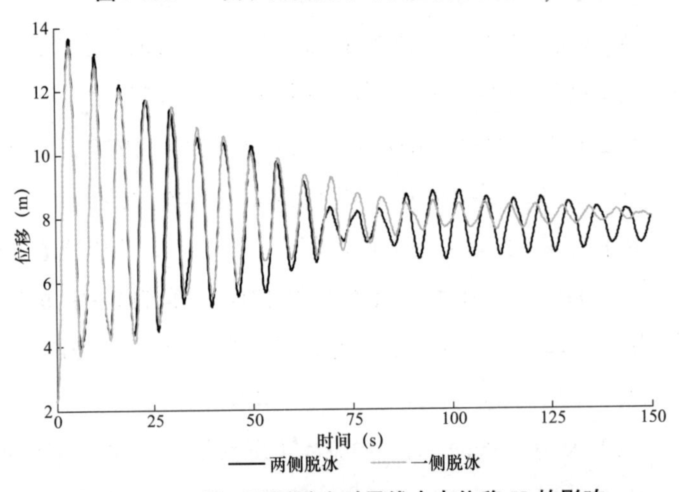

图 7–99　一侧、两侧脱冰对导线中点位移 U_z 的影响

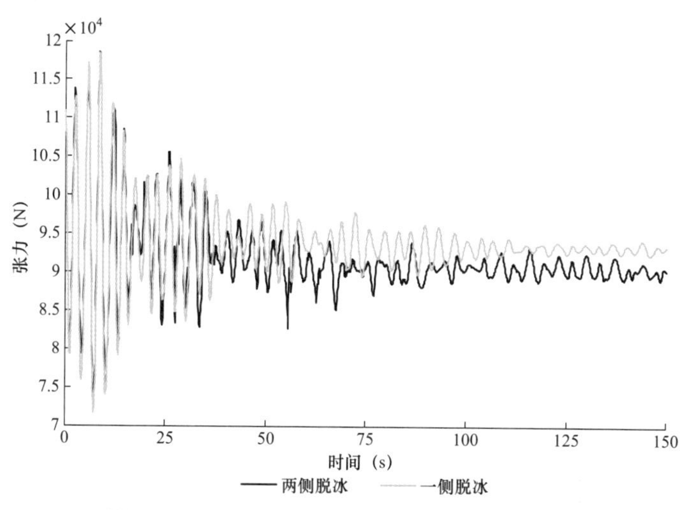

图 7-100　一侧、两侧脱冰对导线张力的影响

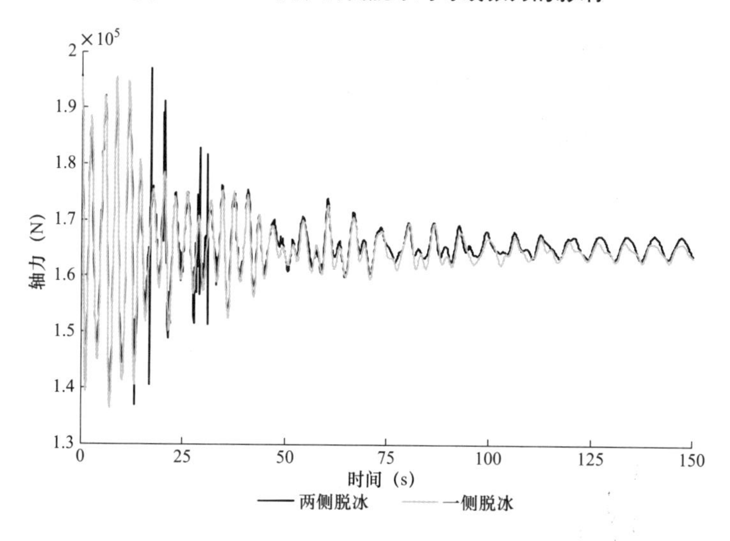

图 7-101　一侧、两侧脱冰对绝缘子串轴力的影响

第一、二、三、四档两侧与一侧脱冰工况可以发现：两侧脱冰和一侧脱冰工况下，每种情况下 2 条时程曲线基本上具有相同的形状和趋势，但是一档两侧脱冰响应比一侧脱冰响应略大。即一档两侧脱冰的值大于一侧脱冰的值，这是因为两侧脱冰对结构的冲击作用比一档脱冰的大。在输电塔—线体系中，输电塔对输电导线的影响很小，而脱冰这一侧导线的运动与两侧脱冰中导线的运动趋势几乎相同，而没有脱冰那一侧几乎没有运动。并且由于采用了转动横担结构，导线的不平衡张力对输电塔的扭矩几乎没有影响，因此设计中取一档两侧脱冰为最不利

情况是合理的。

7.7.4 不同阻尼脱冰响应分析

不同阻尼比对脱冰响应影响分析如下列各图所示。图 7–102 为不同阻尼比情况下阻尼对脱冰第四档横担转动位移 U_y 的影响，图 7–103 为不同阻尼比情况下阻尼对脱冰第四档导线中点位移 U_z 的影响，图 7–104 为不同阻尼比情况下阻尼对脱冰第四档导线张力的影响，图 7–105 为不同阻尼比情况下阻尼对脱冰第四档挂串轴力的影响。

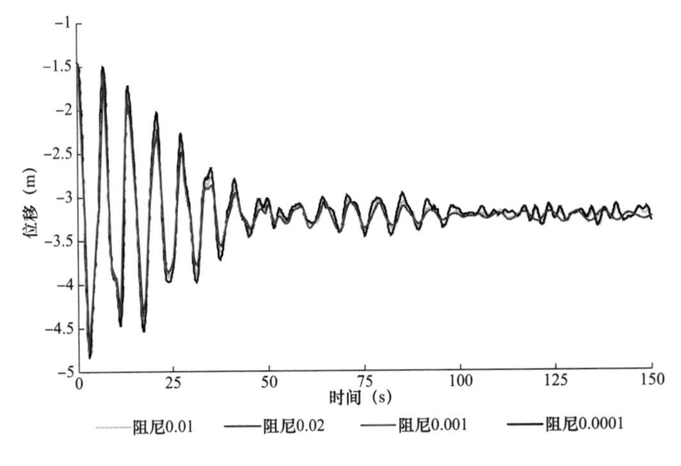

图 7–102 不同阻尼对脱冰横担转动位移 U_y 的影响

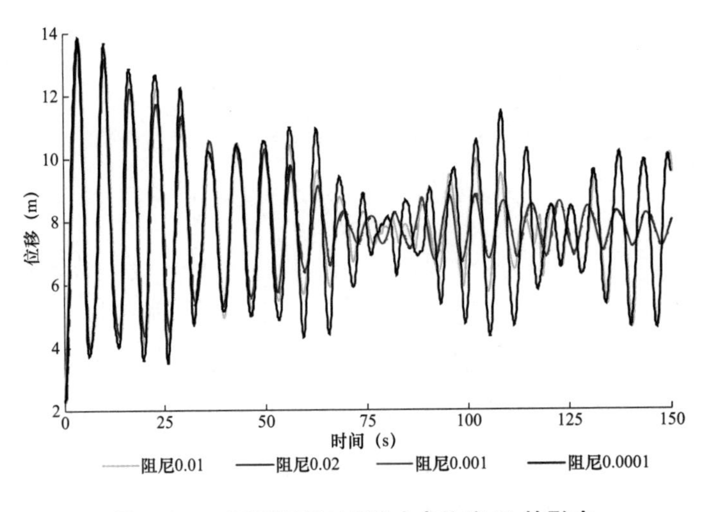

图 7–103 不同阻尼对导线中点位移 U_z 的影响

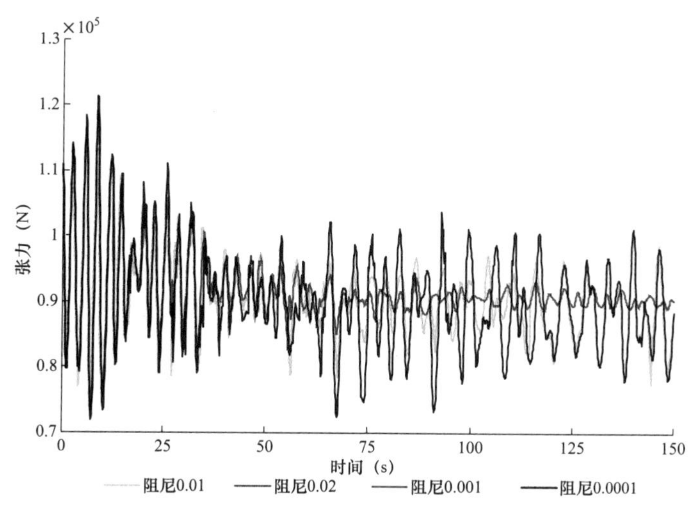

图 7-104 不同阻尼对导线张力的影响

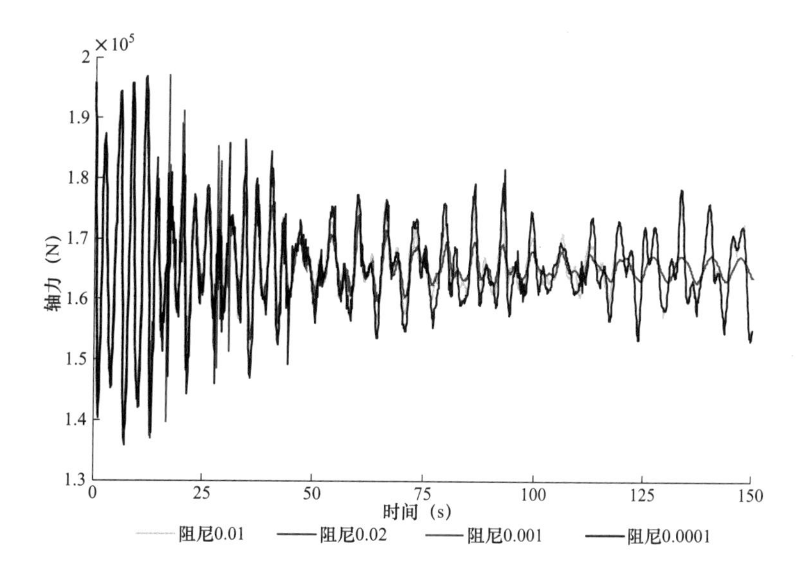

图 7-105 不同阻尼对绝缘子串轴力的影响

由上述各工况分析可知：不同阻尼比工况情况下，每种情况下 4 条时程曲线具有相同的形状和趋势，但是其响应的峰值和峰谷中各种阻尼比对应着不同值的峰值大小略有差异。即阻尼比较大的情况响应衰减的略快，阻尼越小，响应的波峰和波谷值越尖锐，这符合结构阻尼的特征。考虑到阻尼比 0.01、0.02、0.001 和 0.0001 情况下的结果比较接近，同时 0.02 的阻尼比在导线脱冰分析中应用较多，因此输电线的阻尼比取 0.02 是合适的。

7.7.5 不同时间脱冰响应分析

为了进一步研究冲击作用时间对结构的影响，本节对第一、二、三、四档工况导线脱冰持续时间作了如下几种假设：脱冰 0.001s、脱冰 5s、脱冰 10s，然后与脱冰 0.01s 比较。阻尼取 0.02。

图 7-106 为不同脱冰时间情况对脱冰第四档横担转动位移 U_y 的影响，图 7.107 为不同脱冰时间情况对脱冰第四档导线中点位移 U_z 的影响，图 7-108 为不同脱冰时间情况对脱冰第四档导线张力的影响，图 7-109 为不同脱冰时间情况对脱冰第四档挂串轴力的影响。

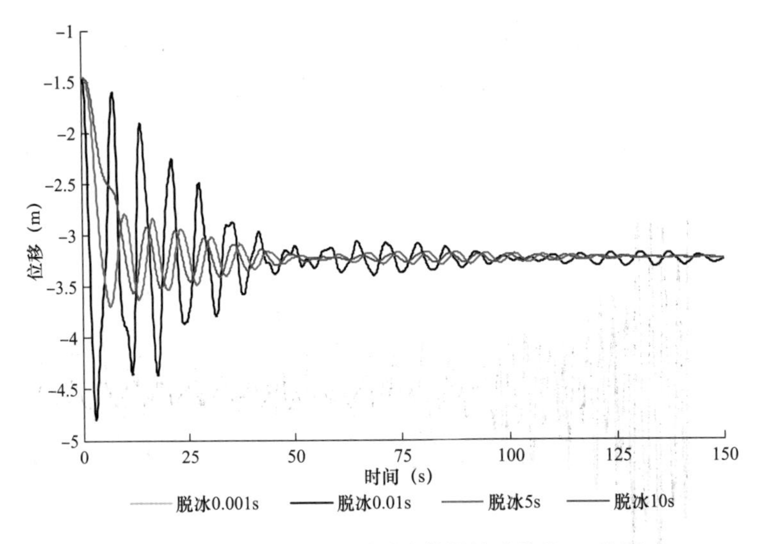

图 7-106 不同脱冰时间对脱冰横担转动位移 U_y 的影响

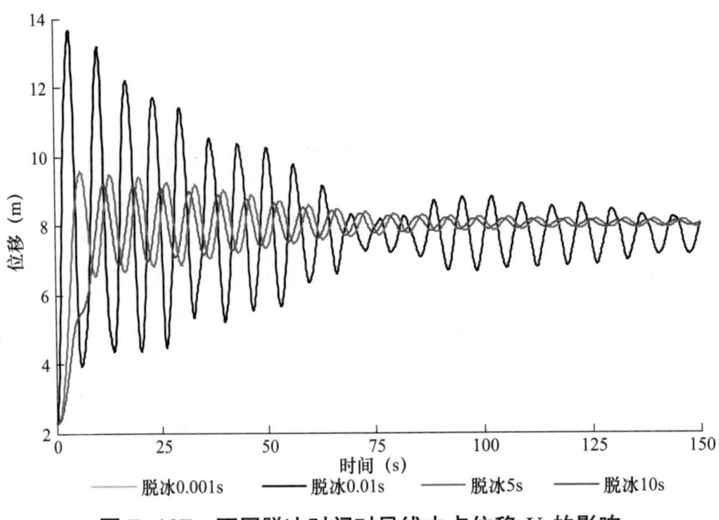

图 7-107 不同脱冰时间对导线中点位移 U_z 的影响

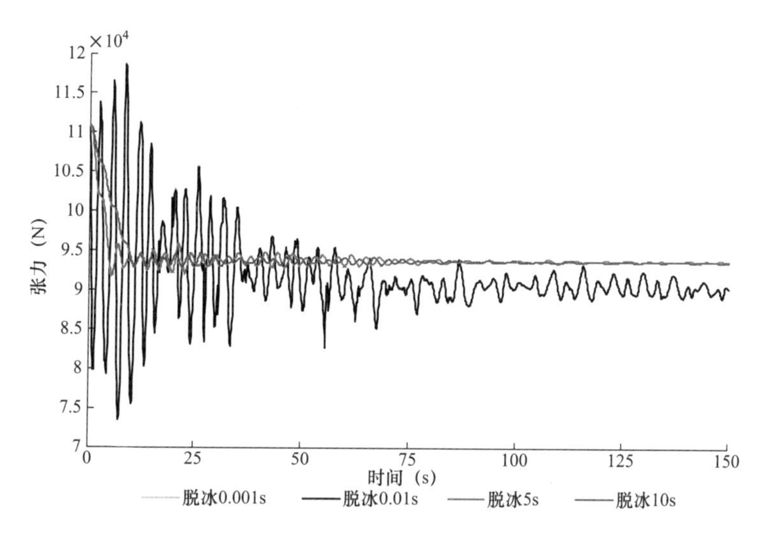

图 7-108　不同脱冰时间对导线张力的影响

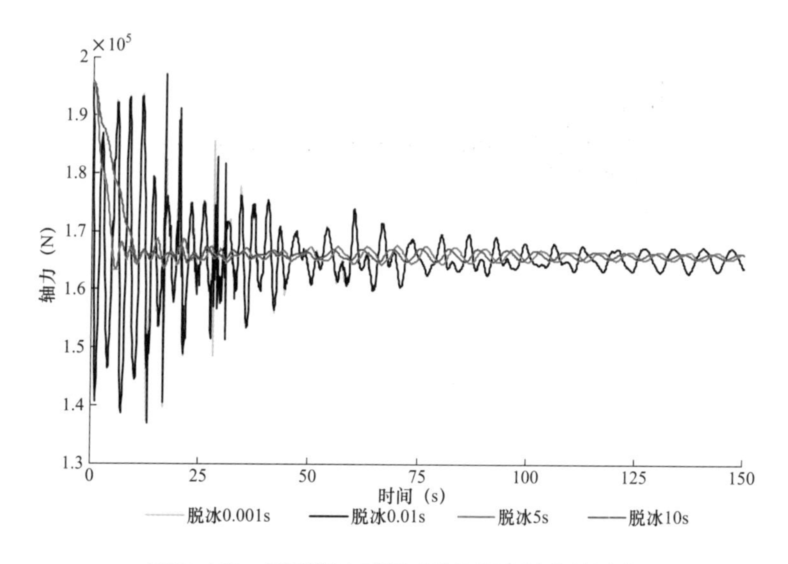

图 7-109　不同脱冰时间对绝缘子串轴力的影响

由上述各工况分析可知：可以发现不同脱冰时间情况下，脱冰时间 0.001s 与 0.01s 的时程曲线具有相同的形状和趋势，而脱冰时间 5s 与 10s 的时程曲线也具有相同的变化趋势。比较脱冰时间 0.001s 与 0.01s 的时程曲线，发现 0.001s 与 0.01s 时程曲线对应着不同值的峰值大小略有差异，时间持续越短响应的波峰和波谷值越尖锐。在脱冰时间 10s 中可以看到后者波相位延迟最大，并且振动最小。上述说明脱冰时间越短，受到的冲击作用越明显，但是在脱冰时间到一定数量级（即 10^{-2}~10^{-3}s）时，其响应差异不是很大，因此建议取脱冰时间 0.01s。

7.7.6 不同比例脱冰参数响应分析

固定其他参数，变化脱冰比例，假设在 8s 内脱冰的两种方案：①脱冰第一、二、三、四档工况脱冰量从先脱 50%再脱到 100%；②脱冰第一、二、三、四档工况脱冰量从先脱 20%，再到 60%，最后到 100%。然后与 7.7.2 节脱冰第一、二、三、四档工况脱冰 100%比较。阻尼取 0.02。

图 7–110 为不同脱冰比例对脱冰第四档横担转动位移 U_y 的影响，图 7–111 为不同脱冰比例对脱冰第四档导线中点位移 U_z 的影响，图 7–112 为不同脱冰比例对脱冰第四档导线张力的影响，图 7–113 为不同脱冰比例对脱冰第四档挂串轴力的影响。

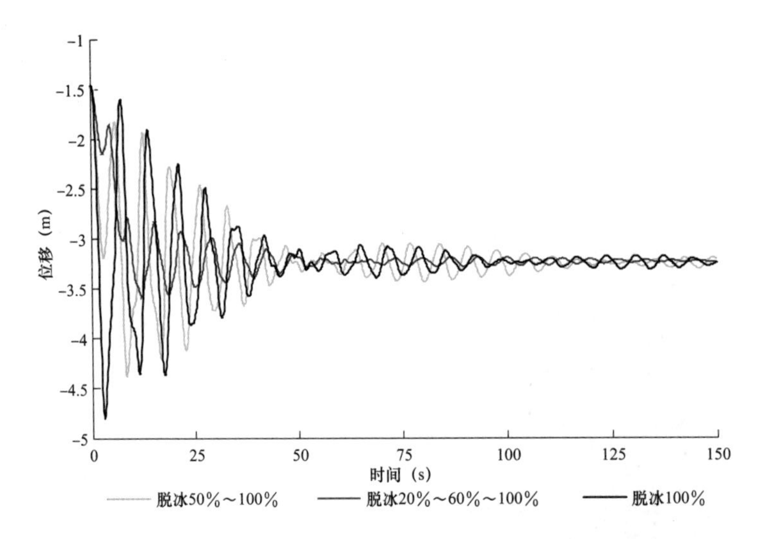

图 7–110 不同脱冰比例对脱冰横担转动位移 U_y 的影响

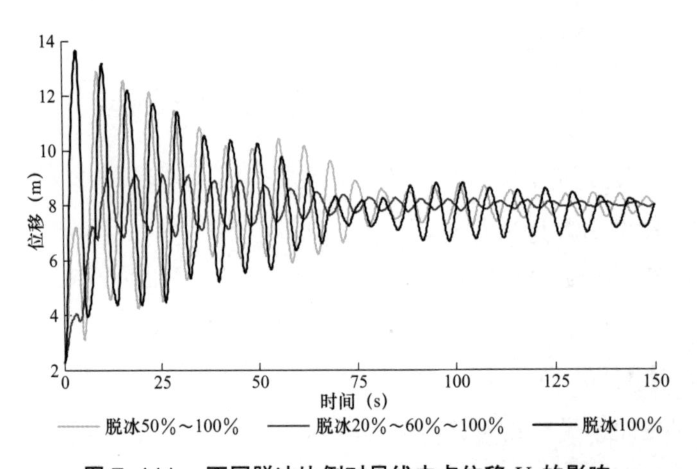

图 7–111 不同脱冰比例对导线中点位移 U_z 的影响

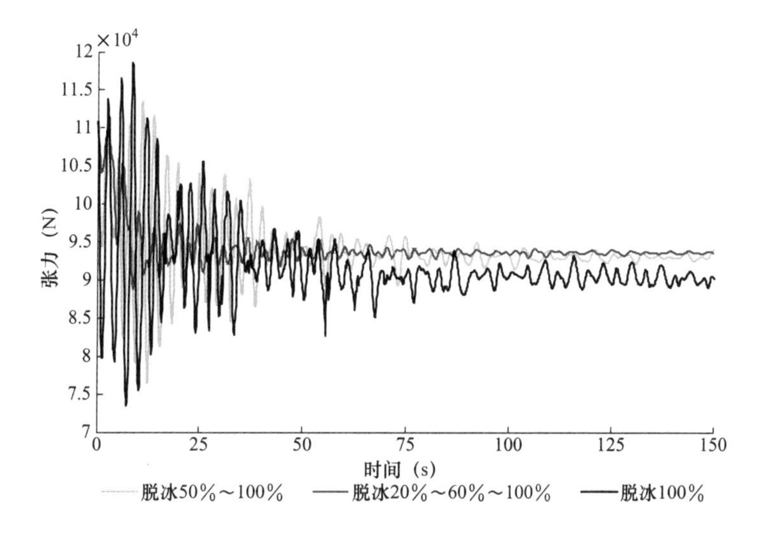

图 7-112　不同脱冰比例对导线张力的影响

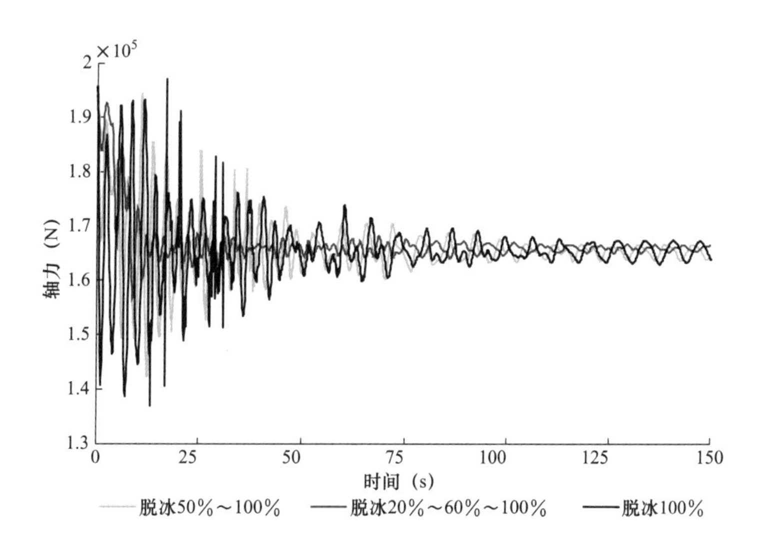

图 7-113　不同脱冰比例对绝缘子串轴力的影响

由上述各工况分析可知：可以发现不同比例脱冰情况下，脱冰比例越大，脱冰造成的冲击越大。图 7-110 中脱冰 50% ~100%横担转动角度为 25.21°，脱冰 20% ~60% ~100%横担转动角度为 21.086°，脱冰 100%横担转动角度为 27.3°。图 7-111~图 7-113 也可以看出脱冰比例越大，响应越明显。

7.8 复合材料转动横担塔—线体系断线动力分析

7.8.1 输电线路断线分析假设

基于建立的输电塔、绝缘子、导线及地线的塔—线系统非线性有限元模型，可建立分裂导线中的某一根或几根导线的突然断裂力学分析模型。导线断线是一种复杂的力学非线性行为，为简化计算，假定如下：①绝缘子轴向为无穷刚性；②假定绝缘子与导线连接处金具强度足够；③不考虑断线后导线振动时所产生的气动力；④导线断线后，刚度为零，由于间隔棒的连接作用，断裂导线仍附着于其余分裂导线上；⑤导线断掉后不考虑断线后导线落地后的冲击影响。

7.8.2 建模参数影响

为了便于塔—线体系在各种工况下的规律比较，断线动力分析各工况组合说明见表 7–44。

表 7–44　断线动力分析各工况组合

工况号	断线时间（s）	第一档断线根数	阻尼取值
工况 1		不断线状态	0.02
工况 2	0.001	第一档一侧断 1 根	0.02
工况 3	0.001	第一档一侧断 2 根	0.02
工况 4	0.001	第一档一侧断 3 根	0.02
工况 5	0.001	第一档一侧断 4 根	0.02
工况 6	0.001	第一档一侧断 5 根	0.02
工况 7	0.001	第二档一侧断 3 根	0.02
工况 8	0.001	第三档一侧断 3 根	0.02
工况 9	0.001	第四档一侧断 3 根	0.02
工况 10	0.0001	第一档一侧断 3 根	0.02
工况 11	0.01	第一档一侧断 3 根	0.02
工况 12	0.1	第一档一侧断 3 根	0.02
工况 13	0.001	第一档一侧断 3 根	0.01
工况 14	0.001	第一档一侧断 3 根	0.001
工况 15	0.001	第一档一侧断 3 根	0.0001

为更明确分析转动横担对塔—线体系的影响，输出导线断裂后 150s 内输电塔的动力响应，用 U_x、U_y 和 U_z 表示输电塔的位移动力响应，其中 U_x 表示 X 方向的位移，U_y 表示 Y 方向的位移（在直线塔中也称顺线向位移），U_z 表示 Z 方向的位移；为了得到输电塔杆件在断线荷载下的动力响应，取塔身处部分杆件，如图 7–114 所示，反映结构内力、位移变化情况。

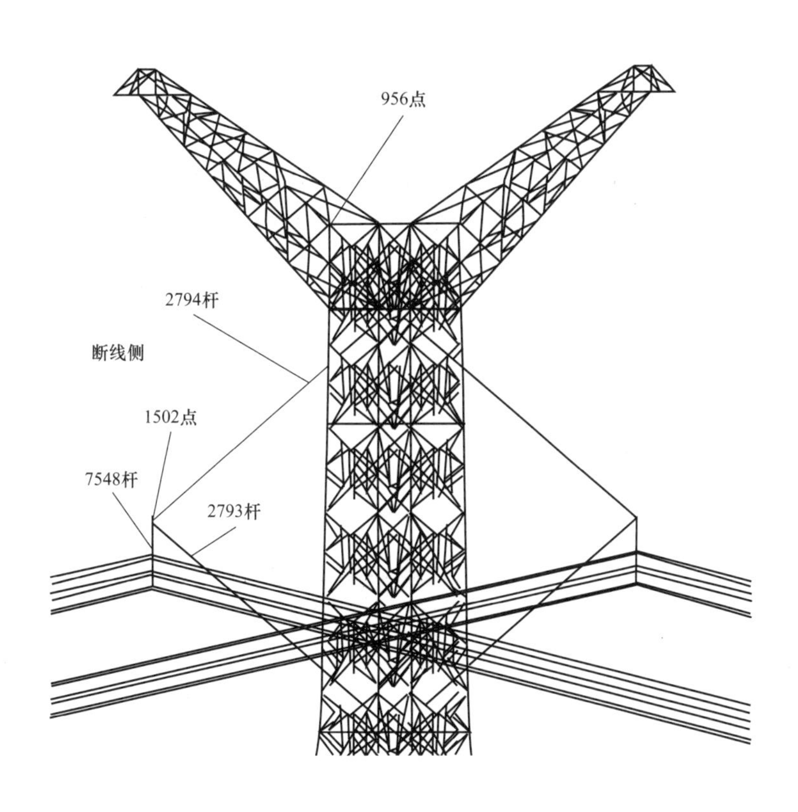

图 7–114　指定杆件、节点示意图

为了能明显的看出断线对输电塔的冲击作用，取六塔七线第一档塔的节点 956 的 Y 方向位移来反映塔头的位移变化，取 2794、2793 杆件来反映横担的轴力变化，取节点 1502 的 Y 方向位移来反映转动横担的转动角度。此外还提取了塔腿的最大轴力、弯矩、扭矩，来反映输电塔在冲击作用下的内力变化情况。对于导线张力提取断线档剩余导线的最大张力。

7.8.3 导线断线不同根数响应分析

图 7-115 为断线档转动横担位移 U_y 的时程曲线，可以看出由于断线后的不平衡张力引起转动横担摆动，幅度随着断线根数的增加而增加。

图 7-116 为断线档导线中点位移 U_z 的时程曲线，可以看出由于断线的冲击作用引起断线档导线跳跃运动。

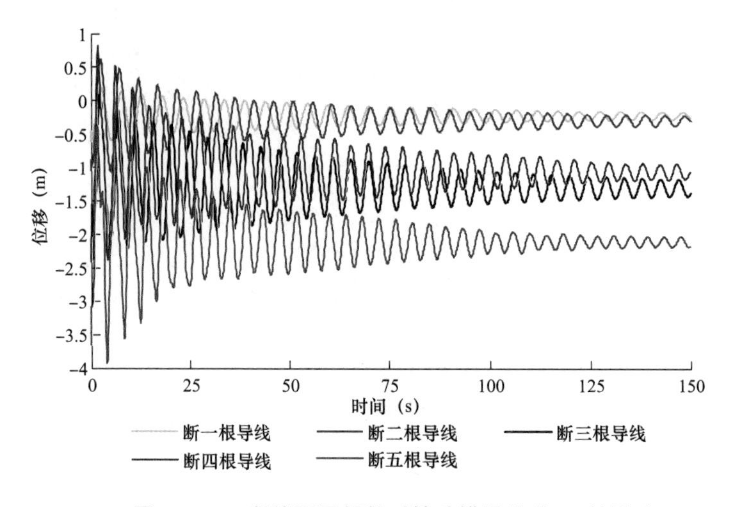

图 7-115　断线不同根数对转动横担位移 U_y 的影响

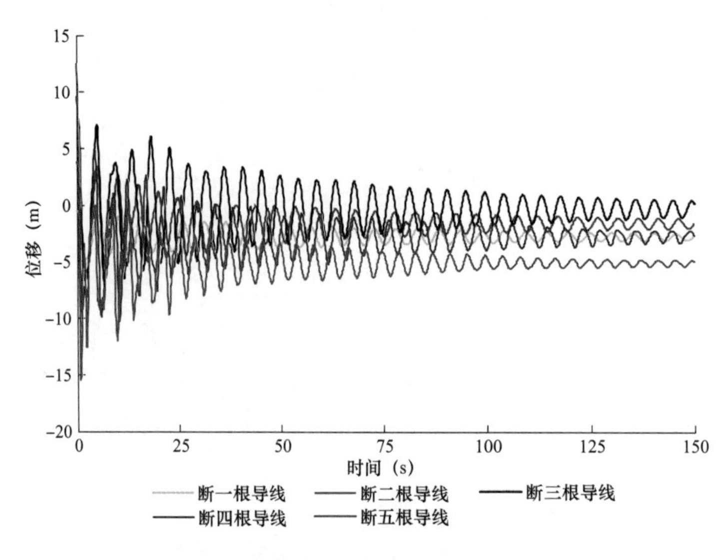

图 7-116　断线不同根数对导线中点 U_z 的影响

由图 7-116 可得，断一根、二根、三根导线随着断线根数增加而垂直向上位移随之增大，而断四根、五根导线却相反随着断线根数增加位移而向下增大。

这是因为，假定六根子导线同时断裂，可以看成是一根总导线的断线问题，应该采用规范中单导线公式来验算断线张力，每根子导线的运行张力为 126.927N/m。采用规范［DL/T 5092—1999《(110~500)kV 架空送电线路设计技术规程》、DL/T 5154—2012《架空输电线路杆塔结构设计技术规定》］计算得到断线张力，按单导线计算时断线张力为最大使用张力的 50%，断线张力为：T=126.927 × 6 × 50%=380.781kN，即导线张力达到 380.781kN 会发生断裂，相关文献也指出在一档断三根导线（达到设计值的 2.5 倍——317.318kN）也将会导致导线的连续断裂。由图 7-116 可以看出断四根导线后剩余导线的张力为 475.057kN，断五根导线后剩余导线的张力为 970.789kN，即导线张力已经大于断裂临界点。在模型中导线没有断裂，但却屈服进入塑性阶段，因其自重和冰荷载过大而被拉长而下落。而对于断一根、二根、三根导线来说由于不平衡张力引起横担向未断线档摆动，断线档的档距变大，导线向上跳跃运动。

图 7-117 和图 7-118 为断线档导线张力和绝缘子串轴力的时程曲线，可以看出由于断线后的不平衡张力引起导线振动，导线张力随着断线根数的增加而增加。

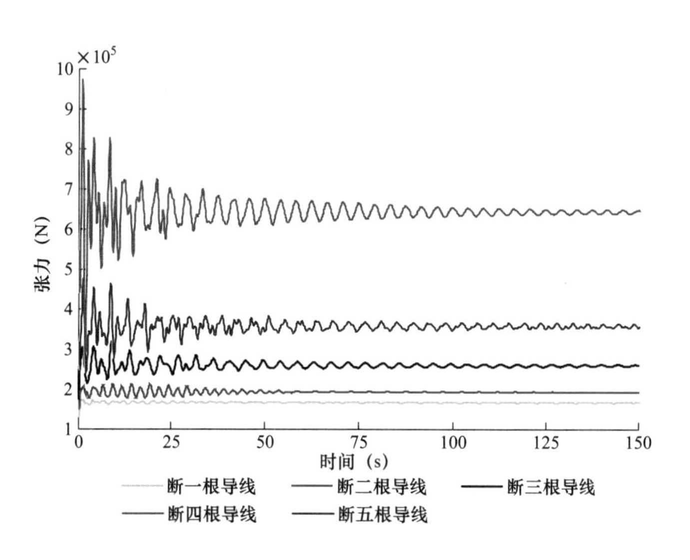

图 7-117　断线不同根数对导线张力的影响

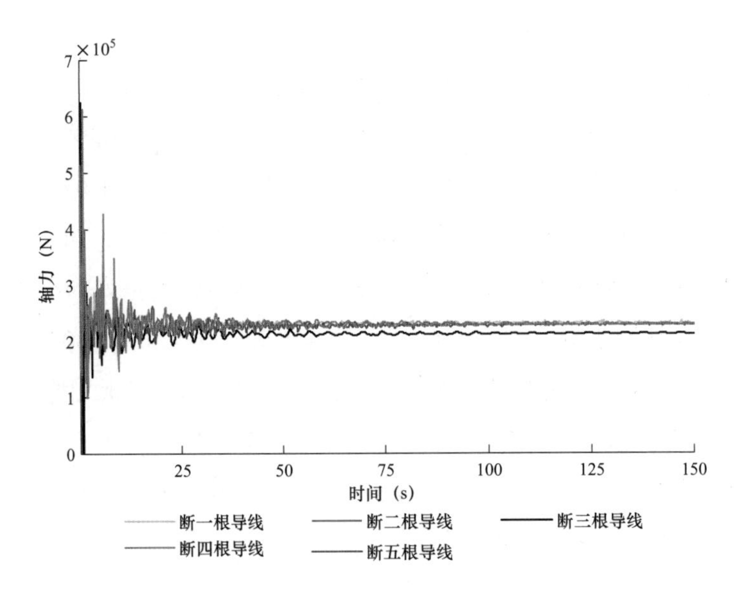

图 7-118　断线不同根数对绝缘子串轴力的影响

在断线冲击过程中，塔头的位移变化幅度随着断线根数的增加而线性增大，断五根导线的工况下塔头位移变化幅度达到最大值。对于断线档导线张力，张力变化量在断五根子导线时达到最大，断四根子导线时最大张力变化量比断三根子导线时大 156kN。转动横担轴力变化峰值点随着断线根数的增加而增多，最大轴力变化量也随着断线根数的增加而增大。比较五种工况的输电塔塔腿轴力、弯矩、扭矩，发现其值随着断线根数的增加而增多，其中断五根导线工况的塔腿最大轴力、弯矩、扭矩最大，分别为 –205.312kN、–16790.01N·m、–5.746N·m。并且这一工况塔头顺导线方向的位移为 0.132m。以上断线工况的这几个值都相对较小，可以看出转动横担结构有效的削弱了导线对输电塔的冲击作用。

7.8.4　导线断线时间影响分析

目前关于输电塔在断线荷载下的动力响应研究，大都停留在导线同时断裂时对输电塔的冲击效应，关于导线断裂存在时间差时对输电塔的冲击响应研究还很少。已有的许多研究表明，当多根导线同时断裂时，输电塔的最大位移响应和应力响应大都出现在导线断裂后 0~0.1s。为了进一步研究冲击作用时间对结构的影响，对第一档导线断线持续时间作了如下几种假设：断线 0.1s、断线 0.01s、断线 0.001s、断线 0.0001s。阻尼取 0.02。

图 7-119~ 图 7-122 分别为断线时间对第一档断线转动横担位移 U_y、导线中点 U_z、导线张力、绝缘子串轴力的影响。

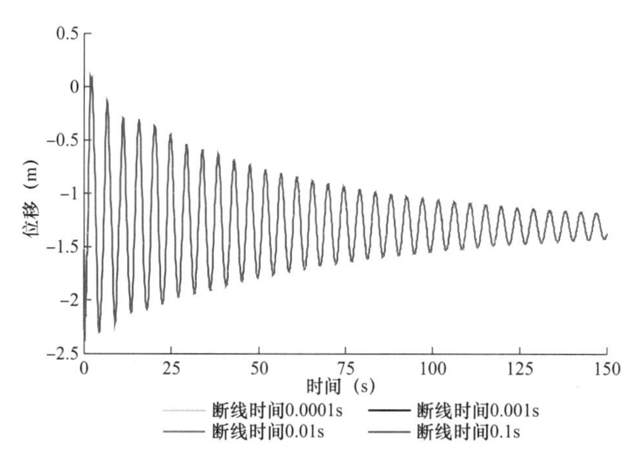

图 7-119 断线不同时间对转动横担位移 U_y 的影响

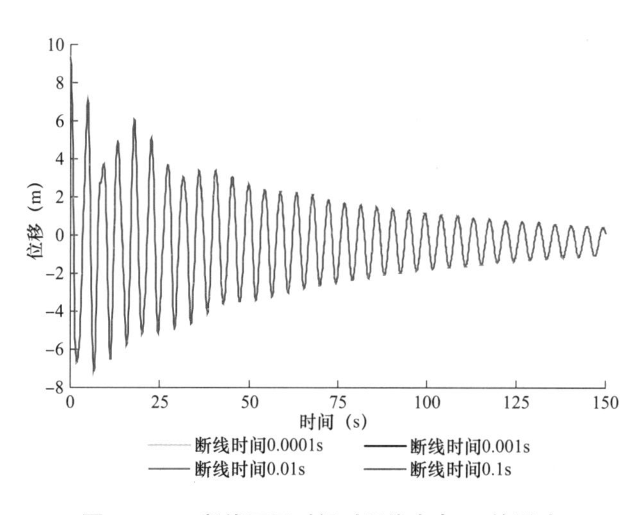

图 7-120 断线不同时间对导线中点 U_z 的影响

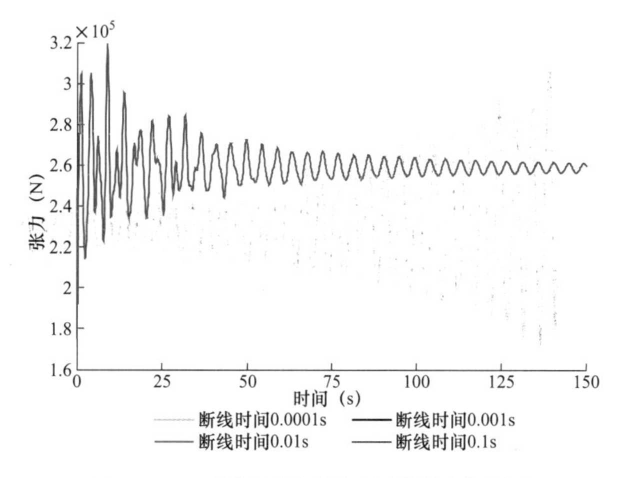

图 7-121 断线不同时间对导线张力的影响

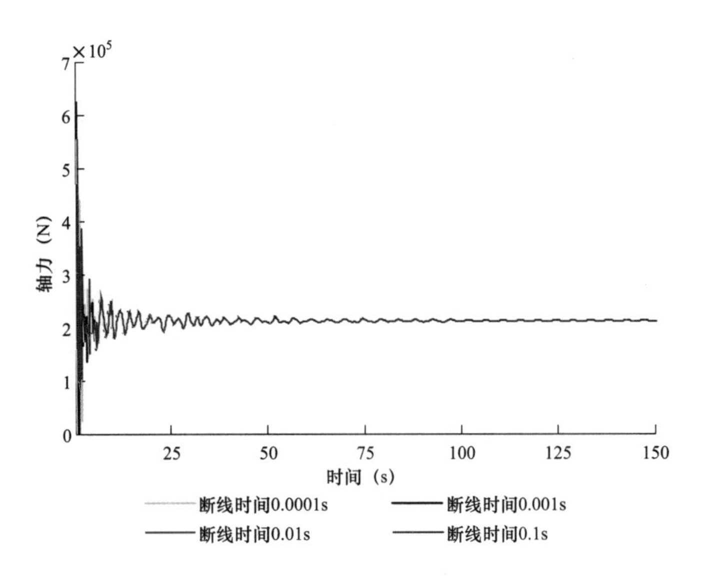

图 7-122　断线不同时间对挂串轴力的影响

由上述各工况分析可知：不同断线时间工况，断线对结构的影响下 4 条时程曲线具有相同的形状和趋势，对比发现，在 0.0001~0.1s 断线持续时间对结构响应的影响可以忽略。

7.8.5　导线断线阻尼影响分析

为分析输电线的阻尼对计算结果的影响，考虑的情况有：计算导线断线工况阻尼比为 0.01、0.02、0.001、0.0001 等几种情况的响应。断线时间为 0.001s。

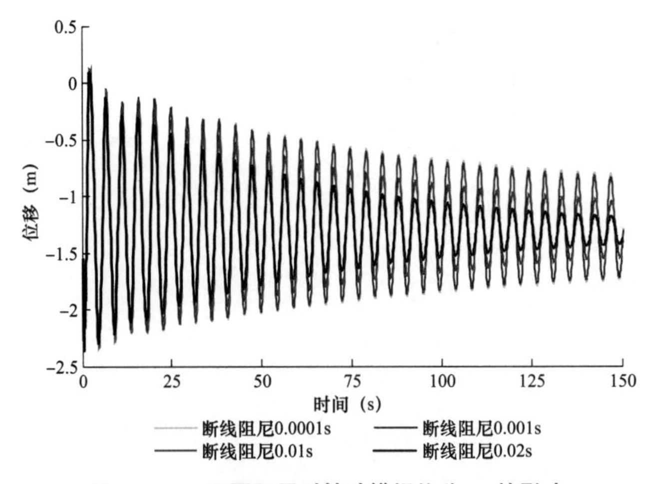

图 7-123　不同阻尼对转动横担位移 U_y 的影响

图 7–123 为不同阻尼比情况下阻尼对第一档断线横担转动位移 U_y 的影响，图 7–124 为不同阻尼比情况下阻尼对第一档断线导线中点位移 U_z 的影响，图 7–125 为不同阻尼比情况下阻尼对第一档断线导线张力的影响，图 7–126 为各种阻尼比情况下阻尼对第一档断线挂串轴力的影响。

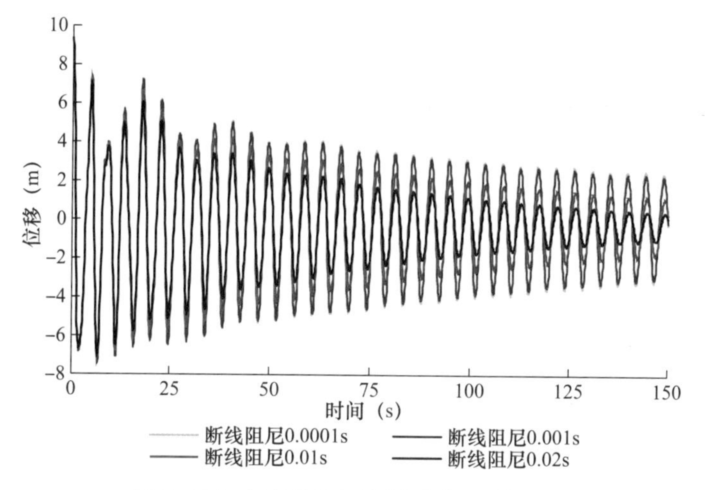

图 7–124 不同阻尼对导线中点 U_z 的影响

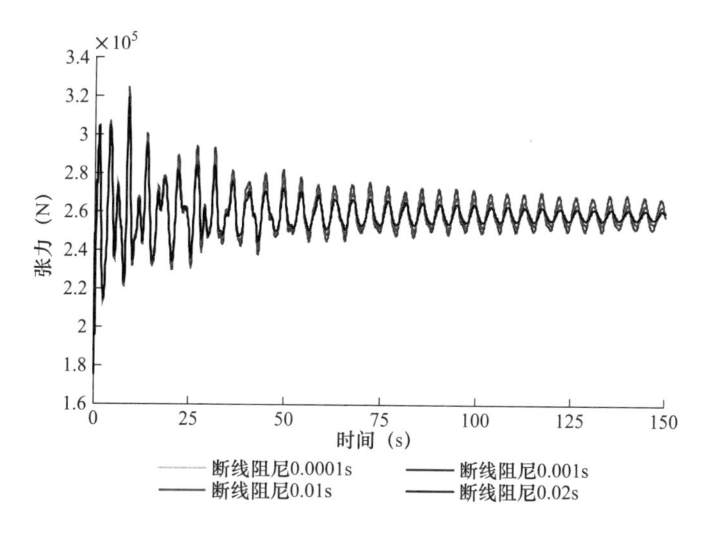

图 7–125 不同阻尼对导线张力的影响

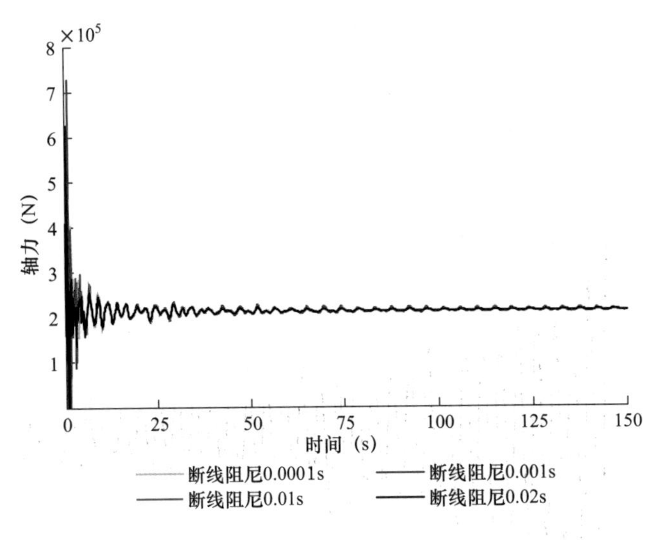

图 7–126　不同阻尼对挂串轴力的影响

由上述各工况分析可知：可以发现各种阻尼比工况下，每种情况下 4 条时程曲线具有相同的形状和趋势，但是其响应的峰值和峰谷中各种阻尼比对应着不同值的峰值大小略有差异。即阻尼比较大的情况响应衰减的略快，阻尼越小，响应的波峰和波谷值越尖锐，这符合结构阻尼的特征。虑到阻尼比 0.01、0.02、0.001 和 0.0001 情况下的结果比较接近，同时 0.02 的阻尼比在导线脱冰分析中应用较多，因此输电线的阻尼比取 0.02 是合适的。

7.8.6　导线断线不同档数影响分析

固定其他参数（即断线时间设定为 0.001s，阻尼设定为 0.02），对塔—线体系不同档断线进行分析。

图 7–127 为不同档断线横担转动位 U_y 的影响，图 7–128 为不同档断线导线中点位移 U_z 的影响，图 7–129 为不同档断线导线张力的影响，图 7–130 为不同档断线挂串轴力的影响。

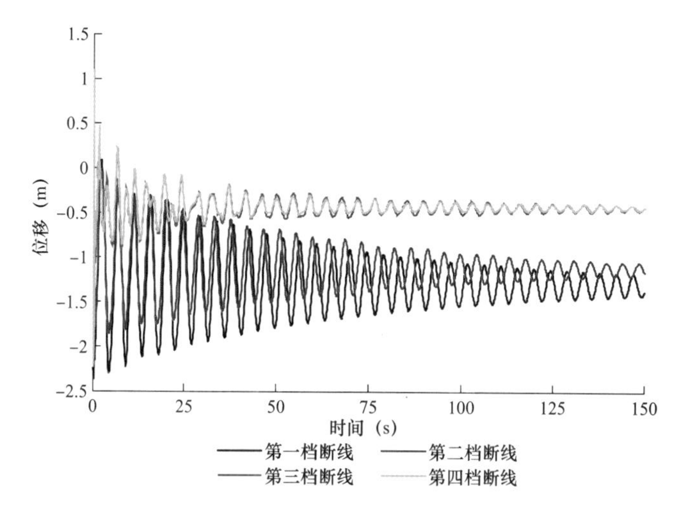

图 7-127 不同断线档对横担转动位移 U_y 的影响

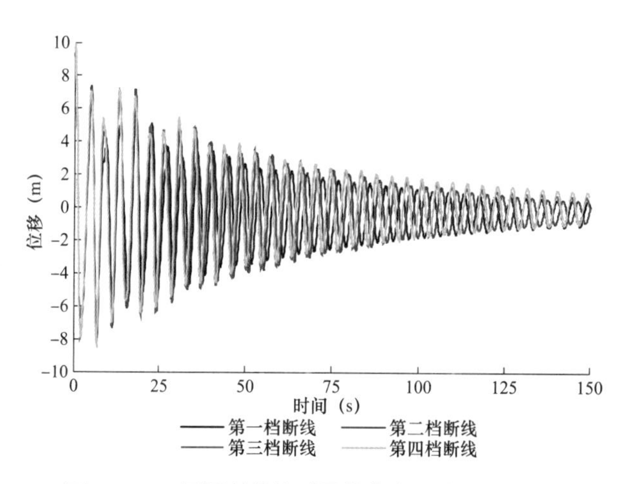

图 7-128 不同断线档对导线中点位移 U_z 的影响

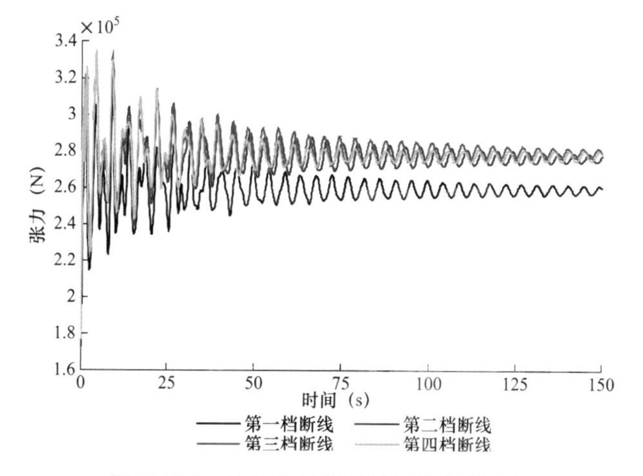

图 7-129 不同断线档对导线张力的影响

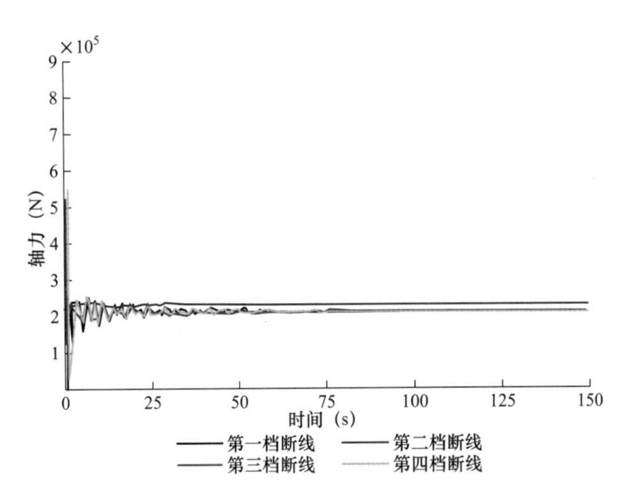

图 7–130　不同断线档对挂串轴力的影响

由图 7–127 中可以看出，第一档横担转动位移 U_y 波动范围最大，而其他档横担转动远小于第一档横担转动位移。图 7–128 中可以看出，不同档断线对导线中点的影响很小，4 条时程曲线的变化和趋势大致相同。图 7–129 中可以看出，第四档断线导线张力最大为 334.966kN，第一档断线导线张力最小为 319.284kN，第四档断线张力为第一档断线张力的 1.049 倍。图 7–130 中可以看出，第四档断线绝缘子串轴力最大为 801.691kN，第一档断线绝缘子串轴力最小为 624.590kN，第四档断线绝缘子串轴力为第一档断线张力的 1.284 倍。

第一档横担转动最大是因为边界条件设置为顺导线方向没有位移移动，横担向未断线档摆动。而其他档端部横担向两边摆动，它们彼此刚好形成制约，所以横担摆动幅度都变小。导线中点 U_z、导线张力、绝缘子串轴力都是第四档断线中最大，这是因为在中间档断线的冲击作用最强，越靠近端部越受边界条件影响越大。比较这几种情况可以发现，每种情况下 4 条时程曲线具有相同的形状和趋势，虽然其响应的峰值和峰谷中不同档断线对应着不同值的峰值大小略有差异，但是第一档的转档横担顺导线方向最大位移为 –2.363m，比第四档大 1.5 倍，所以应取第一档断线来分析。

8 1000kV 特高压交流复合横担塔—线体系研究

本章以锡盟—胜利 1000kV 高压交流输变电工程为背景，这是玻璃钢纤维复合材料横担首次在 1000kV 特高压工程中实际应用，当地多风、寒冷的恶劣气候条件对输电工程的提出更高要求。本章以 1000kV 特高压交流复合材料横担塔—线体系为对象，建立输电塔复合横担节点多尺度有限元模型进行最不利工况下的受力分析，建立输电塔—线体系模型对该新型复合横担特高压交流输电塔—线体系的风振动力响应进行分析，为新型复合杆塔应用于特高压交流输变电工程提供可靠的设计参考。

8.1 复合横担塔静力分析

8.1.1 复合横担塔设计条件

FZ1 复合横担输电塔主要由角钢组成，主材为 Q420 钢，斜材为 Q345 钢，辅助材大部分为 Q235 钢，少部分为 Q345，塔腿高 11.5m，呼高 46.0m，全高 77.4m，整塔设计图如图 8-1 所示，其设计条件为：

（1）电压等级：1000kV。

（2）呼高：46m 。

（3）导地线型号：导线为 8 × JL1/LHA1-465/210 ；地线为 JLB20A-170。

（4）气象条件：基本风速为 37.3m/s ；覆冰厚度为 10mm。

（5）设计档距：水平档距为 400m。

8.1.2 复合横担塔梁杆有限元模型

采用梁杆模型对 FZ1 复合横担塔进行建模，主要材料参数见表 8-1。

FZ1 复合横担塔在 ANSYS 中的整体坐标系原点取在塔头中心点，*Z* 轴取向下为正；*X* 轴为垂直于导线方向。将模型塔底的四个节点的 6 个自由度全部约束。

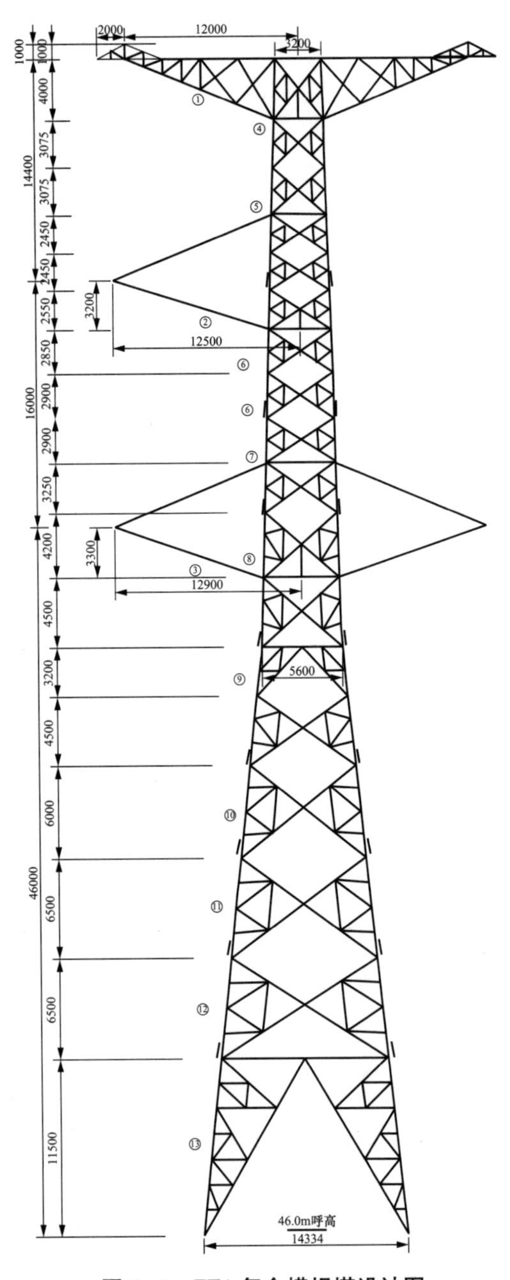

图 8-1　FZ1 复合横担塔设计图

表 8-1 梁杆模型主要构件材料参数

构件	材料类型	密度 (kg/m^3)	泊松比	弹性模量 (Pa)	备注
横担	FRP	2000	0.272	3.5e10	弹性
主材	钢	7850	0.3	2.06e11	双线性

基于图 8-1，建立了 FZ1 复合横担输电塔有限元模型，如图 8-2 所示。

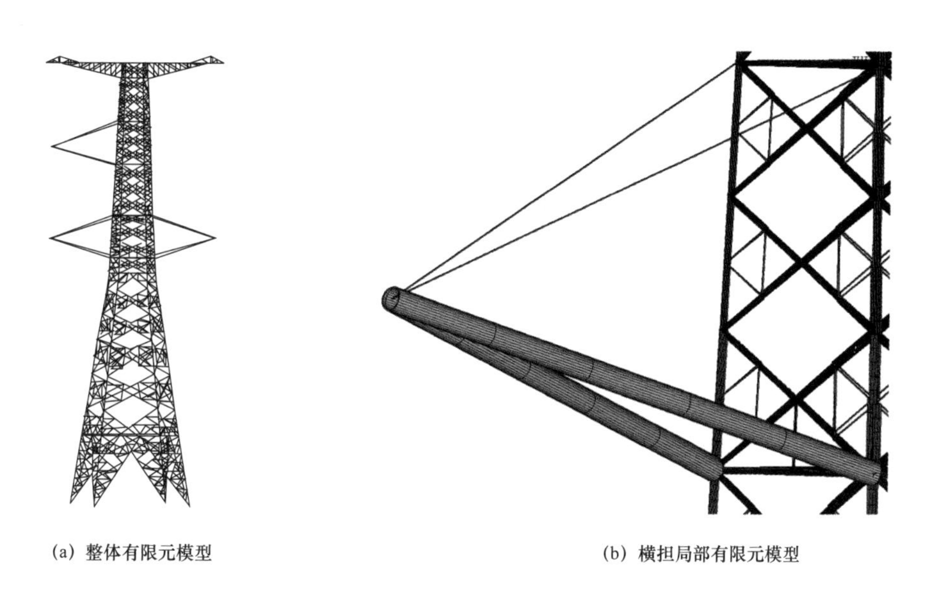

(a) 整体有限元模型　　(b) 横担局部有限元模型

图 8-2　FZ1 复合横担输电塔有限元模型

8.2　复合材料横担节点多尺度分析

近几年，基于多尺度模型的模拟和计算方法在各个领域迅速发展，对于特高压输电塔结构，由于节点区受力复杂，关键部位的节点用实体单元建模分析更接近实际结果。本节设计了钢套管连接的复合材料节点，对其建立多尺度模型以研究力学性能。

8.2.1　多尺度节点建模

多尺度输电塔有限元模型及节点编号如图 8-3 所示，梁杆模型和多尺度模型主要构件单元类型见表 8-2。

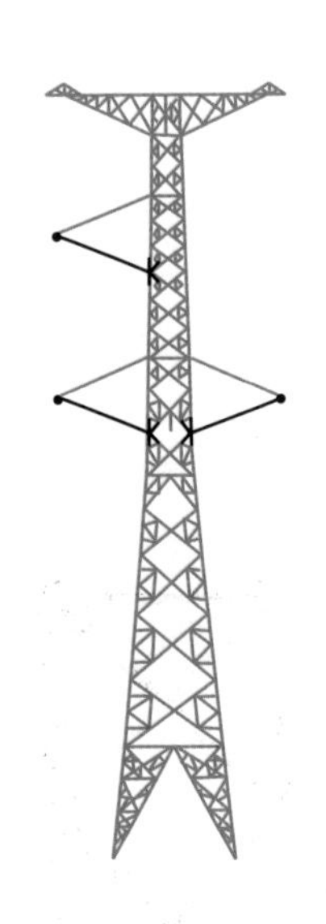

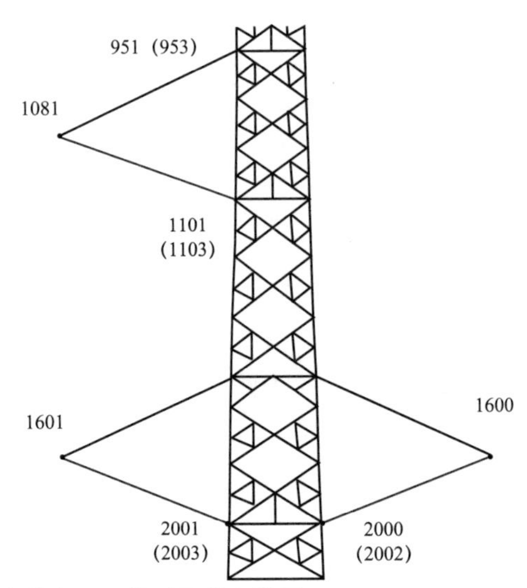

图 8-3　多尺度输电塔有限元模型及节点编号

表 8-2　　梁杆模型和多尺度模型主要构件单元类型

输电塔构件	梁杆模型	多尺度模型
横担 1081-1101(1103)	Beam189	Soild185
横担两端节点	—	Soild185
其他部分	相同（即 Beam4、Beam189、Link8 和 Link180 ）	

复合横担输电塔多尺度模型中，横担压杆复合材料为各向异性材料，节点部位钢材采用双线性强化模型，多尺度模型主要构件材料参数见表 8-3。

表 8-3　　多尺度模型主要构件材料参数

<table>
<tr><th rowspan="2">构件</th><th rowspan="2">材料</th><th rowspan="2">密度
(kg/m³)</th><th rowspan="2" colspan="2">泊松比</th><th rowspan="2" colspan="2">弹性模量
(GPa)</th><th rowspan="2" colspan="2">剪切模量
(GPa)</th><th colspan="2">强度 (MPa)</th></tr>
<tr><th>拉</th><th>压</th></tr>
<tr><td rowspan="3">横担 1081-1101
(1103)</td><td rowspan="3">FRP</td><td rowspan="3">2000</td><td>PRXY</td><td>0.287</td><td>EX</td><td>50.57</td><td>GXY</td><td>16.5</td><td rowspan="3">1100</td><td rowspan="3">438</td></tr>
<tr><td>PRYZ</td><td>0.091</td><td>EY</td><td>14.32</td><td>GYZ</td><td>2.48</td></tr>
<tr><td>PRXZ</td><td>0.287</td><td>EZ</td><td>14.32</td><td>GXZ</td><td>16.5</td></tr>
<tr><td>节点</td><td>Q345</td><td>7850</td><td colspan="2">0.3</td><td colspan="2">2.06e11</td><td colspan="2">—</td><td colspan="2">345</td></tr>
</table>

最终建立的钢套管连接复合材料横担与节点及塔身节点的实体模型分别如图 8-4 和图 8-5 所示。

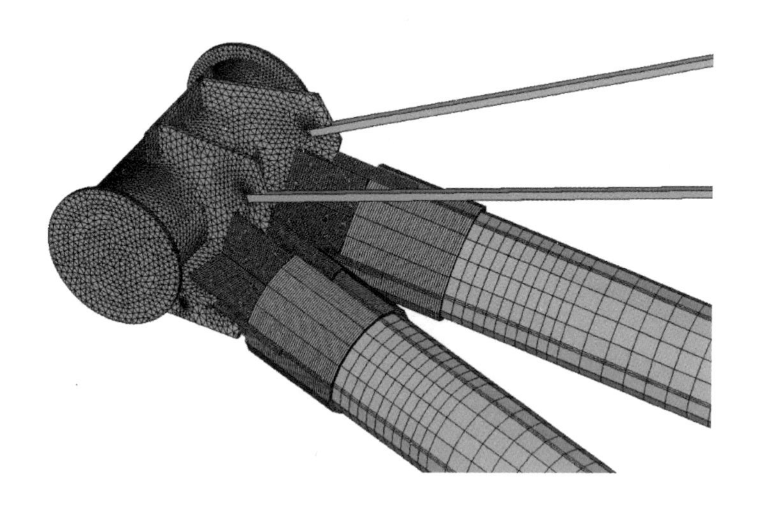

图 8-4 横担与节点实体模型

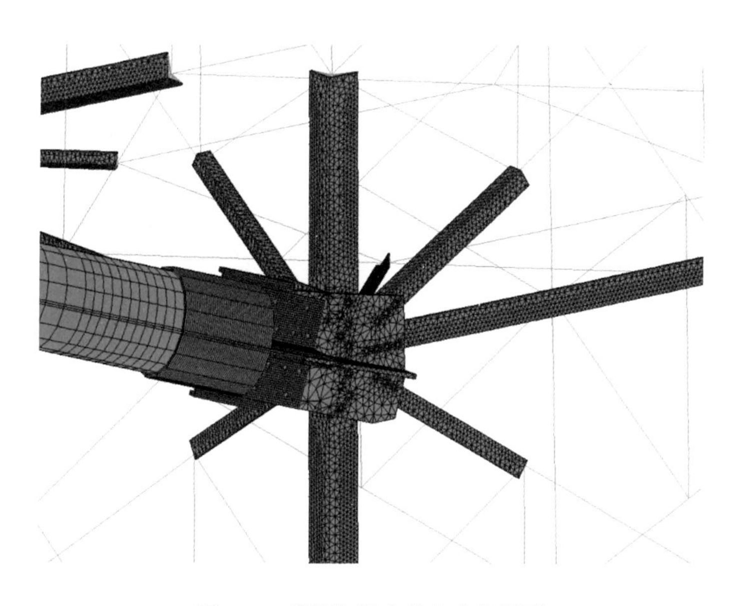

图 8-5 横担与塔身节点实体模型

考虑最不利工况为断中导线工况，该工况下上部复合横担具有最大应力，为45MPa，故设计将上部复合横担两端节点由钢套管改为全复合节点，在横担端部采用管材厚度局部放大来替代钢套管；下部横担节点仍采用钢套管连接。全复合材料横担与节点及塔身节点的实体模型分别如图 8-6 和图 8-7 所示。

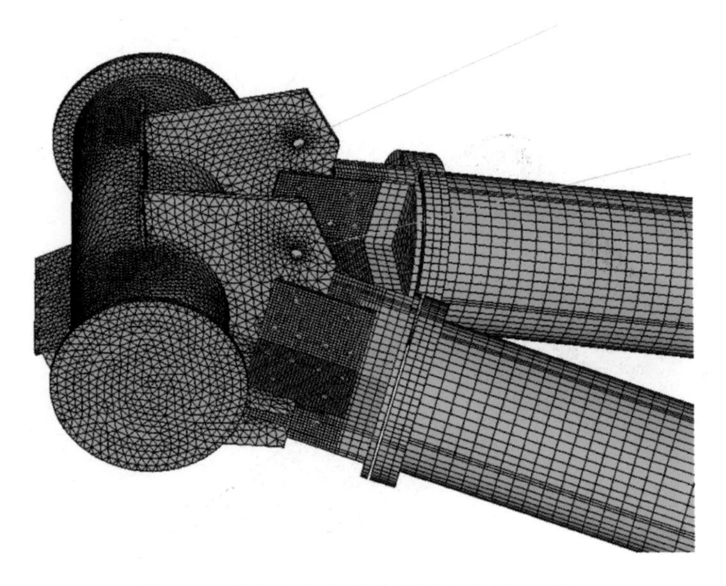

图 8-6　横担与节点实体模型（全复合材料）

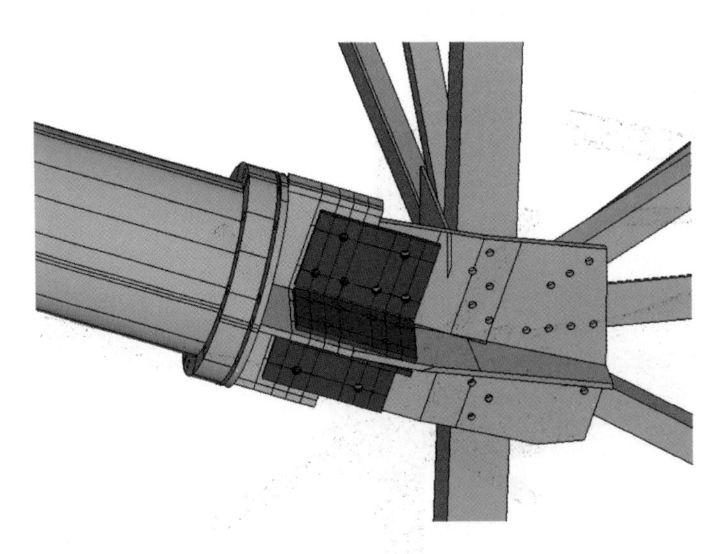

图 8-7　横担与塔身节点实体模型（全复合材料）

8.2.2　多尺度模型校核

为验证 FZ1 复合横担输电塔多尺度模型的合理性，分别对梁杆模型和多尺度模型进行模态分析和同一荷载工况下塔头位置处的位移进行对比。

表 8-4 和图 8-8 分别为多尺度模型与梁杆模型前几阶频率和振型的比较，通过对比可以看出多尺度模型一二阶频率稍小于梁杆模型，其原因是多尺度模型中钢节点和钢套管的加入增大了塔的质量，从而使频率减小；高阶频率基本保持一致。

表 8-4　　多尺度模型与梁杆模型自振频率对比

阶数	多尺度模型频率（Hz）	梁杆模型频率（Hz）
1	1.3866	1.4540
2	1.4104	1.4742
3	2.0620	2.0614
4	2.3857	2.7523
5	2.8525	2.8534

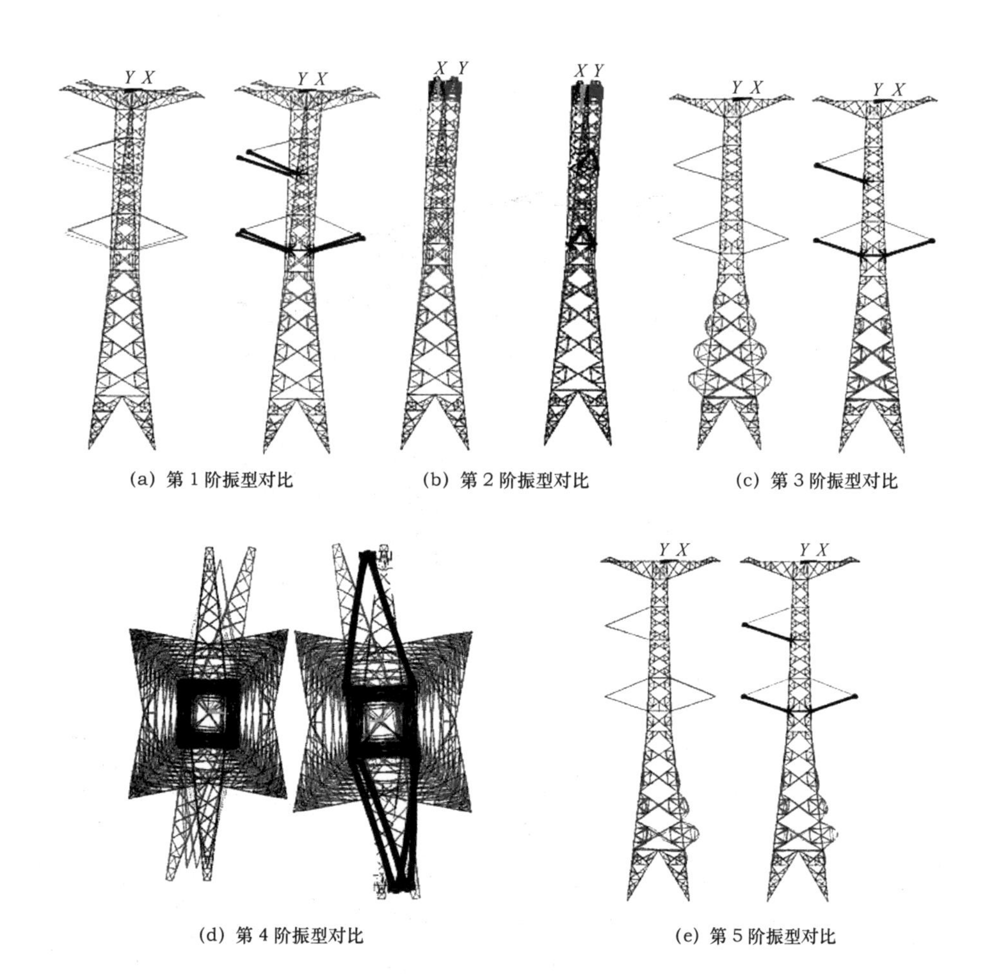

(a) 第 1 阶振型对比　(b) 第 2 阶振型对比　(c) 第 3 阶振型对比

(d) 第 4 阶振型对比　(e) 第 5 阶振型对比

图 8-8　梁杆模型与多尺度模型振型对比

为进一步验证多尺度模型的有效性，分别提取 0° 大风工况作用下复合横担拉杆轴力和塔头位移，见表 8-5。通过梁杆模型和多尺度模型在同一工况下的内力和位移对比亦可验证多尺度模型的有效性。

表 8-5 多尺度模型与梁杆模型对比

对比项目	多尺度模型	梁杆模型	误差
塔头位移	0.5641m	0.5645m	0.07%
1081-951 轴力	111.96kN	113.06kN	0.97%

8.2.3 钢套管连接复合材料节点受力分析

关于钢套管连接复合材料节点，断中导线工况下横担节点的应力云图如图 8-9 所示，十字插板和挂线孔附近分布的应力较大，最大应力达到 100MPa，应变约 500με。左横担节点 1600 和右横担节点 1601 应力分布情况与 1081 相似但应力值相对较小，最大只有 60MPa。

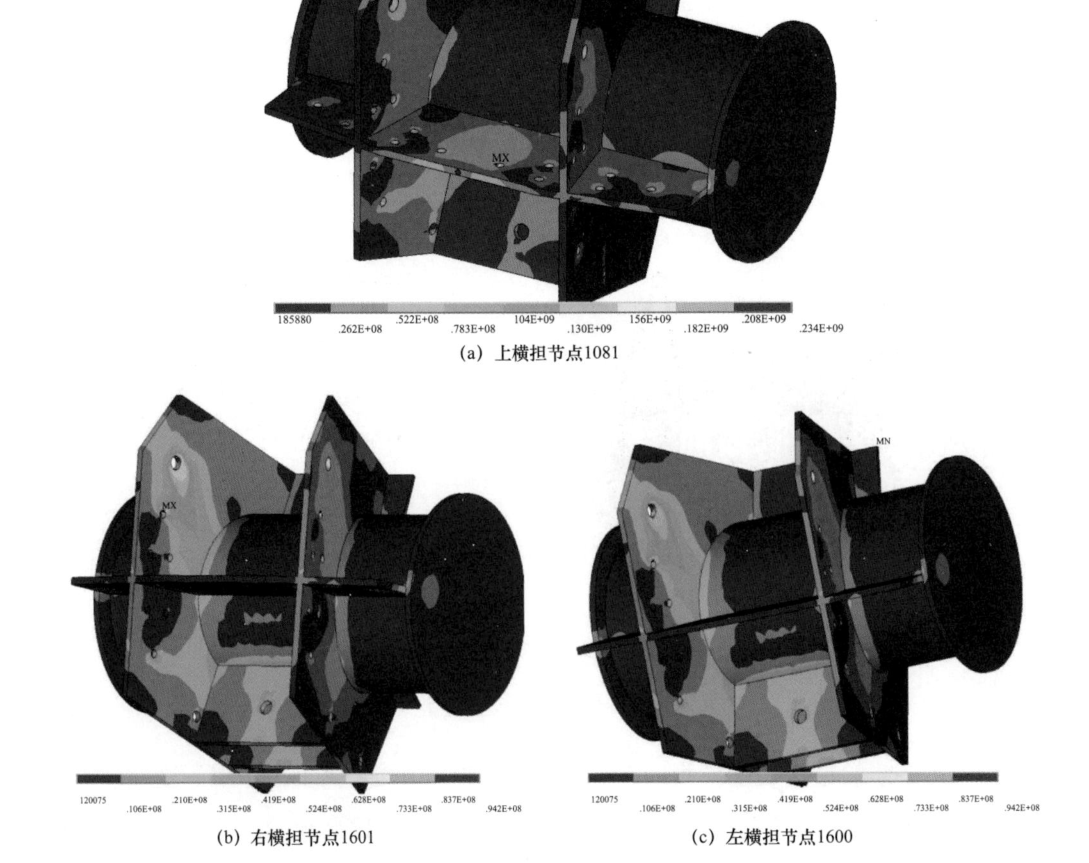

(a) 上横担节点1081

(b) 右横担节点1601

(c) 左横担节点1600

图 8-9 断中导线工况下横担节点应力云图

图 8-10 为断中导线工况下复合横担的应力云图，可以看出，横担复合材料管底部应力较大，上横担最大应力比左右横担最大应力大，上横担远离塔身端应力较大，最大应力大约 44MPa，应变 1400με。左右横担则是靠近塔身端底部应力应变较大，但最大应力只有 25MPa 左右。

(a) 上复合横担应力云图

(b) 左右下横担应力云图

图 8-10 断中导线工况下复合横担应力云图

图 8-11 所示为断中导线工况下复合横担塔身节点的应力云图，可以看出，上横担塔身 1101 节点和 1103 节点大部分主材和斜材应力较大，最大应力约 280MPa，对应的应变约 1400με；右横担塔身节点 2001 和 2003 主材最大应力约 180MPa，对应应变约 900με。左横担塔身节点应力较小，最大只有 100MPa 左右。

(a) 上横担塔身1101节点

(b) 上横担塔身1103节点

(c) 右横担塔身2001节点

(d) 右横担塔身2003节点

(e) 左横担塔身2000节点

(f) 左横担塔身2002节点

图 8-11　断中导线工况下复合横担塔身节点应力云图

分析结果表明，在最不利工况下（断中导线），钢套管连接复合材料横担节点钢材和复合材料应力及变形较小，具有较大的安全储备。

8.3 输电塔—线体系风振响应分析

8.3.1 设计工况及加载方案

大风是造成输电线路倒塔断线事故发生的主要诱因之一，输电塔—线体系是高柔结构，在风激励作用下极易发生倒塔断线事故。本节研究了不同风速下输电塔—线体系风振响应，具体计算工况见表 8-6。

表 8-6 各工况说明

工况号	风速（m/s）	风攻角（°）
1	10	0
2		45
3		60
4		90
5	30	0
6		45
7		60
8		90

（1）输电单塔静力风荷载的施加。按照高度将输电塔分成 9 层，施加风荷载的总数为 9 层，每层荷载加载在 4 个节点上，每层节点上荷载的参考面积取上下塔段各一半挡风面积之和。单塔计算参考点如图 8-12 所示，挡风面积见表 8-7。

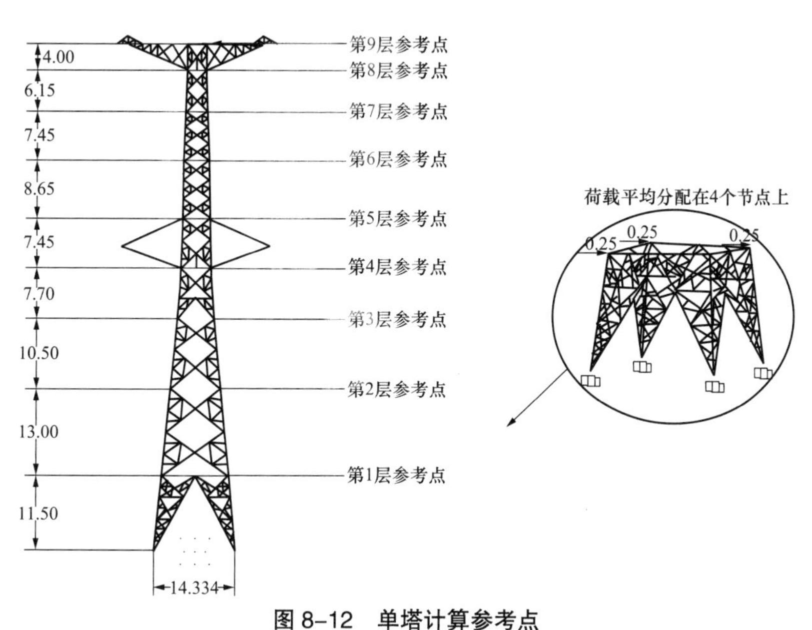

图 8-12 单塔计算参考点

表 8-7 挡风面积

层数	层高 (m)	加载点高度 (m)	面积 (m^2)		结构体型系数
			0°	90°	
9	76.40	76.40	5.34	1.33	2.2
8	73.70	73.70	8.04	4.03	2.2
7	66.25	66.25	8.39	6.72	2.2
6	58.80	58.80	9.81	8.13	2.2
5	49.95	49.95	14.06	8.91	2.2
4	42.70	42.70	16.02	10.87	2.2
3	33.00	33.00	14.75	14.75	2.2
2	22.50	22.50	19.76	19.76	2.2
1	12.00	12.00	26.71	26.71	2.2

分段节点上采用施加瞬时力的形式，节点力的计算见式（8–1）。

$$\omega=\omega_0 \cdot A_f \tag{8–1}$$

其中，A_f是铁塔迎风面积。输电铁塔迎风面杆件的迎风面积的计算有两种方法，一是根据铁塔杆件排布的具体情况，求出每段杆件的迎风面面积；二是根据填充系数$\frac{A_f}{A}$，即单位长度铁塔平面的杆件实际迎风面积A_f与铁塔轮廓面积A的比值，利用填充系数乘以铁塔轮廓面积，得出所需要的迎风面积A_f。按照设计经验，铁塔的填充面积取值为0.2~0.3，塔头部位杆件布置较密集，一般取0.3，塔身部位则取为0.2，若算出的理论值与实际值相近，则可以使用。

（2）导线风荷载的施加。将导线分为16段，导线上的风荷载时程平均加载在16个节点上。对于导线的角度风按照DL / T 5154— 2012《架空输电线路杆塔结构设计技术规定》进行加载，见表8–8。

表 8-8　　导线风攻角加载分配表

线条风荷载	0° 风荷载	45° 风荷载	60° 风荷载	90° 风荷载
X 方向	0	$0.5W_x$	$0.75W_x$	W_x
Y 方向	$0.25W_x$	$0.15W_x$	0	0

注　W_x 是风垂直吹向导线时的标准值。

图 8-13 为单塔动力分析加载示意图，由于图幅有限，图中只给出四层荷载时程曲线，每条曲线都不相同，体现了风荷载时程曲线的空间相关性。

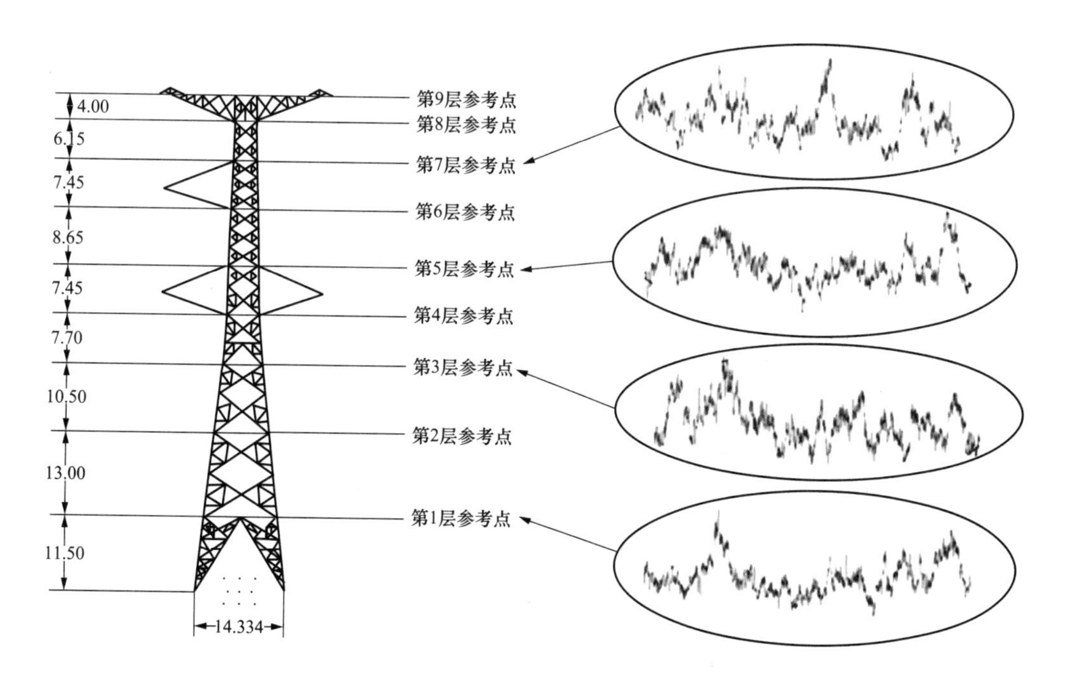

图 8-13　单塔动力分析加载示意图

导线动力风荷载加载与静力风荷载加载方式一致，把导线分为 16 段，按照叠加生成的各层脉动风和平均风叠加后的风速时程曲线，然后按照风荷载计算公式计算出各段风荷载时程曲线，以相应顺序将其分别加在 16 个点上，如图 8-14 所示，限于图幅，图中只给出了四条荷载时程曲线，每条曲线都不相同，充分体现其空间相关性。

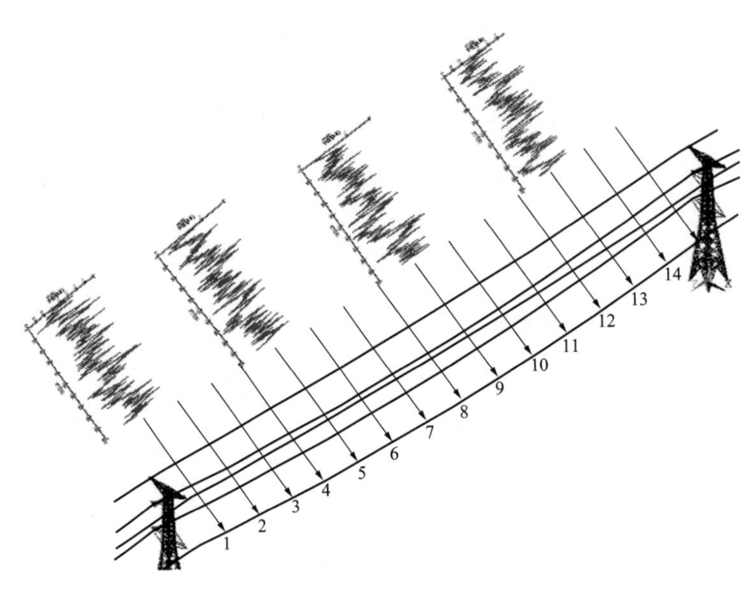

图 8–14　导线加载示意图

取三塔四线塔—线体系模型，由于两边塔—线结构受边界条件影响，且中间塔线结构能更好的反映塔—线体系对结构的影响，因此给出了中间塔的风振响应。其中单塔计算结果参考点图见图 8–13，塔—线体系参考点示意图见图 8–15。

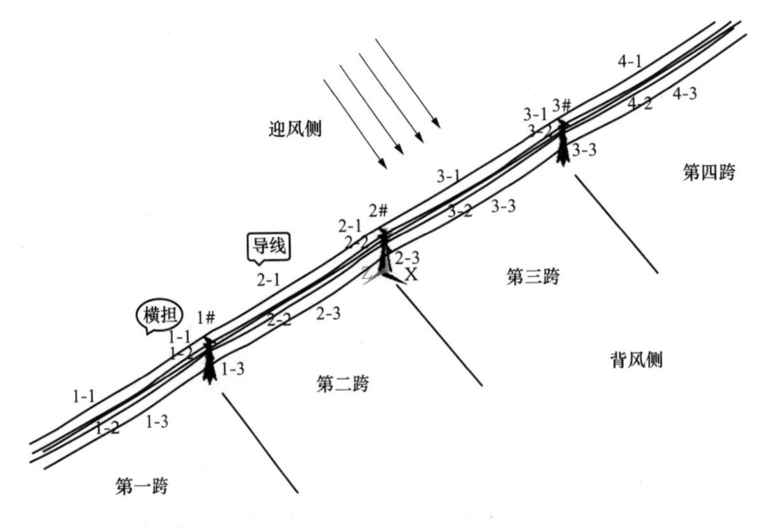

图 8–15　塔—线体系参考点示意图

8.3.2　风振响应分析

以 30m/s 风速 90° 大风工况风振响应为例，对 1000kV 特高压交流复合横担塔—线体系风振响应进行说明。

（1）位移和加速度时程响应。各层位移响应时程如图 8-16 所示，各层加速度响应时程如图 8-17 所示。

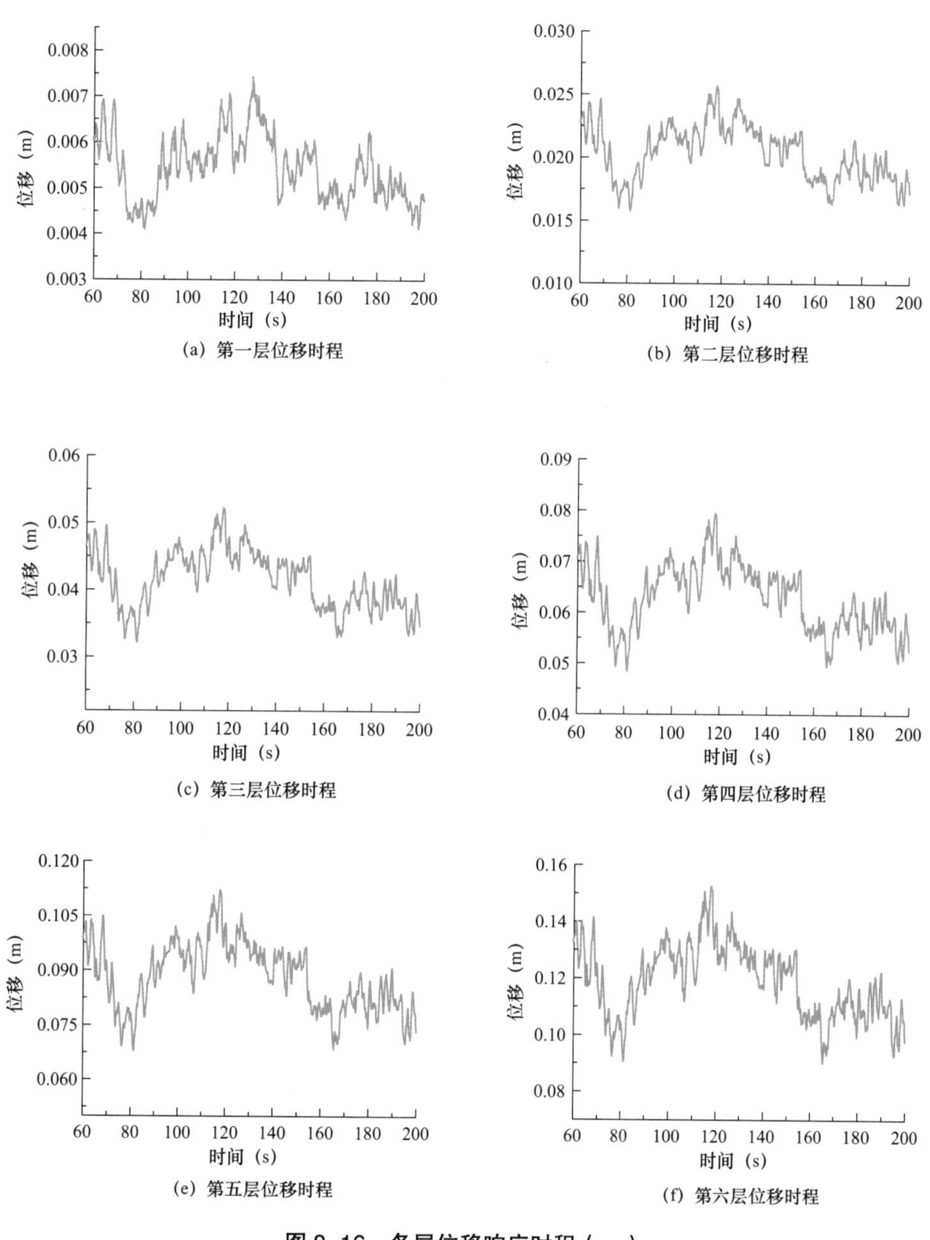

图 8-16 各层位移响应时程（一）

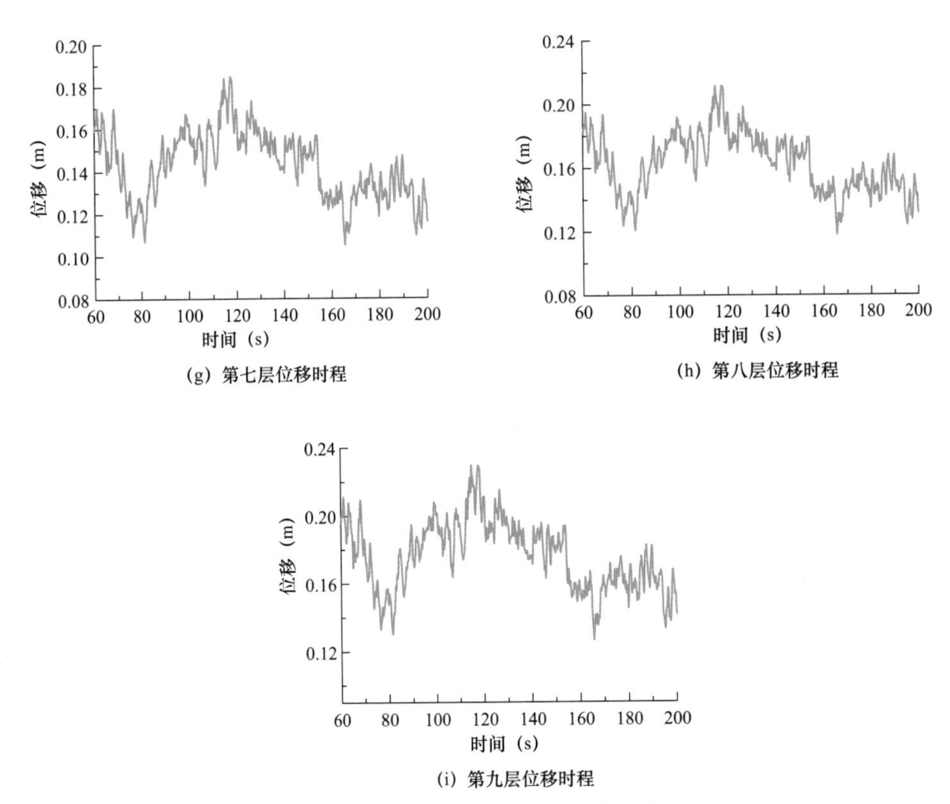

（g）第七层位移时程

（h）第八层位移时程

（i）第九层位移时程

图 8-16　各层位移响应时程（二）

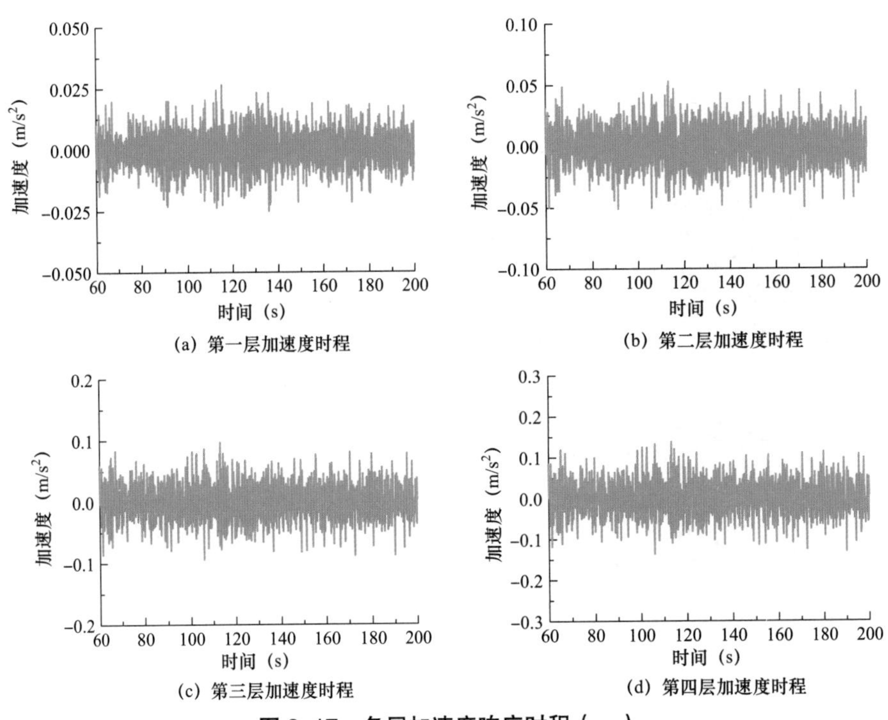

（a）第一层加速度时程

（b）第二层加速度时程

（c）第三层加速度时程

（d）第四层加速度时程

图 8-17　各层加速度响应时程（一）

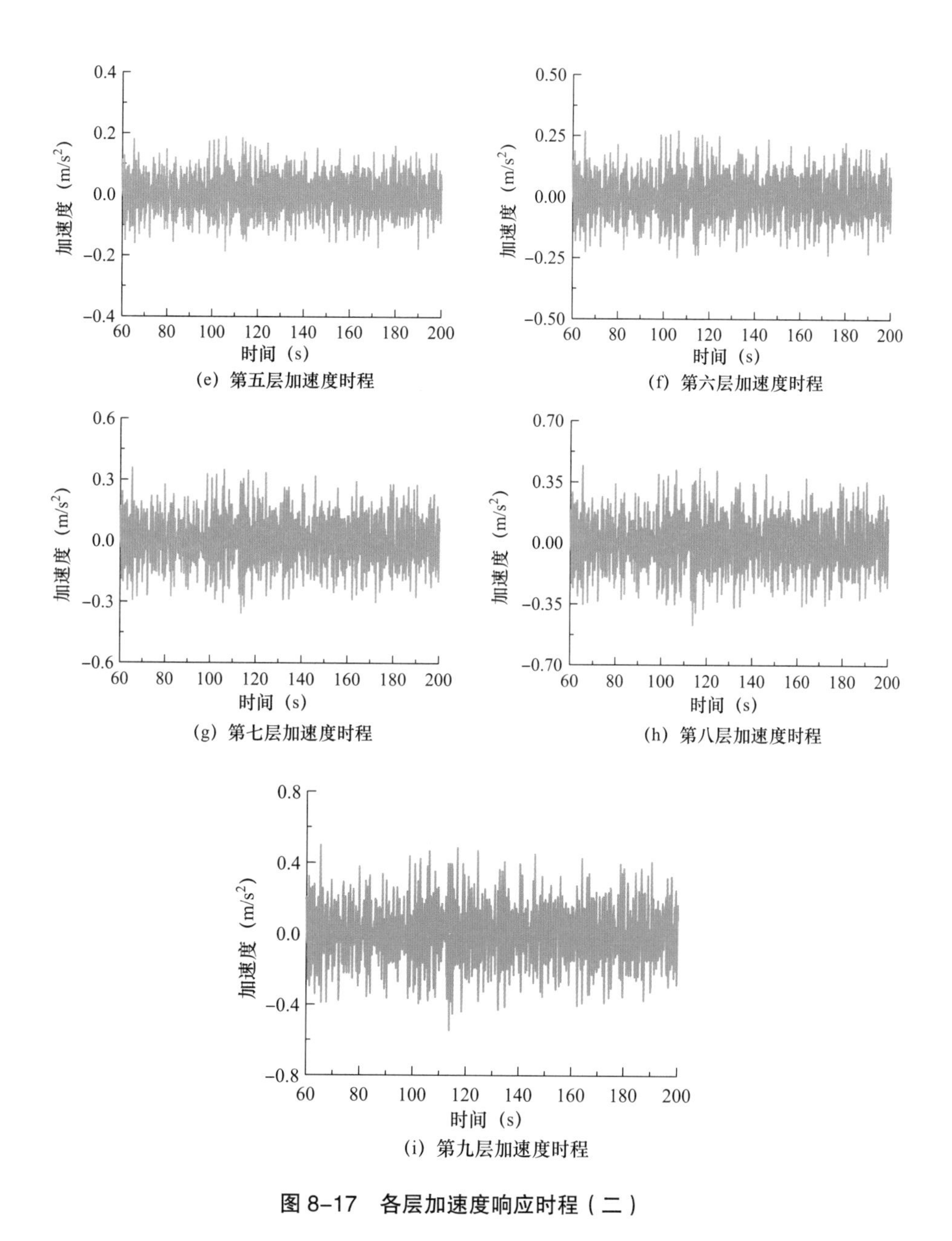

图 8-17 各层加速度响应时程（二）

位移—高度响应和加速度—高度响应如图 8-18 所示。可以看出，输电塔的位移、加速度响应基本沿着塔高度的增加而增大。

（2）绝缘子串时程响应。90° 大风工况在迎风面 *X* 轴正方向波动最明显。图 8-19 为绝缘子串轴力响应时程，图 8-20 为 2 基塔三处绝缘子串最大轴力对比。上横担绝缘子串 2-1 其在 118.0s 有最大轴力，为 148.570kN，下横担迎风侧绝缘子串 2-2 在 68.5s 有最大轴力，为 136.023kN，背风侧绝缘子串 2-3 在 68.5s 有最大轴力，为136.447kN。从图中可以看出上横担绝缘子串轴力大于下侧横担，而下横担迎风侧和背风侧绝缘子串轴力基本相同。

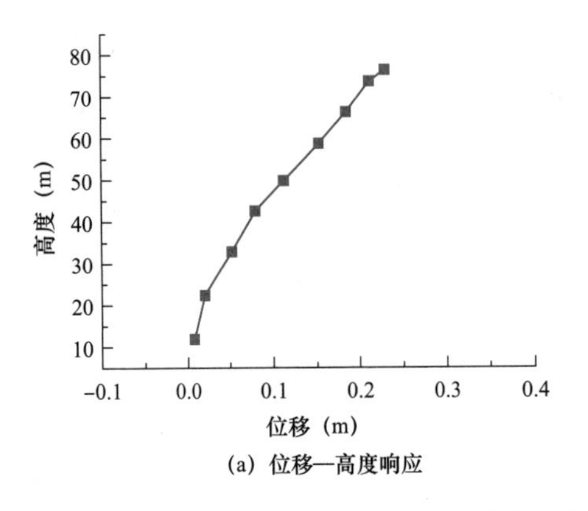

(a) 位移—高度响应

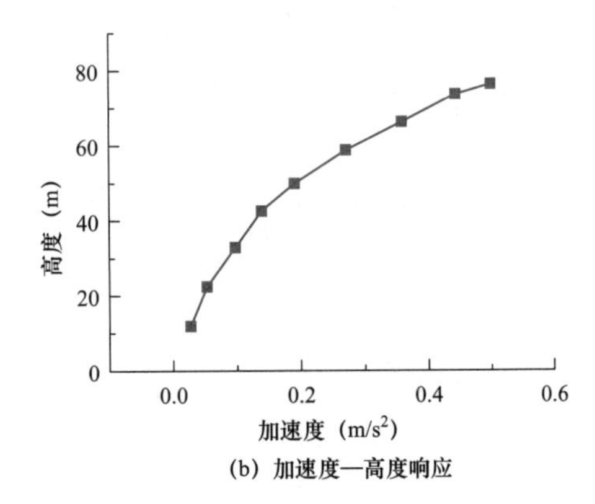

(b) 加速度—高度响应

图 8-18　位移—高度和加速度—高度响应

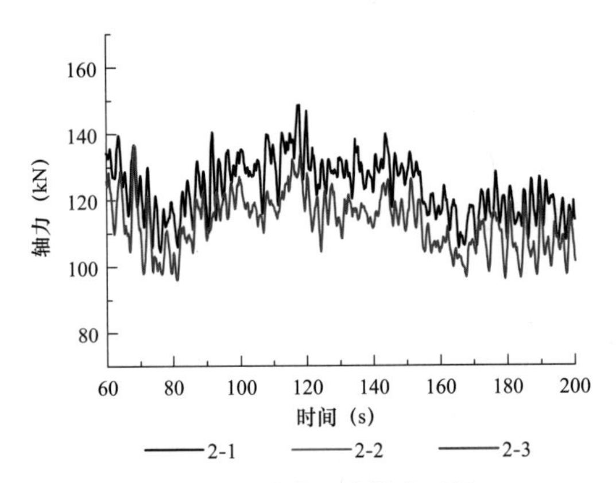

图 8-19　绝缘子串轴力时程

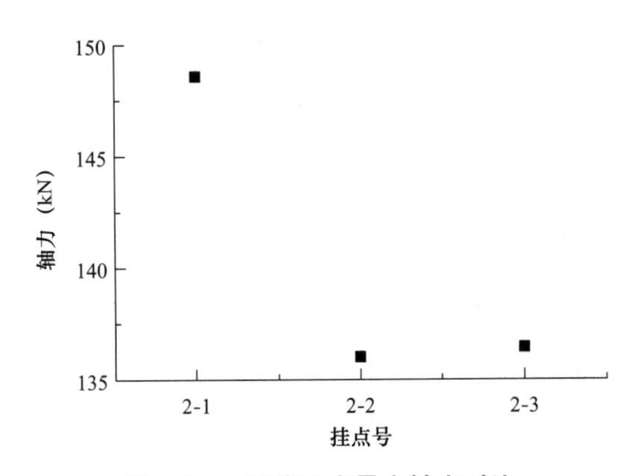

图 8-20　绝缘子串最大轴力对比

绝缘子串位移响应时程如图 8–21 所示。由图 8–21（a）中可以看出，在 115.2s 上横担绝缘子串 *X* 方向位移有最大值为 1.843m，此时，对应的 *X* 方向最大风偏角为 42.68°；在 99.2s 下横担迎风侧绝缘子串 *X* 方向位移有最大值为 1.807m，此时，对应的 *X* 方向最大风偏角为 42.14°。在 99.2s 下横担背风侧绝缘子串 *X* 方向位移有最大值为 1.808m，此时，对应的 *X* 方向最大风偏角为 42.14°。

由图 8–21（c）中可以看出，在 136.6s 上横担绝缘子串 *Z* 方向位移有最大值为 0.352m，此时，对应的 *Z* 方向最大风偏角为 9.99°。在 127.9s 下横担迎风侧绝缘子串 *Z* 方向位移有最大值为 0.404m，此时，对应的 *Z* 方向最大风偏角为 11.43°。在 127.9s 下横担背风侧绝缘子串 *Z* 方向位移有最大值为 0.405m，此时，对应的 *Z* 方向最大风偏角为 11.45°。

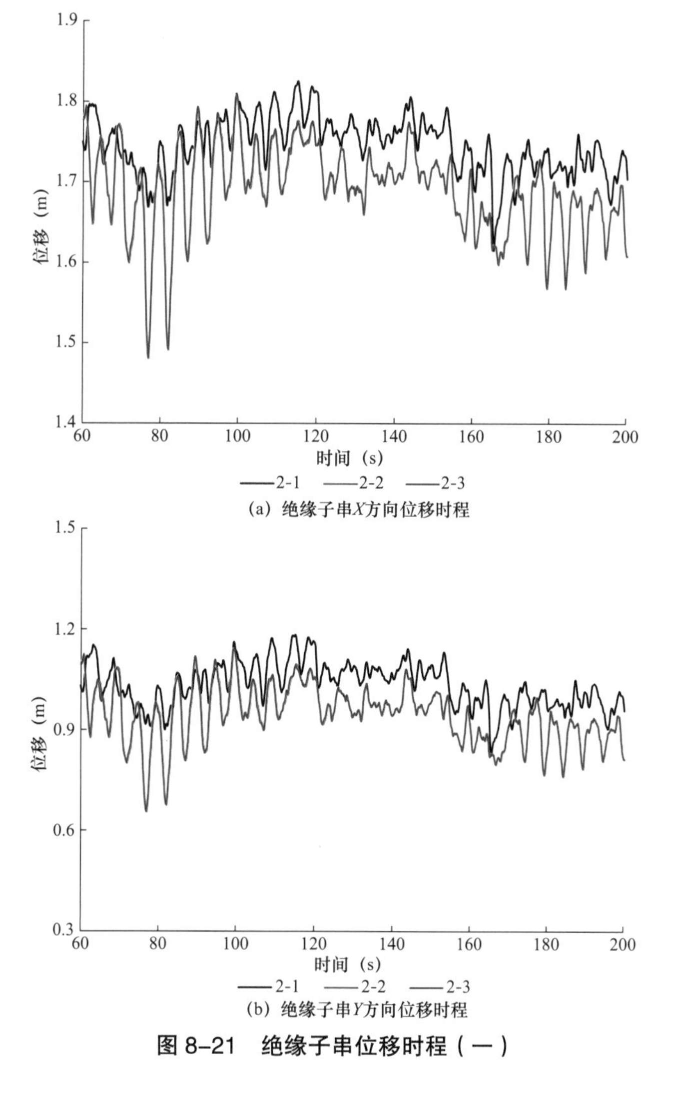

图 8–21 绝缘子串位移时程（一）

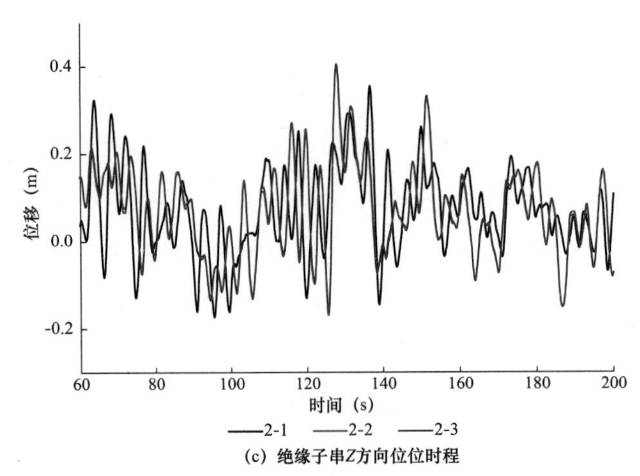

(c) 绝缘子串Z方向位位时程

图 8-21　绝缘子串位移时程（二）

绝缘子串位移及对应风偏角对比如图 8-22 所示。可以看出，2-1 挂点（风偏角 42.68°）X 方向位移较大，2-2 和 2-3 挂点 X 方向位移较小，而 Z 方向位移，挂点 2-2 和 2-3（风偏角 11.45°）位移较大，2-1 挂点位移较小。

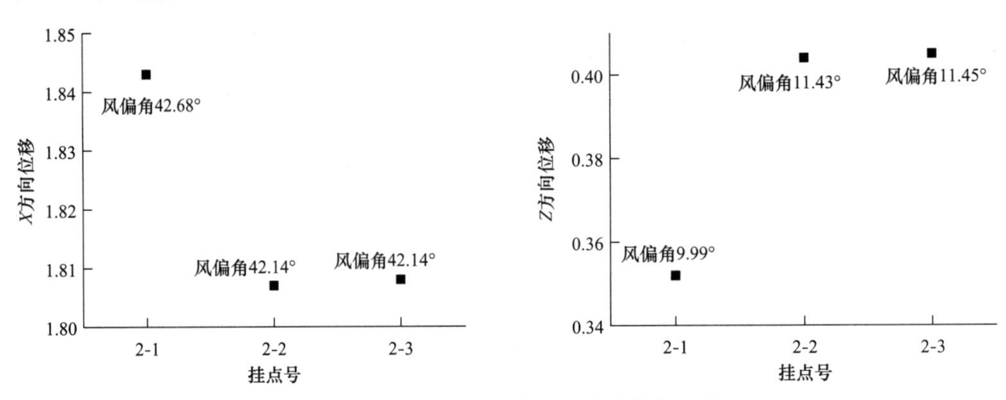

图 8-22　绝缘子串位移及对应风偏角对比

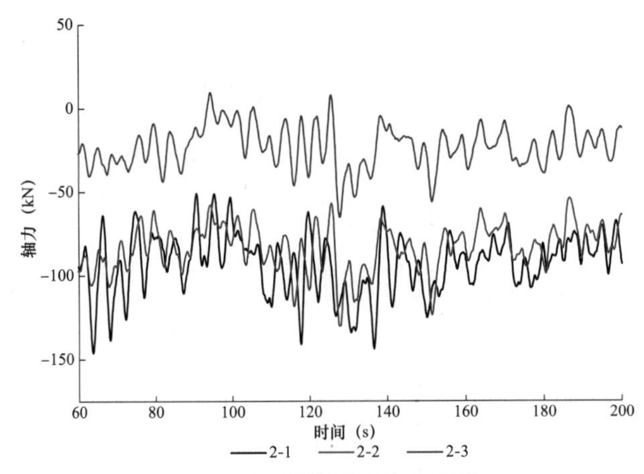

图 8-23　横担压杆轴力时程

（3）横担时程响应。横担压杆与拉杆轴力时程分别如图 8-23 和图 8-25 所示，2 基塔三处横担最大压力和最大拉力对比分别如图 8-24 和图 8-26 所示。

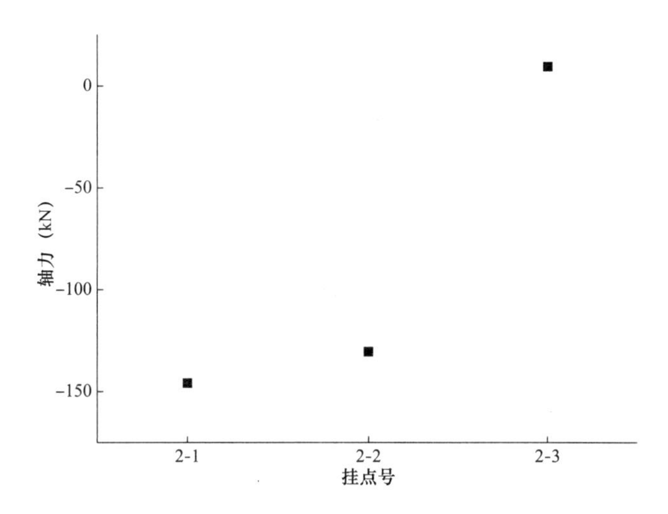

图 8-24　横担压杆轴力对比

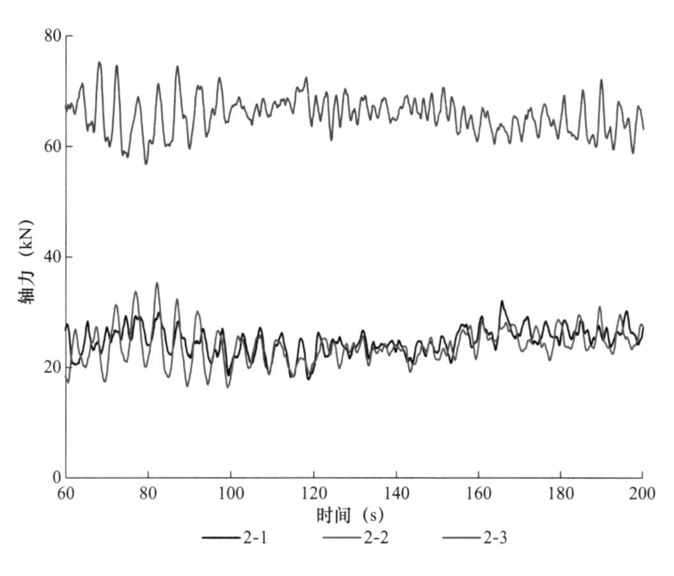

图 8-25　横担拉杆轴力时程

从图 8–24 中可以看出，上侧横担压杆轴力要大于下侧横担压杆轴力。同时对比下侧横担迎风侧和背风侧压杆轴力可以看出，迎风侧轴力大于背风侧轴力。而且可以看出下侧横担背风侧压杆出现拉力，会产生交变荷载。上侧横担压杆最大轴力发生在 63.8s，为 –145.945kN；下侧横担压杆最大轴力发生在 127.7s，为 –130.404kN。下侧横担最大拉力发生在 94.5s，为 9.426kN。

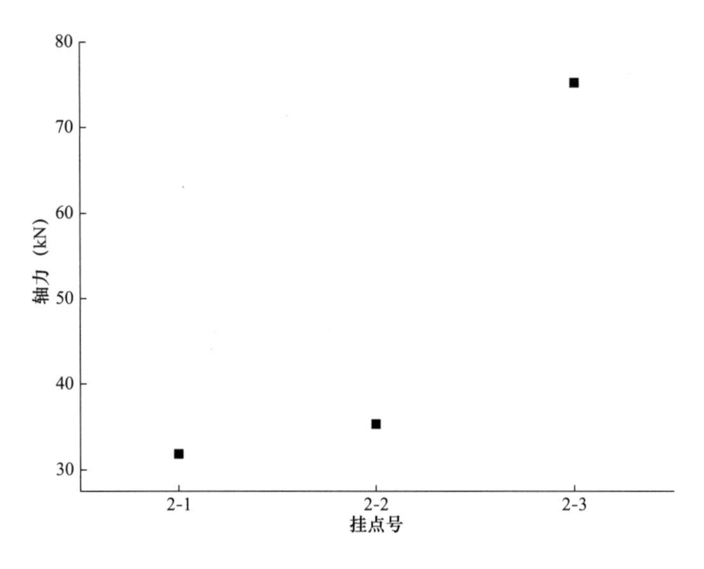

图 8–26　横担拉杆轴力对比

从图 8–26 中可以看出，上侧横担压杆轴力和下侧迎风侧横担压杆轴力时程变化大致相同。同时对比下侧横担迎风侧和背风侧压杆轴力可以看出，迎风侧轴力小于背风侧轴力。上侧横担拉杆最大轴力发生在 165.9s，为 31.836kN；下侧横担迎风侧拉杆最大轴力发生在 82.1s，为 35.310kN。下侧横担背风侧拉杆最大轴力发生在 68.1s，为 75.226kN。

横担位移响应时程如图 8–27 所示。90° 大风工况下主要考察横担 X 方向的位移。由图 8–27（a）中可以看出，最大位移发生在上侧横担，在 115.0s 横担 X 方向位移有最大位移，为 0.155m。下横担 X 方向位移迎风侧小于背风侧，迎风侧在 115.0s 有最大位移 0.083m，背风侧在 118.0s 有最大位移 0.129m。

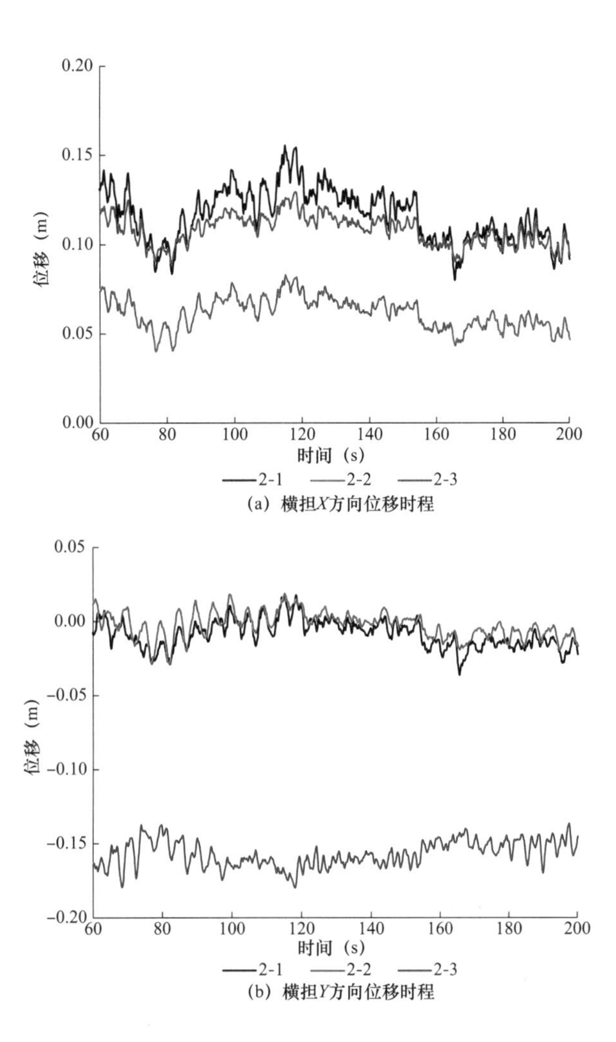

（a）横担X方向位移时程

（b）横担Y方向位移时程

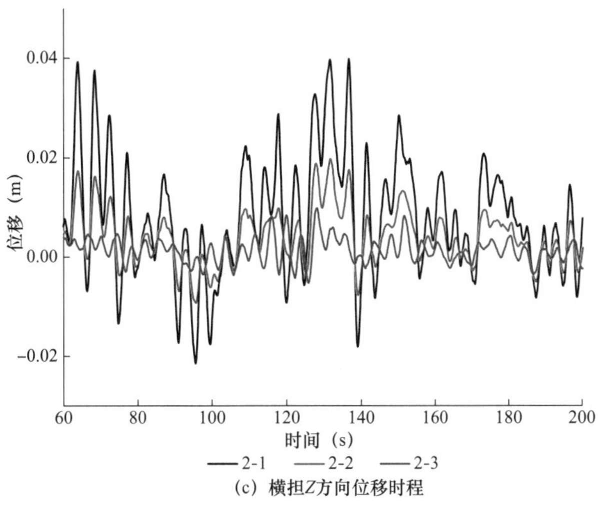

（c）横担Z方向位移时程

图 8–27 横担位移响应时程

（4）导线时程响应。第 2 跨导线中点位移响应时程如图 8-28 所示。

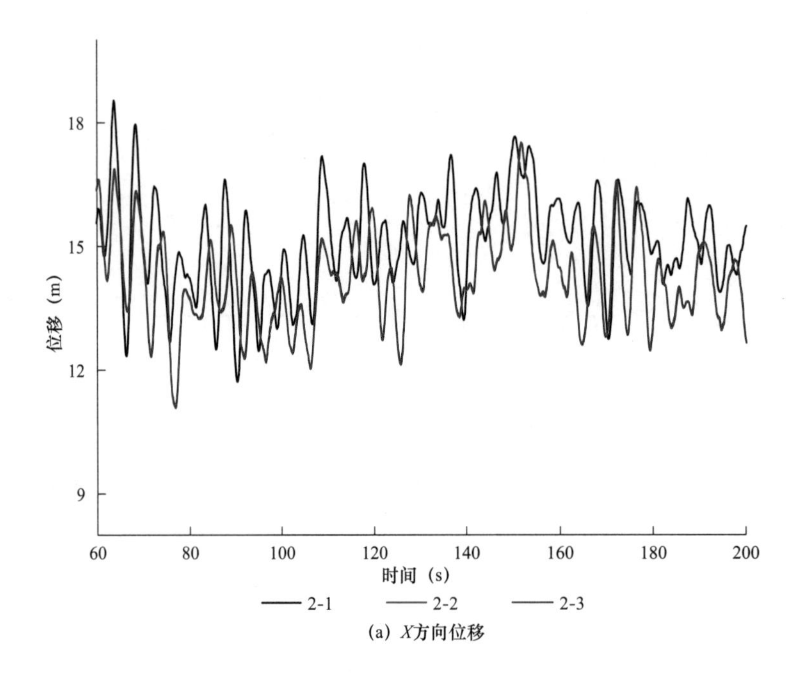

(a) X方向位移

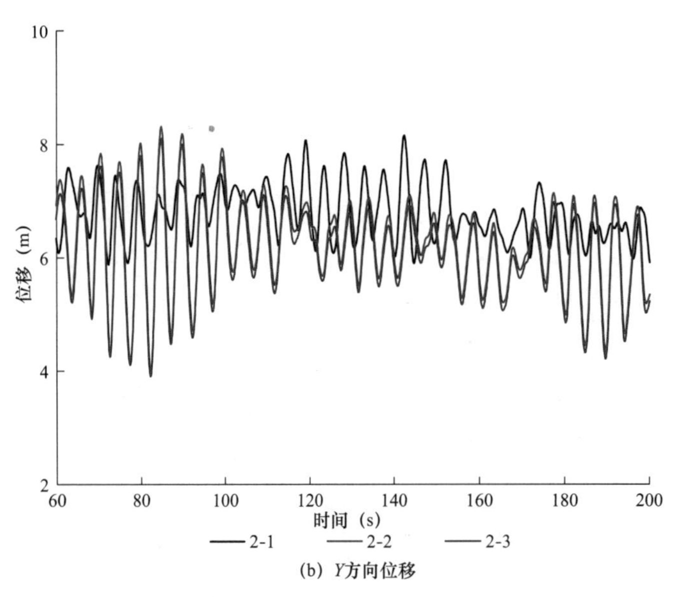

(b) Y方向位移

图 8-28　第 2 跨导线跨中位移响应时程（一）

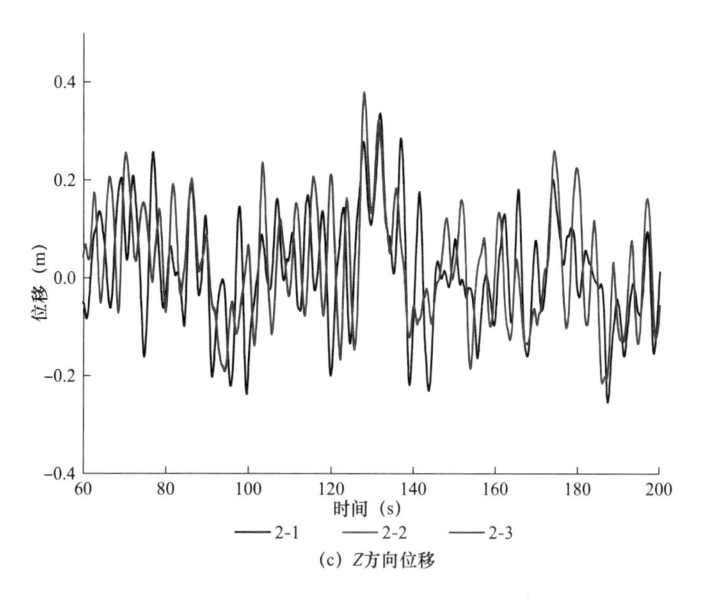

图 8-28　第 2 跨导线跨中位移响应时程（二）

可以看出，在 63.7s 上侧导线中点 *X* 方向位移有最大值 18.535m。在这一时刻，找出对应的 *Y*、*Z* 坐标值并计算出此刻第 2 跨导线中点处的斜弧垂为 22.926m。在 151.8s 下侧迎风侧导线中点 *X* 方向位移有最大值 17.462m，计算出此刻第 2 跨导线中点处的斜弧垂为 21.727m。下侧背风侧导线斜弧垂和迎风侧大致相同。

导线跨中 *X* 方向最大位移及对应的斜弧垂如图 8-29 所示。

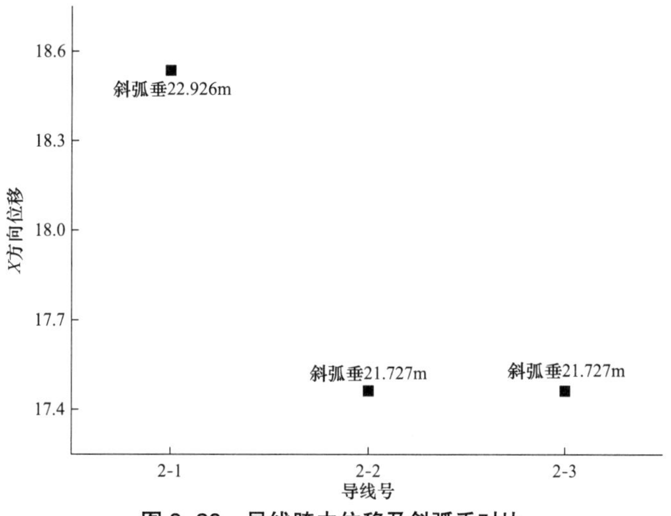

图 8-29　导线跨中位移及斜弧垂对比

第 2 跨导线跨中如图 8–30 所示。从图 8–30 中可以看出，上侧导线跨中的张力大于下侧导线的张力，下侧导线迎风侧和背风侧导线张力大致相同。上侧导线跨中最大张力发生在 117.6s，为 66.816kN；下侧迎风侧导线最大张力发生在 68.1s，为 61.686kN；下侧迎风侧导线最大张力发生在 68.1s，为 61.862kN。导线在大风下张力与静止时的张力比见表 8–9。

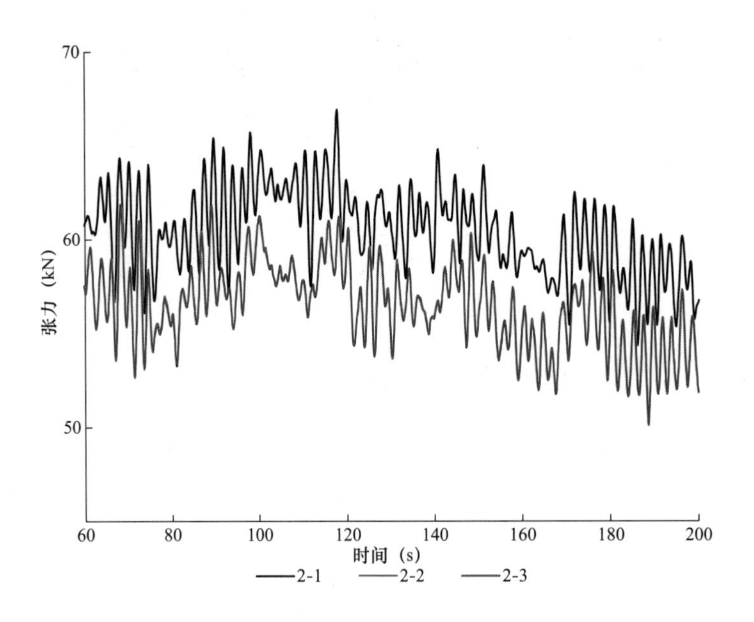

图 8–30　导线跨中张力对比

表 8–9　导线跨中张力比

编号	重力作用下张力（kN）	大风作用下张力（kN）	张力比
2–1	32.557	66.816	2.052
2–2	32.557	61.686	1.895
2–3	32.557	61.862	1.900

由于上侧导线张力最大，取上侧导线跨中和 1/4 处张力进行对比，如图 8–31 所示。可以看出，导线跨中和 1/4 处张力变化趋势基本相同。

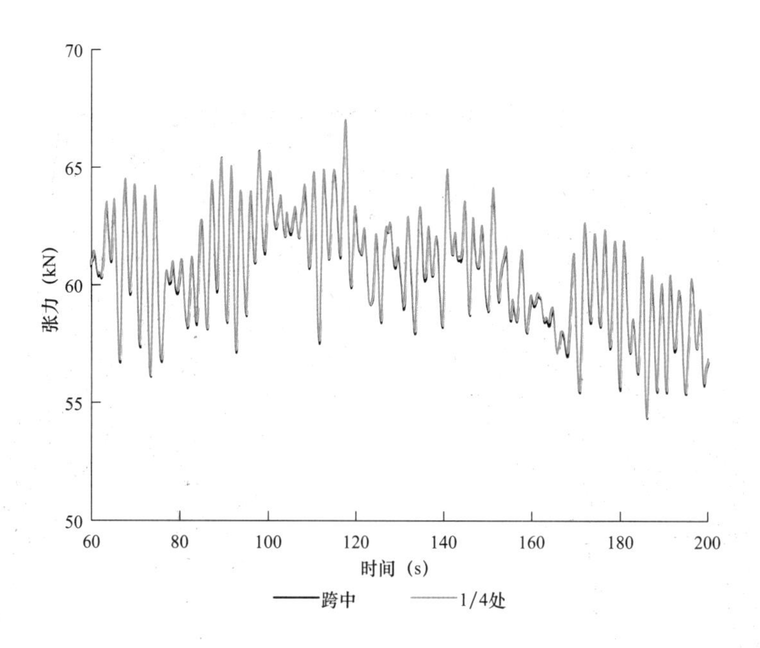

图 8-31　导线跨中和 1/4 处张力对比

（5）塔身主材时程相应。塔腿受拉侧和受压侧轴力时程如图 8-32 所示。

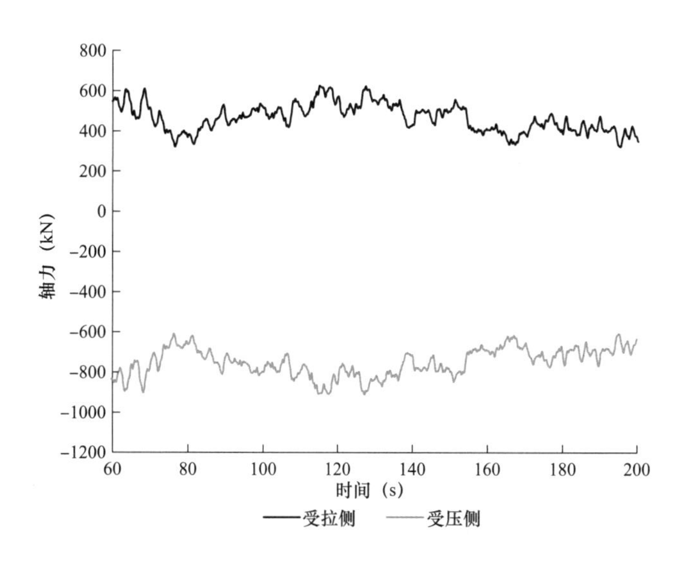

图 8-32　塔腿轴力时程

从图 8-32 中可以看出，塔腿最大压力为 -902.401kN，塔腿最大拉力为 603.788kN，都发生在 68.4s。该时刻塔腿的应力云图如图 8-33 所示。最大应力为 186MPa，钢材未发生屈服。

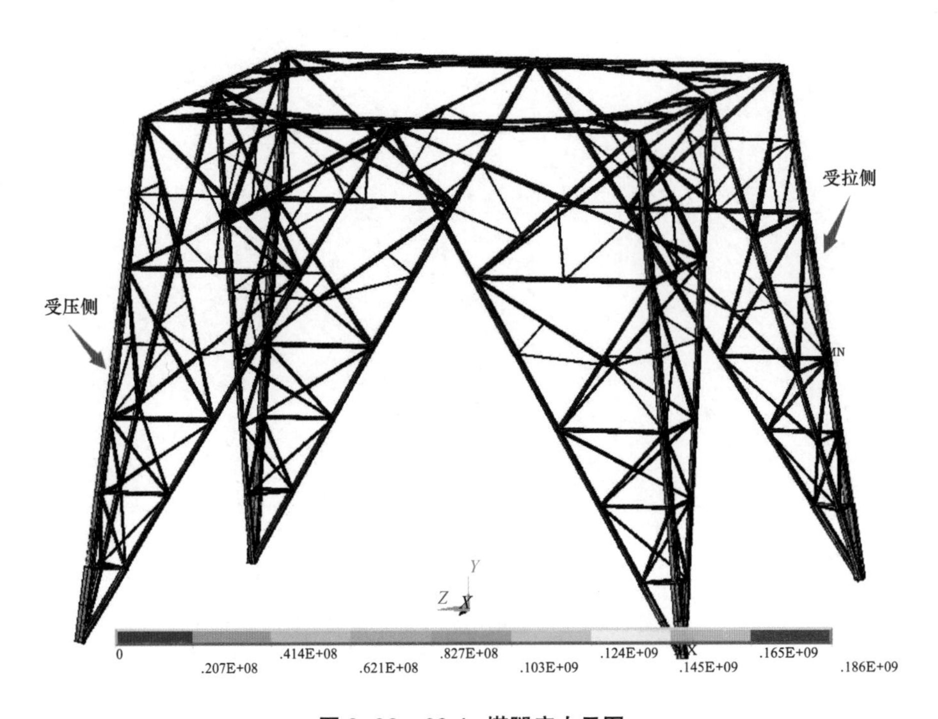

图 8-33　68.4s 塔腿应力云图

塔身变坡处主材受拉侧和受压侧轴力时程如图 8-34 所示。

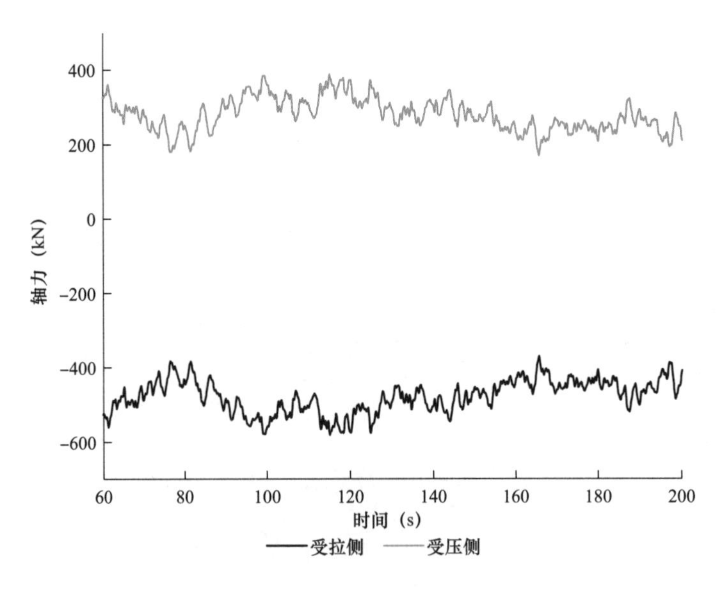

图 8-34　变坡处轴力时程

从图 8-34 中可以看出，变坡处主材最大压力为 -581.621kN，最大拉力为

384.773kN，都发生在 115.0s。该时刻塔腿的应力云图如图 8-35 所示，最大应力为 215MPa，钢材未发生屈服。而大部分主材应力分布在 70MPa 左右。

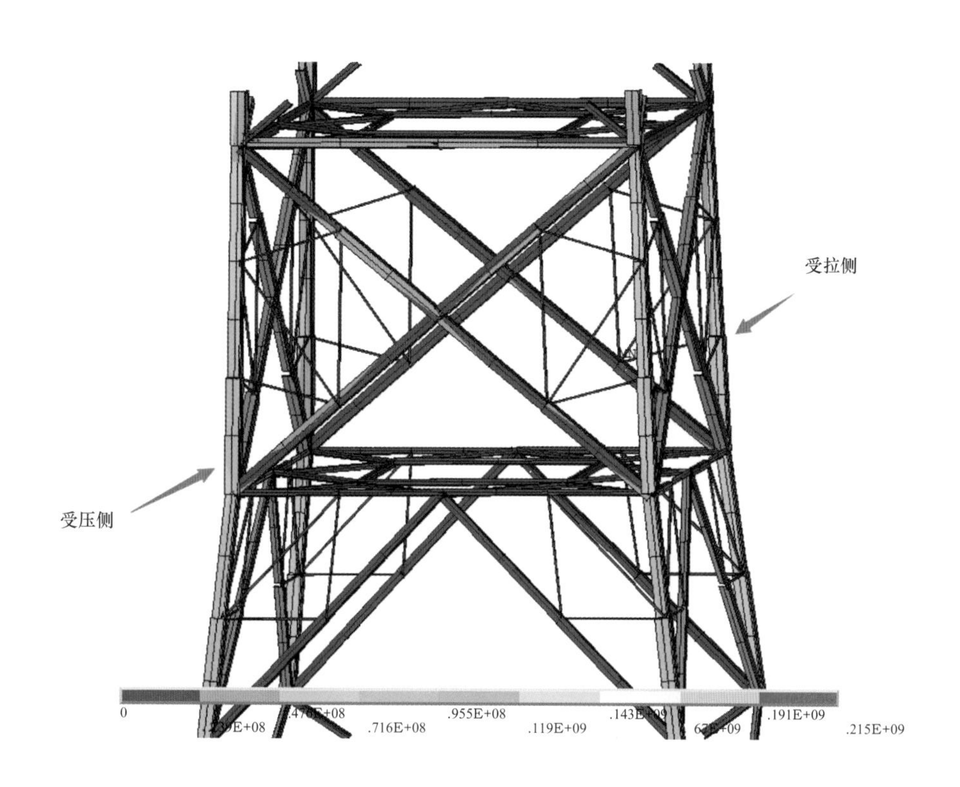

图 8-35　115.0s 变坡处应力云图

8.3.3　塔—线体系风振响应对比分析

为研究输电塔对不同风向风荷载的敏感程度和风振系数的取值问题，对输电塔—线体系在各个风向下不同高度处的位移和加速度响应变化规律展开深入分析。对于随机响应结果通常采用数理统计方法进行分析，此处分别计算不同高度处位移最大值和加速度最大值及不同高度处位移均方差和加速度均方差，以其更直观的描述塔身在风荷载作用下的变化规律。

8.3.3.1　输电塔风振响应规律

不同高度处位移最大值对比见表 8-10 和图 8-36；加速度最大值对比见表 8-11 和图 8-37。

表 8–10　　位移最大值对比

高度（m）	位移最大值（m）							
	10m/s				90m/s			
	0°	45°	60°	90°	0°	45°	60°	90°
12	0.0004	0.0011	0.0012	0.0013	0.0040	0.0055	0.0067	0.0074
22.5	0.0014	0.0018	0.0024	0.0028	0.0120	0.0171	0.0218	0.0204
33	0.0026	0.0024	0.0036	0.0046	0.0235	0.0340	0.0442	0.0523
42.7	0.0040	0.0023	0.0042	0.0057	0.0356	0.0512	0.0670	0.0795
50	0.0056	–0.0019	0.0043	0.0065	0.0511	0.0721	0.0944	0.1122
58.8	0.0081	–0.0073	–0.0048	0.0045	0.0727	0.0973	0.1280	0.1527
66.3	0.0105	–0.0160	–0.0128	–0.0105	0.0941	0.1168	0.1553	0.1846
73.7	0.0125	–0.0228	–0.0192	–0.0164	0.1122	0.1338	0.1788	0.2115
76.4	0.0138	–0.0270	–0.0230	–0.0200	0.1240	0.1451	0.1943	0.2295

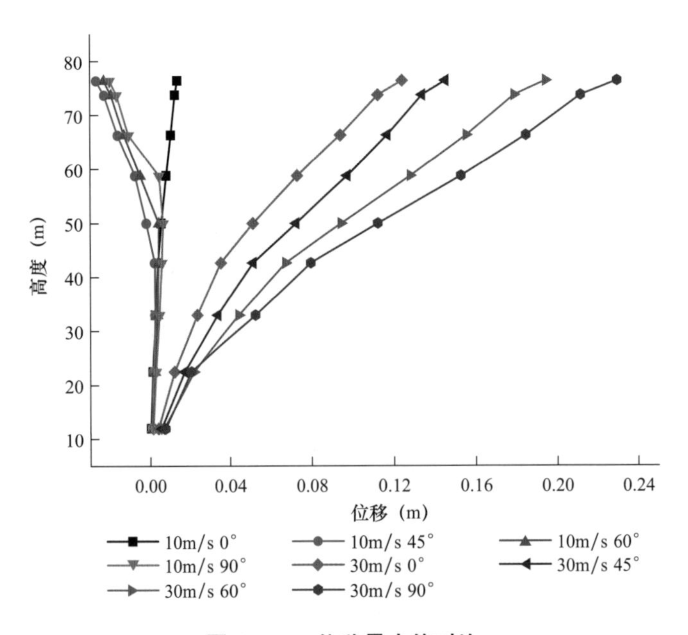

图 8–36　位移最大值对比

表 8–11　　　　加速度最大值对比

高度（m）	加速度最大值（m/s^2）							
	10m/s				90m/s			
	0°	45°	60°	90°	0°	45°	60°	90°
12	0.0031	0.0024	0.0028	0.0028	0.0281	0.0211	0.0252	0.0265
22.5	0.0070	0.0049	0.0053	0.0052	0.0628	0.0433	0.0520	0.0527
33	0.0126	0.0091	0.0098	0.0096	0.1127	0.0890	0.0980	0.0970
42.7	0.0184	0.0141	0.0147	0.0141	0.1646	0.1376	0.1512	0.1383
50	0.0261	0.0203	0.0210	0.0195	0.2350	0.1971	0.2166	0.1897
58.8	0.0376	0.0295	0.0302	0.0277	0.3382	0.2809	0.3086	0.2705
66.3	0.0492	0.0399	0.0408	0.0375	0.4423	0.3633	0.3995	0.3582
73.7	0.0628	0.0496	0.0508	0.0467	0.5648	0.4421	0.4802	0.4427
76.4	0.0719	0.0561	0.0574	0.0529	0.6472	0.4986	0.5404	0.4987

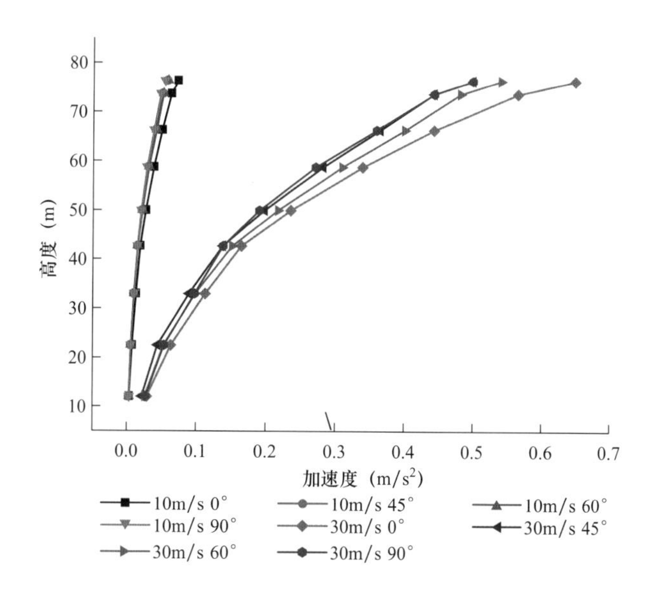

图 8–37　加速度最大值对比

可以看出：

（1）位移和加速度沿高度增大而增大。10m/s 风 45°、60°、90° 横担上侧塔身部分位移为负值是由于上侧横担不对称造成的。

（2）对比相同风速下位移和加速度发现，90° 风攻角位移最大，而 0° 风攻角加速度最大，同时 60° 风攻角下加速度大于 90° 。

（3）对比相同风攻角下位移和加速度发现，30m/s 工况位移和加速度响应都大于 10m/s 工况一个数量级。

不同高度处的位移均方差对比见表 8-12 和图 8-38，加速度均方差对比见表 8-13 和图 8-39。

表 8-12　位移均方差

高度（m）	位移均方差（cm）							
	10m/s				90m/s			
	0°	45°	60°	90°	0°	45°	60°	90°
12	0.0056	0.0052	0.0064	0.0071	0.0503	0.0485	0.0601	0.0679
22.5	0.0139	0.0164	0.0207	0.0237	0.1260	0.1470	0.1830	0.2080
33	0.0261	0.0324	0.0413	0.0480	0.2350	0.2870	0.3620	0.4140
42.7	0.0387	0.0493	0.0630	0.0732	0.3490	0.4380	0.5500	0.6300
50	0.0551	0.0703	0.0894	0.1040	0.4960	0.6260	0.7840	0.8960
58.8	0.0775	0.0988	0.1250	0.1440	0.6980	0.8830	1.0990	1.2500
66.3	0.0996	0.1260	0.1580	0.1810	0.8970	1.1250	1.3900	1.5680
73.7	0.1180	0.1490	0.1860	0.2110	1.0650	1.3320	1.6370	1.8340
76.4	0.1300	0.1640	0.2040	0.2310	1.1740	1.4670	1.7980	2.0060

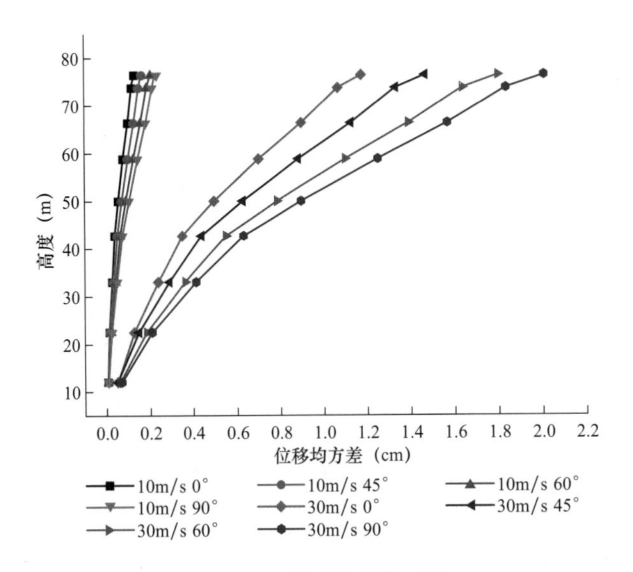

图 8-38　位移均方差对比

表 8-13　　加速度均方差对比

高度 (m)	加速度均方差 (m/s^2)							
	10m/s				90m/s			
	0°	45°	60°	90°	0°	45°	60°	90°
12	0.0056	0.0052	0.0064	0.0071	0.0503	0.0485	0.0601	0.0679
22.5	0.0139	0.0164	0.0207	0.0237	0.1260	0.1470	0.1830	0.2080
33	0.0261	0.0324	0.0413	0.0480	0.2350	0.2870	0.3620	0.4140
42.7	0.0387	0.0493	0.0630	0.0732	0.3490	0.4380	0.5500	0.6300
50	0.0551	0.0703	0.0894	0.1040	0.4960	0.6260	0.7840	0.8960
58.8	0.0775	0.0988	0.1250	0.1440	0.6980	0.8830	1.0990	1.2500
66.3	0.0996	0.1260	0.1580	0.1810	0.8970	1.1250	1.3900	1.5680
73.7	0.1180	0.1490	0.1860	0.2110	1.0650	1.3320	1.6370	1.8340
76.4	0.1300	0.1640	0.2040	0.2310	1.1740	1.4670	1.7980	2.0060

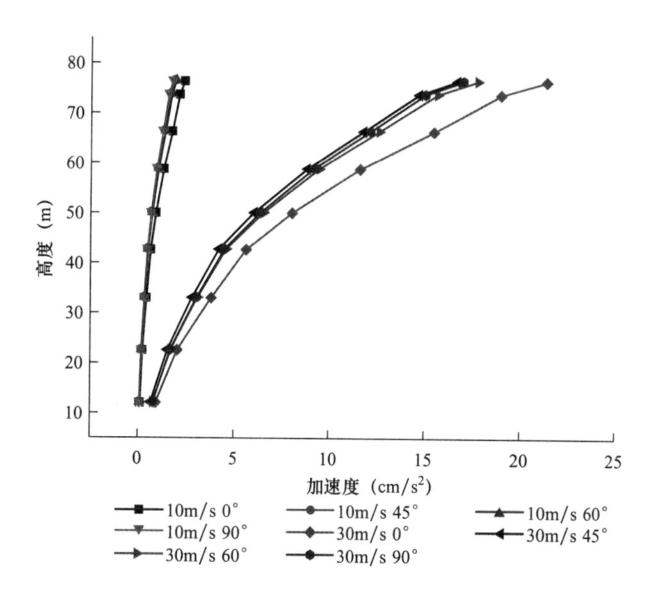

图 8-39　加速度均方差对比

输电塔对不同风向风荷载的敏感程度可以通过位移均方差和加速度均方差得到，可以看出：

（1）位移均方差和加速度均方差随高度增大而不断增大，塔身越高处对风振响应越敏感；不同风攻角下位移均方差和加速度均方差变化趋势相同，但 90° 风攻角下最大，说明塔身对 90° 风振响应最为敏感。

（2）对比相同风速下位移和加速度均方差发现，90° 风攻角位移最大，而 0° 风攻角加速度均方差最大，同时 60° 风攻角下加速度均方差大于 90° 。

（3）对比相同风攻角下位移和加速度发现，30m/s 工况位移和加速度均方差都大于 10m/s 工况一个数量级。

8.3.3.2 输电塔风振响应系数

风振系数通常定义为风引起结构的总响应与平均风产生的响应之比。

位移风振系数 β_D 定义为节点在平均风和脉动风荷载共同作用下位移的总和（$U_{Si}+U_{Di}$）与平均风作用下节点位移 U_{Si} 的比值

$$\beta_D=\frac{U_i}{U_{si}}=\frac{U_{si}+U_{Di}}{U_{si}}=1+\frac{U_{Di}}{U_{si}} \tag{8-2}$$

由输电塔风振响应的时程分析结果，根据式（8–2）计算可以得到输电塔的风振系数，塔—线体系不同风向计算结果分别见表 8–14 和图 8–40。

表 8–14　　按照时程分析结果计算塔—线风振系数

工况	高度（m）	静力风作用下位移（cm）	时程分析法位移（cm）	位移风振系数	备注
0° 大风	12	0.27	0.4	1.477	—
	22.5	0.91	1.2	1.312	—
	33	1.81	2.35	1.294	—
	42.7	2.76	3.56	1.291	下横担下侧
	49.95	3.96	5.11	1.29	下横担上侧
	58.8	5.65	7.27	1.287	上横担下侧
	66.25	7.34	9.41	1.282	上横担上侧
	73.7	8.78	11.22	1.278	—
	76.4	9.72	12.4	1.276	—

续表

工况	高度（m）	静力风作用下位移（cm）	时程分析法位移（cm）	位移风振系数	备注
45° 大风	12	0.39	0.54	1.404	—
	22.5	1.31	1.71	1.302	—
	33	2.57	3.4	1.325	—
	42.7	3.82	5.12	1.341	下横担下侧
	49.95	5.32	7.21	1.356	下横担上侧
	58.8	7.03	9.73	1.384	上横担下侧
	66.25	8.22	11.68	1.421	上横担上侧
	73.7	9.27	13.38	1.443	—
	76.4	9.98	14.51	1.453	—
60° 大风	12	0.48	0.67	1.416	—
	22.5	1.71	2.18	1.272	—
	33	3.44	4.72	1.285	—
	42.7	5.17	6.7	1.295	下横担下侧
	49.95	7.25	9.44	1.302	下横担上侧
	58.8	9.71	12.8	1.319	上横担下侧
	66.25	11.58	15.53	1.34	上横担上侧
	73.7	13.19	17.88	1.356	—
	76.4	14.25	19.43	1.363	—
90° 大风	12	0.54	0.74	1.366	—
	22.5	2.04	2.57	1.26	—
	33	4.16	5.23	1.257	—
	42.7	6.3	7.95	1.263	下横担下侧
	49.95	8.85	11.223	1.268	下横担上侧
	58.8	11.91	15.26	1.282	上横担下侧
	66.25	14.29	18.46	1.291	上横担上侧
	73.7	16.29	21.15	1.298	—
	76.4	17.6	22.95	1.303	—

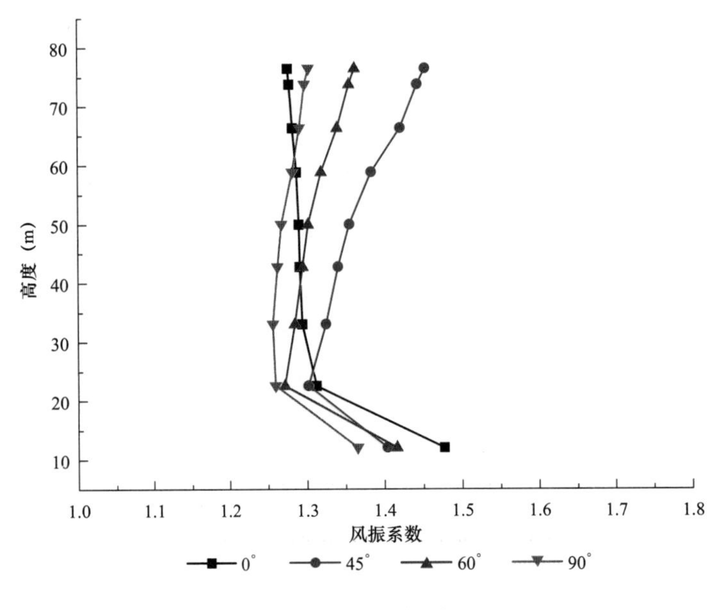

图 8–40　风振系数对比图

可以看出，位移风振系数除塔腿处有突变外，沿高度变化较均匀，90°、60°、45° 大风工况下沿高度逐渐增大，且同一高度 90° 最大，45° 最小。0° 大风工况下风振系数沿高度逐渐减小是由于导线和地线的减振作用造成的。

风振系数在接腿处发生突变是由于塔腿刚度和塔身刚度不同造成的。采用时程分析法计算的风振系数比规范采用的风振系数偏小。

参考文献

[1] Abo-Elkhier M, Hamada A A, El-Deen A B. Prediction of fatigue life of glass fiber reinforced polyester composites using modal testing[J] . International Journal of Fatigue, 2014, 69: 28-35.

[2] Atadero R A, Karbhari V M. Calibration of resistance factors for reliability based design of externally-bonded FRP composites[J] . Composites Part B: Engineering, 2008, 39(4): 665-679.

[3] Awad M M, Heggi N, Tahoun F. The future of towers made of organic compound materials[C] //Power System Conference, 2008. MEPCON 2008. 12th International Middle-East. IEEE, 2008: 200-202.

[4] Broutman L J, Sahu S. A new theory to predict cumulative fatigue damage in fiberglass reinforced plastics[C] //Composite materials: Testing and design (second conference). ASTM International, 1972.

[5] Brunbauer J, Stadler H, Pinter G. Mechanical properties, fatigue damage and microstructure of carbon/epoxy laminates depending on fibre volume content[J] . International Journal of Fatigue, 2015, 70:85–92.

[6] Darby J J. Role of bonded fiber-reinforced composites in strengthening of structures[J] . Strengthening of Reinforced Concrete Structures Using Externally-Bonded FRP Composites in Structural and civil Engineering, Edited by LC Hollaway and MB Leeming, woodhead Publishing, Cambridge, UK, 1999.

[7] Darveniza M. The Predicted Lightning Performance of 1000, 1300 and 1500 kV UHV Transmission Lines[C] // Institution of Engineers, Australia, 1976.

[8] David Johnson. Weight and Strength Advantages From Pultruded Fiber Architecture[R] . uk:Ebert Composites Corporation,1979:15-18,31.

[9] Echtermeyer A T, Engh B, Buene L. Lifetime and Young's modulus changes of glass/phenolic and glass/polyester composites under fatigue[J] . Composites, 1995, 26(1): 10-16.

[10] Eliopoulos E N, Philippidis T P. A progressive damage simulation algorithm for GFRP composites under cyclic loading. Part I: Material constitutive model[J] . Composites Science & Technology, 2011, 71(5):742-749.

[11] Fekr M R, McClure G. Numerical modelling of the dynamic response of ice-shedding on electrical transmission lines[J] . Atmospheric Research, 1998, 46(1-2): 1-11.

[12] Friedlander G D. UHV: onward and upward. Research on systems above 1000 kV level[J] . IEEE Spectrum; (United States), 1977, 14:2.

[13] Fu P, Farzaneh M, Bouchard G. Two-dimensional modelling of the ice accretion process on transmission line wires and conductors[J] . Cold Regions Science and Technology, 2006, 46(2): 132-146.

[14] Gadve S, Mukherjee A, Malhotra S N. Corrosion of steel reinforcements embedded in FRP wrapped concrete[J] . Construction and Building Materials, 2009, 23(1): 153-161.

[15] Gibson R F. A review of recent research on mechanics of multifunctional composite materials and structures[J] . Composite structures, 2010, 92(12): 2793-2810.

[16] Ha G J, Kim Y Y, Cho C G. Groove and embedding techniques using CFRP trapezoidal bars for strengthening of concrete structures[J] . Engineering Structures, 2008, 30(4): 1067-1078.

[17] Halpin J C, Jerina K L, Johnson T A. Characterization of composites for the purpose of reliability evaluation[M] //Analysis of the test methods for high modulus fibers and composites. ASTM International, 1973.

[18] Halpin J C, Johnson T A, Waddoups M E. Kinetic fracture models and structural reliability[J] . International Journal of Fracture, 1972, 8(4): 465-468.

[19] Hashin Z. Cumulative damage theory for composite materials: Residual life and residual strength methods[J] . Composites Science & Technology, 1985, 23(85):1–19.

[20] Hashin, Z, Rotem, A. A Fatigue Failure Criterion for Fiber Reinforced Materials[J] . Journal of Composite Materials, 1973, 7(4):448-464.

[21] Hurez A, Akkus N, Verchery G, et al. Design and analysis of composite structures with interlaced fibres[J] . Composites Part A: Applied Science and Manufacturing,

2001, 32(10): 1455-1463.

[22] Jamaleddine A, McClure G, Rousselet J, et al. Simulation of ice-shedding on electrical transmission lines using ADINA[J] . Computers & structures, 1993, 47(4-5): 523-536.

[23] Ji K, Rui X, Li L, et al. A novel ice-shedding model for overhead power line conductors with the consideration of adhesive/cohesive forces[J] . Computers & Structures, 2015, 157: 153-164.

[24] Ji K, Rui X, Li L, et al. Dynamic response of iced overhead electric transmission lines following cable rupture shock and induced ice shedding[J] . IEEE Transactions on Power Delivery, 2016, 31(5): 2215-2222.

[25] Jones K F, Peabody A B. The application of a uniform radial ice thickness to structural sections[J] . Cold regions science and technology, 2006, 44(2): 145-148.

[26] Jones S C, Civjan S A. Application of fiber reinforced polymer overlays to extend steel fatigue life[J] . Journal of Composites for Construction, 2003, 7(4): 331-338.

[27] Kalman T, Farzaneh M, McClure G. Numerical analysis of the dynamic effects of shock-load-induced ice shedding on overhead ground wires[J] . Computers & structures, 2007, 85(7-8): 375-384.

[28] Khalili,Saboori .Transient dynamic analysis of tapered FRP composite transmission poles using finite element method[J] . Composite Structures, 2010, 92(2):275 -283.

[29] Kollár L E, Farzaneh M, Van Dyke P. Modeling ice shedding propagation on transmission lines with or without interphase spacers[J] . IEEE Transactions on Power Delivery, 2012, 28(1): 261-267.

[30] Kollár L E, Olqma O, Farzaneh M. Natural wet-snow shedding from overhead cables[J] . Cold Regions Science and Technology, 2010, 60(1): 40-50.

[31] Kopsidas K, Rowland S M. Investigating the potential of re-conductoring a lattice tower overhead line structure[C] //Transmission and Distribution Conference and Exposition, 2010 IEEE PES. IEEE, 2010: 1-8.

[32] Li H, Deng S, Wei Q, et al. Research on composite material towers used in 110kV overhead transmission lines[C] //High Voltage Engineering and Application (ICHVE), 2010 International Conference on. IEEE, 2010: 572-575.

[33] Liang S, Gning P B, Guillaumat L. Properties evolution of flax/epoxy composites

under fatigue loading[J] . International Journal of Fatigue, 2014, 63: 36-45.

[34] Lim S, Kong C, Park H. A Study on Optimal Design of Filament Winding Composite Tower for 2MW Class Horizontal Axis Wind Turbine Systems[J] . International Journal of Composite Materials, 2013, 3(1): 15-23.

[35] Loredo-Souza AM, Davenport AG. A novel approach for wind tunnel modeling of transmission lines[J] . Wind Eng. Ind. Aerodyn， 2001,89:1017-1029.

[36] Mai T, Sandor D, Wiser R, et al. Renewable Electricity Futures Study. Executive Summary[J] . Golden Co National Renewable Energy Laboratory, 2012.

[37] Masmoudi, Mohamed, Metiche. Finite Element Modeling For Deflection and Bending Responses of GFRP Poles[J] . Journal of Reinforced Plastics and Composites, 2008, 27(6):639-658.

[38] McClure G, Lapointe M. Modeling the structural dynamic response of overhead transmission lines[J] . Computers & Structures, 2003, 81(8-11): 825-834.

[39] Member E Z S. System aspects of 1100kV AC transmission technologies in Japan[J] . Ieej Transactions on Electrical & Electronic Engineering, 2009, 4(1):62-66.

[40] Meng X, Hou L, Wang L, et al. Oscillation of conductors following ice-shedding on UHV transmission lines[J] . Mechanical Systems and Signal Processing, 2012, 30: 393-406.

[41] Meng X, Wang L, Hou L, et al. Dynamic characteristic of ice-shedding on UHV overhead transmission lines[J] . Cold Regions Science and Technology, 2011, 66(1): 44-52.

[42] Metiche, Masmoudi. Full Scale Flexural Testing on Fiber Reinforced Polymer (FRP) Poles[J] . The Open Civil Engineering Journal,2007,20(1):37-50.

[43] Miller M F, Hosford G S, Boozer III J F. Fiberglass distribution poles-a case study[J] . Power Delivery, IEEE Transactions on, 1995, 10(1): 497-503.

[44] Nichols D K, Booker J R, Larzelere W. Testing and Commissioning of a Modular UHV AC Outdoor Test System[J] . IEEE Transactions on Power Apparatus & Systems, 1984, PER-4(7):1916-1922.

[45] Pecce M, Cosenza E. Local buckling curves for the design of FRP profiles[J] . Thin-Walled Structures ,2000,37(3):207-220.

[46] Qiang X, Ruiyuan Z. Damage to electric power grid infrastructure caused by natural

disasters in China[J] . IEEE Power and Energy Magazine, 2011, 9(2): 28-36.

[47] Saboori B, Khalili S M R. Static analysis of tapered FRP transmission poles using finite element method[J] . Finite Elements in Analysis and Design, 2011, 47(3): 247-255.

[48] Salavatian M, Smith L. An improved analytical model for shear modulus of fiber reinforced laminates with damage[J] . Composites Science and Technology, 2014, 105: 9-14.

[49] Schaff J R, Davidson B D. Life Prediction Methodology for Composite Structures. Part II——Spectrum Fatigue[J] . Journal of Composite Materials, 1997, 31(2):128-157.

[50] Sebaey T A, González E V, Lopes C S, et al. Damage resistance and damage tolerance of dispersed CFRP laminates: Effect of the mismatch angle between plies[J] . Composite Structures, 2013, 101: 255-264.

[51] Shao Y, Okubo K, Fujii T, et al. Effect of matrix properties on the fatigue damage initiation and its growth in plain woven carbon fabric vinylester composites[J] . Composites Science and Technology, 2014, 104: 125-135.

[52] Sjoblom P O, Hartness J T, Cordell T M. On low-velocity impact testing of composite materials[J] . Journal of Composite Materials, 1988, 22(1): 30-52.

[53] Subramanian S, Reifsnider K L, Stinchcomb W W. A cumulative damage model to predict the fatigue life of composite laminates including the effect of a fibre-matrix interphase[J] . International Journal of Fatigue, 1995, 17(5):343-351.

[54] Talreja R. Fatigue of Composite Materials: Damage Mechanisms and Fatigue-Life Diagrams[J] . Proceedings of the Royal Society A Mathematical Physical & Engineering Sciences, 1981, 378(378):461-475.

[55] Talreja R. Fatigue reliability under multiple-amplitude loads[J] . Engineering Fracture Mechanics, 1979, 11(4):839-849.

[56] Teng J G, Yuan H, Chen J F. FRP-to-concrete interfaces between two adjacent cracks: Theoretical model for debonding failure[J] . International Journal of Solids and Structures, 2006, 43(18): 5750-5778.

[57] Yan B, Lin X, Luo W, et al. Numerical study on dynamic swing of suspension insulator string in overhead transmission line under wind load[J] . IEEE Transactions on

Power Delivery, 2009, 25(1): 248-259.

[58] Yang F, Yang J, Han J, et al. Dynamic responses of transmission tower-line system under ice shedding[J] . International Journal of Structural Stability and Dynamics, 2010, 10(03): 461-481.

[59] Yang F, Yang J, Zhang H. Analyzing loads from ice shedding conductors for UHV transmission towers in heavy icing areas[J] . Journal of Cold Regions Engineering, 2014, 28(3): 401-404.

[60] Yang J N, Lee L J, Sheu D Y. Modulus reduction and fatigue damage of matrix dominated composite laminates[J] . Composite Structures, 1992, 21(2):91-100.

[61] Yang J N. Fatigue and residual strength degradation for graphite/epoxy composites under tension-compression cyclic loadings[J] . Journal of Composite Materials, 1978, 12(1): 19-39.

[62] Yao T, Li S S, Wu X. Construction of UHV AC test base of SGCC[J] . European Transactions on Electrical Power, 2012, 22(1):108–118.

[63] Yao W X, Himmel N. A new cumulative fatigue damage model for fibre-reinforced plastics[J] . Composites Science & Technology, 2000, 60(1):59-64.

[64] Zhang B M, Zhao L. Progressive damage and failure modeling in fiber-reinforced laminated composites containing a hole[J] . International Journal of Damage Mechanics, 2012, 21(6): 893-911.

[65] Zhang Y Z, Hui L I. Analysis on the Development Strategies of the UHV Grid in China[J] . Proceedings of the Csee, 2009, 29(22):1-7.

[66] 安利强 , 赵东东 , 默增禄 , 等 . 纤维增强复合材料输电杆塔研究进展 [J] . 智能电网 , 2014(5).

[67] 邓洪洲，司瑞娟 . 特高压大跨越输电塔动力特性和风振响应分析 [J] . 建筑科学与工程学报 , 2008，25 (4) ：23-30 .

[68] 邓洪洲，朱松晔，陈晓明，等 . 大跨越输电塔—线体系气弹模型风洞试验 [J] . 同济大学学报，2003，31(2) ：132-137 .

[69] 冯培锋 , 杜善义 , 王殿富 , 等 . 层板复合材料的疲劳剩余刚度衰退模型 [J] . 固体力学学报 , 2003, 24(1) ：46-52.

[70] 顾怡 , 姚卫星 . 疲劳加载下纤维复合材料的剩余强度 [J] . 复合材料学报 , 1999, 16(3) ：98-102.

[71] 郭宏超，刘云贺，王振山，等．复合材料胶栓混接节点疲劳性能试验研究 [J]．工业建筑，2015(6)：31-36.

[72] 郭勇，孙炳楠，叶尹．大跨越输电塔线体系风振响应的时域分析 [J]．土木工程学报，2006, 39(12)：12-17.

[73] 国家电网公司．我国特高压输电技术的研究与应用 [J]．中国科技产业，2006(2):103-109.

[74] 何长华．输电线路铁塔用钢的发展趋势 [J]．电力建设，2010, 31(1)：45-48.

[75] 胡定超，一种加强型输电杆塔 [J]．四川电力技术，2005,(2)：49-50.

[76] 胡良全．电力行业用复合材料的发展 [J]．玻璃钢 / 复合材料，2012 (2012 年 03): 91-93.

[77] 胡位勇，严波，程皓月，等．输电塔线体系断线动力响应及杆塔破坏模拟研究 [J]．应用力学学报，2012, 29(4)：431-436.

[78] 李宏男，白海峰．输电塔线体系的风 (雨) 致振动响应与稳定性研究 [J]．土木工程学报，2008, 41(11)：31-38.

[79] 李宏男，王前信．大跨越输电塔体系的动力特性 [J]．土木工程学报，1997, 30(5): 28-36.

[80] 李宏男，李雪，李刚，等．覆冰输电塔—线体系风致动力响应分析 [J]．防灾救灾工程学报，2008，28(2)：127-134.

[81] 梁峰，李黎，尹鹏．大跨越输电塔—线体系数值分析模型的研究 [J]．振动与冲击，2007, 26(2): 61-65.

[82] 刘和云，周迪，付俊萍，等．导线雨凇覆冰预测简单模型的研究 [J]．中国电机工程学报，2001, 21(4): 44-47.

[83] 刘泉，任宗栋，默增禄．复合材料在输电杆塔中的应用研究 [J]．玻璃钢 / 复合材料，2012 (1): 53-56.

[84] 刘群，杨进春，周鄰波．架空输电线路塔架绝缘子串与导线风致作用模型研究 [J]．试验力学，1998，13(2)：185–189.

[85] 楼文娟，孙炳楠等．高耸塔架横风向动力风效应 [J]．土木工程学报 1999, 32(2)：67-71.

[86] 吕伟业．中国电力工业发展及产业结构调整 [J]．中国电力，2002, 35(1)：1-7.

[87] 梅葵花．CFRP 拉索斜拉桥的研究 [D]．南京：东南大学，2005,9-9,36.

[88] 钱之银，耿翠英，李颖．超高压输电线路覆冰倒塔机理分析 [J]．高电压技术，

2008, 34(11): 2495-2497.

[89] 石文静，胡伟平，张淼，等 . E-GFRP 单向板疲劳性能及失效机制的实验研究 [J] . 复合材料学报，2012, 29(2)： 121-129.

[90] 宋亚军，戴鸿哲，王伟等 . 输电塔塔 - 线体系风振反应分析 [J] . 自然灾害学报，2007，16(4): 91-96 .

[91] 汪秀丽 . 特高压输电技术的发展 [J] . 水利电力科技，2006(2):6-16.

[92] 王琼 . 特高压输电技术发展现状及其应用 [J] . 企业技术开发，2009, 28(11):5-7.

[93] 王世村，孙炳楠，楼文娟等． 单杆输电塔气弹模型风洞试验研究和理论分析 [J]. 浙江大学学报 (工学版)，2005，39(1)： 87-91 .

[94] 王小丽 . 复合绝缘横担在 220kV 架空输电线路中的应用 [J] . 电气应用 ,2013,1: 74-78.

[95] 夏开全 . 复合材料在输电杆塔中的研究与应用 [J] . 高科丝纤维与应用 ,2005,30(5)：19-23.

[96] 夏正春，李黎，梁政平，等 . 输电塔在线路断线作用下的动力响应 [J] . 振动与冲击，2007, 26(11)： 45-49.

[97] 许林锋 . 110kV 输电线路复合材料杆塔应用研究 [J] . 中国新技术新产品，2013 (17)： 112-113.

[98] 杨林，王虎长，赵雪灵 . 复合材料在输电杆塔中的应用研究 [J] . 中国电力，2014, 47(1)： 53-56.

[99] 杨忠清 . 玻璃纤维增强树脂基复合材料疲劳行为研究 [D] . 南京：南京航空航天大学，2008.

[100] 于奔 . 关于特高压输电的综述 [J] . 科技与企业，2012(16)： 160.

[101] 张磊，孙清，赵雪灵，等 . 纤维增强树脂基复合材料输电杆塔材料选型 [J] . 电力建设，2011, 32(2)： 1-5.

[102] 张琳琳，谢强，李杰． 输电线路多塔耦联体系的风致动力响应分析 [J] ． 防灾救灾工程学报，2006，26 (3)： 261-267 .

[103] 张平，龙玉成，孙清，等 . E 玻璃纤维增强环氧树脂基复合材料输电杆塔拉杆的疲劳性能试验 [J] . 电力建设，2012, 33(8)： 88-91.

[104] 张文亮，吴维宁，胡毅 . 特高压输电技术的研究与我国电网的发展 [J] . 高电压技术，2003, 29(9):16-18.

[105] 赵桂峰，谢强，梁枢果，等 . 输电塔架与输电塔—线耦联体系风振响应风洞试

验研究 [J]. 建筑结构学报, 2010, 31(02)：69-77.

[106] 赵庆波, 张正陵, 白建华, 等. 基于特高压输电技术的电力规划理论创新及实践 [J]. 中国电机工程学报, 2014(16)：2523-2532.

[107] 赵兴勇, 张秀彬. 特高压输电技术在我国的实施及展望 [J]. 电力与能源, 2007, 28(1)：52-54.

[108] 周浩, 余宇红. 我国发展特高压输电中一些重要问题的讨论 [J]. 电网技术, 2005, 29(12)：1-9.

[109] 周磊, 汪楚清, 孙清, 等. 玻璃纤维增强复合材料输电塔节点承载力试验研究及有限元分析 [J]. 西安交通大学学报, 2013, 47(9):112-118.

[110] 左玉玺, 薛更新, 孙强, 等.750kV 输电线路复合横担设计研究 [J]. 电网与清洁能源 ,2013,(1)：1-8.